電験三種
機械の
過去問題集

オーム社 [編]

Ohmsha

本書を発行するにあたって，内容に誤りのないようできる限りの注意を払いましたが，本書の内容を適用した結果生じたこと，また，適用できなかった結果について，著者，出版社とも一切の責任を負いませんのでご了承ください．

読者の皆様へ

　第三種電気主任技術者試験(通称「**電験三種**」)は，**電気技術者の登竜門**ともいわれる国家試験です。2021 年度までは年 1 回 9 月頃に実施されていましたが，2022 年度からは年 2 回の筆記試験，2023 年度からは年 2 回の筆記試験に加え CBT 方式(Computer-Based Testing，コンピュータを用いた試験)による実施が検討されているようです。筆記試験では，理論，電力，機械，法規の 4 科目の試験が 1 日で行われます。また，解答方式は五肢択一方式です。受験者は，すべての科目(認定校卒業者は，不足単位の科目)に 3 年以内に合格すると，免状の交付を受けることができます。

　電験三種は，出題範囲が広いうえに，計算問題では答えを導く確かな計算力と応用力が，文章問題ではその内容に関する深い理解力が要求されます。ここ 5 年間の**合格率は 8.3〜11.5% 程度**と低い状態にあり，電気・電子工学の素養のない受験者にとっては，非常に難易度の高い試験といえるでしょう。したがって，ただ闇雲に学習を進めるのではなく，**過去問題の内容と出題傾向を把握**し，**学習計画を立てる**ことから始めなければ，合格は覚束ないと心得ましょう。

　本書は，電験三種「機械」科目の 2022 年度(令和 4 年度)上期から 2008 年度(平成 20 年度)までの**過去 15ヵ年**のすべての試験問題と解答・解説を収録した過去問題集です。より多くの受験者のニーズに応えられるよう，解答では正解までの考え方を詳しく説明し，さらに解説，別解，問題を解くポイントなども充実させています。また，効率的に学習を進められるよう，**出題傾向**を掲載するほか，個々の問題には**難易度と重要度**を表示しています。

　必ずしもすべての収録問題を学習する必要はありません。目標とする得点(合格基準は，60 点以上が目安)や，確保できる学習時間に応じて，取り組むべき問題を取捨選択し，**戦略的に学習**を進めながら合格を目指しましょう。

　本書を試験直前まで有効にご活用いただき，読者の皆様が見事に合格されることを心より祈念いたします。

オーム社　編集部

目　　次

●試験問題と解答

※本書は，2016～2019年版を発行した『電験三種過去問題集』及び2020～2022年版を発行した『電験三種過去問詳解』を再構成したものです。

第三種電気主任技術者試験について

１ 電気主任技術者試験の種類

　電気保安の観点から，事業用電気工作物の設置者(所有者)には，電気工作物の工事，維持及び運用に関する保安の監督をさせるため，**電気主任技術者**を選任しなくてはならないことが，電気事業法で義務付けられています。

　電気主任技術者試験は，電気事業法に基づく国家試験で，この試験に合格すると経済産業大臣より**電気主任技術者免状**が交付されます。電気主任技術者試験には，次の①～③の３種類があります。

　①　第一種電気主任技術者試験
　②　第二種電気主任技術者試験
　③　**第三種電気主任技術者試験**(以下，「**電験三種試験**」と略して記します。)

２ 免状の種類と保安監督できる範囲

　第三種電気主任技術者免状の取得者は，電気主任技術者として選任される電気施設の範囲が**電圧５万Ｖ未満の電気施設(出力５千kW以上の発電所を除く)**の保安監督にあたることができます。

　なお，第一種電気主任技術者免状取得者は，電気主任技術者として選任される電気施設の範囲に制限がなく，いかなる電気施設の保安監督にもあたることができます。また，第二種電気主任技術者免状取得者は，電気主任技術者として選任される電気施設の範囲が電圧17万Ｖ未満の電気施設の保安監督にあたることができます。

　＊事業用電気工作物のうち，電気的設備以外の水力発電所，火力(内燃力を除く)発電所及び原子力発電所(例えば，ダム，ボイラ，タービン，原子炉等)並びに燃料電池設備の改質器(最高使用圧力が98kPa以上のもの)については，電気主任技術者の保安監督の対象外となります。

３ 受験資格

　電気主任技術者試験は，国籍，年齢，学歴，経験に関係なく，**誰でも受験**できます。

４ 試験実施日等

　電験三種の筆記試験は，2022年度(令和４年度)以降は年２回，全国47都道府県(約50試験地)で実施される予定です。試験日程の目安は，上期試験が８月下旬，下期試験が翌年３月下旬です。

　なお，受験申込の方法には，インターネットによるものと郵便(書面)によるものの二通りがあります。令和４年度の受験手数料(非課税)は，インターネットによる申込みは7,700円，郵便による申込みは8,100円でした。

⑤ 試験科目，時間割等

　電験三種試験は，電圧5万ボルト未満の事業用電気工作物の電気主任技術者として必要な知識について，**筆記試験**を行うものです。「**理論**」「**電力**」「**機械**」「**法規**」の**4科目**について実施され，出題範囲は主に**表1**のとおりです。

表1　4科目の出題範囲

科目	試験範囲
理論	電気理論，電子理論，電気計測及び電子計測に関するもの
電力	発電所及び変電所の設計及び運転，送電線路及び配電線路(屋内配線を含む)の設計及び運用並びに電気材料に関するもの
機械	電気機器，パワーエレクトロニクス，電動機応用，照明，電熱，電気化学，電気加工，自動制御，メカトロニクス並びに電力システムに関する情報伝送及び処理に関するもの
法規	電気法規(保安に関するものに限る)及び電気施設管理に関するもの

　試験は**表2**のような時間割で科目別に実施されます。解答方式は，マークシートに記入する**五肢択一方式**で，A問題(一つの問に解答する問題)とB問題(一つの問に小問二つを設けた問題)を解答します。

　配点として，「理論」「電力」「機械」科目は，A問題14題は1題当たり5点，B問題3題は1題当たり小問(a)(b)が各5点。「法規」科目は，A問題10題は1題当たり6点，B問題は3題のうち1題は小問(a)(b)が各7点，2題は小問(a)が6点で(b)が7点となります。

　合格基準は，各科目とも100点満点の**60点以上**(年度によってマイナス調整)が目安となります。

表2　科目別の時間割

時限	1時限目	2時限目	昼の休憩	3時限目	4時限目
科目名	理論	電力		機械	法規
所要時間	90分	90分	80分	90分	65分
出題数	A問題14題 B問題3題※	A問題14題 B問題3題		A問題14題 B問題3題※	A問題10題 B問題3題

備考：1　※印は，選択問題を含む必要解答数です。
　　　2　法規科目には「電気設備の技術基準の解釈について」(経済産業省の審査基準)に関するものを含みます。

　なお，試験では，**四則演算，開平計算**($\sqrt{}$)を行うための電卓を使用することができます。ただし，**数式が記憶できる電卓や関数電卓などは使用できません**。電卓の使用に際しては，電卓から音を発することはできませんし，**スマートフォンや携帯電話等を電卓として使用することはできません**。

⑥ 科目別合格制度

試験は科目ごとに**合否**が決定され，4科目すべてに合格すれば電験三種試験が合格となります。また，4科目中の一部の科目だけに合格した場合は，「**科目合格**」となって，翌年度及び翌々年度の試験では申請によりその科目の試験が免除されます。つまり，**3年間**で4科目に合格すれば，電験三種試験に合格となります。

⑦ 学歴と実務経験による免状交付申請

電気主任技術者免状を取得するには，主任技術者試験に合格する以外に，認定校を所定の単位を修得して卒業し，所定の実務経験を有して申請する方法があります。

この申請方法において，認定校卒業者であっても所定の単位を修得できていない方は，その不足単位の試験科目に合格し，実務経験等の資格要件を満たせば，免状交付の申請をすることができます。ただし，この単位修得とみなせる試験科目は，「理論」を除き，「電力と法規」または「機械と法規」の2科目か，「電力」「機械」「法規」のいずれか1科目に限られます。

⑧ 試験実施機関

一般財団法人　電気技術者試験センターが，国の指定を受けて経済産業大臣が実施する電気主任技術者試験の実施に関する事務を行っています。

一般財団法人　電気技術者試験センター

〒 104-8584　東京都中央区八丁堀 2-9-1(RBM 東八重洲ビル 8 階)

TEL：03-3552-7691/FAX：03-3552-7847

　＊電話による問い合わせは，土・日・祝日を除く午前 9 時から午後 5 時 15 分まで

URL　https://www.shiken.or.jp/

以上の内容は，令和 4 年 10 月現在の情報に基づくものです。

試験に関する情報は今後，変更される可能性がありますので，受験する場合は必ず，試験実施機関である電気技術者試験センター等の公表する最新情報をご確認ください。

過去 10 年間の合格率，合格基準等

■1 全4科目の合格率

　電験三種試験の過去 10 年間の合格率は，**表3**のとおりです。ここ数年の合格率は微増傾向にあるように見えますが，それでも 12% 未満です。したがって，電験三種試験は十分な**難関資格試験**であるといえるでしょう。

表3　全4科目の合格率

年度	申込者数(A)	受験者数(B)	受験率(B/A)	合格者数(C)	合格率(C/B)
令和 4 年度(上期)	45,695	33,786	73.9%	2,793	8.3%
令和 3 年度	53,685	37,765	70.3%	4,357	11.5%
令和 2 年度	55,408	39,010	70.4%	3,836	9.8%
令和元年度	59,234	41,543	70.1%	3,879	9.3%
平成 30 年度	61,941	42,976	69.4%	3,918	9.1%
平成 29 年度	64,974	45,720	70.4%	3,698	8.1%
平成 28 年度	66,896	46,552	69.6%	3,980	8.5%
平成 27 年度	63,694	45,311	71.1%	3,502	7.7%
平成 26 年度	68,756	48,681	70.8%	4,102	8.4%
平成 25 年度	69,128	49,575	71.7%	4,311	8.7%

備考：1　率は，小数点以下第2位を四捨五入
　　　2　受験者数は，1科目以上出席した者の人数

　なお，電気技術者試験センターによる「令和3年度電気技術者試験受験者実態調査」によれば，令和3年度の電験三種試験受験者について，次の①・②のことがわかっています。

① 受験者の半数近くが複数回(2回以上)の受験

② 受験者の属性は，就業者数が学生数の 8.5 倍以上

＊なお，②の就業者の勤務先は，「ビル管理・メンテナンス・商業施設保守会社」が最も多く(15.4%)，次いで「電気工事会社」(12.8%)，「電気機器製造会社」(9.8%)，「電力会社」(8.9%)の順です。

　この①・②から，多くの受験者が仕事をしながら長期間にわたって試験勉強をすることになるため，**効率よく持続して勉強をする工夫**が必要になることがわかるでしょう。

2 科目別の合格率

　過去10年間の科目別の合格率は，**表4～7**のとおりです（いずれも，率は小数点以下第2位を四捨五入。合格者数は，4科目合格者を含む）。

　各科目とも合格基準は100点満点の60点以上が目安とされていますが，ほとんどの年度でマイナス調整がされており，受験者にとって，**実際よりもやや難しく感じられる**試験となっています。

　かつては，電力科目と法規科目には合格しやすく，理論科目と機械科目に合格するのは難しいと言われていました。しかし，近年は少し傾向が変わってきているようです。ただし，各科目の試験の難易度には，一概には言えない要因があることに注意が必要です。

表4　理論科目の合格率

年度	受験者数（B）	合格者数（C）	合格率（C/B）	合格基準点
令和4年度（上期）	28,427	6,554	23.1%	60点
令和3年度	29,263	3,030	10.4%	60点
令和2年度	31,936	7,867	24.6%	60点
令和元年度	33,939	6,239	18.4%	55点
平成30年度	33,749	4,998	14.8%	55点
平成29年度	36,608	7,085	19.4%	55点
平成28年度	37,622	6,956	18.5%	55点
平成27年度	37,007	6,707	18.1%	55点
平成26年度	39,977	6,948	17.4%	54.38点
平成25年度	39,982	5,718	14.3%	57.73点

表5　電力科目の合格率

年度	受験者数（B）	合格者数（C）	合格率（C/B）	合格基準点
令和4年度（上期）	23,215	5,610	24.2%	60点
令和3年度	29,295	9,561	32.6%	60点
令和2年度	29,424	5,200	17.7%	60点
令和元年度	30,920	5,646	18.3%	60点
平成30年度	35,351	8,876	25.1%	55点
平成29年度	36,721	4,987	13.6%	55点
平成28年度	35,352	4,381	12.4%	55点
平成27年度	35,260	6,873	19.5%	55点
平成26年度	37,953	8,045	21.2%	58.00点
平成25年度	36,486	4,534	12.4%	56.32点

　試験問題の難しさには，いくつもの要因が絡んでいます。例えば，次の①〜③のようなものがあります。

① 複雑で難しい内容を扱っている
② 過去に類似問題が出題された頻度
③ 試験対策の難しさ（出題が予測できない等）

　多少難しい内容でも，過去に類似問題が頻出していれば対策は簡単です。逆に，ごく易しい問題でも，新出したばかりであれば，受験者にとっては難しく感じられるでしょう。

表6　機械科目の合格率

年度	受験者数（B）	合格者数（C）	合格率（C/B）	合格基準点
令和4年度（上期）	24,184	2,727	11.3%	55点
令和3年度	27,923	6,365	22.8%	60点
令和2年度	26,636	3,039	11.4%	60点
令和元年度	29,975	7,989	26.7%	60点
平成30年度	30,656	5,991	19.5%	55点
平成29年度	32,850	5,354	16.3%	55点
平成28年度	36,612	8,898	24.3%	55点
平成27年度	34,126	3,653	10.7%	55点
平成26年度	37,424	6,086	16.3%	54.39点
平成25年度	38,583	6,600	17.1%	54.57点

表7　法規科目の合格率

年度	受験者数（B）	合格者数（C）	合格率（C/B）	合格基準点
令和4年度（上期）	23,752	3,499	14.7%	54点
令和3年度	28,045	6,761	24.1%	60点
令和2年度	30,828	6,573	21.3%	60点
令和元年度	33,079	5,858	17.7%	49点
平成30年度	33,594	4,495	13.4%	51点
平成29年度	35,825	5,798	16.2%	55点
平成28年度	35,198	4,985	14.2%	54点
平成27年度	35,047	7,006	20.0%	55点
平成26年度	38,753	6,763	17.5%	58.00点
平成25年度	41,303	8,015	19.4%	58.00点

MEMO

機械科目の出題傾向

出題分野	項目	H20	H21	H22	H23	H24	H25	H26	H27	H28	H29	H30	R1	R2	R3	R4
直流機	誘導起電力	A1, A2					A2									
	回転速度															
	電機子電流・電圧		A2		B16	A2								A2	A2	
	出力・トルク								A1	A1	A1	A1	A1			
	損失・効率			A2												
	構造					A1										
	電動機の特性						A1									A1
	発電機の特性						A1	A1						A1		A1
	電動機の制御				A1			B16								
	電機子反作用		A1	A1												
	外部特性曲線								A2	A2	A2	A2	A2			
	磁気飽和															
誘導機	構造		A3												A4	A3
	回転磁界						A3			A3						
	誘導起電力					A3		A6						A3		
	等価回路										B15a					
	一次電流															
	二次電流							A4		A4						
	二次回路・同期ワット			A3	A3	A3	A4		A3, B15		A3			B15a	A3	
	滑り	B15b												B15b		
	出力・トルク	A3, B15a	B15a						A3						A3	
	効率			A4	A2	A4		A3			B15b	A4	A3			
	速度制御		B15b					A3					A4			
	始動														A7	A2
同期機	種類と構造			A6				A5	A5		A5	A5				
	電機子電流			B15a												
	電機子反作用															
	無負荷飽和曲線															A5
	同期インピーダンス	A4	A5												A6	
	負荷角					A6						A6				
	誘導起電力									B15a						
	端子電圧								A4		A4			A4		A4
	並行運転												B15			
	自己励磁現象				A4											
	電動機の誘導起電力					B16a		B15b								
	電動機の負荷角		A5			B16b								A5	A5	
	電動機のトルク	A5						B15a					A5		A5	A5

出題分野	項目	H20	H21	H22	H23	H24	H25	H26	H27	H28	H29	H30	R1	R2	R3	R4
同期機（続き）	発電機の出力			B15b												
	V曲線						A5			A5						
	始動方法											A7			A7	
	ステッピングモータ												A6			A6
	ブラシレスDCモータ															
変圧器	種類と構造			A6										A8		
	単相変圧器・変圧比	A7	A7		B15a	A7		A7				B15				
	百分率インピーダンス				B15b											
	電圧変動率	A7			A7			A8		A8	A8					
	損失・効率														A9	
	試験	B16					B15								B15	
	三相変圧器				A8						A7		A9			A8
	力率改善													A9		
	並行運転			A8		A8	A8		A7, A8				A8			
	単巻変圧器											A9				
	各種変圧器									A7				A9		A9
パワーエレクトロニクス	半導体デバイス	A9	A9	A8	A10	A10		A10			A10, A11			A10		B16
	単相ダイオード整流回路														B16	A10
	三相ダイオード整流回路		A6, B16	B16	B17	A11, B15				B16			A10			
	単相サイリスタ整流回路															
	インバータ	A8		A10			B16	B16				A11		B16	A11	
	チョッパ	A10							A10	A9	B16	B16	B16			
	トライアック								A9	A10						
	太陽光発電システム				A9	A9			A11				A12			
	ステッピングモータ															
	ブラシレスDCモータ											A7	A6			
機器全般	各種電気機器	A8	A4	A9						A6	A6	A8			A7	A7
	電動機のトルク	A11	A11										A7	A11		
	損失													A7		A5
	直流機と誘導機	A6		A6	A6	A6		A9				A9	A6			
	直流機と同期機						A7		A6							
	同期機と誘導機			A5	A5							A7				
	特殊モータ		A8	A7		A5					A9			A6		
	コンデンサ	A6		A11												
電動機応用	エレベータ・巻上機						A10			A11			A11			
	回転体のエネルギー															A11
	安定運転条件														A5	
	ポンプ											A10				
	インバータ		A10			A11			A12							A10
	負荷の定常特性										A12					

出題分野・項目		H20	H21	H22	H23	H24	H25	H26	H27	H28	H29	H30	R1	R2	R3	R4
電熱	熱伝導						B17a									
	ヒートポンプ	A12	B17b		A12					B17			B17b			B17
	加熱エネルギー		B17							B17a			B17a			B17
	放射伝熱						B17b								B17	
	マイクロ波加熱															
	誘電加熱			A12		A12			A13					A12		
	誘導加熱							A11								
	電気系・熱系対応				A13						A13			A13		
照明	水平面照度			B17				B17a	B16b		B17a	B17				
	光度							B17b	B16a		B17a					
	輝度							B17b			B17b					
	照明設計					B17								A12		
	光源				A11	A12										
	LEDランプ		A11				A11	A11								
	白熱電球															
電気化学	電池と電気分解															
	二次電池		A12					A12		A12		A12			A12	
	燃料電池														A12	
	電気めっき						A12									A12
自動制御	シーケンス制御								B17a			B18			A13	
	フィードバック制御															
	ブロック線図													B17b		B15a
	伝達関数	B17	A13	A13		A13	A13	A13	B17	A13		A13	A13	B17a	A13	B15
	ボード線図	B17													A13	A13
	オペアンプ															
情報	2進数		A14	B18b							A14		A14		A14	
	基数変換			B18a												
	論理演算			A14	A14	A14	A14	A14	A14	A14		A14		A14		
	論理回路															B18
	論理式															
	電気通信															A13
	フローチャート															
	フリップフロップ	B18	B18													
	マイクロプロセッサ					B18	B18	B18		B18	B18		B18	B18	B18	
	コンピュータ・コンピュータ制御	A14			A11				B18							A14

備考：1　[A]はA問題、[B]はB問題における出題を示す。また、番号は問題番号を示す。
　　　2　[a][b]は、B問題の小問(a)(b)のいずれか一方での出題のみ出題されたことを示す。

機械科目の学習ポイント

　機械科目の学習ポイントは数多くあります。学習が進むうちに自然とわかってくるものも多いので、ここでは見落としがちなものを中心に解説しておきます。ある程度、学習が進んだ後に確認すると効果的でしょう。

　　＊　　＊　　＊　　＊　　＊　　＊　　＊　　＊　　＊　　＊　　＊　　＊　　＊

　「**直流機**」分野の「**回転速度**」からの出題 R1-問 1(p. 124)、H28-問 1(p. 202)では、一定トルクを条件としています。一定トルクでは、界磁 ϕ を一定に制御する(永久磁石界磁など)と、トルク $T \propto \phi I_a \propto I_a$ となり、電機子電流 I_a も一定になります(電圧降下 $r_a I_a$ も一定)。この条件で電源電圧 V を変えたときに、回転速度を求めることができます(H26-問 2(p. 252)のように、回転速度 N は誘導起電力 $E_0 = V - r_a I_a$ に比例($N = kE_0$)します)。一方、一定出力の条件では、$P_m \propto E_0 I_a$ であるので、速度に比例して E_0 が変化すると、I_a は E_0 に反比例して変化します。よく理解しておきましょう。

　また、H26-問 2(p. 252)のように、電動機でも内部で発電し、誘導起電力を発生する(供給電圧と誘導起電力の差で電機子電流が流れる)ことに注意しましょう。さらに、H25-問 2(p. 282)のように、他の回転機にも応用できる「**誘導起電力**」の基本式 $e = Blv$ を活用する問題も重要です(理論科目の R4-問 4 と比較してほしい)。

　　＊　　＊　　＊　　＊　　＊　　＊　　＊　　＊　　＊　　＊　　＊　　＊

　「**誘導機**」分野の「**二次回路・同期ワット**」では、R2-問 15(p. 110)のように、二次側のパワー配分、すなわち滑りを s として、$P_2 : P_{c2} : P_0 = 1 : s : (1-s)$ の関係を活用できるようにしておきましょう。なお、トルク $T = \dfrac{P}{\omega}$ で表されますが、R2-問 15(p. 110)、H29-問 3(p. 176)、H28-問 4(p. 204)のように、二次入力(同期ワット)P_2 に対しては同期角速度 $\omega_s = 2\pi n_s$、出力 P_0 に対しては回転角速度 $\omega = 2\pi n$ がそれぞれ対応します $\left(T = \dfrac{P_2}{\omega_s} = \dfrac{P_0}{\omega} \right)$。

　「**速度制御**」には、V/f 制御(H26-問 6(p. 258))、一次電圧制御(H26-問 9(p. 264))、比例推移(H27-問 15(p. 244)、H22-問 4(p. 372))などがあります。一次電圧制御や比例推移では、滑りが増加すると抵抗損が増加し効率が悪くなるのに対し、V/f 制御では、高効率の速度制御が可能です。H26-問 6(p. 258)のように、V/f 制御で始動する際は、一次回路の電圧降下が大きいため発生トルクが小さくなります(これを補うため、低速度域で電圧を割り増すトルクブーストを行います)。

　　＊　　＊　　＊　　＊　　＊　　＊　　＊　　＊　　＊　　＊　　＊　　＊

　「**同期機**」分野からの出題 H26-問 15(p. 272)、H24-問 16(p. 332)のように、同期電動機の端子電圧と内部誘導起電力の関係は、電機子電流の位相(力率)で決まります。このことは、ベクトル図を描くと明確になります。H27-問 4(p. 230)での「発電機の誘導起電力」と H24-問 16(p. 332)、R2-問 5(p. 98)での「電動機の誘導起電力」はともに力率が 1 で誘導起電力 $\dot{E}_0$ を求める内容ですが、同期リアクタンス降下を $jx_s \dot{I}_a$、端子電圧を $\dot{V}$(相電圧:基準電圧)として、発電機では $\dot{E}_0 = \dot{V} + jx_s \dot{I}_a$、電動機では $\dot{V} = jx_s \dot{I}_a + \dot{E}_0$ となり、ベクトル図が異なります。このベクトル図から、発電機では $\dot{E}_0$ は $\dot{V}$ に対して位相が進み(δ:負荷角)、電動機では逆に位相が遅れることが理解できるでしょう。

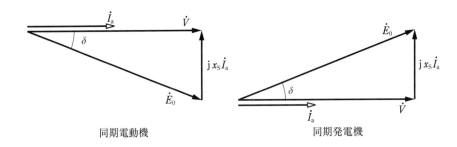

同期電動機 同期発電機

　なお，R3-問2(p.62)のように，「直流機」の出力は$E_0 \times I_a$で表される($\dot{E}_0$と$\dot{I}_a$は同相)のに対し，H26-問15(p.272)のように，「同期電動機」の出力は$E_0 \times I_a \times \cos\theta$で表されます($\dot{E}_0$と$\dot{I}_a$は同相ではないため)。

＊　＊　＊　＊　＊　＊　＊　＊　＊　＊　＊　＊　＊　＊

　「**変圧器**」分野の「**試験**」からの出題 H25-問15(p.300)のように，「短絡試験」は合成抵抗の算定，「無負荷試験」は励磁損失の算定が目的です。また，「インピーダンス電圧」とは，二次側を短絡した状態で一次側に定格電流を流すために要する一次電圧のことで，そのときの一次側供給電力を「インピーダンスワット」といいます。

　H29-問7(p.180)，H23-問8(p.348)のように，「**三相変圧器**」の「**角変位**」について，一次電圧に対し二次電圧の位相が30°遅れるのは，Y-Δ結線の場合です。一次と二次の巻線が同じ鉄心に巻かれていて，一次誘導起電力$\dot{E}_1$と二次誘導起電力$\dot{E}_2$が同相であるとすると，Y結線の一次線間電圧$\dot{V}_1$は$\dot{E}_1$に対し30°進むので，$\dot{E}_2$と同相である二次線間電圧$\dot{V}_2$は，$\dot{V}_1$に対して30°遅れることになります。

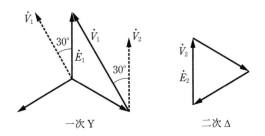

一次Y 二次Δ

　このほか，「**単相変圧器・変圧比**」における「**電圧降下**」(H30-問15(p.166))，「**電圧変動率**」(H23-問15(p.362))などは必須のテーマです。

＊　＊　＊　＊　＊　＊　＊　＊　＊　＊　＊　＊　＊　＊

　「**パワーエレクトロニクス**」分野の「**チョッパ**」では，「**昇圧チョッパ**」(R1-問16(p.144))，「**降圧チョッパ**」(H4-問10(p.38)，H30-問16(p.168))，「**昇降圧チョッパ**」(R3-問11(p.72))の動作の相違(降圧チョッパではデューティ比を変えて降圧，昇圧チョッパではリアクトルでのエネルギー蓄積と放出を利用して昇圧)を理解することが大切です。加えて，H26-問16(p.274)のような，電気自動車(EV)へ応用される直流電動機のチョッパ駆動の動作も理解しておきたいところです。

　「**整流回路**」では，H28-問16(p.220)のような「**単相サイリスタ整流回路**」の平均出力電圧$E_d = 0.9V\dfrac{1 + \cos\alpha}{2}$(H24-問10(p.320)に図示)が重要です。R4-問16(p.52)，H21-問16(p.414)のように，電圧形インバータの動作を出力電圧・電流と併せて理解しておきたいところです(電流が直線状に変化す

る純リアクトル負荷の出力電圧 $E=L\dfrac{\varDelta I}{\varDelta T}$)。

「**太陽光発電システム**」の MPPT 制御(H28-問 10(p. 212)),パワーコンディショナ等(H24-問 9(p. 318)),「**半導体デバイス**」の IGBT(R2-問 10(p. 104))もしっかり学習しておきましょう。

　　　　＊　　＊　　＊　　＊　　＊　　＊　　＊　　＊　　＊　　＊　　＊　　＊

「**機器全般**」を扱った分野では,H30-問 8(p. 156),H29-問 6(p. 178)のように,誘導機,変圧器,直流機,同期機の共通点や相違点を整理しておくこと。また,H22-問 6(p. 374)のように,利用する磁束から見た各機器の比較についても理解しておきたいところです。さらに,H26-問 9(p. 264)のような「**直流機と誘導機**」の速度制御の比較,H23-問 5(p. 344),H22-問 5(p. 374)のような「**同期機と誘導機**」の比較(同期電動機は励磁電流の調整で電機子電流の力率を調整でき,誘導電動機より高力率運転が可能)などを理解すること。H20-問 6(p. 424),H21-問 6(p. 402)のように,誘導電動機の滑り周波数制御やベクトル制御(直流電動機並みの制御が可能)についても押さえておきたいところです。

「**パワーエレクトロニクス**」分野で登場する「**ステッピングモータ**」(R4-問 6(p. 32),H30-問 7(p. 156))や「**ブラシレス DC モータ**」(R1-問 6(p. 130))など,パワーエレクトロニクスの技術進歩により普及してきた「**特殊モータ**」についても押さえておくこと。

電気機器全般の「**損失**」についての対策(R1-問 7(p. 132),H23-問 6(p. 344))も重要です。

　　　　＊　　＊　　＊　　＊　　＊　　＊　　＊　　＊　　＊　　＊　　＊　　＊

「**電動機応用**」分野では,H29-問 12(p. 188),H21-問 10(p. 406)のように,速度に対するトルク特性には 2 種類あります。「**エレベータ・巻上機**」のような鉛直方向の移動では一定トルクとなり,「**ポンプ**」や「**送風機**」のような流体ではトルクは速度の 2 乗に比例します。流体のエネルギー E は速度 v の 2 乗に比例$\left(\dfrac{1}{2}mv^2\right)$,流量 Q は流速(速度)に比例$\left(Q\propto\dfrac{m}{t}\propto v\right)$,単位時間当たりの仕事(仕事率)$P=\dfrac{E}{t}$ は,速度の 3 乗に比例$\left(P\propto\dfrac{mv^2}{t}\propto v^3\right)$するので,結局,トルク $T\propto\dfrac{P}{\omega}\propto\dfrac{P}{v}\propto v^2$ $(v=r\omega)$ となり,T は v の 2 乗に比例します。また,質量 M[kg]の物体を速さ v[m/s]で移動するのに必要な電動機の出力 $P=9.8Mv$[W]ですが,R4-問 11(p. 40),R1-問 11(p. 138)のように,エレベータでは $Mv=$(かご質量 ＋ 積載質量 － 釣合いおもりの質量)× 移動速度,H30-問 10(p. 158)のように,ポンプでは $Mv\propto$(流量 × 落差)となります。

なお,「**安定運転条件**」(R2-問 7(p. 100))も重要テーマの一つです。

　　　　＊　　＊　　＊　　＊　　＊　　＊　　＊　　＊　　＊　　＊　　＊　　＊

「**電熱**」分野の「**加熱エネルギー**」では,R4-問 17(p. 56),R1-問 17(p. 146),H28-問 17(p. 222),H21-問 17(p. 416)のように,比熱を c として,加熱に必要な熱量 $Q=mc\varDelta t$[J]であり,加熱装置の有効熱量 $Q'=PT\eta$[J]$=Q$ として未知数を求めることができます。ここで,ヒートポンプの成績係数 COP は,H23-問 12(p. 356),H20-問 12(p. 430)のように,冷房時で $\dfrac{Q}{W}$,暖房時で $\dfrac{Q+W}{W}=1+\dfrac{Q}{W}$(暖房時の COP は冷房時の COP に 1 を加えたもの)となり,通常は 3〜7 程度になります。

R2-問 13(p. 106),H25-問 17(p. 304)のように,熱の伝導は電気の伝導と類似しており,熱伝導では,熱流 $\varPhi=\dfrac{温度差\,\varDelta T}{熱抵抗\,R}$ で表されます。「**放射伝熱**」では,R3-問 17(p. 86),H25-問 17(p. 304)のように,物体は絶対温度の 4 乗に比例したエネルギーを放出するという「ステファン・ボルツマンの法則」を覚えておきましょう。「**誘導加熱**」(H24-問 12(p. 322))や「**誘電加熱**」(H26-問 11(p. 268),絶縁材料の誘電正

接 $\tan \delta$ にも関連)も捨ててはいけない項目です。

* * * * * * * * * * * * * *

「照明」分野における照明計算は，「光度」の公式 $I[\mathrm{cd}] = \dfrac{\text{光束}\ \Delta F[\mathrm{lm}]}{\text{立体角}\ \Delta\omega[\mathrm{sr}]}$ が基本になります。「**水平面照度**」では，H30-問 17(p.170)，H29-問 17(p.196)のように，光源の全光束 F，または θ 方向の光度 I_θ を与えると，被照面 S の法線照度 $E_\mathrm{n} = \dfrac{F}{S} = \dfrac{4\pi I_\theta}{4\pi r^2} = \dfrac{I_\theta}{r^2}[\mathrm{lx}]$（逆二乗の法則），さらに水平面照度 $E_\mathrm{h} = E_\mathrm{n}\cos\theta[\mathrm{lx}]$ を得ることができます。ここで，E_n の式中の 4π は立体角 $\omega = 2\pi(1-\cos\theta)[\mathrm{sr}]$（$\theta[\mathrm{rad}]$：平面角）なので，点光源の全周囲の立体角は 4π（$\theta=\pi$）です。

「**照明設計**」では，R2-問 12(p.106)，H29-問 17(p.196)のように，面積 S の被照面の照度 $E = \dfrac{NFMU}{S}$ $[\mathrm{lx}]$ となります。ここで，N は $F[\mathrm{lm}]$ の照明器具の台数であり，U（照明率）と M（保守率）はいずれも 1 以下の値です。また，H29-問 17(p.196)，H26-問 17(p.276)のように，光源の「**輝度**」$\left(\dfrac{\text{光度}}{\text{見かけの面積}}\right)$ を求める場合，円板光源と球形光源では，見かけの面積が異なることに注意してください。

* * * * * * * * * * * * * *

「**電気化学**」分野の「**電池と電気分解**」では，H28-問 12(p.214)，H21-問 12(p.408)のように，各電極で次表のような反応が起こることを理解しておくこと。

電極	一次電池 （放電時）	二次電池		電極	電気分解
		放電時	充電時		
正極	還元（電子を得る）	酸化		陽極	酸化
負極	酸化（電子を失う）	還元		陰極	還元

（注意）電気分解では，電源の負極につないだ電極を陰極，正極につないだ電極を陽極といいます。すなわち，負極から流れ出た電子が陰極に流れ込み，陽極から流れ出た電子が正極に流れ込みます。

「**二次電池**」では，H30-問 12(p.162)のように，充放電時にリチウムイオン（正電荷）が電解液中を移動する「リチウムイオン二次電池」の原理を理解しておくこと。併せて，H26-問 12(p.268)のように，水の電気分解と逆の反応である「**燃料電池**」の原理を理解しておきましょう。さらに，R4-問 12(p.42)のように，大規模な電力貯蔵が可能な「ナトリウム － 硫黄電池」についても押さえておきたいところです。

なお，かつて出題の多かった「ファラデーの法則」も重要です。これは電気分解の際，原子量 m，原子価 n の物質の析出量 $w[\mathrm{g}]$ は，通過電荷量を $q[\mathrm{C}]$ として，$w = \dfrac{1}{F}\cdot\dfrac{m}{n}q$（$F$：ファラデー定数 96 500 C/mol）で表されるというものです。

* * * * * * * * * * * * * *

「**自動制御**」分野では，R4-問 15(p.48)，R1-問 13(p.140)のように，入力信号と出力信号のラプラス変換の比を「**伝達関数**」といい，伝達関数の s を $j\omega$ に置き換えたものを「**周波数伝達関数**」といいます。周波数伝達関数は，正弦波入力に対する特性を表します。

　R3-問 13 (p. 76)，R2-問 17 (p. 116)，H27-問 17 (p. 248) のように，一次遅れ要素 $W(j\omega)=\dfrac{K}{1+j\omega T}$ の「**ボード線図**」のゲイン特性（ゲイン $g=20\log_{10}|G(j\omega)|$）において，$\omega T=1$ [rad] のときの角周波数 ω が「**折れ点角周波数**」です。$\omega \to 0$（$\omega T \ll 1$）の場合のゲインは $20\log_{10}K$ [dB]，$\omega \to \infty$（$\omega T \gg 1$）の場合のゲインは $20\log_{10}K-20\log_{10}\omega T$ [dB]（-20 dB/dec で ω が 10 倍ごとに -20 dB 低下）となり，両者の交点が折れ点角周波数に該当します。よく理解しておきましょう。

　「**ブロック線図**」では，H20-問 17 (p. 438)，のように，フィードバック接続の伝達関数は，$G=\dfrac{K}{1+KG_1}$ で表されます。R4-問 15 (p. 48) でも，同様に伝達関数を求めることができます。

＊　＊　＊　＊　＊　＊　＊　＊　＊　＊　＊　＊　＊　＊　＊

　「**情報**」分野の「**フリップフロップ**」は，次の入力信号が来るまで出力状態を保持する記憶装置です。代表的なものに RS-FF と JK-FF がありますが，JK-FF は R，S 入力がともに 1 は禁止されている RS-FF の欠点を改善したもので，R3-問 18 (p. 88)，H26-問 18 (p. 278)，H21-問 18 (p. 418) のように，JK-FF はクロック入力 C の変化時（例えば立ち下がり時）に出力が変化します。例えば，J，K 入力がともに 1 の場合，入力 C が入るたびに前の出力が反転（トグル動作）します。

　「**フローチャート**」では，R2-問 18 (p. 120)，H29-問 18 (p. 200) のように，繰り返し回数や印字結果などが問われます。「フローチャート」で用いられる「j＋1→j」は，スタック j に入っている値に 1 をプラスしたものをスタック j に入れ替える，という意味です。データの並べ替えは，R2-問 18 (p. 120)，H20-問 18 (p. 440) で降順，H29-問 18 (p. 200) で昇順を扱っており，内容は理解しやすいでしょう。

凡例

　個々の問題の　難易度　と　重要度　の目安を次のように表示しています。ただし，重要度は出題分野どうしを比べたものではなく，**出題分野内で出題項目どうしを比べたもの**です(p. 12～14 参照)。また，重要度は**出題予想を一部反映**したものです。

難易度

　易　★☆☆：易しい問題
　↓　★★☆：標準的な問題
　難　★★★：難しい問題(奇をてらった問題を一部含む)

　粘り強く学習することも大切ですが，難問や奇問に固執するのは賢明ではありません。ときには，「解けなくても構わない」と割り切ることが必要です。
　逆に，易しい問題は得点のチャンスです。苦手な出題分野であっても，必ず解けるようにしておきましょう。

重要度

　稀　★☆☆：あまり出題されない，稀な内容
　↓　★★☆：それなりに出題されている内容
　頻　★★★：頻繁に出題されている内容

　出題が稀な内容であれば，学習の優先順位を下げても構いません。場合によっては，「学習せずとも構わない」「この出題項目は捨ててしまおう」と決断する勇気も必要です。
　逆に，頻出内容であれば，難易度が高い問題でも一度は目を通しておきましょう。自らの実力で解ける問題なのか，解けない問題なのかを判別する訓練にもなります。

試験問題と解答

●試験時間：90分
●解 答 数：A問題　14題
　　　　　　B問題　　3題（4題のうちから選択）
●配　　　点：A問題　各5点
　　　　　　B問題　各10点（（a）5点，（b）5点）

実施年度	合格基準
令和 4 年度（2022 年度）上期	55 点以上
令和 3 年度（2021 年度）	60 点以上
令和 2 年度（2020 年度）	60 点以上
令和元年度（2019 年度）	60 点以上
平成 30 年度（2018 年度）	55 点以上
平成 29 年度（2017 年度）	55 点以上
平成 28 年度（2016 年度）	55 点以上
平成 27 年度（2015 年度）	55 点以上
平成 26 年度（2014 年度）	54.39 点以上
平成 25 年度（2013 年度）	54.57 点以上
平成 24 年度（2012 年度）	50.56 点以上
平成 23 年度（2011 年度）	55 点以上
平成 22 年度（2010 年度）	47.65 点以上
平成 21 年度（2009 年度）	49.17 点以上
平成 20 年度（2008 年度）	55 点以上

機 械 令和4年度（2022年度）上期

問1 出題分野＜直流機＞ 難易度 ★★★ 重要度 ★★★

次の文章は，直流電動機の運転に関する記述である。

分巻電動機では始動時の過電流を防止するために始動抵抗が （ア） 回路に直列に接続されている。

直流電動機の速度制御法には界磁制御法・抵抗制御法・電圧制御法がある。静止レオナード方式は （イ） 制御法の一種であり，主に他励電動機に用いられ，広範囲の速度制御ができるという利点がある。

直流電動機の回転の向きを変えることを逆転といい，一般的には，応答が速い （ウ） 電流の向きを変える方法が用いられている。

電車が勾配を下るような場合に，電動機を発電機として運転し，電車のもつ運動エネルギーを電源に送り返す方法を （エ） 制動という。

上記の記述中の空白箇所(ア)～(エ)に当てはまる組合せとして，正しいものを次の(1)～(5)のうちから一つ選べ。

	(ア)	(イ)	(ウ)	(エ)
(1)	界磁	抵抗	界磁	発電
(2)	界磁	抵抗	電機子	発電
(3)	界磁	電圧	界磁	回生
(4)	電機子	電圧	電機子	回生
(5)	電機子	電圧	界磁	回生

令和 4 (2022)
令和 3 (2021)
令和 2 (2020)
令和元 (2019)
平成 30 (2018)
平成 29 (2017)
平成 28 (2016)
平成 27 (2015)
平成 26 (2014)
平成 25 (2013)
平成 24 (2012)
平成 23 (2011)
平成 22 (2010)
平成 21 (2009)
平成 20 (2008)

問1の解答　出題項目＜電動機の制御＞　　　答え　(4)

　分巻電動機では始動時の過電流を防止するために始動抵抗が**電機子**回路に直列に接続されている。

　直流電動機の速度制御法には界磁制御法・抵抗制御法・電圧制御法がある。静止レオナード方式は**電圧**制御法の一種であり，主に他励電動機に用いられ，広範囲の速度制御ができるという利点がある。

　直流電動機の回転の向きを変えることを逆転といい，一般的には，応答が速い**電機子**電流の向きを変える方法が用いられている。

　電車が勾配を下るような場合に，電動機を発電機として運転し，電車のもつ運動エネルギーを電源に送り返す方法を**回生**制動という。

解説

　始動時，電機子逆起電力が発生していないので，過大な始動電流が流れる。この始動電流を抑制するため，始動抵抗を電機子回路に直列に挿入する。速度上昇に伴い電機子逆起電力が上昇する

ので，適宜始動抵抗の値を小さくし，運転時には短絡状態とする。

　電圧制御法は，電機子に可変の直流電圧を加え，その電圧で速度制御を行う。この可変電圧電源として三相交流を半導体整流素子で整流した直流を用いるものを，静止レオナード方式という。また，可変電圧電源として直流電源と直流チョッパを併用したものを**直流チョッパ方式**という。

　逆転は，原理上界磁回路の極性を逆にすることでも実現できるが，無励磁となる危険が伴う。なお，電機子回路と界磁回路の両方の極性を逆にすると逆転しない。このため，分巻電動機の端子の極性を逆にしても逆転しない。

　電圧制御を行っている電動機において回生運転を行うには，静止レオナード方式の場合はインバータとして動作させ，直流昇降圧チョッパ方式の場合は昇圧チョッパとして動作させる。

Point 電機子逆起電力は，界磁磁束と回転速度の積に比例する。

| 問 **2** | 出題分野＜誘導機＞ | 難易度 ★★★ | 重要度 ★★★ |

Δ 結線された三相誘導電動機がある。この電動機に対し，Δ 結線の状態で拘束試験を実施したところ，下表の結果が得られた。この電動機を Y 結線に切り替え，220 V の三相交流電源に接続して始動するときの始動電流の値[A]として，最も近いものを次の(1)～(5)のうちから一つ選べ。ただし，磁気飽和による漏れリアクタンスの低下は無視できるものとする。

一次電圧(線間電圧)	43.0 V
一次電流(線電流)	9.00 A

(1)　15.3　　　(2)　26.6　　　(3)　46.0　　　(4)　79.8　　　(5)　138

令和
4
(2022)

令和
3
(2021)

令和
2
(2020)

令和
元
(2019)

平成
30
(2018)

平成
29
(2017)

平成
28
(2016)

平成
27
(2015)

平成
26
(2014)

平成
25
(2013)

平成
24
(2012)

平成
23
(2011)

平成
22
(2010)

平成
21
(2009)

平成
20
(2008)

問 2 の解答　　出題項目＜始動＞　　　　　　　　　　答え　（1）

　図 2-1 は，Δ 結線時の拘束試験における三相誘導電動機の一次側から見た等価回路である。

　Z は，1 相分の巻線についての固定子および回転子のインピーダンスを一次側換算したものである。拘束試験時に Z を流れる電流は $\dfrac{9}{\sqrt{3}}$ A であるから，

$$Z=\frac{43}{\dfrac{9}{\sqrt{3}}}\fallingdotseq 8.275\,[\Omega]$$

　図 2-2 は，Y 結線に切り替えた状態における始動時の 1 相分の等価回路である。始動時も拘束時も回転子は停止状態(滑りが 1)にあることから，1 相分の巻線のインピーダンスに変化はなく Z である。したがって，始動電流 I の値は，

$$I=\frac{\dfrac{220}{\sqrt{3}}}{Z}=\frac{\dfrac{220}{\sqrt{3}}}{8.275}\fallingdotseq 15.3\,[\text{A}]$$

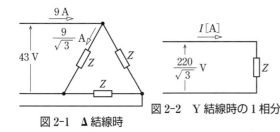

図 2-1　Δ 結線時　　　図 2-2　Y 結線時の 1 相分

解 説

　次のように考えてもよい。

　図 2-3 は，Y 結線で拘束試験を行った場合の 1 相分の等価回路である(Z の意味は解答と同じ)。このとき線電流は，Δ 結線時の $\dfrac{1}{3}$(Y-Δ 始動における始動電流の関係)になり，3 A となる。

　したがって，相電圧が $\dfrac{220}{\sqrt{3}}$ V における電流(始動電流)I の値は，相電圧に比例するので，

$$I=\frac{\dfrac{220}{\sqrt{3}}}{\dfrac{43}{\sqrt{3}}}\times 3\fallingdotseq 15.3\,[\text{A}]$$

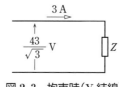

図 2-3　拘束時(Y 結線)

Point Y-Δ 始動では，始動電流を直入れ始動の $\dfrac{1}{3}$ に抑制できる。

問3　出題分野＜誘導機＞　　難易度 ★★★　重要度 ★★★

次の文章は，三相巻線形誘導電動機の構造に関する記述である。

三相巻線形誘導電動機は，　(ア)　を作る固定子と回転する部分の巻線形回転子で構成される。

固定子は，　(イ)　を円形又は扇形にスロットとともに打ち抜いて，必要な枚数積み重ねて積層鉄心を構成し，その内側に設けられたスロットに巻線を納め，結線して三相巻線とすることにより作られる。

一方，巻線形回転子は，積層鉄心を構成し，その外側に設けられたスロットに巻線を納め，結線して三相巻線とすることにより作られる。始動時には高い電圧にさらされることや，大きな電流が流れることがあるので，回転子の巻線には，耐熱性や絶縁性に優れた絶縁電線が用いられる。一般的に，小出力用では，ホルマール線や　(ウ)　などの丸線が，大出力用では，　(エ)　の平角銅線が用いられる。三相巻線は，軸上に絶縁して設けた3個のスリップリングに接続し，ブラシを通して外部(静止部)の端子に接続されている。この端子に可変抵抗器を接続することにより，　(オ)　を改善したり，速度制御をすることができる。

上記の記述中の空白箇所(ア)～(オ)に当てはまる組合せとして，正しいものを次の(1)～(5)のうちから一つ選べ。

	(ア)	(イ)	(ウ)	(エ)	(オ)
(1)	回転磁界	高張力鋼板	ビニル線	エナメル線	効率
(2)	回転磁界	電磁鋼板	ビニル線	エナメル線	始動特性
(3)	電磁力	電磁鋼板	ビニル線	エナメル線	効率
(4)	電磁力	高張力鋼板	ポリエステル線	ガラス巻線	効率
(5)	回転磁界	電磁鋼板	ポリエステル線	ガラス巻線	始動特性

問3の解答　　出題項目＜構造＞　　　　　　　　　　　　　　答え　（5）

三相巻線形誘導電動機は，**回転磁界**を作る固定子と回転する部分の巻線形回転子で構成される。

固定子は，**電磁鋼板**を円形または扇形にスロットとともに打ち抜いて，必要な枚数積み重ねて積層鉄心を構成し，その内側に設けられたスロットに巻線を納め，結線して三相巻線とすることにより作られる。

一方，巻線形回転子は，積層鉄心を構成し，その外側に設けられたスロットに巻線を納め，結線して三相巻線とすることにより作られる。始動時には高い電圧にさらされることや，大きな電流が流れることがあるので，回転子の巻線には，耐熱性や絶縁性に優れた絶縁電線が用いられる。一般的に，小出力用では，ホルマール線や**ポリエステル線**などの丸線が，大出力用では，**ガラス巻線**の平角銅線が用いられる。三相巻線は，軸上に絶縁して設けた3個のスリップリングに接続し，ブラシを通して外部（静止部）の端子に接続されている。この端子に可変抵抗器を接続することにより，**始動特性**を改善したり，速度制御をすることができる。

解 説

三相誘導電動機では，固定子巻線は回転磁界を発生させる。電磁鋼板は，軟鉄にけい素を2～3％添付した厚さ 0.35～0.5 mm の鋼鈑であり，**けい素鋼鈑**と呼ばれる。これを積層することで鉄損を低減できる。

空白箇所（ウ）では，ビニル線は耐熱性に劣るので不適当となる。空白箇所（エ）では，耐熱性のよいポリエステルガラス巻線などが用いられている。なお，エナメル線という名称は，一般には導線にエナメル（絶縁性の樹脂）を塗って焼き付けた絶縁電線の総称である。エナメル線には，絶縁性樹脂の材質によりホルマール線，ポリエステル線などのさまざまな種類があり，それぞれ最高連続使用温度（**耐熱クラス**）が異なる。

スリップリングおよびブラシを通して回転子巻線と接続された外部の可変抵抗器は，二次回路の抵抗値を増やすことで**トルクの比例推移**を利用して始動特性を改善（始動トルクの増加と始動電流の抑制）できる。しかし，二次抵抗が増加するので二次損失が増加し，効率は低下する。

令和 **3** (2021)
令和 **2** (2020)
令和 **元** (2019)
平成 **30** (2018)
平成 **29** (2017)
平成 **28** (2016)
平成 **27** (2015)
平成 **26** (2014)
平成 **25** (2013)
平成 **24** (2012)
平成 **23** (2011)
平成 **22** (2010)
平成 **21** (2009)
平成 **20** (2008)

問 4 出題分野＜同期機＞ | 難易度 ★★★ | 重要度 ★★★

次の文章は，三相同期発電機の並行運転に関する記述である。

ある母線に同期発電機 A を接続して運転しているとき，同じ母線に同期発電機 B を並列に接続するには，同期発電機 A，B の (ア) の大きさが等しくそれらの位相が一致していることが必要である。 (ア) の大きさを等しくするには B の (イ) 電流を，位相を一致させるには B の原動機の (ウ) を調整する。位相が一致しているかどうかの確認には (エ) が用いられる。

並行運転中に両発電機間で (ア) の位相が等しく大きさが異なるとき，両発電機間を (オ) 横流が循環する。これは電機子巻線の抵抗損を増加させ，巻線を加熱させる原因となる。

上記の記述中の空白箇所(ア)～(オ)に当てはまる組合せとして，正しいものを次の(1)～(5)のうちから一つ選べ。

	(ア)	(イ)	(ウ)	(エ)	(オ)
(1)	起電力	界磁	極数	位相検定器	有効
(2)	起電力	界磁	回転速度	同期検定器	無効
(3)	起電力	電機子	極数	位相検定器	無効
(4)	有効電力	界磁	回転速度	位相検定器	有効
(5)	有効電力	電機子	極数	同期検定器	無効

A 問題　29

令和
4
(2022)

令和
3
(2021)

令和
2
(2020)

令和
元
(2019)

平成
30
(2018)

平成
29
(2017)

平成
28
(2016)

平成
27
(2015)

平成
26
(2014)

平成
25
(2013)

平成
24
(2012)

平成
23
(2011)

平成
22
(2010)

平成
21
(2009)

平成
20
(2008)

問 4 の解答　　出題項目＜並行運転＞　　答え（2）

　ある母線に同期発電機 A を接続して運転しているとき，同じ母線に同期発電機 B を並列に接続するには，同期発電機 A，B の**起電力**の大きさが等しくそれらの位相が一致していることが必要である。**起電力**の大きさを等しくするには B の**界磁**電流を，位相を一致させるには B の原動機の**回転速度**を調整する。位相が一致しているかどうかの確認には**同期検定器**が用いられる。

　並行運転中に両発電機間で**起電力**の位相が等しく大きさが異なるとき，両発電機間を**無効**横流が循環する。これは電機子巻線の抵抗損を増加させ，巻線を加熱させる原因となる。

解説

　同期発電機の並行運転に必要な条件は，次の三つである。なお，同期発電機の起電力波形は正弦波であることを前提とする。

　① 起電力の大きさが等しい。
　② 起電力の周波数が等しい。
　③ 起電力の位相が等しい。

　周波数と位相の調整は，同期発電機 B の原動機の回転速度を調整する。周波数がほぼ一致した状態に調整したのち，界磁電流を調整して起電力を一致させ，同期検定器で両機の起電力の位相が合った瞬間をとらえ B を並列接続する。

　並行運転中に両発電機間で起電力の位相が等しく大きさが異なるとき，その差の起電力により両発電機間に循環電流(無効横流)が流れる。この循環電流は，同期発電機が等価的に**同期リアクタンス**であることから，無効電流となる。この無効電流は，起電力の大きな発電機に対してはほぼ 90° 遅れ無効電流となるため，同期発電機の減磁作用により起電力が低下する。一方，起電力の小さな発電機に対してはほぼ 90° 進み電流となるため，同期発電機の増磁作用により起電力が上昇する。この結果，両発電機の起電力は等しくなる。この無効電流により，それぞれの発電機の力率を調整できる。

補足
　並行運転に入った B に負荷を分担させるには，B の原動機入力を増し B の起電力の位相をわずかに進ませる。これにより，両機間に**同期化電流**が流れ**同期化力**が働き，新たな負荷分担による同期運転に移行する。

問 5　　出題分野＜同期機＞

難易度 ★★★　　**重要度** ★★★

　定格出力 1 500 kV・A，定格電圧 3 300 V の三相同期発電機がある。無負荷時に定格電圧となる界磁電流に対する三相短絡電流（持続短絡電流）は，310 A であった。この同期発電機の短絡比の値として，最も近いものを次の（1）～（5）のうちから一つ選べ。

（1）　0.488　　　（2）　0.847　　　（3）　1.18　　　（4）　1.47　　　（5）　2.05

令和
4
(2022)

令和
3
(2021)

令和
2
(2020)

令和
元
(2019)

平成
30
(2018)

平成
29
(2017)

平成
28
(2016)

平成
27
(2015)

平成
26
(2014)

平成
25
(2013)

平成
24
(2012)

平成
23
(2011)

平成
22
(2010)

平成
21
(2009)

平成
20
(2008)

問 5 の解答　出題項目＜無負荷飽和曲線＞　　　　答え　(3)

　無負荷時に定格電圧となる界磁電流に対する三相短絡電流 I_s は，310 A である。

　この発電機の定格電流 I_n の値は，

$$I_n = \frac{1\,500 \times 10^3}{\sqrt{3} \times 3\,300} \fallingdotseq 262.4\,[\text{A}]$$

　したがって，この同期発電機の短絡比 K_S の値は，

$$K_S = \frac{I_s}{I_n} = \frac{310}{262.4} \fallingdotseq 1.18$$

解説

　図 5-1 は，三相同期発電機の**無負荷飽和曲線**と**三相短絡曲線**の関係図である。I_{f1} は無負荷で定格電圧を発生するのに必要な界磁電流であり，I_{f2} は定格電流に等しい三相短絡電流を流すのに必要な界磁電流である。

　このとき，同期発電機の短絡比 K_S は次式で定義される。

$$K_S = \frac{I_{f1}}{I_{f2}}$$

　三相短絡曲線は，90° 遅れの短絡電流による減磁作用のため磁気飽和が起こらず，ほぼ直線とみなせる。三角形の相似比から次式が成り立つ。

$$K_S = \frac{I_{f1}}{I_{f2}} = \frac{I_s}{I_n}$$

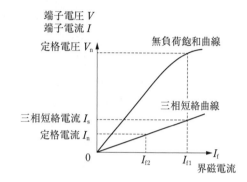

図 5-1　同期発電機の特性曲線

補足　短絡比 K_S は，**百分率同期インピーダンス降下**を $\%Z_s\,[\%]$ とすると，次の関係式で求めることもできる。

$$K_S = \frac{100}{\%Z_s}$$

　この式は，同期インピーダンスと短絡比の関係を問う問題に活用できる。

（類題：平成 21 年度問 5）

問6　出題分野＜同期機＞　　　難易度 ★★☆　　重要度 ★★☆

ステッピングモータに関する記述として，誤っているものを次の（1）～（5）のうちから一つ選べ。

（1）　ステッピングモータは，パルスが送られるたびに定められた角度を1ステップとして回転する。

（2）　ステッピングモータは，送られてきたパルスの周波数に比例する回転速度で回転し，入力パルスを停止すれば回転子も停止する。

（3）　ステッピングモータは，負荷に対して始動トルクが大きく，つねに入力パルスと同期して始動できるが，過大な負荷が加わると脱調・停止してしまう場合がある。

（4）　ステッピングモータには，永久磁石形，可変リラクタンス形，ハイブリッド形などがある。永久磁石を用いない可変リラクタンス形ステッピングモータでは，無通電状態でも回転子位置を保持する力が働く特徴がある。

（5）　ステッピングモータは，回転角度センサを用いなくても，1ステップごとの位置制御ができる特徴がある。プリンタやスキャナなどのコンピュータ周辺装置や，各種検査装置，製造装置など，様々な用途に利用されている。

問 6 の解答　　出題項目＜ステッピングモータ＞　　答え　（4）

（1）　正。モータの回転量は，「ステップ角（1パルス当たりの回転角）×パルス数」となる。

（2）　正。モータの回転速度は毎秒当たりの回転量に比例し，回転量はパルス数に比例する。毎秒当たりのパルス数はパルスの周波数であるから，回転速度はパルスの周波数に比例する。

（3）　正。始動トルクよりも負荷トルクが大きくならないような状態で使用する必要がある。

（4）　誤。可変リラクタンス形は，無通電状態では**回転子位置を保持する力は働かない**。

（5）　正。ステップ角がモータの仕様で決まっており，パルス数で回転子位置が決まるため，動作原理上角度センサは不要となる。

解説

可変リラクタンス形ステッピングモータの回転子は，回転子表面が歯車ような凹凸状の構造をした強磁性の鉄心で構成されている（**図 6-1** を参照）。回転原理は次のとおりである。電流によって励磁された磁極（固定子）が回転子の凸部を磁力

によって吸引し，両者が整列する位置で回転子が静止する。固定子の通電磁極を適切に順次切り換えていくことで，回転子は回転する。

整列状態にある磁極と回転子凸部間には，磁力によりその位置を保持しようとする力が働くため，停止状態でも回転子位置を保持するが，無通電状態では磁極の磁力が生じず，回転子位置を保持する力は働かない。永久磁石形，ハイブリッド形は，回転子が永久磁石による磁力を有するため，無通電でもある程度の位置保持力を持つ。

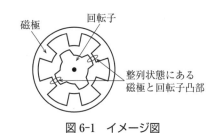

図 6-1　イメージ図

令和 **4** (2022)

令和 **3** (2021)

令和 **2** (2020)

令和 **元** (2019)

平成 **30** (2018)

平成 **29** (2017)

平成 **28** (2016)

平成 **27** (2015)

平成 **26** (2014)

平成 **25** (2013)

平成 **24** (2012)

平成 **23** (2011)

平成 **22** (2010)

平成 **21** (2009)

平成 **20** (2008)

問7　出題分野＜機器全般＞　難易度 ★★★　重要度 ★★★

電源電圧一定の下，トルク一定の負荷を負って回転している各種電動機の性質に関する記述として，正しいものと誤りのものの組合せとして，正しいものを次の（1）～（5）のうちから一つ選べ。

(ア)　巻線形誘導電動機の二次抵抗を大きくすると，滑りは増加する。

(イ)　力率1.0で運転している同期電動機の界磁電流を小さくすると，電機子電流の位相は電源電圧に対し，進みとなる。

(ウ)　他励直流電動機の界磁電流を大きくすると，回転速度は上昇する。

(エ)　かご形誘導電動機の電源周波数を高くすると励磁電流は増加する。

	（ア）	（イ）	（ウ）	（エ）
（1）	誤り	誤り	正しい	正しい
（2）	正しい	正しい	誤り	誤り
（3）	誤り	正しい	正しい	正しい
（4）	正しい	誤り	誤り	正しい
（5）	正しい	誤り	誤り	誤り

問7の解答　　出題項目＜各種電気機器＞

答え　（5）

（ア）は正しい。トルクの比例推移により，巻線形誘導電動機では滑りと二次抵抗値との比が一定であれば，電動機の発生トルクは一定となる。負荷トルクが一定のとき，電動機の発生トルクも一定であるから，二次抵抗を大きくすると滑りは増加する。

（イ）は誤り。界磁電流を小さくすると，電動機の電機子誘導起電力が低下する。電源電圧は一定であるから，電機子誘導起電力を平衡状態に戻すために電機子反作用（**増磁作用**）が起こる。電動機では増磁作用は遅れの電機子電流によって引き起こされるので，**励磁電流を小さくすると電機子電流の位相は電源電圧に対して遅れる**。

（ウ）は誤り。電機子回路の電圧降下は電源電圧に対してわずかなので，電機子誘導起電力（電機子逆起電力）は電源電圧にほぼ等しく一定と考えることができる。一方，電機子誘導起電力は電磁誘導の法則から，界磁磁束と回転速度に比例する。したがって，電機子誘導起電力が一定のとき，**界磁電流を大きくして界磁磁束を増やすと，それに反比例して回転速度は低下する**。

（エ）は誤り。**図 7-1 の L 形簡易等価回路**において，励磁回路は抵抗（鉄損を表す成分）とリアクタンス（主磁束を作る成分）の並列回路で表せる。**周波数を高くするとリアクタンスが比例して大きくなるので，励磁電流は減少する**。

以上から，正解は（5）となる。

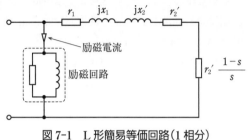

図 7-1　L 形簡易等価回路（1 相分）

解説

（ア）の比例推移は，計算問題としても頻出である。

（イ）は，**図 7-2** に示す V 曲線からも明らかである。

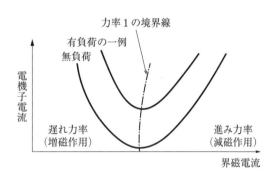

図 7-2　V 曲線の例

（ウ）の関係式「誘導起電力∝磁束 × 回転速度」は，計算問題にしばしば登場する。

（エ）に関しては，電源周波数を高くすると回転速度が増すことも覚えておきたい。

令和
4
(2022)

令和
3
(2021)

令和
2
(2020)

令和
元
(2019)

平成
30
(2018)

平成
29
(2017)

平成
28
(2016)

平成
27
(2015)

平成
26
(2014)

平成
25
(2013)

平成
24
(2012)

平成
23
(2011)

平成
22
(2010)

平成
21
(2009)

平成
20
(2008)

問8　　出題分野＜変圧器＞　　難易度 ★★★　重要度 ★★★

　単相変圧器の一次側に電流計，電圧計及び電力計を接続して，短絡試験を行う。二次側を短絡し，一次側に定格周波数の電圧を供給し，電流計が 40 A を示すように一次側の電圧を調整したところ，電圧計は 80 V，電力計は 1 000 W を示した。この変圧器の一次側からみた漏れリアクタンスの値 [Ω] として，最も近いものを次の（1）～（5）のうちから一つ選べ。

　ただし，変圧器の励磁回路のインピーダンスは無視し，電流計，電圧計及び電力計は理想的な計器であるものとする。

（1）　0.63　　　（2）　1.38　　　（3）　1.90　　　（4）　2.00　　　（5）　2.10

問9　　出題分野＜変圧器＞　　難易度 ★★★　重要度 ★★★

いろいろな変圧器に関する記述として，誤っているものを次の（1）～（5）のうちから一つ選べ。
（1）　単巻変圧器は，一つの巻線の一部から端子が出ており，巻線の共通部分を分路巻線，共通でない部分を直列巻線という。三相結線にして電力系統の電圧変成などに用いられる。
（2）　単相変圧器3台を Δ-Δ 結線として三相給電しているとき，故障等により1台を取り除いて残りの2台で同じ電圧のまま給電する方式を V 結線方式という。V 結線にすると変圧器の利用率はおよそ 0.866 倍に減少する。
（3）　スコット結線変圧器は，M 変圧器，T 変圧器と呼ばれる単相変圧器2台を用いる。M 変圧器の中央タップに片端子を接続した T 変圧器の途中の端子と M 変圧器の両端の端子を三相電源の一次側入力端子とする。二次側端子からは位相差180度の二つの単相電源が得られる。この変圧器は，電気鉄道の給電などに用いられる。
（4）　計器用変成器は，送配電系統等の高電圧・大電流を低電圧・小電流に変成して指示計器にて計測するためなどに用いられる。このうち，計器用変圧器は，変圧比が1より大きく，定格二次電圧は一般に，110 V 又は $\dfrac{110}{\sqrt{3}}$ V に統一されている。
（5）　計器用変成器のうち，変流器は，一次巻線の巻数が少なく，1本の導体を鉄心に貫通させた貫通形と呼ばれるものがある。二次側を開放したままで一次電流を流すと一次電流が全て励磁電流となり，二次端子には高電圧が発生するので，電流計を接続するなど短絡状態で使用する必要がある。

A 問題　**37**

令和 **4** (2022)
令和 **3** (2021)
令和 **2** (2020)
令和 **元** (2019)
平成 **30** (2018)
平成 **29** (2017)
平成 **28** (2016)
平成 **27** (2015)
平成 **26** (2014)
平成 **25** (2013)
平成 **24** (2012)
平成 **23** (2011)
平成 **22** (2010)
平成 **21** (2009)
平成 **20** (2008)

問 8 の解答　出題項目＜試験＞　答え（3）

　図8-1 は等価回路である。r は一次側から見た巻線抵抗，x は一次側から見た漏れリアクタンスである。

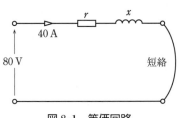

図8-1　等価回路

　電力計の指示 1 000 W は，抵抗 r における消費電力であるから，

$$1\,000 = 40^2 \times r$$

　　∴　$r = 0.625\,[\Omega]$

　回路のインピーダンスは，$80 \div 40 = 2\,[\Omega]$ である。よって，リアクタンス x の値は，

$$x = \sqrt{2^2 - 0.625^2} \fallingdotseq 1.90\,[\Omega]$$

解説　••••••••••••••••••••••••••••••••••

　二次側を短絡した短絡試験は，通常一次電流として一次定格電流を流して行う。このときの一次側の電圧を**インピーダンス電圧**という。また，電力計の指示を**インピーダンスワット**といい，これは定格負荷時の銅損とほぼ等しい。

　インピーダンス電圧の一次定格電圧に対する比を百分率で表したものを，**百分率インピーダンス降下**という。

問 9 の解答　出題項目＜各種変圧器＞　答え（3）

　（1）　正。電力系統における電圧変成用として，超高圧系統で採用されている。

　（2）　正。単相変圧器の定格容量を S とすると，V 結線の出力容量は $\sqrt{3}S$ となる。これを 2 台の変圧器（出力容量 2S）で 賄(まかな)っているので，変圧器の利用率は，

$$\frac{\sqrt{3}S}{2S} \fallingdotseq 0.866$$

　（3）　誤。二つの変圧器の二次側端子に表れる単相交流の位相差は，**90°**（解説を参照）である。

　（4）　正。計器用変圧器は高電圧の系統電圧を低電圧（定格二次電圧）に変成するので，その変圧比は 1 より大きくなる。

　（5）　正。二次側が開放されると，一次電流が全て励磁電流となり鉄心は磁気飽和する。電流の反転変化に伴い飽和磁束が急激に反転変化することで，二次巻線に高電圧を誘導する。

解説　••••••••••••••••••••••••••••••••••

　図 9-1 において，一次巻線の巻数を M 変圧器が N_1，T 変圧器が $\dfrac{\sqrt{3}}{2}N_1$ とする。O は M 変圧器の中央タップ，U，V，W は平衡三相交流の各相である。また，V から U に向かうベクトルおよび O から W に向かうベクトルの大きさは，それぞれ M 変圧器および T 変圧器の端子電圧である。

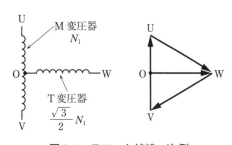

図 9-1　スコット結線一次側

　図 9-2 は，各変圧器の二次側の巻線とその電圧ベクトルである。各変圧器の二次側巻線の巻数が同じ（図では N_2）であるとき，M 変圧器および T 変圧器の二次側には，同じ大きさで，位相差 90° の電圧が得られる。

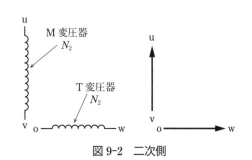

図 9-2　二次側

問 10 出題分野＜パワーエレクトロニクス＞ 難易度 ★★★ 重要度 ★★★

図 1 は直流チョッパ回路の基本構成図を示している。降圧チョッパを構成するデバイスを図 2 より選んで回路を構成したい。（ア）～（ウ）に入るデバイスの組合せとして，正しいものを次の（1）～（5）のうちから一つ選べ。

ただし，図 2 に示す図記号の向きは任意に変更できるものとする。

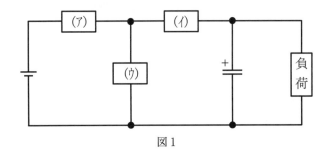

図 1

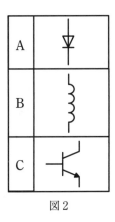

図 2

	（ア）	（イ）	（ウ）
（1）	B	A	C
（2）	B	C	A
（3）	C	A	B
（4）	C	B	A
（5）	A	B	C

令和
4
(2022)

令和
3
(2021)

令和
2
(2020)

令和
元
(2019)

平成
30
(2018)

平成
29
(2017)

平成
28
(2016)

平成
27
(2015)

平成
26
(2014)

平成
25
(2013)

平成
24
(2012)

平成
23
(2011)

平成
22
(2010)

平成
21
(2009)

平成
20
(2008)

問10の解答　　出題項目＜チョッパ＞　　　　答え　（4）

　直流降圧チョッパの基本構成図は，**図10-1**となる。ただし，A はダイオード，B はリアクトル，C はスイッチング素子（図はバイポーラトランジスタ）である。したがって，正解は（4）となる。

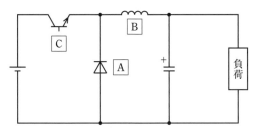

図10-1　直流降圧チョッパの基本構成図

解 説 ･････････････････････････････････

　この回路の大まかな動作は次のとおりである。
　C がオンのとき，電源から負荷に B を通り電流が流れる。このとき，B は磁気エネルギーを蓄える。C がオフになると，B は蓄えた磁気エネルギーを放出することで A を通る循環回路により負荷に電流を流し続ける。以後，以上の動作を繰り返す。コンデンサは負荷電圧を平滑する働きがある。

　負荷に現れる直流平均電圧 V_a[V]は，C の**通流率** d で決まる。直流電源の電圧を V[V]とすると，$V_a = dV$ となる。d は，C のオン時間を T_{on}，オフ時間を T_{off} とすると，

$$d = \frac{T_{on}}{T_{on} + T_{off}}$$

と定義されているので，d の値は $1 \geq d \geq 0$ の範囲で変化する。このため，負荷の直流平均電圧は，電源電圧を降圧した値となる。

Point 降圧チョッパの計算には，$V_a = dV$ の式が必須である。

問 11　　出題分野＜電動機応用＞　　難易度 ★★★　　重要度 ★★★

　かごの質量が250 kg，定格積載質量が1500 kgのロープ式エレベータにおいて，釣合いおもりの質量は，かごの質量に定格積載質量の40 %を加えた値とした。このエレベータで，定格積載質量を搭載したかごを一定速度100 m/minで上昇させるときに用いる電動機の出力の値[kW]として，最も近いものを次の(1)～(5)のうちから一つ選べ。ただし，機械効率は75 %，加減速に要する動力及びロープの質量は無視するものとする。

（1）　2.00　　　　（2）　14.7　　　　（3）　19.6　　　　（4）　120　　　　（5）　1180

問11の解答　　出題項目＜エレベーター・巻上機＞　　　　答え　（3）

図 **11-1** は，ロープ式エレベータの力学関係を示した概略図である。

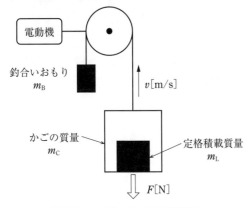

図 11-1　エレベータの概略図

エレベータが巻き上げるべき正味の質量 m は，かごの質量 m_C と定格積載質量 m_L との和から，釣合いおもりの質量 m_B を差し引いたものとなる。釣合いおもりの質量 m_B は，題意より $250 + 1\,500 \times 0.4 = 850$[kg]である。よって，質量 m の値は，

$$m = 1\,500 + 250 - 850 = 900\,[\text{kg}]$$

重力によりこの質量に下向きに加わる力 F の値は，

$$F = mg \fallingdotseq 900 \times 9.8 = 8\,820\,[\text{N}]$$

ただし，**重力加速度** g の値を 9.8 m/s² とした。

力学法則より，F[N]の重力に逆らって物体を一定速度 v[m/s]で上昇させるための仕事率 P の値は，

$$P = Fv = 8\,820 \times \frac{100}{60} = 14\,700\,[\text{W}]$$

機械効率は 0.75 なので，電動機の出力 P' の値は，

$$P' = \frac{P}{0.75} = \frac{1\,470}{0.75}$$
$$= 19\,600\,[\text{W}] = 19.6\,[\text{kW}]$$

解説　..

この問題は，巻き上げ荷重を m[kg]とした場合の，巻上機に関する問題と本質的に同じである。m[kg]の物体は上方への等速直線運動であるため，物体に加わる力の合力は零でなければならない。つまり，上方向に F[N]の力がロープを通して与えられていることになる。

（類題：令和元年度問 11）

問 12　出題分野＜電気化学＞　　難易度 ★★★　重要度 ★★★

次の文章は，ナトリウム–硫黄電池に関する記述である。

大規模な電力貯蔵用の二次電池として，ナトリウム–硫黄電池がある。この電池は　(ア)　状態で使用されることが一般的である。　(イ)　極活性物質にナトリウム，　(ウ)　極活性物質に硫黄を使用し，仕切りとなる固体電解物質には，ナトリウムイオンだけを透過する特性がある　(エ)　を用いている。

セル当たりの起電力は　(オ)　V と低く，容量も小さいため，実際の電池では，多数のセルを直並列に接続して集合化し，モジュール電池としている。この電池は，鉛蓄電池に比べて単位質量当たりのエネルギー密度が 3 倍と高く，長寿命な二次電池である。

上記の記述中の空白箇所(ア)～(オ)に当てはまる組合せとして，正しいものを次の(1)～(5)のうちから一つ選べ。

	(ア)	(イ)	(ウ)	(エ)	(オ)
(1)	高温	正	負	多孔質ポリマー	1.2～1.5
(2)	常温	正	負	ベータアルミナ	1.2～1.5
(3)	低温	正	負	多孔質ポリマー	1.2～1.5
(4)	高温	負	正	ベータアルミナ	1.7～2.1
(5)	低温	負	正	多孔質ポリマー	1.7～2.1

令和
4
(2022)

令和
3
(2021)

令和
2
(2020)

令和
元
(2019)

平成
30
(2018)

平成
29
(2017)

平成
28
(2016)

平成
27
(2015)

平成
26
(2014)

平成
25
(2013)

平成
24
(2012)

平成
23
(2011)

平成
22
(2010)

平成
21
(2009)

平成
20
(2008)

| 問 12 の解答 | 出題項目＜二次電池＞ | | 答え　（4） |

大規模な電力貯蔵用の二次電池として，ナトリウム-硫黄電池がある。この電池は**高温**状態で使用されることが一般的である。**負**極活性物質にナトリウム，**正**極活性物質に硫黄を使用し，仕切りとなる固体電解物質には，ナトリウムイオンだけを透過する特性がある**ベータアルミナ**を用いている。

セル当たりの起電力は **1.7〜2.1** V と低く，容量も小さいため，実際の電池では，多数のセルを直並列に接続して集合化し，モジュール電池としている。この電池は，鉛蓄電池に比べて単位質量当たりのエネルギー密度が 3 倍と高く，長寿命な二次電池である。

解説

放電時の動作原理は次のとおりである（**図 12-1** を参照）。負極のナトリウム Na が電子 e^- を放出してイオン化し，ナトリウムイオン Na^+ となる。放出した e^- は，負極から外部回路の負荷を通り正極に向かう。電池内部では，Na^+ がベータアルミナを通り正極に移動し，外部回路を通ってきた電子を取り込み，硫黄と化合物（多硫化ナトリウム Na_2S_x，$x=2〜5$）をつくる。なお，Na_2S_x の生成には複数の Na，S が必要であるが，図 12-1 では生成反応を簡略して示してある。

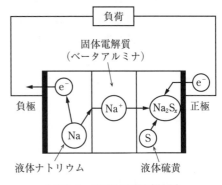

図 12-1　動作原理図（放電）

充電時は，正極の化合物が e^- と Na^+ と硫黄に分かれ，Na^+ はベータアルミナを通り負極で外部電源より供給された e^- を受け取り，Na に戻る。正極で生じた e^- は，外部電源に吸収される。この電池は 300 ℃ 程度の高温で動作する。

問 13　出題分野＜情報＞　　難易度 ★★★　重要度 ★★★

　文字や音声，画像などの情報を電気信号や光信号に変換してやりとりすることを電気通信といい，様々な用途や場所で利用されている。電気通信に関する記述として，誤っているものを次の（1）〜（5）のうちから一つ選べ。

（1）　通信には，通信ケーブルを伝送路として用いる有線通信と，空間を伝送路として用いる無線通信がある。通信の用途に応じて適切な方式が選択される。

（2）　電気信号に変換した情報を扱う方式として，アナログ方式とディジタル方式がある。アナログ方式は古くから使用されてきたが，ディジタル方式は，雑音（ノイズ）の影響を受けにくいことや，小型化しやすいこと，コンピュータで処理しやすいことなどから，近年では採用されることが多くなっている。

（3）　光通信の伝送路として主に用いられる光ファイバケーブルでは，入射した光信号は屈折率の異なるコアとクラッドの間で全反射しながら進んでいく。光ファイバケーブルは伝送損失が非常に少なく，無誘導のため漏話しにくいことから，長距離の伝送に適している。

（4）　無線通信に用いられる電波の伝わり方は，周波数や波長によって異なるために，通信の用途にあったものが用いられる。周波数の低い，すなわち波長の長い電波は直進性が強いために，特定の方向に向けて発信するのに適している。

（5）　データ通信における誤りの検出方法としてよく使用されるパリティチェック方式は，伝送データのビット列に対して，状態が"1"のビットの個数が奇数または偶数になるように，検査のためのビットを付け加えて送ることで，受信側で誤りを検出する方式である。

令和 **4** (2022)
令和 **3** (2021)
令和 **2** (2020)
令和 **元** (2019)
平成 **30** (2018)
平成 **29** (2017)
平成 **28** (2016)
平成 **27** (2015)
平成 **26** (2014)
平成 **25** (2013)
平成 **24** (2012)
平成 **23** (2011)
平成 **22** (2010)
平成 **21** (2009)
平成 **20** (2008)

問 13 の解答　　出題項目＜電気通信＞　　答え　（4）

（1）正。有線通信用の通信ケーブルには，金属線ケーブルではより線ケーブル，同軸ケーブルがあり，光通信用としては光ファイバケーブルがある。無線通信では，送受信機はアンテナとフィーダ線や導波管で接続される。送受信機には，AM 方式，FM 方式，SSB 方式がある。

（2）正。記述のとおり。

（3）正。記述のとおり。

（4）誤。電波は，**周波数が高くなるほど直進性が強くなる**。

（5）正。偶数パリティ方式では，受信側において受信した信号の 1 の数が奇数個であったとき（奇数パリティ方式では，1 の数が偶数個のとき），受信信号に誤りがあることが検出できる。ただし，伝送中に符号誤りが偶数個生じた場合は，この方式では誤りの有無を検出できない。

解 説

電波の伝わり方は，周波数の違いに原因するものばかりではなく，時間帯や地形，気象条件などの影響も受ける。これらは，無線通信において非常に重要な意味を持つ。

送信した全ての符号数に対する受信誤りとなった符号数を，**符号誤り率**といい，ディジタル伝送におけるクオリティの目安となる。

問 14　出題分野＜情報＞　　難易度 ★★★　　重要度 ★★★

次の文章は，電子機械の構成と基礎技術に関する記述である。

ディジタルカメラや自動洗濯機など我々が日常で使う機器，ロボット，生産工場の工作機械など，多くの電子機械はメカトロニクス技術によって設計・製造され，運用されている。機械にマイクロコンピュータを取り入れるようになり，メカトロニクス技術は発展してきた。

電子機械では，外界の情報や機械内部の運動状態を各種センサにより取得する。大部分のセンサ出力は電圧または電流の信号であり時間的に連続に変化する　(ア)　信号である。電気，油圧，空気圧などのエネルギーを機械的な動きに変換するアクチュエータも　(ア)　信号で動作するものが多い。これらの信号はコンピュータで構成される制御装置で　(イ)　信号として処理するため，信号の変換器が必要となる。　(ア)　信号から　(イ)　信号への変換器を　(ウ)　変換器，その逆の変換器を　(エ)　変換器という。センサの出力信号は　(ウ)　変換器を介してコンピュータに取り込まれ，コンピュータで生成されたアクチュエータへの指令は　(エ)　変換器を介してアクチュエータに送られる。その間必要に応じて信号レベルを変換する。このような，センサやアクチュエータとコンピュータとの橋渡しの機能をもつものを　(オ)　という。

上記の記述中の空白箇所(ア)～(オ)に当てはまる組合せとして，正しいものを次の(1)～(5)のうちから一つ選べ。

	(ア)	(イ)	(ウ)	(エ)	(オ)
(1)	ディジタル	アナログ	D-A	A-D	インタフェース
(2)	アナログ	ディジタル	A-D	D-A	インタフェース
(3)	アナログ	ディジタル	A-D	D-A	ネットワーク
(4)	ディジタル	アナログ	D-A	A-D	ネットワーク
(5)	アナログ	ディジタル	D-A	A-D	インタフェース

問 14 の解答　　出題項目＜コンピュータ・コンピュータ制御＞　　答え（2）

ディジタルカメラや自動洗濯機など我々が日常で使う機器，ロボット，生産工場の工作機械など，多くの電子機械はメカトロニクス技術によって設計・製造され，運用されている。機械にマイクロコンピュータを取り入れるようになり，メカトロニクス技術は発展してきた。

電子機械では，外界の情報や機械内部の運動状態を各種センサにより取得する。大部分のセンサ出力は電圧または電流の信号であり時間的に連続に変化する**アナログ**信号である。電気，油圧，空気圧などのエネルギーを機械的な動きに変換するアクチュエータも**アナログ**信号で動作するものが多い。これらの信号はコンピュータで構成される制御装置で**ディジタル**信号として処理するため，信号の変換器が必要となる。**アナログ**信号から**ディジタル**信号への変換器を **A-D** 変換器，その逆の変換器を **D-A** 変換器という。センサの出力信号は **A-D** 変換器を介してコンピュータに取り込まれ，コンピュータで生成されたアクチュエータへの指令は **D-A** 変換器を介してアクチュエータに送られる。その間必要に応じて信号レベルを変換する。このような，センサやアクチュエータとコンピュータとの橋渡しの機能をもつものを**インターフェース**という。

解説

A-D 変換は，次のプロセスにより行われる。
① 「アナログ信号の**標本化（サンプリング）**」。アナログ信号の振幅値を一定の時間間隔 T_s で抜き取り，振幅パルス列（**標本化パルス**）とする。$f_s = \dfrac{1}{T_s}$ を**標本化周波数**という。アナログ信号に含まれる最高周波数の 2 倍以上の標本化周波数で標本化した標本化パルスであれば，もとのアナログ信号を再現できる。これを**標本化定理**という。
② 「サンプリングしたアナログ値を四捨五入してある整数の近似値に置き換える**量子化**」。ある整数とは，$0 \sim 2^n$ であり，n を**量子化ビット数**という。量子化の際に四捨五入による誤差が生じるが，これを**量子化誤差**という。量子化ビット数が多いほど量子化誤差を小さくできる。③ 「量子化された値を 2 進数に置き換える**符号化**」。変換方式には逐次比較形，**二重積分形**などがある。これにより，量子化ビット数の 2 進ディジタル符号が T_s 間隔で得られる。

D-A 変換は，次のプロセスにより行われる。
① 「ディジタル信号を一定の時間間隔 T_s ごとの振幅パルス列に置き換える**復合**」。符号化の逆のプロセスといえる。② 「時間的に不連続の振幅パルス列を棒グラフ状につなげて時間的に連続なアナログ波形にする**再生フィルタ**」。③ 「得られたアナログ波形から $f_s = \dfrac{1}{T_s}$ を超える高調波を取り除く**フィルタリング**」。後置フィルタ（ローパスフィルタ）を通すことでアナログ信号が得られる。

問 15　　出題分野＜自動制御＞　　難易度 ★★★　重要度 ★★★

図は，出力信号 y を入力信号 x に一致させるように動作するフィードバック制御系のブロック線図である。次の（a）及び（b）の問に答えよ。

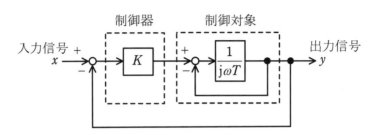

（a）　図において，$K=5$，$T=0.1$ として，入力信号からフィードバック信号までの一巡伝達関数（開ループ伝達関数）を表す式を計算し，正しいものを次の（1）～（5）から一つ選べ。

（1）　$\dfrac{5}{1-\mathrm{j}\omega 0.1}$　　（2）　$\dfrac{5}{1+\mathrm{j}\omega 0.1}$　　（3）　$\dfrac{1}{6+\mathrm{j}\omega 0.1}$

（4）　$\dfrac{5}{6-\mathrm{j}\omega 0.1}$　　（5）　$\dfrac{5}{6+\mathrm{j}\omega 0.1}$

（次々頁に続く）

令和 4 (2022)
令和 3 (2021)
令和 2 (2020)
令和 元 (2019)
平成 30 (2018)
平成 29 (2017)
平成 28 (2016)
平成 27 (2015)
平成 26 (2014)
平成 25 (2013)
平成 24 (2012)
平成 23 (2011)
平成 22 (2010)
平成 21 (2009)
平成 20 (2008)

問 15（a）の解答　出題項目＜ブロック線図, 伝達関数＞　　答え　(2)

制御対象のブロック線図を等価変換すると,

$$\frac{\dfrac{1}{\mathrm{j}\omega T}}{1+\dfrac{1}{\mathrm{j}\omega T}} = \frac{1}{1+\mathrm{j}\omega T}$$

であるから, 一巡伝達関数（一巡周波数伝達関数）$G(\mathrm{j}\omega)$ は,

$$G(\mathrm{j}\omega) = K \times \frac{1}{1+\mathrm{j}\omega T}$$

$$= \frac{K}{1+\mathrm{j}\omega T} = \frac{5}{1+\mathrm{j}\omega 0.1}$$

解説

図 15-1 および図 15-2 は, 直列接続およびフィードバック接続におけるブロック線図の等価変換を示す。この問題では, 制御器の周波数伝達関数と制御対象の周波数伝達関数は直列接続され

ている。また, 制御対象のフィードバック接続では, 図 15-2 における G_2 は 1 となる。

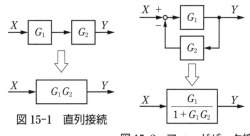

図 15-1　直列接続

図 15-2　フィードバック接続

フィードバック制御系の一巡伝達関数（開ループ伝達関数）のゲイン特性および位相特性を調べることで, この制御系の安定度を調べることができる。

Point フィードバック接続の等価変換は重要

（続き）

（b）（a）で求めた一巡伝達関数において，ω を変化させることで得られるベクトル軌跡はどのような曲線を描くか，最も近いものを次の（1）～（5）のうちから一つ選べ。

（1）

（2）

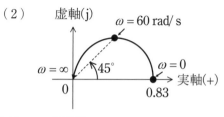

（3）

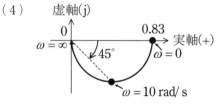

（4）

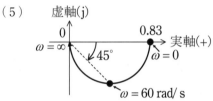

（5）

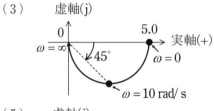

令和 **4** (2022)
令和 **3** (2021)
令和 **2** (2020)
令和 **元** (2019)
平成 **30** (2018)
平成 **29** (2017)
平成 **28** (2016)
平成 **27** (2015)
平成 **26** (2014)
平成 **25** (2013)
平成 **24** (2012)
平成 **23** (2011)
平成 **22** (2010)
平成 **21** (2009)
平成 **20** (2008)

問 15（b）の解答　出題項目＜伝達関数＞　　答え（3）

$G(j\omega)$ を実数部と虚数部に分ける。

$$G(j\omega) = \frac{5}{1+j\omega 0.1}$$

$$= \frac{5(1-j\omega 0.1)}{(1+j\omega 0.1)(1-j\omega 0.1)}$$

$$= \frac{5}{1+0.01\omega^2} - j\frac{0.5\omega}{1+0.01\omega^2}$$

$G(j\omega)$ の虚数部は負であるから，解答の選択肢（1）および（2）は不適当。

また，$\omega=0$ における $G(j\omega)$ の値は 5 であるから，解答の選択肢（4）および（5）は不適当。

したがって，選択肢（3）が正解となる。

解説

解答選択肢の図には，位相角 $-45°$（左回転を正，右回転を負としている）における ω の値が表示してあるので，確認してみよう。

位相角のタンジェントは，$G(j\omega)$ の $\dfrac{虚数部}{実数部}$ と等しいので次式が成り立つ。

$$\tan(-45°) = \frac{-\dfrac{0.5\omega}{1+0.01\omega^2}}{\dfrac{5}{1+0.01\omega^2}} = -0.1\omega$$

$\tan(-45°) = -1$ であるから $\omega=10$ となり，選択肢（3）と一致する。

補足

$G(j\omega)$ の実数部を X，虚数部を Y として，$G(j\omega)$ のベクトル軌跡を求めてみる。

$$X = \frac{5}{1+0.01\omega^2}, \quad Y = -\frac{0.5\omega}{1+0.01\omega^2}$$

より，$\dfrac{Y}{X} = -0.1\omega$ であるから，この式を変形して X の式に代入し，変数 ω を消去する。

$\omega = -\dfrac{10Y}{X}$ より，

$$X = \frac{5}{1+0.01\times\left(-\dfrac{10Y}{X}\right)^2}$$

上式を整理すると，

$$X^2 - 5X + Y^2 = 0$$

となり，X について平方完成すると次式となる。

$$\left(X-\frac{5}{2}\right)^2 + Y^2 = \left(\frac{5}{2}\right)^2$$

この式は実軸上の点 $\dfrac{5}{2}$ を中心とする，半径 $\dfrac{5}{2}$ の円を表す方程式である。ただし，$G(j\omega)$ のベクトル軌跡の虚数部は負であるから，この円の実軸より下側が，$G(j\omega)$ のベクトル軌跡となる。

$\omega=0$ と $\omega=\infty$ におけるこの軌跡上の位置を確認する。$G(j0)=5$，$G(j\infty)=0$ であるから，$\omega=0$ は実軸上の 5 の位置，$\omega=\infty$ は原点となる。

問 16 　出題分野＜パワーエレクトロニクス＞　　難易度 ★★★　重要度 ★★★

　図1は，IGBT を用いた単相ブリッジ接続の電圧形インバータを示す。直流電圧 E_d[V]は，一定値と見なせる。出力端子には，インダクタンス L[H]の誘導性負荷が接続されている。

　図2は，このインバータの動作波形である。時刻 $t=0$ s で IGBT Q_3 及び Q_4 のゲート信号をオフにするとともに Q_1 及び Q_2 のゲート信号をオンにすると，出力電圧 v_a は E_d[V]となる。$t=\dfrac{T}{2}$[s]で Q_1 及び Q_2 のゲート信号をオフにするとともに Q_3 及び Q_4 のゲート信号をオンにすると，出力電圧 v_a は $-E_d$[V]となる。これを周期 T[s]で繰り返して方形波電圧を出力する。

　このとき，次の（ a ）及び（ b ）の問に答えよ。

　ただし，デバイス（IGBT 及びダイオード）での電圧降下は無視するものとする。

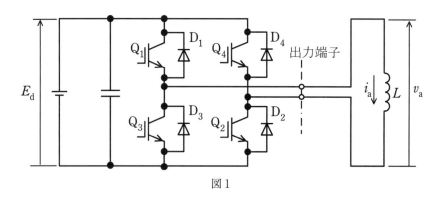

図1

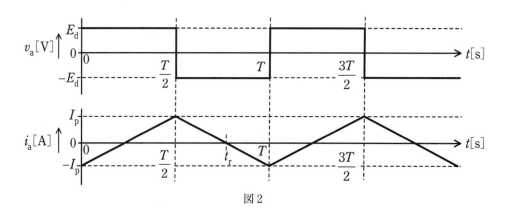

図2

（ a ）　$t=0$ s において $i_a=-I_p$[A]とする。時刻 $t=\dfrac{T}{2}$[s]の直前では Q_1 及び Q_2 がオンしており，出力電流は直流電源から $Q_1\rightarrow$ 負荷 $\rightarrow Q_2$ の経路で流れている。$t=\dfrac{T}{2}$[s]で IGBT Q_1 及び Q_2 のゲート信号をオフにするとともに Q_3 及び Q_4 のゲート信号をオンにした。その直後（図2で，$t=\dfrac{T}{2}$[s]から，出力電流が 0 A になる $t=t_r$[s]までの期間），出力電流が流れるデバイスとして，正しい組合せを次の（1）～（5）のうちから一つ選べ。

　　（ 1 ）　Q_1, Q_2　　　（ 2 ）　Q_3, Q_4　　　（ 3 ）　D_1, D_2　　　（ 4 ）　D_3, D_4

　　（ 5 ）　Q_3, Q_4, D_1, D_2

（次々頁に続く）

令和
4
(2022)

令和
3
(2021)

令和
2
(2020)

令和
元
(2019)

平成
30
(2018)

平成
29
(2017)

平成
28
(2016)

平成
27
(2015)

平成
26
(2014)

平成
25
(2013)

平成
24
(2012)

平成
23
(2011)

平成
22
(2010)

平成
21
(2009)

平成
20
(2008)

問16（a）の解答　出題項目＜インバータ＞　　　　　　答え　（4）

最初に，時刻 t が $\dfrac{T}{2}$ よりほんの少し前の状態を考える（**図 16-1** を参照）。

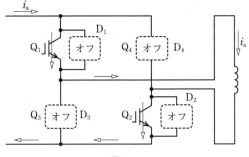

図 16-1　t が $\dfrac{T}{2}$ より少し前の状態

Q_1 および Q_2 はオン状態，Q_3 および Q_4 はオフ状態であり，問題図2より L には問題図1の向きに出力電流 i_a が流れているので，L は磁気エネルギーを蓄えている。この状態では D_1 および D_2 の両端は 0 V なので電流は流れず，D_3 および D_4 は逆バイアスのためオフ状態にある。

次に，時刻 $t=\dfrac{T}{2}$ となった瞬間を考える（**図 16-2** を参照）。この瞬間，Q_1 および Q_2 はオフ，Q_3 および Q_4 はオンに切り替わる。このとき，L を流れる i_a は，問題図2からも分かるとおり，同じ向きに流れ続ける。この電流は，オフ状態にある Q_1 および Q_2 を流れることができず，逆バイアスのためオフ状態にある D_1 および D_2 を流れることもできない。一方，Q_3 および Q_4 はオン

状態にあるが，この素子はエミッタからコレクタ方向に流れることができない。そのため出力電流 i_a は，D_3 および D_4 を順方向に流れて電源に戻って行く。

したがって，正解は（4）となる。

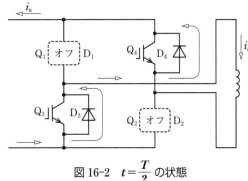

図 16-2　$t=\dfrac{T}{2}$ の状態

解説

IGBT と並列接続されたダイオード D_1～D_4 を**帰還ダイオード**という。$t=\dfrac{T}{2}$ から $t=T$ までの期間，負荷 L には逆向きの出力電圧 $v_a=-E_d$ が加わるが，L に蓄えられた磁気エネルギーを放出することで，i_a は $t=t_r$ まで同じ向きに流れ続ける。その後 i_a は，出力電圧 v_a の向きにしたがって逆向きに流れる。

（類題：平成21年度問 16（a））

（続き）

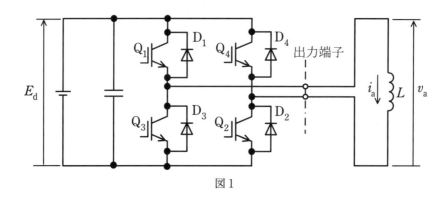

図1

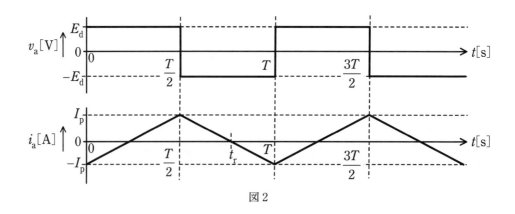

図2

（b）図1の回路において E_d＝100 V, L＝10 mH, T＝0.02 s とする。t＝0 s における電流値を $-I_p$ として，t＝$\dfrac{T}{2}$［s］における電流値を I_p としたとき，I_p の値［A］として，最も近いものを次の（1）〜（5）のうちから一つ選べ。

　（1）33　　　（2）40　　　（3）50　　　（4）66　　　（5）100

問16（b）の解答　　出題項目＜インバータ＞　　　　答え　（3）

期間 $\dfrac{T}{2}$ ごとの出力電流 i_a の変化は，問題図2より直線的な変化と見なし，$0 \leqq t \leqq \dfrac{T}{2}$ の期間で考える。この期間に $L[\mathrm{H}]$ の負荷インダクタンスに加わる電圧 $E_\mathrm{d}[\mathrm{V}]$ は一定であり，この期間 $\varDelta t = \dfrac{T}{2}[\mathrm{s}]$ における負荷電流 i_a の変化 $\varDelta i_\mathrm{a}$ は，

$$\varDelta i_\mathrm{a} = I_\mathrm{p} - (-I_\mathrm{p}) = 2I_\mathrm{p}[\mathrm{A}]$$

であるから，誘導起電力の関係式より，次式が成り立つ。

$$E_\mathrm{d} = L\frac{\varDelta i_\mathrm{a}}{\varDelta t} = L\frac{2I_\mathrm{p}}{\dfrac{T}{2}} = \frac{4LI_\mathrm{p}}{T}$$

したがって，I_p の値は，

$$I_\mathrm{p} = \frac{E_\mathrm{d}T}{4L} = \frac{100 \times 0.02}{4 \times 10 \times 10^{-3}} = 50[\mathrm{A}]$$

解説

解答に当たっては，電流変化 $\dfrac{\varDelta i_\mathrm{a}}{\varDelta t}$ が一定であるという前提が必要である。これは，問題図2の電流変化から判断するほかない。

補足　負荷が抵抗分を含む場合，i_a の変化は回路の時定数で決まる，**図16-3**のような曲線となる。この場合の電流変化 $\dfrac{\varDelta i_\mathrm{a}}{\varDelta t}$ は，i_a の時間微分となる。類題が平成21年度問16（b）に出題されているので，参考にされたい。

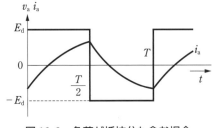

図16-3　負荷が抵抗分も含む場合

　問17及び問18は選択問題であり，問17又は問18のどちらかを選んで解答すること。両方解答すると採点されません。

（選択問題）

問17　出題分野＜電熱＞　　　　　　難易度 ★★★　重要度 ★★★

　消費電力1.00 kWのヒートポンプ式電気給湯器を6時間運転して，温度20.0℃，体積0.370 m³の水を加熱した。ここで用いられているヒートポンプユニットの成績係数(COP)は4.5である。次の(a)及び(b)の問に答えよ。

　ただし，水の比熱容量と密度は，それぞれ4.18×10³ J/(kg·K)と1.00×10³ kg/m³とし，水の温度に関係なく一定とする。ヒートポンプ式電気給湯器の貯湯タンク，ヒートポンプユニット，配管などの加熱に必要な熱エネルギーは無視し，それらからの熱損失もないものとする。また，ヒートポンプユニットの消費電力及びCOPは，いずれも加熱の開始から終了まで一定とする。

　（a）　このときの水の加熱に用いた熱エネルギーの値[MJ]として，最も近いものを次の(1)～(5)のうちから一つ選べ。

　　（1）21.6　　　（2）48.6　　　（3）72.9　　　（4）81.0　　　（5）97.2

　（b）　加熱後の水の温度[℃]として，最も近いものを次の(1)～(5)のうちから一つ選べ。

　　（1）34.0　　　（2）51.4　　　（3）67.1　　　（4）72.4　　　（5）82.8

令和
4
(2022)

令和
3
(2021)

令和
2
(2020)

令和
元
(2019)

平成
30
(2018)

平成
29
(2017)

平成
28
(2016)

平成
27
(2015)

平成
26
(2014)

平成
25
(2013)

平成
24
(2012)

平成
23
(2011)

平成
22
(2010)

平成
21
(2009)

平成
20
(2008)

問 17 （ a ）の解答　　出題項目＜ヒートポンプ，加熱エネルギー＞　　答え　（5）

　水の加熱に用いられた熱エネルギーは，熱損失がないものとしているので，ヒートポンプが発生した熱エネルギー W_h に等しい。これは，ヒートポンプの消費電力量の COP 倍であるから，

$$W_h = 1 \times 6 \times 4.5 = 27 [\text{kW} \cdot \text{h}]$$

　$1[\text{kW} \cdot \text{h}] = 3\,600[\text{kJ}]$ であるから，

$$W_h = 27 \times 3\,600 = 97\,200[\text{kJ}] = 97.2\,\text{MJ}$$

解説 ●●●●●●●●●●●●●●●●●●●●

　加熱に使用するためのヒートポンプは，通常の抵抗損を利用した発熱器とは異なり，電力を使い低温部の熱交換器から熱量 $Q_1[\text{J}]$ を吸収し，高温部の熱交換器から熱量 $Q_2[\text{J}]$ を放出する装置である。このため，高温部熱交換器からは消費電力量を上回る熱量が得られる。ヒートポンプの圧縮機に加える機械エネルギーを $W_c[\text{J}]$ とすると，損失がないものとすれば，エネルギー保存の法則により，定常状態において次式が成り立つ。

$$Q_2 = W_c + Q_1$$

　$\dfrac{Q_2}{W_c}$ を，ヒートポンプの COP（成績係数）という。

$$\text{COP} = \frac{Q_2}{W_c} = 1 + \frac{Q_1}{W_c}$$

　加熱源がヒートポンプの場合，損失がなければ消費電力量は $W_c[\text{J}]$ と等しいので，ヒートポンプが発生する熱量（熱エネルギー）は，消費電力量と COP の積で計算できる。

補足 ルームエアコンの場合は暖房と冷房に使用するので，COP は次式となる。

$$\text{COP} = \frac{冷暖房能力}{消費電力量}$$

　一般に，COP の値は 3～6 程度である。
　COP の値は，高温部と低温部の温度差が大きいほど小さくなる。

Point ヒートポンプの出力は，消費電力と COP の積で表すこともできる。

問 17 （ b ）の解答　　出題項目＜ヒートポンプ，加熱エネルギー＞　　答え　（5）

　水の加熱に必要な熱エネルギー W_w は，

　　（体積）×（密度）×（比熱容量）×（温度差）

で計算できるので，加熱後の温度を $T[℃]$ とすれば，

$$W_w = 0.37 \times 1 \times 10^3 \times 4.18 \times 10^3 \times (T-20)[\text{J}]$$

　水の加熱による熱損失がないものとしているので，前問（a）で求めた W_h と W_w は等しい。よって，

$$0.37 \times 1 \times 10^3 \times 4.18 \times 10^3 \times (T-20)$$
$$= 97.2 \times 10^6$$

　したがって，

$$T = \frac{97.2 \times 10^6}{0.37 \times 1 \times 10^3 \times 4.18 \times 10^3} + 20$$
$$\fallingdotseq 82.8[℃]$$

解説 ●●●●●●●●●●●●●●●●●●●●

　電気加熱の典型的な解き方である。計算に当たっては，エネルギー，体積，密度，比熱容量，

温度差の単位に一応注意を払いたい。比熱容量の単位の中に [K] が使用されているが，これは比熱容量が温度差 1 K 当たりの量であることを示している。温度差の単位にケルビン [K] が使用されている場合，温度差 1℃ と 1 K は同じ大きさなので，そのまま [℃] に置き換えてよい。ただし，温度を扱う場合は，0℃ ≒273 K なので要注意。

　なお，比熱容量は，比熱と表記される場合もある。

Point

・水の加熱に必要な熱エネルギーは，

　　（体積）×（密度）×（比熱容量）×（温度差）

　で計算できる。

・温度差の場合，1℃ と 1 K は同じ大きさである。

（類題：平成 28 年度問 17）

　問17及び問18は選択問題であり，問17又は問18のどちらかを選んで解答すること。両方解答すると採点されません。

（選択問題）

問 18　出題分野＜情報＞　　難易度 ★★★　重要度 ★★★

以下の論理回路について，次の（a）及び（b）の問に答えよ。

（a）　図1に示す論理回路の真理値表として，正しいものを次の（1）～（5）のうちから一つ選べ。

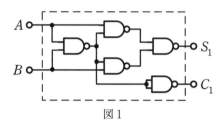

図1

（1）

入力		出力	
A	B	S_1	C_1
0	0	0	0
0	1	0	0
1	0	0	0
1	1	0	1

（2）

入力		出力	
A	B	S_1	C_1
0	0	0	1
0	1	0	0
1	0	0	0
1	1	0	1

（3）

入力		出力	
A	B	S_1	C_1
0	0	0	0
0	1	1	0
1	0	0	0
1	1	0	1

（4）

入力		出力	
A	B	S_1	C_1
0	0	0	1
0	1	0	0
1	0	1	0
1	1	0	1

（5）

入力		出力	
A	B	S_1	C_1
0	0	0	0
0	1	1	0
1	0	1	0
1	1	0	1

（次々頁に続く）

問 18（a）の解答　　出題項目＜論理回路＞

図 18-1～18-4 は，A，B に 4 通りの入力値を与えた場合の各 NAND 素子の出力値を順次確定していったものである。

この結果より，正解は（5）となる。

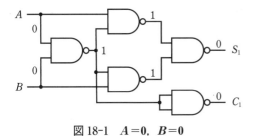

図 18-1　$A=0$，$B=0$

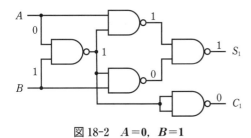

図 18-2　$A=0$，$B=1$

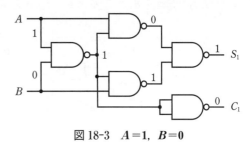

図 18-3　$A=1$，$B=0$

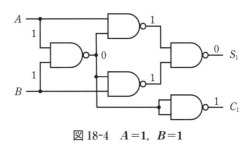

図 18-4　$A=1$，$B=1$

解説

この回路は，NAND 素子で構成された 1 ビット（1 桁）の入力 A と B の値を加算する**半加算回路**（HA）である。C_1 には桁上がり値が出力される。

令和 **4** (2022)

令和 **3** (2021)

令和 **2** (2020)

令和 **元** (2019)

平成 **30** (2018)

平成 **29** (2017)

平成 **28** (2016)

平成 **27** (2015)

平成 **26** (2014)

平成 **25** (2013)

平成 **24** (2012)

平成 **23** (2011)

平成 **22** (2010)

平成 **21** (2009)

平成 **20** (2008)

（続き）

（b）　図1に示す論理回路を2組用いて図2に示すように接続して構成したとき，A，B及びC_0の入力に対する出力 S_2 及び C_2 の記述として，正しいものを次の（1）～（5）のうちから一つ選べ。

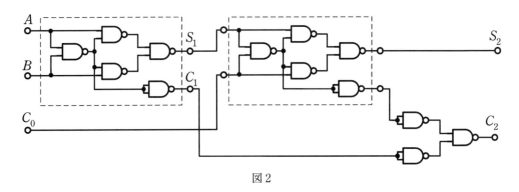

図2

（1）　$A=0$，$B=0$，$C_0=0$ を入力したときの出力は，$S_2=0$，$C_2=1$ である。

（2）　$A=0$，$B=1$，$C_0=0$ を入力したときの出力は，$S_2=1$，$C_2=0$ である。

（3）　$A=1$，$B=0$，$C_0=0$ を入力したときの出力は，$S_2=0$，$C_2=1$ である。

（4）　$A=1$，$B=0$，$C_0=1$ を入力したときの出力は，$S_2=1$，$C_2=0$ である。

（5）　$A=1$，$B=1$，$C_0=1$ を入力したときの出力は，$S_2=0$，$C_2=1$ である。

令和
4
(2022)

令和
3
(2021)

令和
2
(2020)

令和
元
(2019)

平成
30
(2018)

平成
29
(2017)

平成
28
(2016)

平成
27
(2015)

平成
26
(2014)

平成
25
(2013)

平成
24
(2012)

平成
23
(2011)

平成
22
(2010)

平成
21
(2009)

平成
20
(2008)

問 18 （b）の解答　　出題項目＜論理回路＞　　　　　　　　　答え　（2）

問題図 2 の回路において，破線で囲まれた半加算回路を**図 18-5** に示すブロック図で表すことにする。

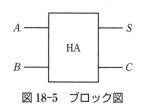

図 18-5　ブロック図

問題図 2 の回路の A，B，C_0 に，解答の選択肢にある入力値を与えたとき，その各出力値を選択肢（1）から順に調べる。

（1）　$A=0$，$B=0$，$C_0=0$ の場合を，**図 18-6** に示す。出力として，$S_2=0$，$C_2=0$ を得る。

したがって，（1）は誤り。

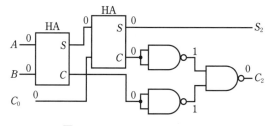

図 18-6　$A=0$，$B=0$，$C_0=0$

（2）　$A=0$，$B=1$，$C_0=0$ の場合を，**図 18-7** に示す。出力として，$S_2=1$，$C_2=0$ を得る。

したがって，（2）が正解となる。

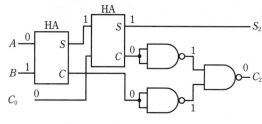

図 18-7　$A=0$，$B=1$，$C_0=0$

解説

（3）～（5）は全て誤りとなるが，実際の試験では不注意ミスを防ぐために全て確認した方がよい。（3）の入力に対しては，$S_2=1$，$C_2=0$ となる。（4）の入力に対しては，$S_2=0$，$C_2=1$ となる。（5）の入力に対しては，$S_2=1$，$C_2=1$ となる。

なお，この回路は NAND 素子で構成された**全加算回路**（FA）である。半加算回路との違いは，入力 A，B の他に下位桁からの桁上がり入力端子 C_0 を持っていることである。

（類題：平成 28 年度問 18）

機械 令和３年度（2021年度）

問1 出題分野＜直流機＞ 難易度 ★★★ 重要度 ★★★

　次の文章は，直流電動機に関する記述である。ただし，鉄心の磁気飽和，電機子反作用，電機子抵抗やブラシの接触による電圧降下は無視できるものとする。

　分巻電動機と直巻電動機はいずれも界磁電流を電機子と同一の電源から供給できる電動機である。分巻電動機において端子電圧と界磁抵抗を一定にすれば，負荷電流が増加したとき界磁磁束は　(ア)　，トルクは負荷電流に　(イ)　する。直巻電動機においては負荷電流が増加したとき界磁磁束は　(ウ)　，トルクは負荷電流の　(エ)　に比例する。

　上記の記述中の空白箇所(ア)～(エ)に当てはまる組合せとして，正しいものを次の(1)～(5)のうちから一つ選べ。

	(ア)	(イ)	(ウ)	(エ)
(1)	一定で	比例	増加し	2乗
(2)	一定で	反比例	一定で	1乗
(3)	一定で	比例	一定で	2乗
(4)	増加し	反比例	減少し	1乗
(5)	増加し	反比例	増加し	2乗

問2 出題分野＜直流機＞ 難易度 ★★☆ 重要度 ★★★

　ある直流分巻電動機を端子電圧220 V，電機子電流100 Aで運転したときの出力が18.5 kWであった。

　この電動機の端子電圧と界磁抵抗とを調節して，端子電圧200 V，電機子電流110 A，回転速度720 min^{-1}で運転する。このときの電動機の発生トルクの値[N·m]として，最も近いものを次の(1)～(5)のうちから一つ選べ。

　ただし，ブラシの接触による電圧降下及び電機子反作用は無視でき，電機子抵抗の値は上記の二つの運転において等しく，一定であるものとする。

(1) 212 　　(2) 236 　　(3) 245 　　(4) 260 　　(5) 270

問1の解答　出題項目＜電動機の制御＞　　　　　　答え　（1）

分巻電動機と直巻電動機はいずれも界磁電流を電機子と同一の電源から供給できる電動機である。分巻電動機において端子電圧と界磁抵抗を一定にすれば，負荷電流が増加したとき界磁磁束は**一定で**，トルクは負荷電流に**比例**する。直巻電動機においては負荷電流が増加したとき界磁磁束は**増加し**，トルクは負荷電流の**2乗**に比例する。

解説

分巻電動機は，**図1-1**のように界磁巻線に電源電圧が加わっているので，電源電圧と界磁抵抗が一定ならば界磁電流は一定となる。界磁磁束は，磁気飽和を無視すると界磁電流に比例するが，界磁電流が一定なので界磁磁束は一定となる。トルクは負荷電流（電機子電流）と界磁磁束の積に比例する。したがって，界磁磁束が一定のとき，トル

クは負荷電流に比例する。

直巻電動機は，**図1-2**のように界磁巻線が電機子と直列に接続されているので，負荷電流が増加すると界磁巻線を流れる電流は増加する。このため，負荷電流が増加すると界磁磁束は増加する。界磁磁束が負荷電流に比例しているとすると，トルクは負荷電流と界磁磁束の積に比例するので，トルクは負荷電流の2乗に比例する。

 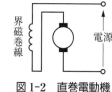

図1-1　分巻電動機　　　図1-2　直巻電動機
（ただし，界磁抵抗器は省略してある）

問2の解答　出題項目＜出力・トルク＞　　　　　　答え　（2）

初期の運転状態における電機子回路を**図2-1**に示す。電機子抵抗をr[Ω]とすると，電機子逆起電力Eは，

$$E = 220 - 100r \text{[V]}$$

出力Pは，電機子逆起電力と電機子電流の積であるから，

$$P = (220 - 100r) \times 100 = 18\,500 \text{[W]}$$

この式からrが求められ，

$$r = 0.35 \text{[Ω]}$$

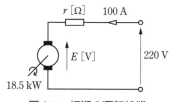

図2-1　初期の運転状態

調節後の運転状態における電機子回路を**図2-2**に示す。電機子逆起電力Eは，

$$E = 200 - 110 \times 0.35 = 161.5 \text{[V]}$$

であるから，出力Pは，

$$P = 110E = 110 \times 161.5 = 17\,765 \text{[W]}$$

トルクTは，回転速度をN[min^{-1}]とすると，

$$T = \frac{P}{2\pi \dfrac{N}{60}} = \frac{60 \times 17\,765}{2\pi \times 720} \fallingdotseq 236 \text{[N·m]}$$

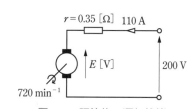

図2-2　調節後の運転状態

解説

電機子が発生する電機子出力は，電機子で消費される電力に等しい。これから機械損を差し引くと，電動機出力（軸出力）となる。解答では機械損を無視した。

出力P[W]，トルクT[N·m]，回転速度N[min^{-1}]の関係式は，回転角速度をω[rad/s]とすると，

$$P = \omega T = 2\pi \frac{N}{60} T$$

で与えられ，全ての回転機で成り立つ。

令和 4 (2022)　令和 3 (2021)　令和 2 (2020)　令和 元 (2019)　平成 30 (2018)　平成 29 (2017)　平成 28 (2016)　平成 27 (2015)　平成 26 (2014)　平成 25 (2013)　平成 24 (2012)　平成 23 (2011)　平成 22 (2010)　平成 21 (2009)　平成 20 (2008)

問3 出題分野＜誘導機＞ 難易度 ★★☆ 重要度 ★★★

一定電圧，一定周波数の電源で運転される三相誘導電動機の特性に関する記述として，誤っているものを次の(1)～(5)のうちから一つ選べ。

(1) かご形誘導電動機では，回転子の導体に用いる棒の材料を銅から銅合金に変更すれば，等価回路の二次抵抗の値が増大するので，定格負荷時の効率が低下する。

(2) 巻線形誘導電動機では，トルクの比例推移により，二次抵抗の値を大きくすると，最大トルク(停動トルク)を発生する滑りが小さくなり，始動特性が良くなる。

(3) 巻線形誘導電動機では，外部の可変抵抗器で二次抵抗値を変化させ，大きな始動トルクと定格負荷時高効率の両方を実現することができる。

(4) 二重かご形誘導電動機では，始動時に回転子スロット入口に近い断面積が小さい高抵抗の導体に，定格負荷時には回転子内部の断面積が大きい低抵抗の導体に主要な二次電流を流し，大きな始動トルクと定格負荷時高効率の両方を実現することができる。

(5) 深溝かご形誘導電動機では，幅が狭い平たい二次導体の表皮効果による抵抗値の変化を利用し，大きな始動トルクと定格負荷時高効率の両方を実現することができる。

問4 出題分野＜誘導機＞ 難易度 ★★★ 重要度 ★★★

次の文章は，誘導電動機の分類における，固定子と回転子に関する事項に関する記述である。

a. 固定子の分類

三相交流を三相巻線に流すと (ア) 磁界が発生する。この磁界で運転される誘導電動機を三相誘導電動機という。一方，単相交流では (イ) 磁界が発生する。この (イ) 磁界は，正逆両方向の (ア) 磁界が合成されたものと説明される。したがって，コンデンサ始動形単相誘導電動機では，コンデンサで位相を進めた電流を始動巻線に短時間流すことによって始動トルクの発生と回転方向の決定が行われる。

b. 回転子の分類

巻線形誘導電動機では，回転子溝に巻線を納め，その巻線を (ウ) とブラシを介して外部抵抗回路に接続し， (エ) 電流を変化させて特性制御を行う。かご形誘導電動機では，回転子溝に導体棒を納め， (オ) に導体棒を接続する。

上記の記述中の空白箇所(ア)～(オ)に当てはまる組合せとして，正しいものを次の(1)～(5)のうちから一つ選べ。

	(ア)	(イ)	(ウ)	(エ)	(オ)
(1)	回転	交番	スリップリング	二次	端絡環
(2)	交番	回転	整流子	二次	継鉄
(3)	交番	回転	スリップリング	一次	継鉄
(4)	回転	交番	整流子	一次	端絡環
(5)	交番	固定	スリップリング	二次	継鉄

令和**4**(2022)　令和**3**(2021)　令和**2**(2020)　令和**元**(2019)　平成**30**(2018)　平成**29**(2017)　平成**28**(2016)　平成**27**(2015)　平成**26**(2014)　平成**25**(2013)　平成**24**(2012)　平成**23**(2011)　平成**22**(2010)　平成**21**(2009)　平成**20**(2008)

問3の解答　出題項目＜出力・トルク，効率＞　答え　(2)

（1）　正。銅の導電率は銀に次いで大きい。銅合金は，銅と銅よりも導電率の小さい金属との混合物なので，銅よりも銅合金の方が導電率が小さく，同じ形状なら抵抗値が大きい。このため，等価回路の二次抵抗損が増大し，定格負荷時の効率が低下する。

（2）　誤。トルクの比例推移では，二次抵抗値を大きくすると最大トルクを発生する滑りが大きくなる。

（3）　正。巻線形では，二次抵抗値に伴うトルクの比例推移を利用することで，始動時に大きなトルクを発生させることができる。また，定格負荷運転時には，外部の可変抵抗を短絡することで二次抵抗値を小さくして，高効率で運転できる。

（4）　正。記述の通り。解説参照。

（5）　正。記述の通り。解説参照。

解説

誘導電動機では，等価回路における二次回路の抵抗値が重要な役割を担っている。二次抵抗値が大きいと，トルクの比例推移により始動トルクは大きくなり，始動電流は制限される（利点）。一方で二次抵抗損が増大して効率が低下する（欠点）。巻線形では外部抵抗の値を調整することで，始動特性と効率の問題に対処している。

二重かご形，深溝かご形はともに，二次回路の漏れリアクタンスが，滑りの値と二次導体のスロット表面からの深度で変わる性質を利用している。回転子内部の導体ほど漏れリアクタンスが大きい（漏れ磁束が多い）ので，始動時の主要な二次電流は回転子表面の高抵抗部分を流れる。一方，滑りの値が小さい定格運転時では，漏れリアクタンスは滑りに比例して小さくなるため，主要な二次電流は抵抗値の小さなスロット内部の導体を流れる。

問4の解答　出題項目＜構造＞　答え　(1)

a．固定子の分類

三相交流を三相巻線に流すと**回転**磁界が発生する。この磁界で運転される誘導電動機を三相誘導電動機という。一方，単相交流では**交番**磁界が発生する。この**交番**磁界は，正逆両方向の**回転**磁界が合成されたものと説明される。（以下，省略）

b．回転子の分類

巻線形誘導電動機では，回転子溝に巻線を納め，その巻線を**スリップリング**とブラシを介して外部抵抗回路に接続し，**二次**電流を変化させて特性制御を行う。かご形誘導電動機では，回転子溝に導体棒を納め，**端絡環**に導体棒を接続する。

解説

三相交流は容易に回転磁界を発生させることができる。一方，単相交流の場合，**図4-1**のように固定子巻線が作る磁束は交番磁界となり，単相交流の変化と同様に磁界の大きさが上下方向に正弦関数で変動する。この交番磁界ベクトル $\dot{\Phi}$ は，

図4-2のように互いに同じ速度で反対方向に回転する二つの回転磁界ベクトル $\dot{\Phi}_a$ と $\dot{\Phi}_b$ に分解できるので，交番磁界は，正逆両方向の回転磁界が合成されたものと等価である。

図4-1　固定子巻線が作る交番磁界

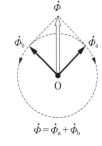

図4-2　交番磁界の分解

かご形回転子の各導体を支持し，電気的に接続するための部分を端絡環という。継鉄は，固定子巻線を支持し，磁束の磁路となる部分の名称である。

問5 出題分野＜同期機＞　　　　　　　難易度 ★★★　重要度 ★★★

次の文章は，三相同期電動機に関する記述である。

三相同期電動機が負荷を担って回転しているとき，回転子磁極の位置と，固定子の三相巻線によって生じる回転磁界の位置との間には，トルクに応じた角度 δ[rad]が発生する。この角度 δ を （ア） という。

回転子が円筒形で2極の三相同期電動機の場合，トルク T[N·m]は δ が （イ） [rad]のときに最大値になる。さらに δ が大きくなると，トルクは減少して電動機は停止する。同期電動機が停止しない最大トルクを （ウ） という。

また，同期電動機の負荷が急変すると，δ が変化し，新たな δ' に落ち着こうとするが，回転子の慣性のために，δ' を中心として周期的に変動する。これを （エ） といい，電源の電圧や周波数が変動した場合にも生じる。 （エ） を抑制するには，始動巻線も兼ねる （オ） を設けたり，はずみ車を取り付けたりする。

上記の記述中の空白箇所(ア)〜(オ)に当てはまる組合せとして，正しいものを次の(1)〜(5)のうちから一つ選べ。

	（ア）	（イ）	（ウ）	（エ）	（オ）
（1）	負荷角	π	脱出トルク	乱調	界磁巻線
（2）	力率角	π	制動トルク	同期外れ	界磁巻線
（3）	負荷角	$\dfrac{\pi}{2}$	脱出トルク	乱調	界磁巻線
（4）	力率角	$\dfrac{\pi}{2}$	制動トルク	同期外れ	制動巻線
（5）	負荷角	$\dfrac{\pi}{2}$	脱出トルク	乱調	制動巻線

問 5 の解答　　出題項目＜電動機の負荷角，電動機のトルク＞　　　答え　（5）

三相同期電動機が負荷を担って回転していると
き，回転子磁極の位置と，固定子の三相巻線に
よって生じる回転磁界の位置との間には，トルク
に応じた角度 δ[rad]が発生する。この角度 δ を
負荷角という。

回転子が円筒形で 2 極の三相同期電動機の場
合，トルク T[N·m]は δ が $\dfrac{\pi}{2}$[rad]のときに最大
値になる。さらに δ が大きくなると，トルクは減
少して電動機は停止する。同期電動機が停止しな
い最大トルクを**脱出トルク**という。

また，同期電動機の負荷が急変すると，δ が変
化し，新たな δ' に落ち着こうとするが，回転子
の慣性のために，δ' を中心として周期的に変動す
る。これを**乱調**といい，電源の電圧や周波数が変
動した場合にも生じる。**乱調**を抑制するには，始
動巻線も兼ねる**制動巻線**を設けたり，はずみ車を
取り付けたりする。

解 説

同期電動機は，**図 5-1** のように回転子磁極が回
転磁界に磁力によって引っ張られて回転してい
る。このとき回転子磁極の中心は，負荷時の回転
磁界の中心よりも δ だけ遅れて，回転磁界と同じ
速度で同期回転する。この遅れ角 δ を負荷角とい

う。円筒形 2 極の場合のこの角の大きさは，回転
子磁極が回転することで固定子巻線に生じる誘導
起電力(大きさ E_0)と電源電圧(大きさ V)の位相
差に等しい。このとき発生するトルク T は，同
期角速度を ω_s，同期リアクタンスを x_s とすると，

$$T = \frac{P}{\omega_s} = \frac{E_0 V \sin\delta}{\omega_s x_s}$$

この式より，T は δ の増加に伴い増加し，
$\delta = \dfrac{\pi}{2}$ で最大となる。このときのトルクを脱出ト
ルクという。

制動巻線は回転子磁極に設けられ，誘導電動機
のかご形回転子と原理的に同じものであり，同じ
作用をする。

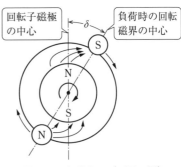

図 5-1　負荷角 δ（2 極の例）

令和 **4** (2022)

令和 **3** (2021)

令和 **2** (2020)

令和 **元** (2019)

平成 **30** (2018)

平成 **29** (2017)

平成 **28** (2016)

平成 **27** (2015)

平成 **26** (2014)

平成 **25** (2013)

平成 **24** (2012)

平成 **23** (2011)

平成 **22** (2010)

平成 **21** (2009)

平成 **20** (2008)

問6 出題分野＜同期機＞　　難易度 ★★★　重要度 ★★★

定格出力 3 000 kV·A，定格電圧 6 000 V の星形結線三相同期発電機の同期インピーダンスが 6.90 Ω のとき，百分率同期インピーダンス[%]はいくらか，最も近いものを次の（1）～（5）のうちから一つ選べ。

（1）　19.2　　　　（2）　28.8　　　　（3）　33.2　　　　（4）　57.5　　　　（5）　99.6

問7 出題分野＜誘導機，同期機，機器全般＞　　難易度 ★★☆　重要度 ★★★

電源の電圧や周波数が一定の条件下，各種電動機では，始動電流を抑制するための種々の工夫がされている。

a. 直流分巻電動機

電機子回路に　（ア）　抵抗を接続して電源電圧を加え始動電流を制限する。回転速度が上昇するに従って抵抗値を減少させる。

b. 三相かご形誘導電動機

　（イ）　結線の一次巻線を　（ウ）　結線に接続を変えて電源電圧を加え始動電流を制限する。回転速度が上昇すると　（イ）　結線に戻す。

c. 三相巻線形誘導電動機

　（エ）　回路に抵抗を接続して電源電圧を加え始動電流を制限する。回転速度が上昇するに従って抵抗値を減少させる。

d. 三相同期電動機

無負荷で始動電動機（誘導電動機や直流電動機）を用いて同期速度付近まで加速する。次に，界磁を励磁して　（オ）　発電機として，三相電源との並列運転状態を実現する。そののち，始動用電動機の電源を遮断して同期電動機として運転する。

上記の記述中の空白箇所（ア）～（オ）に当てはまる組合せとして，正しいものを次の（1）～（5）のうちから一つ選べ。

	（ア）	（イ）	（ウ）	（エ）	（オ）
（1）	直列	Δ	Y	二次	同期
（2）	並列	Y	Δ	一次	誘導
（3）	直列	Y	Δ	二次	誘導
（4）	並列	Y	Δ	一次	同期
（5）	直列	Δ	Y	二次	誘導

令和 **4** (2022)

令和 **3** (2021)

令和 **2** (2020)

令和 **元** (2019)

平成 **30** (2018)

平成 **29** (2017)

平成 **28** (2016)

平成 **27** (2015)

平成 **26** (2014)

平成 **25** (2013)

平成 **24** (2012)

平成 **23** (2011)

平成 **22** (2010)

平成 **21** (2009)

平成 **20** (2008)

問6の解答　出題項目＜同期インピーダンス＞　　　　答え　（4）

図6-1は，同期発電機の1相分の等価回路である。Z_s は同期インピーダンス，V_n は定格相電圧である。

定格電流 I_n は，

$$I_n = \frac{3\,000 \times 10^3}{\sqrt{3} \times 6\,000} \fallingdotseq 288.7\,[\text{A}]$$

同期インピーダンスによる電圧降下 V_z は，

$$V_z = Z_s I_n = 6.90 \times 288.7\,[\text{V}]$$

百分率同期インピーダンス %Z_s[%]は，

$$\%Z_s = \frac{V_z}{V_n} \times 100$$

$$= \frac{6.90 \times 288.7}{\dfrac{6\,000}{\sqrt{3}}} \times 100 \fallingdotseq 57.5\,[\%]$$

解説

百分率同期インピーダンスは，百分率同期インピーダンス降下，パーセント同期インピーダンスなどとも呼ばれている。

また，百分率同期インピーダンスの小数表記（単位法）は短絡比の逆数と等しいので，短絡比から求めることもできる。

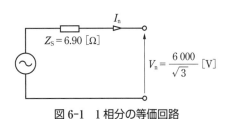

図6-1　1相分の等価回路

問7の解答　出題項目＜始動，始動方法，各種電気機器＞　　　　答え　（1）

a. 直流分巻電動機

電機子回路に**直列**抵抗を接続して電源電圧を加え始動電流を制限する。回転速度が上昇するに従って抵抗値を減少させる。

b. 三相かご形誘導電動機

Δ結線の一次巻線を**Y**結線に接続を変えて電源電圧を加え始動電流を制限する。回転速度が上昇すると**Δ**結線に戻す。

c. 三相巻線形誘導電動機

二次回路に抵抗を接続して電源電圧を加え始動電流を制限する。回転速度が上昇するに従って抵抗値を減少させる。

d. 三相同期電動機

無負荷で始動電動機（誘導電動機や直流電動機）を用いて同期速度付近まで加速する。次に，界磁を励磁して**同期**発電機として，三相電源との並列運転状態を実現する。そののち，始動用電動機の電源を遮断して同期電動機として運転する。

解説

a. 始動時は電機子逆起電力が零であるため，始動電流を制限するのは非常に小さな電機子回路の抵抗のみとなり，非常に大きな始動電流となる。この始動電流を抑制するために，一般に電機子回路に直列に始動抵抗器を接続する。

b. 始動時に一次巻線の結線を Y 結線にすると，1相分の巻線に加わる電圧が $\dfrac{1}{\sqrt{3}}$ に低減できるので，始動電流を制限できる。この始動法では始動電流，始動トルクともに，直入れ始動の $\dfrac{1}{3}$ となる。

c. 三相巻線形誘導電動機では，二次回路に抵抗を接続することで二次回路のインピーダンスが増加するため，始動電流を制限できる。また，トルクの比例推移を利用すると，始動時に最大トルクを発生できる。

d. 同期電動機は原理的に始動トルクが零であるため，同期運転をするために同期速度付近まで加速し同期引き入れをする必要がある。これには，制動巻線を利用して誘導電動機として始動する方法もある。

問8 出題分野＜同期機＞ 　難易度 ★★☆ 　重要度 ★★☆

ブラシレスDCモータに関する記述として，誤っているものを次の(1)～(5)のうちから一つ選べ。

(1) ブラシレスDCモータは，固定子巻線に流れる電流と，回転子に取り付けられた永久磁石によってトルクを発生させる構造となっている。

(2) ブラシレスDCモータは，回転子の位置により通電する巻線を切り換える必要があるため，ホール素子などのセンサによって回転子の位置を検出している。

(3) ブラシ付きの直流モータに比べ，ブラシと整流子による機械的接触部分がないため，火花による電気雑音は低減し，モータの寿命は長くなる。

(4) ブラシ付きの直流モータに比べ，位置センサの信号処理や，駆動用の制御回路が必要となり，モータの駆動に必要な周辺回路が複雑になる。

(5) ブラシレスDCモータは効率がよくないため，エアコンや冷蔵庫のような省エネ性能が求められる大型の家電製品には利用されていない。

問9 出題分野＜変圧器＞ 　難易度 ★★★ 　重要度 ★★★

定格容量 500 kV·A の三相変圧器がある。負荷力率が 1.0 のときの全負荷銅損が 6 kW であった。このときの電圧変動率の値[%]として，最も近いものを次の(1)～(5)のうちから一つ選べ。ただし，鉄損及び励磁電流は小さく無視できるものとし，簡単のために用いられる電圧変動率の近似式を利用して解答すること。

(1) 0.7 　　　(2) 1.0 　　　(3) 1.2 　　　(4) 2.5 　　　(5) 3.6

令和
4
(2022)

令和
3
(2021)

令和
2
(2020)

令和
元
(2019)

平成
30
(2018)

平成
29
(2017)

平成
28
(2016)

平成
27
(2015)

平成
26
(2014)

平成
25
(2013)

平成
24
(2012)

平成
23
(2011)

平成
22
(2010)

平成
21
(2009)

平成
20
(2008)

問 8 の解答　出題項目＜ブラシレス DC モータ＞　　答え（5）

（1）正。回転子が永久磁石のため，従来の直流機のように回転子に電気を供給する必要がない。したがって，ブラシが不要。

（2）正。永久磁石である回転子を回転させるためには，回転子の磁極の位置に基づいて通電する固定子巻線を切り換え，固定子磁極の N 極 S 極を切り換える。切り換えのタイミングは回転子磁極の位置により行うため，回転子位置の検出が必要となる。

（3）正。記述の通り。

（4）正。通電する固定子巻線の切り換えのため，各固定子巻線は制御回路（スイッチングインバータ回路等）で駆動する必要があり，周辺回路が複雑になる。

（5）誤。効率が高いばかりではなく，定トルクで速度制御範囲が広く，安定した速度特性をも有する。このため，エアコン，冷蔵庫，洗濯機等の大型家電に多用されている。

解説 ……………………………………

直流電源を用いることからブラシレス DC モータと銘打っているが，基本構造は回転子に強力な永久磁石を用いた三相同期電動機であり，直流を PWM インバータなどにより可変の電圧及び周波数の交流に変換して駆動する。このとき，同期運転をするために回転子の位置を検出して周波数を制御する。位置検出には，位置センサ（ホール素子）を用いる方法と，巻線の誘導起電力を検出する方法がある。

なお，似た構造を持つものにステッピングモータがある。これは 1 パルスごとに決まった角（ステップ角）ずつ回転する。

（類題：令和元年度問 6）

問 9 の解答　出題項目＜電圧変動率＞　　答え（3）

図 9-1 中の V_n[V]は二次定格相電圧，I_n[A]は二次定格電流，$\cos\theta$ は負荷力率，V_0[V]は定格運転時における二次側換算した一次相電圧，r[Ω]，x[Ω]は変圧器の二次側換算した抵抗と漏れリアクタンスである。

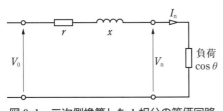

図 9-1　二次側換算した 1 相分の等価回路

電圧変動率 ε は，次式で定義される。

$$\varepsilon = \frac{V_0 - V_n}{V_n} \times 100 [\%]$$

上式中の $V_0 - V_n$ は，変圧器のインピーダンス降下なので，電圧降下の近似式を用いると ε は，

$$\varepsilon = \frac{(r\cos\theta + x\sin\theta)I_n}{V_n} \times 100 [\%]$$

$\cos\theta = 1$，$\sin\theta = 0$ であり，分母分子に I_n を掛けると，

$$\varepsilon = \frac{rI_n^2}{V_nI_n} \times 100 [\%]$$

rI_n^2 は全負荷銅損の 1 相分なので 2 000 W，V_nI_n は定格容量の 1 相分なので $\frac{500 \times 10^3}{3}$ V・A であるから（W と V・A は同じディメンションなので，ε は無単位量），

$$\varepsilon = \frac{rI_n^2}{V_nI_n} \times 100 = \frac{2\,000}{\frac{500 \times 10^3}{3}} \times 100 = 1.2 [\%]$$

解説 ……………………………………

変圧器のインピーダンス降下の大きさ $V_0 - V_n$ を求めるには，正しくは両電圧のベクトル差の絶対値（大きさ）として計算しなければならないが，一般の計算では近似式がよく用いられる。問題文中の「電圧変動率の近似式」とは，インピーダンス降下を近似式で表したものと考えてよい。

問 10　出題分野＜電動機応用＞　難易度 ★★★　重要度 ★★★

　巻上機によって質量 1 000 kg の物体を毎秒 0.5 m の一定速度で巻き上げているときの電動機出力の値 [kW] として，最も近いものを次の（1）～（5）のうちから一つ選べ。ただし，機械効率は 90 %，ロープの質量及び加速に要する動力については考慮しないものとする。

（1）　0.6　　　（2）　4.4　　　（3）　4.9　　　（4）　5.5　　　（5）　6.0

問 11　出題分野＜パワーエレクトロニクス＞　難易度 ★★☆　重要度 ★★★

　図は昇降圧チョッパを示している。スイッチ Q，ダイオード D，リアクトル L，コンデンサ C を用いて，図のような向きに定めた負荷抵抗 R の電圧 v_0 を制御するためのものである。これらの回路で，直流電源 E の電圧は一定とする。また，回路の時定数は，スイッチ Q の動作周期に対して十分に大きいものとする。回路のスイッチ Q の通流率 γ とした場合，回路の定常状態での動作に関する記述として，誤っているものを次の（1）～（5）のうちから一つ選べ。

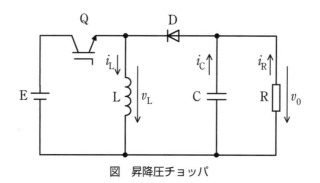

図　昇降圧チョッパ

（1）　Q がオンのときは，電源 E からのエネルギーが L に蓄えられる。

（2）　Q がオフのときは，L に蓄えられたエネルギーが負荷抵抗 R とコンデンサ C に D を通して放出される。

（3）　出力電圧 v_0 の平均値は，γ が 0.5 より小さいときは昇圧チョッパ，0.5 より大きいときは降圧チョッパとして動作する。

（4）　出力電圧 v_0 の平均値は，図の v_0 の向きを考慮すると正になる。

（5）　L の電圧 v_L の平均電圧は，Q のスイッチング一周期で 0 となる。

令和 **4** (2022)
令和 **3** (2021)
令和 **2** (2020)
令和 **元** (2019)
平成 **30** (2018)
平成 **29** (2017)
平成 **28** (2016)
平成 **27** (2015)
平成 **26** (2014)
平成 **25** (2013)
平成 **24** (2012)
平成 **23** (2011)
平成 **22** (2010)
平成 **21** (2009)
平成 **20** (2008)

問 10 の解答　出題項目＜エレベータ・巻上機＞　答え （4）

電動機出力を P_m[W] とすると，機械効率が η（小数表記）なので，巻き上げに使える出力は ηP_m [W] である。一方，物体の巻き上げに必要な仕事率 P は，巻き上げ荷重を M[kg]，巻き上げ速度を v[m/s] とすると，力学法則より $P=9.8Mv$ [W] で表される（図 **10-1** 参照）。

巻き上げ速度 v[m/s]

質量 M[kg]　　　　　仕事率 $P=9.8\,Mv$[W]

物体に働く重力 $9.8\,M$[N]

図 10-1　物体に加える仕事率

$P=\eta P_m$ であるから，

$$9.8Mv=\eta P_m$$

$$P_m=\frac{9.8Mv}{\eta}=\frac{9.8\times1000\times0.5}{0.9}$$

$$≒5\,444\,[\mathrm{W}] \quad → \quad 5.5\,\mathrm{kW}$$

解　説

解答では，重力加速度の値を 9.8 m/s² とした。

電動機出力 P_m の式において，巻き上げ速度を分速 V[m/min]，電動機出力の単位を $P_m{}'$[kW] で表すと，$V=60v$，$P_m=1\,000P_m{}'$ となるので，

$$P_m{}'=\frac{P_m}{1\,000}=\frac{9.8M\left(\dfrac{V}{60}\right)}{1\,000\eta}≒\frac{MV}{6\,120\eta}\,[\mathrm{kW}]$$

と表すこともできる。

巻上機の考え方は，エレベータの計算問題にも使える。違いは，エレベータには釣合い重りがあるので，巻き上げ荷重がその分小さくなることである（令和元年度問 11 を参照）。

Point 仕事率[W]＝ 力[N]× 速度[m/s]

問 11 の解答　出題項目＜チョッパ＞　答え （3）

（1）　正。Q がオンのとき，D には逆バイアスが加わりオフとなるので，電源 E から L に電流 i_L が流れ，L のみにエネルギーが蓄えられる。

（2）　正。Q がオフのとき，L は i_L を流し続ける向きに起電力を生じ，D は順バイアスになりオンとなる。これにより i_L は，C と R に分流して蓄えたエネルギーを放出する。

（3）　誤。電源電圧を E，出力電圧 v_0 の平均値を V とすると，$V=\dfrac{\gamma}{1-\gamma}E$ となるので，$\gamma<0.5$ のときは降圧チョッパ，$0.5<\gamma$ のときは昇圧チョッパとして動作する。

（4）　正。i_R は常に問題図に示す向きに流れるので，v_0 は問題図に示す向きに対して常に正となる。ゆえに，v_0 の平均値 V も問題図に示す向きに対して常に正となる。

（5）　正。L は定常状態では，Q がオンのときに蓄えるエネルギーと Q がオフのときに放出するエネルギーが等しくなる。このためスイッチング一周期の平均では，L のエネルギーの増減はない。これは，i_L は流れているが v_L のスイッチング

一周期の平均電圧が 0 であるからにほかならない。

解　説

Q のオンの時間を T_{on}，オフの時間を T_{off} とすると，通流率 γ は，

$$\gamma=\frac{T_{on}}{T_{on}+T_{off}}$$

で定義され，$0\leqq\gamma<1$ となる。

出力電圧 v_0 の平均値 V は，次のように導かれる。C の静電容量が十分大きい（回路の時定数がスイッチング周期に対して十分大きいことと同意）とすると V はほぼ一定となる。v_L は，Q がオンのとき E，オフのとき V である。また，i_L の変化量 ΔI_L は定常状態では一定となるので，ファラデーの法則より次式が成り立つ（L は L の自己インダクタンス）。

$$E=L\frac{\Delta I_L}{T_{on}}, \quad V=L\frac{\Delta I_L}{T_{off}}$$

この二式から $L\Delta I_L$ を消去して，V と E の関係式を通流率 γ で表すと，

$$V=\frac{T_{on}}{T_{off}}E=\frac{\gamma}{1-\gamma}E$$

問 12 　出題分野＜電気化学＞ 　難易度 ★★★ 　重要度 ★★★

次の文章は，鉛蓄電池に関する記述である。

鉛蓄電池は，正極と負極の両極に　(ア)　を用いる。希硫酸を電解液として初充電すると，正極に　(イ)　，負極に　(ウ)　ができる。これを放電すると，両極とももとの　(ア)　に戻る。

放電すると水ができ，電解液の濃度が下がり，両極間の電圧が低下する。そこで，充電により電圧を回復させる。過充電を行うと電解液中の水が電気分解して，正極から　(エ)　，負極から　(オ)　が発生する。

上記の記述中の空白箇所(ア)～(オ)に当てはまる組合せとして，正しいものを次の(1)～(5)のうちから一つ選べ。

	(ア)	(イ)	(ウ)	(エ)	(オ)
(1)	鉛	硫酸鉛	二酸化鉛	水素ガス	酸素ガス
(2)	鉛	二酸化鉛	硫酸鉛	水素ガス	酸素ガス
(3)	硫酸鉛	鉛	二酸化鉛	水素ガス	酸素ガス
(4)	硫酸鉛	二酸化鉛	鉛	酸素ガス	水素ガス
(5)	二酸化鉛	硫酸鉛	鉛	酸素ガス	水素ガス

問 12 の解答　出題項目＜二次電池＞　　　　答え　（4）

　鉛蓄電池は，正極と負極の両極に**硫酸鉛**を用いる。希硫酸を電解液として初充電すると，正極に**二酸化鉛**，負極に**鉛**ができる。これを放電すると，両極 とももとの**硫酸鉛**に戻る。

　放電すると水ができ，電解液の濃度が下がり，両極間の電圧が低下する。そこで，充電により電圧を回復させる。過充電を行うと電解液中の水が電気分解して，正極から**酸素ガス**，負極から**水素ガス**が発生する。

解説

　化学電池は一般に，正極の活物質と負極の活物質の間を電解質(電解液)で満たした構造をしている。電極の活物質の種類によりその電極電位が決まり，高電位電極が正極，低電位電極が負極となり，両電極電位の差が電池の起電力となる。

　放電状態の鉛蓄電池では，正極と負極はともに $PbSO_4$，電解液は H_2O（＋H_2SO_4）（低濃度希硫酸）である。この状態から充電すると，正極では電子を放出する酸化反応が，負極では電子を吸収する還元反応が起こる。

　正極　$PbSO_4 + 2H_2O$
　　　　　　$\rightarrow PbO_2 + H_2SO_4 + 2H^+ + 2e^-$
　負極　$PbSO_4 + 2H^+ + 2e^- \rightarrow Pb + H_2SO_4$

　放電すると逆向きの反応が起こる。

　過充電では，両電極の $PbSO_4$ が尽きるため上記の電池の化学反応は起こらず，代わりに水が電気分解される。

令和4 (2022)
令和3 (2021)
令和2 (2020)
令和元 (2019)
平成30 (2018)
平成29 (2017)
平成28 (2016)
平成27 (2015)
平成26 (2014)
平成25 (2013)
平成24 (2012)
平成23 (2011)
平成22 (2010)
平成21 (2009)
平成20 (2008)

問 13　　出題分野＜自動制御＞

| 難易度 | ★★★ | 重要度 | ★★★ |

　次の文章は，図に示す抵抗 R，並びにキャパシタ C で構成された一次遅れ要素に関する記述である。

　図の回路において，入力電圧に対する出力電圧を，一次遅れ要素の周波数伝達関数として表したとき，折れ点角周波数 ω_c は　(ア)　rad/s である。ゲイン特性は，ω_c よりも十分低い角周波数ではほぼ一定の　(イ)　dB であり，ω_c よりも十分高い角周波数では，角周波数が 10 倍になるごとに　(ウ)　dB 減少する直線となる。また，位相特性は，ω_c よりも十分高い角周波数でほぼ一定の　(エ)　° の遅れとなる。

　上記の記述中の空白箇所(ア)〜(エ)に当てはまる組合せとして，正しいものを次の(1)〜(5)のうちから一つ選べ。

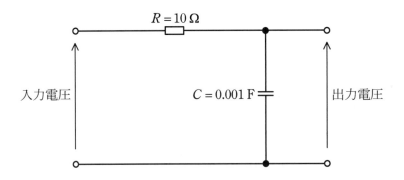

	(ア)	(イ)	(ウ)	(エ)
(1)	100	20	10	45
(2)	100	0	20	90
(3)	100	0	20	45
(4)	0.01	0	10	90
(5)	0.01	20	20	45

問 13 の解答　出題項目＜伝達関数，ボード線図＞　　答え　(2)

　問題図の回路において，入力電圧に対する出力電圧を，一次遅れ要素の周波数伝達関数として表したとき，折れ点角周波数 ω_C は **100** rad/s である。ゲイン特性は，ω_C よりも十分低い角周波数ではほぼ一定の **0** dB であり，ω_C よりも十分高い角周波数では，角周波数が 10 倍になるごとに **20** dB 減少する直線となる。また，位相特性は，ω_C よりも十分高い角周波数ではほぼ一定の **90°** の遅れとなる。

解 説

　入力電圧を $V_i(j\omega)$，出力電圧を $V_o(j\omega)$ とすると，

$$V_o(j\omega) = \frac{\dfrac{1}{j\omega C}}{R + \dfrac{1}{j\omega C}} V_i(j\omega)$$

$$= \frac{1}{1 + j\omega CR} V_i(j\omega)$$

周波数伝達関数 $G(j\omega)$ は，

$$G(j\omega) = \frac{V_o(j\omega)}{V_i(j\omega)}$$

$$= \frac{1}{1 + j\omega CR} = \frac{1}{1 + j0.01\omega}$$

　折れ点角周波数は，$0.01\omega = 1$ における角周波数であるから，

$$\omega_C = \frac{1}{0.01} = 100 \, [\text{rad/s}]$$

ゲイン $G_{dB}(\omega)$ は，

$$G_{dB}(\omega) = 20 \log_{10} |G(j\omega)|$$

$$= 20 \log_{10} \frac{1}{\sqrt{1 + (0.01\omega)^2}}$$

$$= -10 \log_{10} \{1 + (0.01\omega)^2\} \, [\text{dB}]$$

　① $\omega \ll \omega_C$ のとき，$1 \gg (0.01\omega)^2$ となるので，$1 + (0.01\omega)^2 \fallingdotseq 1$ となり，

$$G_{dB}(\omega) = -10 \log_{10} 1 = 0 \, [\text{dB}]$$

　② $\omega \gg \omega_C$ のとき，$1 \ll (0.01\omega)^2$ となるので，$1 + (0.01\omega)^2 \fallingdotseq (0.01\omega)^2$ となり，

$$G_{dB}(\omega) = -10 \log_{10} (0.01\omega)^2$$

$$= -20 \log_{10} (0.01\omega) \, [\text{dB}]$$

この式で ω を $\omega' = 10\omega$ とすると，

$$G_{dB}(\omega') = -20 \log_{10} (0.01\omega')$$

$$= -20 \log_{10} (0.01\omega \times 10)$$

$$= -20 \log_{10} (0.01\omega) - 20$$

$$= G_{dB}(\omega) - 20 \, [\text{dB}]$$

ゆえに，20 dB 減少する。

　また，$G(j\omega)$ は ω が十分高いとき，$1 + j0.01\omega$ は $j0.01\omega$ に近似できるので，

$$G(j\omega) = \frac{1}{1 + j0.01\omega} \fallingdotseq -j\frac{1}{0.01\omega}$$

この位相は，90° の遅れである。

令和 4 (2022)
令和 3 (2021)
令和 2 (2020)
令和 元 (2019)
平成 30 (2018)
平成 29 (2017)
平成 28 (2016)
平成 27 (2015)
平成 26 (2014)
平成 25 (2013)
平成 24 (2012)
平成 23 (2011)
平成 22 (2010)
平成 21 (2009)
平成 20 (2008)

問 14 出題分野＜情報＞ 難易度 ★★★ 重要度 ★★★

2進数，10進数，16進数に関する記述として，誤っているものを次の（1）～（5）のうちから一つ選べ。

（1） 16進数の $(6)_{16}$ を16倍すると $(60)_{16}$ になる。

（2） 2進数の $(1010101)_2$ と16進数の $(57)_{16}$ を比較すると $(57)_{16}$ の方が大きい。

（3） 2進数の $(1011)_2$ を10進数に変換すると $(11)_{10}$ になる。

（4） 10進数の $(12)_{10}$ を16進数に変換すると $(C)_{16}$ になる。

（5） 16進数の $(3D)_{16}$ を2進数に変換すると $(111011)_2$ になる。

問14の解答　　出題項目＜基数変換＞　　　　　　　　　　　　　答え　（5）

（1）　正。10 進数で表す。

$(6)_{16} \times 16 = 6 \times 16$

$(60)_{16} = 6 \times 16$

（2）　正。10 進数で表す。

$(1010101)_2 = 2^6 + 2^4 + 2^2 + 1 = 85$

$(57)_{16} = 16 \times 5 + 7 = 87$

（3）　正。10 進数で表す。

$(1011)_2 = 2^3 + 2^1 + 1 = 11$

$(11)_{10} = 11$

（4）　正。10 進数の 12 は，16 進数では C

（5）　誤。10 進数で表す。

$(3D)_{16} = 3 \times 16 + 13 = 61$

$(111011)_2 = 2^5 + 2^4 + 2^3 + 2^1 + 1 = 59$

解説 ・・・・・・・・・・・・・・・・・・・・・・・・

基数が異なる数値の比較は，10 進数で表して
比較するのが簡単である。

基数が r である r 進数 $(a_n a_{n-1} \cdots\cdots a_1 a_0)_r$ を，10 進数で表すと次式となる。

$$a_n r^n + a_{n-1} r^{n-1} + \cdots\cdots + a_1 r + a_0$$

反対に，10 進数を r 進数で表すには，10 進数を r で割り算して商と余りを求め，さらにこの商を r で割り算して商と余りを求め，以下これを商が 0 になるまで繰り返す。このときの余りの並び（最初に求めた余りが最下位）が，求める r 進数となる。例えば 234 を 16 進数で表すには，

16)234

16) 14　……　10→16 進数では A

　　 0　……　14→16 進数では E

ゆえに，234 の 16 進数は $(EA)_{16}$ となる。

B　問　題	（配点は１問題当たり（a）5点，（b）5点，計10点）

問 15　　出題分野＜変圧器＞　　　難易度 ★★★　重要度 ★★★

　定格容量が $10\,\text{kV·A}$ で，全負荷における銅損と鉄損の比が $2:1$ の単相変圧器がある。力率 1.0 の全負荷における効率が $97\,\%$ であるとき，次の（a）及び（b）の問に答えよ。ただし，定格容量とは出力側で見る値であり，鉄損と銅損以外の損失は全て無視するものとする。

（a）　全負荷における銅損は何[W]になるか，最も近いものを次の（1）～（5）のうちから一つ選べ。

　　（1）　357　　　　（2）　206　　　　（3）　200　　　　（4）　119　　　　（5）　115

（b）　負荷の電圧と力率が一定のまま負荷を変化させた。このとき，変圧器の効率が最大となる負荷は全負荷の何[%]か，最も近いものを次の（1）～（5）のうちから一つ選べ。

　　（1）　25.0　　　　（2）　50.0　　　　（3）　70.7　　　　（4）　100　　　　（5）　141

問15（a）の解答　出題項目＜損失・効率＞　答え　(2)

全負荷における銅損を P_c とすると，全負荷時の全損失(全負荷銅損 ＋ 鉄損)は，

$$P_c + \frac{1}{2}P_c = 1.5P_c\,[\mathrm{W}]$$

全負荷時の効率が 0.97 であることから，次式が成り立つ。

$$\frac{10 \times 10^3}{10 \times 10^3 + 1.5P_c} = 0.97$$

ゆえに P_c は，

$$P_c = \frac{\dfrac{10 \times 10^3}{0.97} - 10 \times 10^3}{1.5} \fallingdotseq 206\,[\mathrm{W}]$$

解説 ●●●●●●●●●●●●●●●●●●●●●●●●

全負荷の α 倍($0 \leqq \alpha \leqq 1$)，負荷力率 $\cos\theta$ で運転したときの変圧器効率 η は，鉄損を $P_i\,[\mathrm{kW}]$，全負荷時の銅損を $P_c\,[\mathrm{kW}]$，変圧器容量を P_s $[\mathrm{kV\cdot A}]$ とすると，

$$\eta = \frac{\alpha P_s \cos\theta}{\alpha P_s \cos\theta + \alpha^2 P_c + P_i} \qquad ①$$

この式は規約効率の定義に従い，

$$\eta = \frac{出力}{入力} = \frac{出力}{出力 + 損失}$$

から導かれたものである。

変圧器における損失のうち鉄損は，周波数，電圧が一定ならば負荷にかかわらず一定となる。一方，銅損は巻線の抵抗損であるため，負荷電流の 2 乗に比例する。負荷電流は電圧一定の条件下では出力に比例するので，結局，銅損は負荷の 2 乗に比例する。ゆえに，α 負荷時の銅損は，$\alpha^2 P_c$ となる。

鉄損，銅損以外の損失として，漂遊負荷損もある。これは，外箱などの変圧器各部を漏れ磁束が貫くことで生じる損失であるが，銅損に比べて十分に小さいため効率計算では一般に無視される。

鉄損は無負荷時でも生じるので無負荷損，銅損と漂遊負荷損は負荷により生じるので負荷損，と呼ばれることもある。

補足 変圧器は連続運転されるのが普通であるため，ある時間における効率よりも，1 日を通算した入力電力量に対する出力電力量で効率を計算する場合が多い。この効率 η_d を全日効率といい，次式で定義される。

$$\eta_d = \frac{1日中の全出力電力量}{1日中の全入力電力量}$$

式中の 1 日中の全入力電力量は，1 日中の全出力電力量と全損失電力量の和で求める。また，1 日中の全損失電力量は，1 日中の全鉄損電力量と全銅損電力量の和となる。

Point 銅損は，負荷の 2 乗に比例する。

問15（b）の解答　出題項目＜損失・効率＞　答え　(3)

変圧器の効率が最大となるのは，鉄損と銅損が等しくなるときである。したがって，①式から，

$$\alpha^2 P_c = P_i$$

となる場合に効率は最大となる。これより α を求める。$P_i = 0.5P_c$ であるから，

$$\alpha = \sqrt{\frac{P_i}{P_c}} = \sqrt{0.5} \fallingdotseq 0.707 \quad \rightarrow \quad 70.7\%$$

解説 ●●●●●●●●●●●●●●●●●●●●●●●●

最大効率となる条件は，以下のように求められる。①式の分母分子を α で割ると，

$$\frac{P_s \cos\theta}{P_s \cos\theta + \alpha P_c + \dfrac{P_i}{\alpha}}$$

負荷 α によって変化する $\alpha P_c + \dfrac{P_i}{\alpha}$ が最小値のとき，効率は最大となる。最小の定理(証明は省略)より，正の数である 2 項 $\left(\alpha P_c \text{ と } \dfrac{P_i}{\alpha}\right)$ の和が最小となるのは，2 項が等しいときである。すなわち，$\alpha^2 P_c = P_i$ のときに効率は最大になる。

Point 最大効率時には，鉄損と銅損が等しい。

令和4 (2022)
令和3 (2021)
令和2 (2020)
令和元 (2019)
平成30 (2018)
平成29 (2017)
平成28 (2016)
平成27 (2015)
平成26 (2014)
平成25 (2013)
平成24 (2012)
平成23 (2011)
平成22 (2010)
平成21 (2009)
平成20 (2008)

問 16　出題分野＜パワーエレクトロニクス＞　　難易度 ★★★　　重要度 ★★★

次の文章は，単相半波ダイオード整流回路に関する記述である。

抵抗 R とリアクトル L とを直列接続した負荷に電力を供給する単相半波ダイオード整流回路を図1に示す。また図1に示した回路の交流電源の電圧波形 $v(t)$ を破線で，抵抗 R の電圧波形 $v_R(t)$ を実線で図2に示す。ただし，ダイオード D の電圧降下及びリアクトル L の抵抗は無視する。次の（a）及び（b）の問に答えよ。

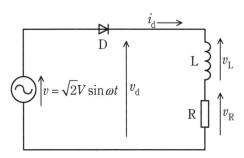

図1　単相半波ダイオード整流回路

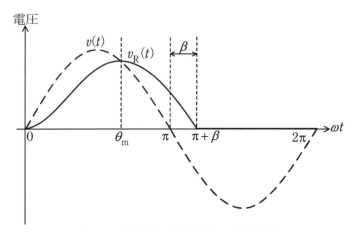

図2　交流電源及び負荷抵抗の電圧波形

ただし，必要であれば次の計算結果を利用してよい。

$$\int_0^\alpha \sin\theta \mathrm{d}\theta = 1 - \cos\alpha$$

$$\int_0^\alpha \cos\theta \mathrm{d}\theta = \sin\alpha$$

（ a ）　以下の記述中の空白箇所（ア）～（エ）に当てはまる組合せとして，正しいものを次の（1）～（5）のうちから一つ選べ。

　　図1の電源電圧 $v(t)>0$ の期間においてダイオードDは順方向バイアスとなり導通する。$v(t)$ と $v_R(t)$ が等しくなる電源電圧 $v(t)$ の位相を $\omega t = \theta_m$ とすると，出力電流 $i_d(t)$ が増加する電源電圧の位相 ωt が $0<\omega t<\theta_m$ の期間においては ［　（ア）　］，$\omega t = \theta_m$ 以降については ［　（イ）　］ となる。出力電流 $i_d(t)$ は電源電圧 $v(t)$ が負となっても $v(t)=0$ の点よりも $\omega t = \beta$ に相当する時間だけ長く流れ続ける。すなわち，L の磁気エネルギーが ［　（ウ）　］ となる $\omega t = \pi + \beta$ で出力電流 $i_d(t)$ が0となる。出力電圧 $v_d(t)$ の平均値 V_d は電源電圧 $v(t)$ を 0～［　（エ）　］ の区間で積分して一周期である 2π で除して計算でき，このとき L の電圧 $v_L(t)$ を同区間で積分すれば0となるので，V_d は抵抗 R の電圧 $v_R(t)$ の平均値 V_R に等しくなる。

	（ア）	（イ）	（ウ）	（エ）
（1）	$v_L(t)>0$	$v_L(t)<0$	0	$\pi+\beta$
（2）	$v_L(t)<0$	$v_L(t)>0$	0	$\pi+\beta$
（3）	$v_L(t)>0$	$v_L(t)<0$	最大	$\pi+\beta$
（4）	$v_L(t)<0$	$v_L(t)>0$	最大	β
（5）	$v_L(t)>0$	$v_L(t)<0$	0	β

（ b ）　小問（ a ）において，電源電圧の実効値 $100\,\mathrm{V}$，$\beta = \dfrac{\pi}{6}$ のときの出力電圧 $v_d(t)$ の平均値 $V_d[\mathrm{V}]$ として，最も近いものを次の（1）～（5）のうちから一つ選べ。

（1）　3　　　　（2）　20　　　　（3）　42　　　　（4）　45　　　　（5）　90

問16（a）の解答　　出題項目＜単相ダイオード整流回路＞　　答え　（1）

　問題図1の電源電圧 $v(t)>0$ の期間においてダイオードＤは順方向バイアスとなり導通する。$v(t)$ と $v_R(t)$ が等しくなる電源電圧 $v(t)$ の位相を $\omega t=\theta_m$ とすると，出力電流 $i_d(t)$ 増加する電源電圧の位相 ωt が $0<\omega t<\theta_m$ の期間においては **$v_L(t)>0$**，$\omega t=\theta_m$ 以降については **$v_L(t)<0$** となる。出力電流 $i_d(t)$ は電源電圧 $v(t)$ が負となっても $v(t)=0$ の点よりも $\omega t=\beta$ に相当する時間だけ長く流れ続ける。すなわち，Ｌの磁気エネルギーが **0** となる $\omega t=\pi+\beta$ で出力電流 $i_d(t)$ が0となる。出力電圧 $v_d(t)$ の平均値 V_d は電源電圧 $v(t)$ を $0\sim\pi+\beta$ の区間で積分して一周期である 2π で除して計算でき，このとき Ｌの電圧 $v_L(t)$ を同区間で積分すれば0となるので，V_d は抵抗Ｒの電圧 $v_R(t)$ の平均値 V_R に等しくなる。

解説

　問題図1より $v(t)=v_L(t)+v_R(t)$ が成り立つ。問題図2より $0<\omega t<\theta_m$ の期間においては $v(t)>v_R(t)$ なので，$v_L(t)=v(t)-v_R(t)>0$ となる。$\omega t=\theta_m$ 以降においては，$v_R(t)>v(t)$ となるので，$v_L(t)=v(t)-v_R(t)<0$ となる。出力電流 $i_d(t)$ は，$v(t)$ が0から負になってもＬの磁気エネルギーの放出により流れ続ける（インダクタン

スの性質）。この現象は，Ｌの磁気エネルギーが0になる $\omega t=\pi+\beta$ まで続く。$i_d(t)$ が流れている間，ダイオードＤは導通状態なので，出力電圧 $v_d(t)$ には電源電圧 $v(t)$ の負の部分が現れる。このため出力電圧 $v_d(t)$ の平均値 V_d は，β が大きいほど小さくなる。V_d は問題文にある通り，$v_d(t)$ が現れる区間 $0\leq\omega t\leq\pi+\beta$ で $v(t)$ を定積分して 2π で除せば計算できる。

補足　問題文末では，$v_d(t)$ の平均値 V_d は $v_R(t)$ の平均値 V_R に等しくなることを，積分の結果として説明しているが，次のように定性的に考えてもよい。

　V_R は V_d からＬの端子電圧 $v_L(t)$ の平均値 V_L を引き算したものである（$V_R=V_d-V_L$）。定常状態ではＬが1周期で授受する磁気エネルギーは等しいため，Ｌは電流が流れてもエネルギーを消費しない。これは $V_L=0$ であることを意味するので，$V_R=V_d$ となる。

Point 整流回路の出力側に現れる電圧（問題図1では $v_d(t)$）は，整流素子（ダイオード，サイリスタ等）のオン状態，オフ状態で異なるので，分けて考える。

問 16（b）の解答　　出題項目＜単相ダイオード整流回路＞　　　答え　（3）

$\omega t = \theta$ とすると，$v(\theta) = \sqrt{2}\,V\sin\theta$ となる。V_d は，問題図 2 の $v(\theta)$（破線の波形）と横軸（θ 軸）と $\theta = \pi + \beta$ で囲まれる面積 S を定積分で計算し，それを一周期 2π で割り算すれば求められる。

最初に S を計算する。

$$S = \int_0^{\pi+\beta} v(\theta)\mathrm{d}\theta = \sqrt{2}\,V\int_0^{\pi+\beta}\sin\theta\,\mathrm{d}\theta$$

問題に与えられた定積分の計算式より，

$$S = \sqrt{2}\,V\{1 - \cos(\pi+\beta)\}$$

$V = 100[\mathrm{V}]$，$\beta = \dfrac{\pi}{6}$ を代入すると，

$$S = 100\sqrt{2}\left\{1 - \cos\left(\pi+\frac{\pi}{6}\right)\right\}$$

$$= 100\sqrt{2}\left(1 + \frac{\sqrt{3}}{2}\right)$$

ゆえに V_d は，

$$V_\mathrm{d} = \frac{S}{2\pi}$$

$$= \frac{100\sqrt{2}\left(1+\dfrac{\sqrt{3}}{2}\right)}{2\pi} \fallingdotseq 42[\mathrm{V}]$$

解説 ‥‥‥‥‥‥‥‥‥‥‥‥‥‥‥‥

単に積分計算をすればよい。電験三種では微分，積分を用いないことが建前であるが，定積分の式が二つ（そのうちの一つは使用しない）用意されているので，積分計算の負担はない。どちらの式を利用するかは，問題文に「V_d は電源電圧 $v(t)$ を $0\sim\pi+\beta$ の区間で積分して一周期である 2π で除して計算できる。」とあるように，sin 関数の定積分を使えばよいことが分かる。

Point ある区間における電圧の平均値は，その区間の電圧の面積を平坦にならした値である。

令和 4（2022）
令和 3（2021）
令和 2（2020）
令和 元（2019）
平成 30（2018）
平成 29（2017）
平成 28（2016）
平成 27（2015）
平成 26（2014）
平成 25（2013）
平成 24（2012）
平成 23（2011）
平成 22（2010）
平成 21（2009）
平成 20（2008）

問17及び問18は選択問題であり，問17又は問18のどちらかを選んで解答すること。両方解答すると採点されません。

（選択問題）

問17　出題分野＜電熱＞　　　　　難易度 ★★★　重要度 ★★★

熱の伝わり方について，次の（a）及び（b）の問に答えよ。

（a）　　(ア)　は，熱媒体を必要とせず，真空中でも熱を伝達する。高温側で温度T_2[K]の面S_2[m^2]と，低温側で温度T_1[K]の面S_1[m^2]が向かい合う場合の熱流Φ[W]は，$S_2 F_{21} \sigma ($　(イ)　$)$で与えられる。

　　　ただし，F_{21}は，　(ウ)　である。また，σ[W/(m^2·K^4)]は，　(エ)　定数である。

　　上記の記述中の空白箇所（ア）～（エ）に当てはまる組合せとして，正しいものを次の（1）～（5）のうちから一つ選べ。

	（ア）	（イ）	（ウ）	（エ）
（1）	熱伝導	$T_2{}^2 - T_1{}^2$	形状係数	プランク
（2）	熱放射	$T_2{}^2 - T_1{}^2$	形態係数	ステファン・ボルツマン
（3）	熱放射	$T_2{}^4 - T_1{}^4$	形態係数	ステファン・ボルツマン
（4）	熱伝導	$T_2{}^4 - T_1{}^4$	形状係数	プランク
（5）	熱伝導	$T_2{}^4 - T_1{}^4$	形状係数	ステファン・ボルツマン

（b）　下面温度が350 K，上面温度が270 Kに保たれている直径1 m，高さ0.1 mの円柱がある。伝導によって円柱の高さ方向に流れる熱流Φの値[W]として，最も近いものを次の（1）～（5）のうちから一つ選べ。

　　ただし，円柱の熱伝導率は0.26 W/(m·K)とする。また，円柱側面からのその他の熱の伝達及び損失はないものとする。

（1）　3　　　（2）　39　　　（3）　163　　　（4）　653　　　（5）　2 420

令和 4 (2022)
令和 3 (2021)
令和 2 (2020)
令和 元 (2019)
平成 30 (2018)
平成 29 (2017)
平成 28 (2016)
平成 27 (2015)
平成 26 (2014)
平成 25 (2013)
平成 24 (2012)
平成 23 (2011)
平成 22 (2010)
平成 21 (2009)
平成 20 (2008)

問 17（a）の解答　出題項目＜放射伝熱＞　　　　　答え　(3)

熱放射は，熱媒体を必要とせず，真空中でも熱を伝達する。高温側で温度 T_2[K]の面 S_2[m²]と，低温側で温度 T_1[K]の面 S_1[m²]が向かい合う場合の熱流 Φ[W]は，$S_2 F_{21} \sigma (T_2{}^4 - T_1{}^4)$ で与えられる。

ただし，F_{21} は，**形態係数**である。また，σ[W/(m²·K⁴)]は，**ステファン・ボルツマン**定数である。

解説

熱の放射は特別な現象ではなく，すべての物体は，その温度に応じた強さのエネルギーを電磁波として放射している。黒体の場合，単位面積，単位時間当たりの放射エネルギー（放射発散度）J は，絶対温度の4乗に比例する。

$$J = \sigma T^4 [\text{W/m}^2] \quad \cdots\cdots \text{黒体}$$

これをステファン・ボルツマンの法則といい，式中の係数 σ をステファン・ボルツマン定数という。黒体ではない場合の放射エネルギーは，黒体放射に比べ小さくなるので，放射率 ε を上式の右辺に掛ける。

$$J = \varepsilon \sigma T^4 [\text{W/m}^2] \quad \cdots\cdots \text{黒体以外}$$

図17-1のように，二つの面 α（温度 T_2[K]，面積 S_2[m²]），面 β（温度 T_1[K]，面積 S_1[m²]）が空間に置かれているとき，面 α から面 β に向かう単位時間当たりの放射エネルギー（熱流）Φ[W]は，次式で与えられる。

$$\Phi = \varepsilon S_2 F_{21} \sigma (T_2{}^4 - T_1{}^4)[\text{W}]$$

F_{21} は形態係数と呼ばれるもので，両面の大きさ，形状，相対的位置関係で決まる。

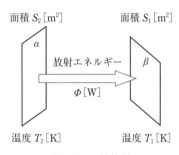

面積 S_2[m²]　　　面積 S_1[m²]

放射エネルギー

Φ[W]

温度 T_2[K]　　　温度 T_1[K]

図17-1　熱放射

なお，問題では ε を1としている。

（類題：平成25年度問17(b)）

問 17（b）の解答　出題項目＜放射伝熱＞　　　　　答え　(3)

円柱の高さ方向で見た熱抵抗 R は，熱伝導体の断面積を S[m²]，長さを l[m]，熱伝導率を λ[W/(m·K)]とすると，

$$R = \frac{1}{\lambda} \cdot \frac{l}{S}$$

$$= \frac{0.1}{0.26 \times (0.5)^2 \pi} \fallingdotseq 0.4897[\text{K/W}]$$

上下面間の温度差を ΔT[K]とすると $\Delta T = 350 - 270 = 80$[K]であるから，熱流 Φ は，

$$\Phi = \frac{\Delta T}{R}$$

$$= \frac{80}{0.4897} \fallingdotseq 163[\text{W}]$$

解説

熱伝導においては，熱伝導体からの熱損失がなければ，熱流は温度差に比例し，熱抵抗に反比例する。これは，熱流を電流，温度差を電位差，熱抵抗を電気抵抗に置き換えたときのオームの法則に相当するので，オームの法則と同形の式 $\Delta T = R \Phi$ が成り立つ。これを，熱回路のオームの法則と呼ぶこともある。

熱抵抗を表す式は，導体の電気抵抗を求める式中の導電率を，熱伝導率に置き換えればよい。

補足　オームの法則の応用は，磁気回路でも活用されている。この場合の対応関係は，電位差（起電力）が起磁力，電流が磁束，電気抵抗が磁気抵抗に対応する。また，磁気抵抗の計算では，導電率の代わりに透磁率を用いる。

Point 熱伝導の計算には，オームの法則が応用できる。

（類題：平成25年度問17(a)）

（選択問題）

問18 出題分野＜情報＞ 難易度 ★★★ 重要度 ★★★

　情報の一時的な記憶回路として用いられるフリップフロップ(FF)回路について，次の(a)及び(b)の問に答えよ。

（a）　FF回路に関する記述として，誤っているものを次の(1)〜(5)のうちから一つ選べ。ただし，(1)〜(4)における出力とは，反転しないQのことである。

（1）　RS-FFにおいては，クロックパルスの動作タイミングで入力RとSがそれぞれ1と0の場合に0を，入力RとSがそれぞれ0と1の場合に1を出力する。入力RとSを共に1とすることは禁止されている。

（2）　JK-FFにおいては，クロックパルスの動作タイミングで入力JとKがそれぞれ1と0の場合に1を，入力JとKがそれぞれ0と1の場合に0を出力し，入力JとKが共に1の場合には出力を保持する。

（3）　T-FFは，クロックパルスの動作タイミングにおいて，出力を反転する。

（4）　D-FFは，クロックパルスの動作タイミングにおいて，入力Dと一致した出力を行う。

（5）　FFの用途として，カウンタ回路やレジスタ回路などがある。

（次々頁に続く）

問18（a）の解答　　出題項目＜フリップフロップ＞　　　　答え　(2)

（1）　正。**図 18-1〜3** を参照。

（2）　誤。J と K が共に 1 の場合，クロックパルスの動作タイミングで出力が反転する動作（トグル動作）となる。

（3）　正。T-FF の T はトグル動作の意味。

（4）　正。記述の通り。

（5）　正。記述の通り。

解 説

図 18-1 は RS-FF の回路例，図 18-2 は RS-FF のタイムチャート，図 18-3 は RS-FF の動作表である。

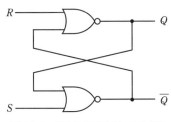

図 18-1　NOR を用いた RS-FF

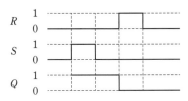

図 18-2　RS-FF のタイムチャート

仮に，禁止されている状態（R, S 共に 1 の状態）のとき出力がどうなるかを考えてみよう。NOR はいずれか一つの入力が 1 であれば出力は 0 となるので，R, S が共に 1 になると出力 Q, $\overline{Q}$ は共に 0 となり論理に矛盾が起こる。このため，この状態は未定義として使用しない。

R	S	Q	$\overline{Q}$	動作
0	0	保持	記憶	
0	1	1	0	セット
1	0	0	1	リセット
1	1	✕	✕	未定義

図 18-3　RS-FF の動作

図 18-4 は，J, K の組合せとクロックパルスの動作タイミング時における動作表である。これより，J, K が共に 1 の動作はトグル動作である。

J	K	Q	$\overline{Q}$	動作
0	0	保持	記憶	
0	1	0	1	リセット
1	0	1	0	セット
1	1	反転	トグル動作	

図 18-4　JK の組合せとクロック入力時の動作

FF は出力を保持する機能があるので，記憶素子としてカウンタやレジスタに使用されている。

令和
4
(2022)

令和
3
(2021)

令和
2
(2020)

令和
元
(2019)

平成
30
(2018)

平成
29
(2017)

平成
28
(2016)

平成
27
(2015)

平成
26
(2014)

平成
25
(2013)

平成
24
(2012)

平成
23
(2011)

平成
22
(2010)

平成
21
(2009)

平成
20
(2008)

（続き）

（b）　クロックパルスの立ち下がりで動作する二つの T-FF を用いた図の回路を考える。この回路において，クロックパルス C に対する回路の出力 Q_1 及び Q_2 のタイムチャートとして，正しいものを次の（1）～（5）のうちから一つ選べ。

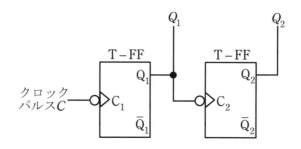

(1)

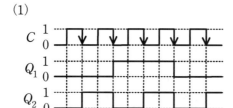

(2)

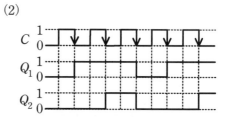

(3)

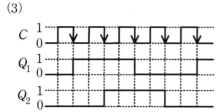

(4)

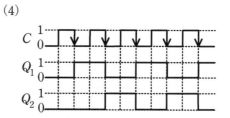

(5)

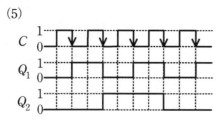

令和
4
(2022)

令和
3
(2021)

令和
2
(2020)

令和
元
(2019)

平成
30
(2018)

平成
29
(2017)

平成
28
(2016)

平成
27
(2015)

平成
26
(2014)

平成
25
(2013)

平成
24
(2012)

平成
23
(2011)

平成
22
(2010)

平成
21
(2009)

平成
20
(2008)

問18（b）の解答　　出題項目＜フリップフロップ＞　　答え　(5)

Q_1，Q_2の初期状態は共に0であることが，解答選択肢のタイムチャートから分かる。

最初のCの立ち下がりでQ_1は0から1に反転しなければならないので，選択肢(1)は誤り。

2番目のCの立ち下がりで，Q_1は1から0に反転しなければならないので，選択肢(2)と(3)は誤り。このQ_1の立ち下がりは，次段のT-FFのクロックパルスとなっているので，このタイミングでQ_2は0から1に反転する。

3番目のCの立ち下がりで，Q_1は0から1に反転するが，立ち上がりのためこのタイミングではQ_2は反転しない。よって，選択肢(4)は誤り。したがって，正しい選択肢は(5)である。

解　説

この回路は，非同期式4進カウンタ回路である。入力したクロックパルス数を，Q_2Q_1に2ビットの2進数で出力する。クロック数が4になると4進数の桁上がりとなり，Q_2Q_1は共に0となる。

機 械 令和2年度（2020年度）

問1 出題分野＜直流機＞　　　難易度 ★★☆　重要度 ★★★

次の文章は，直流他励電動機の制御に関する記述である。ただし，鉄心の磁気飽和と電機子反作用は無視でき，また，電機子抵抗による電圧降下は小さいものとする。

a　他励電動機は，　(ア)　と　(イ)　を独立した電源で制御できる。磁束は　(ア)　に比例する。

b　磁束一定の条件で　(イ)　を増減すれば，　(イ)　に比例するトルクを制御できる。

c　磁束一定の条件で　(ウ)　を増減すれば，　(ウ)　に比例する回転数を制御できる。

d　　(ウ)　一定の条件で磁束を増減すれば，ほぼ磁束に反比例する回転数を制御できる。回転数の　(エ)　のために　(ア)　を弱める制御がある。

このように広い速度範囲で速度とトルクを制御できるので，直流他励電動機は圧延機の駆動などに広く使われてきた。

上記の記述中の空白箇所(ア)〜(エ)に当てはまる組合せとして，正しいものを次の(1)〜(5)のうちから一つ選べ。

	(ア)	(イ)	(ウ)	(エ)
(1)	界磁電流	電機子電流	電機子電圧	上昇
(2)	電機子電流	界磁電流	電機子電圧	上昇
(3)	電機子電圧	電機子電流	界磁電流	低下
(4)	界磁電流	電機子電圧	電機子電流	低下
(5)	電機子電圧	電機子電流	界磁電流	上昇

問2 出題分野＜直流機＞　　　難易度 ★★★　重要度 ★★☆

界磁に永久磁石を用いた小形直流発電機がある。回転軸が回らないよう固定し，電機子に3Vの電圧を加えると，定格電流と同じ1Aの電機子電流が流れた。次に，電機子回路を開放した状態で，回転子を定格回転数で駆動すると，電機子に15Vの電圧が発生した。この小形直流発電機の定格運転時の効率の値[%]として，最も近いものを次の(1)〜(5)のうちから一つ選べ。

ただし，ブラシの接触による電圧降下及び電機子反作用は無視できるものとし，損失は電機子巻線の銅損しか存在しないものとする。

(1) 70　　(2) 75　　(3) 80　　(4) 85　　(5) 90

令和 **4** (2022)

令和 **3** (2021)

令和 **2** (2020)

令和 **元** (2019)

平成 **30** (2018)

平成 **29** (2017)

平成 **28** (2016)

平成 **27** (2015)

平成 **26** (2014)

平成 **25** (2013)

平成 **24** (2012)

平成 **23** (2011)

平成 **22** (2010)

平成 **21** (2009)

平成 **20** (2008)

問1の解答　出題項目＜電動機の制御＞　答え　（1）

a　他励電動機は，図1-1（a）のように，界磁巻線への給電を電機子巻線とは別の直流電源で行う励磁方式の直流電動機である。このため，**界磁電流** I_f と**電機子電流** I_a を別々に制御できる。また，鉄心の磁気飽和がなければ，界磁巻線の磁束は**界磁電流**に比例する。

一方，図1-1（b）のように，界磁巻線と電機子巻線に同じ電源から給電するのが自励電動機である。

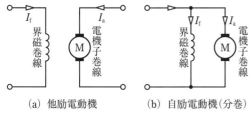

（a）他励電動機　　（b）自励電動機（分巻）

図1-1　他励電動機と自励電動機

b　直流電動機のトルク $T[\text{N·m}]$ は，次式で表される。

$$T = \frac{pZ}{2\pi a}\Phi I_a$$

ただし，p は極数，Z は導体数，a は並列回路数，$\Phi[\text{W}]$ は磁束，$I_a[\text{A}]$ は電機子電流である。

この式において，p, Z, a は電動機固有の値である。したがって，磁束 Φ が一定であれば，トルクは**電機子電流** I_a に比例する。

c　直流電動機の回転数 $N[\text{min}^{-1}]$ は，次式で表される。

$$N = \frac{60aE}{pZ\Phi}$$

ただし，$E[\text{V}]$ は電機子電圧（逆起電力）である。トルク T の式と同様に，p, Z, a は一定なので，磁束 Φ が一定であれば，回転数は**電機子電圧** E に比例する。

d　上式から，**電機子電圧** E が一定であれば，回転数は磁束 Φ に反比例することがわかる。このため，**界磁電流**を弱めて回転数を**上昇**させる弱め界磁制御が行われる。

問2の解答　出題項目＜損失・効率＞　答え　（3）

図2-1（a）のように，停止状態で電圧を印加した場合は誘導起電力がないので，電流を制限するのは電機子抵抗 r_a のみである。したがって，

$$r_a = \frac{3}{1} = 3[\Omega]$$

一方，図2-1（b）のように，電機子回路を開放して，回転子を定格回転数で駆動した場合に発生する電圧 15 V は誘導起電力である。

したがって，定格運転時の等価回路は，図2-2のようになる。このときの端子電圧 V_n は，誘導起電力を E，定格電流を I_n とすると，

$$V_n = E - r_a I_n = 15 - 3 \times 1 = 12[\text{V}]$$

よって，この発電機の効率 η の値は，

$$\eta = \frac{V_n I_n}{E I_n} \times 100 = \frac{12 \times 1}{15 \times 1} \times 100 = 80[\%]$$

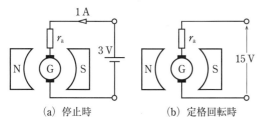

（a）停止時　　（b）定格回転時

図2-1　永久磁石直流発電機

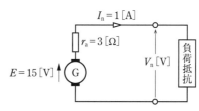

図2-2　定格運転時の等価回路

問3　　出題分野＜誘導機＞　　　　　　　難易度 ★★★　　重要度 ★★★

　三相かご形誘導電動機の等価回路定数の測定に関する記述として，誤っているものを次の（1）～（5）のうちから一つ選べ。

　ただし，等価回路としては一次換算した1相分の簡易等価回路（L形等価回路）を対象とする。

（1）　一次巻線の抵抗測定は静止状態において直流で行う。巻線抵抗値を換算するための基準巻線温度は絶縁材料の耐熱クラスによって定められており，75℃や115℃などの値が用いられる。

（2）　一次巻線の抵抗測定では，電動機の一次巻線の各端子間で測定した抵抗値の平均値から，基準巻線温度における一次巻線の抵抗値を決められた数式を用いて計算する。

（3）　無負荷試験では，電動機の一次巻線に定格周波数の定格一次電圧を印加して無負荷運転し，一次側において電圧[V]，電流[A]及び電力[W]を測定する。

（4）　拘束試験では，電動機の回転子を回転しないように拘束して，一次巻線に定格周波数の定格一次電圧を印加して通電し，一次側において電圧[V]，電流[A]及び電力[W]を測定する。

（5）　励磁回路のサセプタンスは無負荷試験により，一次二次の合成漏れリアクタンスと二次抵抗は拘束試験により求められる。

問3の解答　出題項目＜等価回路＞

（1）　正。一次巻線の抵抗測定は，直流電源を用いて電圧降下法（電位降下法）やブリッジ法によって測定する。**基準巻線温度**とは，特性値を算出する基準となる温度である。

（2）　正。一次巻線の抵抗は，三つの端子間でそれぞれ測定し，それらを平均して求める。Y結線であれば2相分の抵抗となるので，測定値を$\dfrac{1}{2}$倍にして1相分とする。

（3）　正。電動機を定格電圧，定格周波数で無負荷運転して，電圧，電流及び電力を測定する。無負荷であっても一次巻線（固定子巻線）には回転磁界をつくる励磁回路があるので，この励磁電流と励磁損失を求める試験である。

（4）　誤。測定回路は無負荷試験と同じであるが，電動機の回転子が回転しないように拘束して行う。一次巻線には，定格周波数の**低電圧**（定格電流を流す電圧）を印加する。この試験は短絡試験に相当するので，定格電圧を印加すると大電流が流れて巻線が損傷してしまう。

（5）　正。無負荷試験により励磁電流と鉄損がわかるので，励磁サセプタンスが求められる。ま

た，拘束試験では励磁回路が無視できるので，一次二次の合成抵抗と合成漏れリアクタンスが求められる。一次抵抗は巻線抵抗試験で測定できるので，一次側と二次側の抵抗を分離できる。

解説

一次側に換算したL形等価回路は，**図3-1**のように励磁回路を電源側に寄せたものである。

補足　（1），（2）について，一次巻線の抵抗測定は端子間で行うので，1相当たりの抵抗値は測定値の$\dfrac{1}{2}$となる。したがって，測定温度t〔℃〕において，一次巻線の各端子間で測定した抵抗値の平均値をr〔Ω〕とすると，1相当たりの抵抗値$r_{1t}=\dfrac{r}{2}$である。すると，基準巻線温度T〔℃〕における一次巻線の抵抗値r_{1T}〔Ω〕は，次式で表される。

$$r_{1T}=r_{1t}\times\frac{234.5+T}{234.5+t}$$
$$=\frac{r}{2}\times\frac{234.5+T}{234.5+t}$$

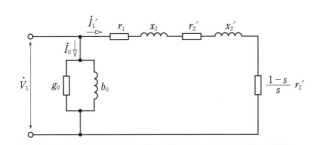

$\dot{V}_1$：一次電圧，$\dot{I}_0$：励磁電流，g_0：励磁コンダクタンス，
b_0：励磁サセプタンス，$\dot{I}_1'$：一次負荷電流，r_1：一次抵抗，
x_1：一次漏れリアクタンス，r_2'：一次換算の二次抵抗，
x_2'：一次側換算の二次漏れリアクタンス，s：滑り

図3-1　一次側換算のL形等価回路

令和4(2022)
令和3(2021)
令和2(2020)
令和元(2019)
平成30(2018)
平成29(2017)
平成28(2016)
平成27(2015)
平成26(2014)
平成25(2013)
平成24(2012)
平成23(2011)
平成22(2010)
平成21(2009)
平成20(2008)

問 4　出題分野＜同期機＞　　難易度 ★★★　重要度 ★★☆

次の文章は，回転界磁形三相同期発電機の無負荷誘導起電力に関する記述である。

回転磁束を担う回転子磁極の周速を v[m/s]，磁束密度の瞬時値を b[T]，磁束と直交する導体の長さを l[m]とすると，1本の導体に生じる誘導起電力 e[V]は次式で表される。

$$e = vbl$$

極数を p，固定子内側の直径を D[m]とすると，極ピッチ τ[m]は $\tau = \dfrac{\pi D}{p}$ であるから，f[Hz]の起電力を生じる場合の周速 v は $v = 2\tau f$ である。したがって，角周波数 ω[rad/s]を $\omega = 2\pi f$ として，上述の磁束密度瞬時値 b[T]を $b(t) = B_{\mathrm{m}} \sin \omega t$ と表した場合，導体1本あたりの誘導起電力の瞬時値 $e(t)$ は，

$$e(t) = E_{\mathrm{m}} \sin \omega t$$
$$E_{\mathrm{m}} = \boxed{} B_{\mathrm{m}} l$$

となる。

また，回転磁束の空間分布が正弦波でその最大値が B_{m} のとき，1極の磁束密度の $\boxed{}$ B[T]は $B = \dfrac{2}{\pi} B_{\mathrm{m}}$ であるから，1極の磁束 $\varPhi$[Wb]は $\varPhi = \dfrac{2}{\pi} B_{\mathrm{m}} \tau l$ である。したがって，1本の導体に生じる起電力の実効値は次のように表すことができる。

$$\frac{E_{\mathrm{m}}}{\sqrt{2}} = \frac{\pi}{\sqrt{2}} f\varPhi = 2.22 f\varPhi$$

よって，三相同期発電機の1相あたりの直列に接続された電機子巻線の巻数を N とすると，回転磁束の空間分布が正弦波の場合，1相あたりの誘電起電力（実効値）E[V]は，

$$E = \boxed{} f\varPhi N$$

となる。

さらに，電機子巻線には一般に短節巻と分布巻が採用されるので，これらを考慮した場合，1相あたりの誘導起電力 E は次のように表される。

$$E = \boxed{} k_{\mathrm{w}} f\varPhi N$$

ここで k_{w} を $\boxed{}$ という。

上記の記述中の空白箇所（ア）～（エ）に当てはまる組合せとして，正しいものを次の（1）～（5）のうちから一つ選べ。

	（ア）	（イ）	（ウ）	（エ）
（1）	$2\tau f$	平均値	2.22	巻線係数
（2）	$2\pi f$	最大値	4.44	分布係数
（3）	$2\tau f$	平均値	4.44	巻線係数
（4）	$2\pi f$	最大値	2.22	短節係数
（5）	$2\tau f$	実効値	2.22	巻線係数

問 4 の解答　　出題項目＜誘導起電力＞　　　　　　答え　（3）

（ア）　**図 4-1** のように，極ピッチを $\tau[\mathrm{m}]$ とすると，磁極が $2\tau[\mathrm{m}]$ 動く間に磁束密度は 1 サイクルを描くので，磁極速度（周速）$v[\mathrm{m/s}]$ は次式のようになる。

$$v = 2\tau f$$

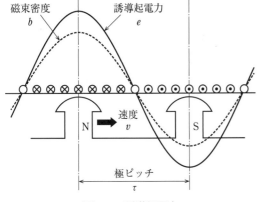

磁束密度 b　　誘導起電力 e

速度 v

極ピッチ τ

図 4-1　誘導起電力

また，磁束密度の瞬時値 $b(t)[\mathrm{T}]$ は，最大値を $B_{\mathrm{m}}[\mathrm{T}]$ とすると，

$$b(t) = B_{\mathrm{m}}\sin \omega t$$

したがって，誘導起電力 $e(t)[\mathrm{V}]$ は次式で表される。

$$e(t) = vbl = 2\tau f(B_{\mathrm{m}}\sin \omega t)l$$
$$= 2\tau fB_{\mathrm{m}}l\sin \omega t = E_{\mathrm{m}}\sin \omega t$$

この式から，誘導起電力の最大値 $E_{\mathrm{m}}[\mathrm{V}]$ は，

$$E_{\mathrm{m}} = \mathbf{2\tau fB_{\mathrm{m}}l}$$

となる。

（イ）　磁束密度が正弦波で，その最大値が B_{m} $[\mathrm{T}]$ の場合，**平均値** $B[\mathrm{T}]$ は次式のようになる。

$$B = \frac{2}{\pi}B_{\mathrm{m}}$$

（ウ）　1 巻のコイル片は二つあるので，巻数が N の場合，誘導起電力（実効値）$E[\mathrm{V}]$ は，

$$E = 2 \times \frac{E_{\mathrm{m}}}{\sqrt{2}}N = 2 \times 2.22f\varPhi N$$
$$= \mathbf{4.44}f\varPhi N$$

となる。

（エ）　短節巻では，全節巻よりコイルの磁束鎖交数が少なくなるので，起電力が k_{p}（1 以下）倍に小さくなる。この k_{p} を短節巻係数という。また，分布巻では各導体の起電力が位相差を持つので，合成起電力が k_{d}（1 以下）倍に小さくなる。この k_{d} を分布巻係数という。これらを総合したものが**巻線係数**（k_{w}）であり，次式で表される。

$$k_{\mathrm{w}} = k_{\mathrm{p}} \times k_{\mathrm{d}}$$

令和 4 (2022)　令和 3 (2021)　令和 2 (2020)　令和 元 (2019)　平成 30 (2018)　平成 29 (2017)　平成 28 (2016)　平成 27 (2015)　平成 26 (2014)　平成 25 (2013)　平成 24 (2012)　平成 23 (2011)　平成 22 (2010)　平成 21 (2009)　平成 20 (2008)

問5　出題分野＜同期機＞　難易度 ★★★　重要度 ★★★

　図はある三相同期電動機の1相分の等価回路である。ただし，電機子巻線抵抗は無視している。相電圧 $\dot{V}$ の大きさは $V = 200\,\mathrm{V}$，同期リアクタンスは $x_\mathrm{S} = 8\,\Omega$ である。この電動機を運転して力率が1になるように界磁電流を調整したところ，電機子電流 $\dot{I}$ の大きさ I が $10\,\mathrm{A}$ になった。このときの誘導起電力 E の値 [V] として，最も近いものを次の(1)～(5)のうちから一つ選べ。

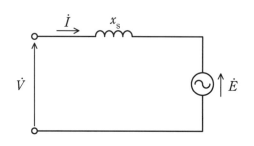

(1)　120　　(2)　140　　(3)　183　　(4)　215　　(5)　280

問6　出題分野＜機器全般＞　難易度 ★★★　重要度 ★★★

　次の文章は，交流整流子モータの特徴に関する記述である。

　交流整流子モータは，直流直巻電動機に類似した構造となっている。直流直巻電動機では，加える直流電圧の極性を逆にしても，磁束と電機子電流の向きが共に　(ア)　ので，トルクの向きは変わらない。交流整流子モータは，この原理に基づき回転力を得ている。

　交流整流子モータは，一般に始動トルクが　(イ)　，回転速度が　(ウ)　なので，電気ドリル，電気掃除機，小型ミキサなどのモータとして用いられている。なお，小容量のものでは，交流と直流の両方に使用できるものもあり，　(エ)　と呼ばれる。

　上記の記述中の空白箇所(ア)～(エ)に当てはまる組合せとして，正しいものを次の(1)～(5)のうちから一つ選べ。

	(ア)	(イ)	(ウ)	(エ)
(1)	逆になる	大きく	低速	ユニバーサルモータ
(2)	変わらない	小さく	低速	ユニバーサルモータ
(3)	変わらない	大きく	高速	ブラシレスDCモータ
(4)	逆になる	小さく	低速	ブラシレスDCモータ
(5)	逆になる	大きく	高速	ユニバーサルモータ

A問題　　99

令和4 (2022)
令和3 (2021)
令和2 (2020)
令和元 (2019)
平成30 (2018)
平成29 (2017)
平成28 (2016)
平成27 (2015)
平成26 (2014)
平成25 (2013)
平成24 (2012)
平成23 (2011)
平成22 (2010)
平成21 (2009)
平成20 (2008)

問5の解答　出題項目＜電動機の誘導起電力＞　　答え（4）

同期電動機が力率1で運転している場合は，端子電圧 $\dot{V}$ と電機子電流 $\dot{I}$ が同相なので，ベクトル図は図5-1のようになる。

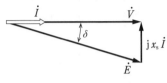

図5-1　ベクトル図

このときの誘導起電力 E の値は，

$$E=\sqrt{V^2+(x_s I)^2}=\sqrt{200^2+(8\times10)^2}$$
$$=\sqrt{46\,400}\fallingdotseq215[\text{V}]$$

解説

三相同期電動機の出力を変えないで，界磁電流の大きさのみを変えた場合，電機子電流の大きさと位相は図5-2～図5-4のように変化する。

出力が一定の場合，$E\sin\delta$ は変わらないので，これらの図において，誘導起電力 E は a-b 線上を移動することになる。

① **力率1の場合**　図5-2のようになる。

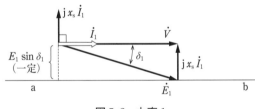

図5-2　力率1

② **界磁電流を増加させた場合**　図5-2の状態から界磁電流を大きくすると，誘導起電力が大きくなるので，図5-3のように電機子電流は大きくなって位相は進む。

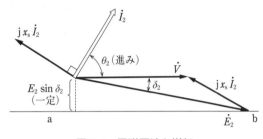

図5-3　界磁電流を増加

③ **界磁電流を減少させた場合**　図5-2の状態から界磁電流を小さくすると，誘導起電力が小さくなるので，図5-4のように電機子電流は大きくなって位相が遅れる。

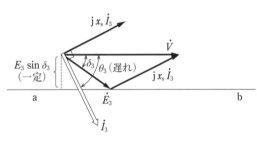

図5-4　界磁電流を減少

界磁電流の増減による，電機子電流の大きさと位相の変化をグラフに表したものが，三相同期電動機の **V 曲線** である。

問6の解答　出題項目＜特殊モータ＞　　答え（5）

交流整流子モータの構造は，直流直巻電動機と同様である。回転の途中で交流電源の極性が変わり，界磁電流が逆方向に流れ界磁磁束が反転するが，電機子電流の向きも **逆になる** ので，回転子は同じ方向に回転を続ける。

特性も直流直巻電動機と同様で，回転速度が低いときはトルクが大きく，回転速度が高くなるとトルクが小さくなる。このため，始動時のトルクが **大きく**，また，誘導電動機と比べて **高速** 回転が可能である。

直流用の直巻電動機は鉄損を考慮する必要がないので，界磁鉄心に鋳物や軟鋼を使用している。これを交流で使用すると，鉄損による発熱が大きくなって巻線が損傷する。このため，交流整流子モータは誘導電動機と同じように鉄心をケイ素鋼板による絶縁積層構造としている。このような電動機は，交流・直流のいずれでも運転できることから，**ユニバーサルモータ** とも呼ばれる。

問7　出題分野＜電動機応用＞　難易度 ★★★　重要度 ★★★

　電動機と負荷の特性を，回転速度を横軸，トルクを縦軸に描く，トルク対速度曲線で考える。電動機と負荷の二つの曲線が，どのように交わるかを見ると，その回転数における運転が，安定か不安定かを判定することができる。誤っているものを次の(1)～(5)のうちから一つ選べ。

(1)　負荷トルクよりも電動機トルクが大きいと回転は加速し，反対に電動機トルクよりも負荷トルクが大きいと回転は減速する。回転速度一定の運転を続けるには，負荷と電動機のトルクが一致する安定な動作点が必要である。

(2)　巻線形誘導電動機では，回転速度の上昇とともにトルクが減少するように，二次抵抗を大きくし，大きな始動トルクを発生させることができる。この電動機に回転速度の上昇とともにトルクが増える負荷を接続すると，両曲線の交点が安定な動作点となる。

(3)　電源電圧を一定に保った直流分巻電動機は，回転速度の上昇とともにトルクが減少する。一方，送風機のトルクは，回転速度の上昇とともにトルクが増大する。したがって，直流分巻電動機は，安定に送風機を駆動することができる。

(4)　かご形誘導電動機は，回転トルクが小さい時点から回転速度を上昇させるとともにトルクが増大，最大トルクを超えるとトルクが減少する。この電動機に回転速度でトルクが変化しない定トルク負荷を接続すると，電動機と負荷のトルク曲線が2点で交わる場合がある。この場合，加速時と減速時によって安定な動作点が変わる。

(5)　かご形誘導電動機は，最大トルクの速度より高速な領域では回転速度の上昇とともにトルクが減少する。一方，送風機のトルクは，回転速度の上昇とともにトルクが増大する。したがって，かご形誘導電動機は，安定に送風機を駆動することができる。

問 7 の解答　　出題項目＜安定運転条件＞　　　　　　　　　　答え　（4）

（1）　正。電動機トルクは回転させようとする力で，負荷トルクは電動機を止めようとする力である。したがって，**図7-1**のトルク特性では，交点より左側では負荷トルクよりも電動機トルクのほうが大きいので回転は加速する。一方，交点より右側では電動機トルクよりも負荷トルクのほうが大きいので回転は減速する。このため，負荷と電動機のトルクが一致する交点（動作点）で回転が安定する。

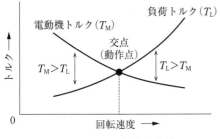

図 7-1　トルク対速度曲線

（2）　正。巻線形誘導電動機は，**比例推移**により始動時に最大トルクを発生させることができる。このため**図7-1**の電動機のように，回転速度の上昇とともにトルクが減少する特性になる。これに回転速度の上昇とともにトルクが増える負荷を接続すれば，両曲線の交点が安定な動作点となる。

（3）　正。電源電圧が一定であれば直流分巻電動機のトルクは負荷電流に比例するので，回転速度の上昇とともに負荷電流が小さくなってトルクが減少する。一方，送風機のトルクは回転速度の2乗に比例して増加するので，直流分巻電動機は安定に送風機を駆動することができる。

（4）　誤。かご形誘導電動機と定トルク負荷のトルク特性は，**図7-2**のようになる。A 点で運転しているときに，何らかの原因で回転速度が上昇すると，負荷トルクよりも電動機トルクのほうが大きいので，さらに加速してしまう。逆に，回転速度が下降するとさらに減速してしまう。したがって，**A 点では安定運転はできない**。一方，**図7-1**と同じ条件なので，**B 点では安定運転ができる**。

なお，**図7-2**の定トルク負荷では，始動時にかご形誘導電動機の始動トルクより負荷トルクのほうが大きいため，自力では始動できない。

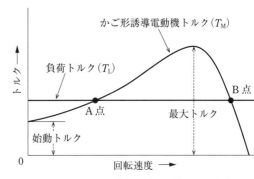

図 7-2　かご形誘導電動機と定トルク負荷

（5）　正。かご形誘導電動機で送風機を駆動する場合は，**図7-2**の最大トルクを発生する回転速度より大きい速度の場合に安定運転が可能となる。

令和
4
(2022)

令和
3
(2021)

令和
2
(2020)

令和
元
(2019)

平成
30
(2018)

平成
29
(2017)

平成
28
(2016)

平成
27
(2015)

平成
26
(2014)

平成
25
(2013)

平成
24
(2012)

平成
23
(2011)

平成
22
(2010)

平成
21
(2009)

平成
20
(2008)

問8　　出題分野＜変圧器＞　　難易度 ★★★　重要度 ★★★

変圧器の構造に関する記述として，誤っているものを次の(1)～(5)のうちから一つ選べ。

(1)　変圧器の巻線には軟銅線が用いられる。巻線の方法としては，鉄心に絶縁を施し，その上に巻線を直接巻きつける方法，円筒巻線や板状巻線としてこれを鉄心にはめ込む方法などがある。

(2)　変圧器の鉄心には，飽和磁束密度と比透磁率が大きい電磁鋼板が用いられる。この鋼板は，渦電流損を低減するためケイ素が数 % 含有され，さらにヒステリシス損を低減するために表面が絶縁皮膜で覆われている。

(3)　変圧器の冷却方式には用いる冷媒によって，絶縁油を使用する油入式と空気を使用する乾式，さらにガス冷却式などがある。

(4)　変圧器油は，変圧器本体を浸し，巻線の絶縁耐力を高めるとともに，冷却によって本体の温度上昇を防ぐために用いられる。また，化学的に安定で，引火点が高く，流動性に富み比熱が大きくて冷却効果が大きいなどの性質を備えることが必要となる。

(5)　大型の油入変圧器では，負荷変動に伴い油の温度が変動し，油が膨張・収縮を繰り返すため，外気が変圧器内部に出入りを繰り返す。これを変圧器の呼吸作用といい，油の劣化の原因となる。この劣化を防止するため，本体の外にコンサベータやブリーザを設ける。

問9　　出題分野＜変圧器＞　　難易度 ★★☆　重要度 ★★☆

一次線間電圧が 66 kV，二次線間電圧が 6.6 kV，三次線間電圧が 3.3 kV の三相三巻線変圧器がある。一次巻線には線間電圧 66 kV の三相交流電源が接続されている。二次巻線に力率 0.8，8 000 kV・A の三相誘導性負荷を接続し，三次巻線に 4 800 kV・A の三相コンデンサを接続した。一次電流の値 [A] として，最も近いものを次の(1)～(5)のうちから一つ選べ。ただし，変圧器の漏れインピーダンス，励磁電流及び損失は無視できるほど小さいものとする。

(1)　42.0　　(2)　56.0　　(3)　70.0　　(4)　700.0　　(5)　840.0

問8の解答　　出題項目＜種類と構造＞　　　　　　　　答え　（2）

（1）　正。変圧器の巻線には軟銅線（丸線または平角線）が用いられる。巻線方法として，小容量の変圧器では鉄心に絶縁を施し，その上に巻線を直接巻きつける**直巻**がある。ただし，容量が大きくなると作業が困難になるので，円筒巻線や板状巻線を製作して，あとで鉄心に挿入する**型巻**が一般的である。

（2）　誤。変圧器の鉄心には，ケイ素が3〜4％程度含有されている**ケイ素鋼板**が多く用いられている。ケイ素を含むと磁気特性が向上し，**渦電流損やヒステリシス損が低減**する。また，**渦電流損を低減**するために，表面を**絶縁皮膜**で覆って渦電流を流れにくくしている。

（3）　正。変圧器を冷却する冷媒には，**絶縁油，空気，ガス**（SF$_6$）などがある。

（4）　正。変圧器の外箱内部は，絶縁と冷却のために絶縁油で満たされている。絶縁油は化学的に安定しており，絶縁耐力が大きい，引火点が高い，粘度が低く流動性に富む，比熱や熱伝導度が大きいなどの特徴がある。

（5）　正。絶縁油は，呼吸作用により空気と接触して劣化する。これを防止するために，**コンサベータ**や**ブリーザ**を設ける。

問9の解答　　出題項目＜各種変圧器，力率改善＞　　　答え　（2）

電力系統で使用される三巻線変圧器は，一般に，一次巻線と二次巻線をY結線，三次巻線をΔ結線とする。この問題では，一次巻線（電源）側の力率を改善するため，**図 9-1** のように，二次巻線から供給する負荷の無効電力を三次巻線に接続するコンデンサで補償している。

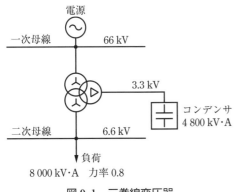

図 9-1　三巻線変圧器

二次巻線に接続されている負荷を有効電力と無効電力に分解すると，力率は遅れ 0.8 なので，有効電力は，

$$8\,000[\text{kV·A}] \times 0.8 = 6\,400[\text{kW}]$$

よって，無効電力は，

$$8\,000[\text{kV·A}] \times \sqrt{1 - 0.8^2} = 4\,800[\text{kvar}]$$

三巻線変圧器は，二次巻線と三次巻線の合成が電源側の一次巻線容量となるが，**図 9-2** のように，負荷の無効電力とコンデンサの無効電力が打ち消しあうので，合成容量は有効電力 6 400 kW のみとなる。したがって，一次電流 I は，

$$I = \frac{6\,400}{\sqrt{3} \times 66} \fallingdotseq 56.0[\text{A}]$$

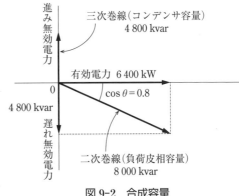

図 9-2　合成容量

令和4 (2022)
令和3 (2021)
令和2 (2020)
令和元 (2019)
平成30 (2018)
平成29 (2017)
平成28 (2016)
平成27 (2015)
平成26 (2014)
平成25 (2013)
平成24 (2012)
平成23 (2011)
平成22 (2010)
平成21 (2009)
平成20 (2008)

問10 出題分野＜パワーエレクトロニクス＞ ｜難易度｜★★★ ｜重要度｜★★★

パワー半導体スイッチングデバイスとしては近年，主にIGBTとパワーMOSFETが用いられている。両者を比較した記述として，誤っているものを次の（1）～（5）のうちから一つ選べ。

（1） IGBTは電圧駆動形であり，ゲート・エミッタ間の電圧によってオン・オフを制御する。

（2） パワーMOSFETは電流駆動形であり，キャリア蓄積効果があることからスイッチング損失が大きい。

（3） パワーMOSFETはユニポーラデバイスであり，バイポーラ形のデバイスと比べてオン状態の抵抗が高い。

（4） IGBTはバイポーラトランジスタにパワーMOSFETの特徴を組み合わせることにより，スイッチング特性を改善している。

（5） パワーMOSFETではシリコンのかわりにSiCを用いることで，高耐圧化をしつつオン状態の抵抗を低くすることが可能になる。

問11 出題分野＜電動機応用＞ ｜難易度｜★★★ ｜重要度｜★★★

慣性モーメント $50\,\mathrm{kg \cdot m^2}$ のはずみ車が，回転数 $1\,500\,\mathrm{min^{-1}}$ で回転している。このはずみ車に負荷が加わり，2秒間で回転数が $1\,000\,\mathrm{min^{-1}}$ まで減速した。この間にはずみ車が放出した平均出力の値 $[\mathrm{kW}]$ として，最も近いものを次の（1）～（5）のうちから一つ選べ。ただし，軸受の摩擦や空気の抵抗は無視できるものとする。

（1） 34 （2） 137 （3） 171 （4） 308 （5） 343

令和 **4** (2022)
令和 **3** (2021)
令和 **2** (2020)
令和 **元** (2019)
平成 **30** (2018)
平成 **29** (2017)
平成 **28** (2016)
平成 **27** (2015)
平成 **26** (2014)
平成 **25** (2013)
平成 **24** (2012)
平成 **23** (2011)
平成 **22** (2010)
平成 **21** (2009)
平成 **20** (2008)

問 10 の解答　出題項目＜半導体デバイス＞　　答え（2）

（1）　正。IGBT は，パワー MOSFET と同様に絶縁ゲートによる電圧制御形のデバイスであり，ゲート・エミッタ間の電圧により制御される。

（2）　誤。パワー MOSFET は**電圧駆動形**であり，**キャリア蓄積効果がないので高速なスイッチング動作が可能**で，**損失も小さい**。

（3）　正。ユニポーラデバイスとは，パワー MOSFET のようにキャリアとして電子または正孔のどちらか一種類のみを使用するデバイスのことをいう。ユニポーラデバイスは，高耐圧化するとオン抵抗が高くなる。

（4）　正。IGBT は，パワー MOSFET とバイポーラトランジスタを複合化することによって両者の機能の特徴を生かしたトランジスタである。このため，大電力で高速スイッチングが可能となる。

（5）　正。Si（シリコン）を使用したパワー MOSFET では，高耐圧のデバイスほど単位面積当たりのオン抵抗が高くなってしまう。一方，SiC（シリコンカーバイト）を使用するとドリフト層の抵抗を下げられるので，高耐圧と低抵抗を両立させることができる。

解説

表 10-1 にバイポーラトランジスタ，IGBT，MOSFET の比較を示す。

表 10-1　パワーデバイス比較

	バイポーラトランジスタ	IGBT	パワーMOSFET（Nチャンネル）
キャリア	電子と正孔	電子と正孔	電子
制御方式	ベース電流	ゲート電圧	ゲート電圧
通電能力	中	大	小
順方向電圧降下	中	小	大
動作周波数	低（～5 kHz）	中（～20 kHz）	高（～300 kHz）

問 11 の解答　出題項目＜回転体のエネルギー＞　　答え（3）

角速度 ω[rad/s] で回転しているはずみ車の運動エネルギー E[J] は，次式で表される。ただし，はずみ車の慣性モーメントを J[kg·m^2] とする。

$$E = \frac{1}{2}J\omega^2$$

ここで，はずみ車の回転数を N[min^{-1}] とすると，

$$\omega = 2\pi\frac{N}{60}$$

よって，運動エネルギー E[J] は次のようになる。

$$E = \frac{1}{2}J\left(\frac{\pi N}{30}\right)^2$$

回転数が 1 500 min^{-1} のときの運動エネルギーを E_1[J]，1 000 min^{-1} のときの運動エネルギーを E_2[J] とすると，

$$E_1 = \frac{1}{2} \times 50\left(\frac{1\,500\pi}{30}\right)^2 \fallingdotseq 616\,850\,[\text{J}]$$

$$E_2 = \frac{1}{2} \times 50\left(\frac{1\,000\pi}{30}\right)^2 \fallingdotseq 274\,156\,[\text{J}]$$

よって，減速したときの放出エネルギーは，
$$E_1 - E_2 = 616\,850 - 274\,156 = 342\,694\,[\text{J}]$$

これが 2 秒間で放出されるエネルギーである。平均出力 W[W] は単位時間（1 秒間）当たりのエネルギーなので，

$$W = \frac{342\,694}{2} = 171\,347\,[\text{W}] \fallingdotseq 171\,[\text{kW}]$$

解説

質量 m[kg] の物体が半径 r[m] の円弧を描いて，速度 v[m/s] で回転しているときの物体の運動エネルギー E[J] は，

$$E = \frac{1}{2}mv^2$$

ここで，物体の角速度を ω[rad/s] とすると，この物体の周速 $v = r\omega$[m/s] となる。したがって，運動エネルギー E[J] は，

$$E = \frac{1}{2}m(r\omega)^2 = \frac{1}{2}mr^2\omega^2$$

この式中の mr^2 が慣性モーメントで，通常は量記号 J で表す。慣性モーメントは回転数とは関係のない定数で，物体が持っている，運動を持続しようとする力である。

問 **12**　出題分野＜照明＞　難易度 ★★★　重要度 ★★★

　教室の平均照度を 500 lx 以上にしたい。ただし，その時の光源一つの光束は 2 400 lm，この教室の床面積は 15 m×10 m であり，照明率は 60 %，保守率は 70 % とする。必要最小限の光源数として，最も近いものを次の（1）～（5）のうちから一つ選べ。

　（1）　30　　　（2）　40　　　（3）　75　　　（4）　115　　　（5）　150

問 **13**　出題分野＜電熱＞　難易度 ★★★　重要度 ★★★

　熱の伝導は電気の伝導によく似ている。下記は，電気系の量と熱系の量の対応表である。

電気系と熱系の対応表

電気系の量	熱系の量
電圧 V [V]	ア　[K]
電気量 Q [C]	熱量 Q [J]
電流 I [A]	イ　[W]
導電率 σ [S/m]	熱伝導率 λ [W/(m·K)]
電気抵抗 R [Ω]	熱抵抗 R_T　ウ
静電容量 C [F]	熱容量 C　エ

　上記の記述中の空白箇所（ア）～（エ）に当てはまる組合せとして，正しいものを次の（1）～（5）のうちから一つ選べ。

	（ア）	（イ）	（ウ）	（エ）
（1）	熱流 $\varPhi$	温度差 θ	[J/K]	[K/W]
（2）	温度差 θ	熱流 $\varPhi$	[K/W]	[J/K]
（3）	温度差 θ	熱流 $\varPhi$	[K/J]	[J/K]
（4）	熱流 $\varPhi$	温度差 θ	[J/K]	[J/W]
（5）	温度差 θ	熱流 $\varPhi$	[K/W]	[J/W]

令和4 (2022)
令和3 (2021)
令和2 (2020)
令和元 (2019)
平成30 (2018)
平成29 (2017)
平成28 (2016)
平成27 (2015)
平成26 (2014)
平成25 (2013)
平成24 (2012)
平成23 (2011)
平成22 (2010)
平成21 (2009)
平成20 (2008)

問12の解答　出題項目＜照明設計＞　　　　答え　(3)

床面積を $A[\mathrm{m}^2]$，光源一つ当たりの光束を F [lm]，光源数を N，照明率を U，保守率を M とすると，平均照度 $E[\mathrm{lx}]$ は次式で表される。

$$E=\frac{FNUM}{A}$$

これより，光源数 N は，

$$N=\frac{AE}{FUM}$$

この式に題意の数値を代入すると，

$$N=\frac{(15\times10)\times500}{2\,400\times0.6\times0.7}≒74.4$$

よって，必要最小限の光源数は，直近上位の 75 台となる。

解説

① **照明率**　光源から出た光は，天井，壁，床，家具などで吸収されたり，窓から屋外に放出されたりするので，すべての光が作業面に到達するわけではない。光源から出た光のうち，作業面に到達する光の割合を示す係数が **照明率** である。照明率は，天井，壁，床などの反射率や，間口と奥行に対する光源の高さによって変わる。

② **保守率**　照明器具は，使用時間の経過とともに，光源自身の光束減退と照明器具や室内面の汚れなどにより照度が低下する。このような照度低下を補うための係数が **保守率** である。保守率は，新設時の照度（初期照度）とその施設で確保すべき照度の比で表される。保守率は，照明器具の周囲の環境条件や保守管理方法などによって変わる。

問13の解答　出題項目＜電気系・熱系対応＞　　　　答え　(2)

導体内の電気の流れ（電流）は，電圧（電位差）によって引き起こされる。同様に，熱の流れは温度差によって引き起こされる。電気も熱も，抵抗が大きいと流れづらい。このように，固体内の熱伝導は導体内の電気伝導と多くの点で似ているため，電気系の量と熱系の量は **表13-1** のように対応している。

表13-1　電気系と熱系の対応表

電気系の量	熱系の量
電圧 $V[\mathrm{V}]$	**温度差 $\theta[\mathrm{K}]$**
電気量 $Q[\mathrm{C}]$	熱量 $Q[\mathrm{J}]$
電流 $I[\mathrm{A}]$	**熱流 $\Phi[\mathrm{W}]$**
導電率 $\sigma[\mathrm{S/m}]$	熱伝導率 $\lambda[\mathrm{W/(m\cdot K)}]$
電気抵抗 $R[\Omega]$	熱抵抗 $R_\mathrm{T}[\mathbf{K/W}]$
静電容量 $C[\mathrm{F}]$	熱容量 $C[\mathbf{J/K}]$

解説

電気回路の抵抗（電気抵抗）に関しては「オームの法則」が成り立つが，**図13-1** のように，物質（固体）内部における高温部から低温部への熱の移動（熱抵抗）に関しても，**熱回路のオームの法則** が成り立つ。この場合，電気抵抗は導体の長さに比例し，断面積に反比例するが，**熱抵抗も導体の長さに比例し，断面積に反比例する**。

すなわち，物質内部の温度差 $\theta[\mathrm{K}]$ は，熱流を $\Phi[\mathrm{W}]$，熱抵抗を $R_\mathrm{T}[\mathrm{K/W}]$ とすると，

$$\theta=\Phi R_\mathrm{T}$$

なお，熱抵抗 $R_\mathrm{T}[\mathrm{K/W}]$ は，導体の長さを l [m]，断面積を $S[\mathrm{m}^2]$，熱伝導率を $\lambda[\mathrm{W/(m\cdot K)}]$ とすると，次式で表される

$$R_\mathrm{T}=\frac{l}{\lambda S}$$

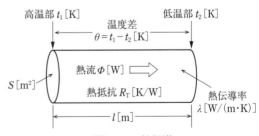

図13-1　熱伝導

また，熱容量は電気の静電容量に対応する。実際に物体を加熱すると，温度が徐々に上昇し，加熱をやめると徐々に温度が低下する。これは，熱のコンデンサが，熱を蓄えたり放出したりしていることになる。

このように熱伝導と電気伝導が似ていることには，「相似性がある」という。

問 14　　出題分野＜情報＞　　　　　　　難易度 ★★☆　重要度 ★★★

　入力信号 A，B 及び C，出力信号 X の論理回路の真理値表が次のように示されたとき，X の論理式として，正しいものを次の（1）～（5）のうちから一つ選べ。

A	B	C	X
0	0	0	0
0	0	1	1
0	1	0	0
0	1	1	1
1	0	0	0
1	0	1	1
1	1	0	1
1	1	1	1

（1）　$A \cdot B + A \cdot \overline{C} + B \cdot C$

（2）　$A \cdot \overline{B} + A \cdot \overline{C} + \overline{B} \cdot \overline{C}$

（3）　$A \cdot \overline{B} + C + \overline{A} \cdot B$

（4）　$B \cdot \overline{C} + \overline{A} \cdot B + \overline{B} \cdot C$

（5）　$A \cdot B + C$

問14 の解答　　出題項目＜論理式＞　　　　　　　　　　　　　　　答え　（5）

カルノー図を使用して，次のような手順（①～⑤）で論理式を導きだす。

①　図 14-1 のように，真理値表の X について，3変数（ABC）のカルノー図を作成する。

図 14-1　カルノー図

②　真理値が1になっているところをグループ化する。このとき，なるべく多くの1をひとまとめにする。また，グループの個数は，2のn乗（1，2，4，8，16，……）になるようにする。した

がって，図 14-1 では，ⅠとⅡの二つのグループができる。

③　グループ化した部分を論理式で表す。

Ⅰの部分

・$AB=11$，$C=0$　→　$A \cdot B \cdot \overline{C}$

・$AB=11$，$C=1$　→　$A \cdot B \cdot C$

Ⅱの部分

・$AB=00$，$C=1$　→　$\overline{A} \cdot \overline{B} \cdot C$

・$AB=01$，$C=1$　→　$\overline{A} \cdot B \cdot C$

・$AB=11$，$C=1$　→　$A \cdot B \cdot C$

・$AB=10$，$C=1$　→　$A \cdot \overline{B} \cdot C$

④　グループ内の共通項の論理式を抽出する。

Ⅰの部分は $A \cdot B$，Ⅱの部分は C

⑤　グループ内の共通項の論理式を結合して和の式にする。

$$A \cdot B + C$$

令和 **4** (2022)
令和 **3** (2021)
令和 **2** (2020)
令和 **元** (2019)
平成 **30** (2018)
平成 **29** (2017)
平成 **28** (2016)
平成 **27** (2015)
平成 **26** (2014)
平成 **25** (2013)
平成 **24** (2012)
平成 **23** (2011)
平成 **22** (2010)
平成 **21** (2009)
平成 **20** (2008)

B 問 題 （配点は1問題当たり（a）5点，（b）5点，計10点）

問15　出題分野＜誘導機＞　　　　難易度 ★★★　重要度 ★★★

　　定格出力45 kW，定格周波数60 Hz，極数4，定格運転時の滑りが0.02である三相誘導電動機について，次の（a）及び（b）の問に答えよ。

（a）　この誘導電動機の定格運転時の二次入力（同期ワット）の値[kW]として，最も近いものを次の（1）～（5）のうちから一つ選べ。

　　（1）　43　　　（2）　44　　　（3）　45　　　（4）　46　　　（5）　47

（次々頁に続く）

令和
4
(2022)

令和
3
(2021)

令和
2
(2020)

令和
元
(2019)

平成
30
(2018)

平成
29
(2017)

平成
28
(2016)

平成
27
(2015)

平成
26
(2014)

平成
25
(2013)

平成
24
(2012)

平成
23
(2011)

平成
22
(2010)

平成
21
(2009)

平成
20
(2006)

問 15（a）の解答　出題項目＜二次回路・同期ワット＞　　答え　（4）

二次入力 $P_2[\mathrm{W}]$，二次銅損 $P_{\mathrm{c}2}[\mathrm{W}]$，機械的出力 $P_{\mathrm{o}}[\mathrm{W}]$ と滑り s の関係は，次のようになる。

$$P_2 : P_{\mathrm{c}2} : P_{\mathrm{o}} = 1 : s : (1-s)$$

したがって，二次入力 P_2 は次式で求められる。

$$P_2 = \frac{P_{\mathrm{o}}}{1-s} = \frac{45 \times 10^3}{1-0.02}$$

$$\fallingdotseq 45\,918[\mathrm{W}] \quad \rightarrow \quad 46\mathrm{kW}$$

解説 ･････････････････････････････

三相誘導電動機が滑り s，二次抵抗 $r_2[\Omega]$，二次電流 $I_2[\mathrm{A}]$ で運転しているときの 1 相分の二次銅損 $P_{\mathrm{c}2}[\mathrm{W}]$，機械的出力 $P_{\mathrm{o}}[\mathrm{W}]$，二次入力 $P_2[\mathrm{W}]$ は，以下の式で求められる。

① **二次銅損 $P_{\mathrm{c}2}[\mathrm{W}]$**

二次抵抗 $r_2[\Omega]$ に二次電流 $I_2[\mathrm{A}]$ が流れることによる損失なので，

$$P_{\mathrm{c}2} = r_2 I_2{}^2$$

② **機械的出力 $P_{\mathrm{o}}[\mathrm{W}]$**

負荷抵抗 $\dfrac{1-s}{s} r_2[\Omega]$ に二次電流 $I_2[\mathrm{A}]$ が流れることによる損失なので，

$$P_{\mathrm{o}} = \frac{1-s}{s} r_2 I_2{}^2$$

③ **二次入力 $P_2[\mathrm{W}]$**

二次銅損 $P_{\mathrm{c}2}[\mathrm{W}]$ と機械的出力 $P_{\mathrm{o}}[\mathrm{W}]$ の和なので，

$$P_2 = P_{\mathrm{c}2} + P_{\mathrm{o}} = r_2 I_2{}^2 + \frac{1-s}{s} r_2 I_2{}^2$$

$$= \frac{r_2}{s} I_2{}^2 [\mathrm{W}]$$

これらの関係は次のようになる。

$$P_2 : P_{\mathrm{c}2} : P_{\mathrm{o}} = \frac{r_2}{s} I_2{}^2 : r_2 I_2{}^2 : \frac{1-s}{s} r_2 I_2{}^2$$

$$= \frac{1}{s} : 1 : \frac{1-s}{s}$$

$$= 1 : s : (1-s)$$

したがって，誘導電動機の二次側（回転子側）の電力の流れは，**図 15-1** のように表せる。

なお，この図の機械損（P_{m}）は，回転子が回転することにより発生する機械的損失である。

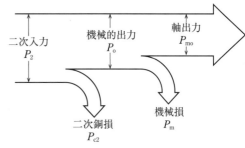

図 15-2　二次側の電力の流れ

(続き)

（ｂ） この誘導電動機を，電源周波数 50 Hz において，60 Hz 運転時の定格出力トルクと同じ出力トルクで連続して運転する。この 50 Hz での運転において，滑りが 50 Hz を基準として 0.05 であるときの誘導電動機の出力の値[kW]として，最も近いものを次の（1）～（5）のうちから一つ選べ。

（1） 36　　（2） 38　　（3） 45　　（4） 54　　（5） 56

令和 **4** (2022)
令和 **3** (2021)
令和 **2** (2020)
令和 **元** (2019)
平成 **30** (2018)
平成 **29** (2017)
平成 **28** (2016)
平成 **27** (2015)
平成 **26** (2014)
平成 **25** (2013)
平成 **24** (2012)
平成 **23** (2011)
平成 **22** (2010)
平成 **21** (2009)
平成 **20** (2008)

問 15 （b）の解答　　出題項目＜出力・トルク＞　　　　答え　（1）

まず，周波数 60 Hz のときの定格出力トルクを求める。

二次入力 P_2[W]は**同期ワット**ともいう。これは，電動機がトルク T[N·m]を発生し，同期速度 N_s[min^{-1}]で回転すると仮定したときの出力のことで，次式で表される。

$$P_2 = \omega_s T = 2\pi \frac{N_s}{60} T \quad (\omega_s：同期角速度)$$

これを変形すると，

$$T = \frac{60 P_2}{2\pi N_s}$$

周波数 $f = 60$[Hz]時の同期速度 N_{s60} は，極数 $p = 4$ なので，

$$N_{s60} = \frac{120 f}{p} = \frac{120 \times 60}{4} = 1\,800[\text{min}^{-1}]$$

したがって，定格出力トルク T は，

$$T = \frac{60 P_2}{2\pi N_{s60}} = \frac{60 \times 45\,918}{2\pi \times 1\,800} \fallingdotseq 243.6[\text{N·m}]$$

次に，周波数 $f = 50$[Hz]で運転しているときの回転速度 N_{50}[min^{-1}]を求める。

同期速度 N_{s50} は，

$$N_{s50} = \frac{120 f}{p} = \frac{120 \times 50}{4} = 1\,500[\text{min}^{-1}]$$

滑り $s = 0.05$ なので，回転速度 N_{50} は，

$$N_{50} = N_{s50} \times (1 - s) = 1\,500 \times (1 - 0.05)$$
$$\fallingdotseq 1\,425[\text{min}^{-1}]$$

したがって，このときの出力 P_o は，

$$P_o = 2\pi \frac{N_{50}}{60} T = \frac{2\pi \times 1\,425 \times 243.6}{60}$$
$$\fallingdotseq 36\,351[\text{W}] \quad \rightarrow \quad 36\text{kW}$$

問 16 　出題分野＜パワーエレクトロニクス＞ 　難易度 ★☆★ 　重要度 ★★★

　図1は，直流電圧源から単相インバータで誘導性負荷に交流を給電する基本回路を示す。負荷電流 $i_o(t)$ と直流側電流 $i_d(t)$ は図示する矢印の向きを正の方向として，次の(a)及び(b)の問に答えよ。

（a）　各パワートランジスタが出力交流電圧の1周期 T に1回オンオフする運転を行っている際のある時刻 t_0 から1周期の波形を図2に示す。直流電圧が $E[\mathrm{V}]$ のとき，交流側の方形波出力電圧の実効値として，最も近いものを次の(1)～(5)のうちから一つ選べ。

　　（1）　$0.5E$ 　　（2）　$0.61E$ 　　（3）　$0.86E$ 　　（4）　E 　　（5）　$1.15E$

（b）　小問(a)のとき，負荷電流 $i_o(t)$ の波形が図3の(ア)～(ウ)，直流側電流 $i_d(t)$ の波形が図3の(エ)，(オ)のいずれかに示されている。それらの波形の適切な組合せを次の(1)～(5)のうちから一つ選べ。

　　（1）　(ア)と(エ)　　（2）　(イ)と(エ)　　（3）　(ウ)と(オ)
　　（4）　(ア)と(オ)　　（5）　(イ)と(オ)

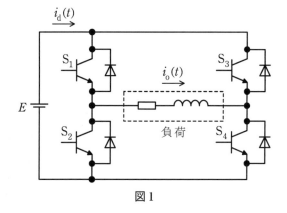

図1

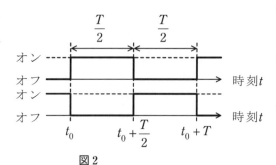

図2

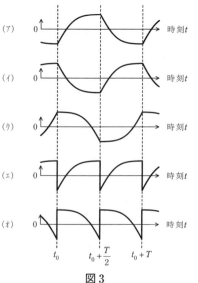

図3

問 16 （a）の解答　　出題項目＜インバータ＞　　　　　答え　（4）

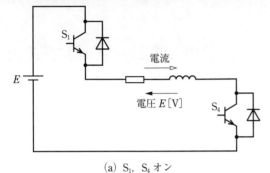

（a）S_1，S_4 オン

（b）S_2，S_3 オン

図 16-1　動作回路

パワートランジスタの S_1，S_4 がオン，S_2，S_3 がオフのときは，**図 16-1（a）** の動作になる。一方，S_2，S_3 がオン，S_1，S_4 がオフのときは，**図 16-1（b）** の動作になる。したがって，交流側の出力電圧は**図 16-2** のような方形波になり，その実効値は，

$$\sqrt{\frac{1}{T}\left\{E^2\times\frac{T}{2}+(-E)^2\times\frac{T}{2}\right\}}=\sqrt{\frac{1}{T}\times E^2 T}$$
$$=E\,[\mathrm{V}]$$

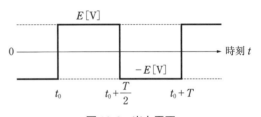

図 16-2　出力電圧

問 16 （b）の解答　　出題項目＜インバータ＞　　　　　答え　（1）

① **負荷電流**　負荷が抵抗のみであれば，負荷電流 $i_\mathrm{o}(t)$ の波形は**図 16-2** の出力電圧と同じになる。しかし，本問のように負荷が誘導性（抵抗とインダクタンスの直列接続）の場合は，S_1，S_4 と S_2，S_3 の切り替え時に電流を瞬時に反転することができないので，**図 16-3** のような波形（（ア）の波形）になる。これを見ると，時刻 t_0 でパワートランジスタが S_2，S_3 から S_1，S_4 に切り替わったとき出力電圧は瞬時に $E\,[\mathrm{V}]$ になるが，$\varDelta T$ の期間は負荷電流が逆方向に流れている。これは，負荷のインダクタンスに蓄えられたエネルギーが，電源側に還流していることになる。

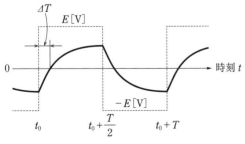

図 16-3　負荷電流

② **直流側電流**　直流側電流の向きは ＋ から － への向きが正なので，**図 16-4** のような波形（（エ）の波形）になる。この波形は，**図 16-3** の負荷電流の波形で S_2，S_3 がオンしている部分の電流の向きを逆にしたものである。

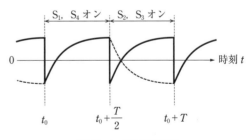

図 16-4　直流側電流

解説

パワートランジスタと逆向きで，並列に接続されているダイオードを**帰還ダイオード**（フリーホイールダイオード）という。これにより，パワートランジスタが切り替わったときに逆方向に電流を流すことが可能になり，インダクタンスに蓄えられたエネルギーを電源側に還流することができる。

令和4（2022）
令和3（2021）
令和2（2020）
令和元（2019）
平成30（2018）
平成29（2017）
平成28（2016）
平成27（2015）
平成26（2014）
平成25（2013）
平成24（2012）
平成23（2011）
平成22（2010）
平成21（2009）
平成20（2008）

　問17及び問18は選択問題であり，問17又は問18のどちらかを選んで解答すること。両方解答すると採点されません。

（選択問題）

問 17　出題分野＜自動制御＞　難易度 ★★☆　重要度 ★★☆

　図は，ある周波数伝達関数 $W(j\omega)$ のボード線図の一部であり，折れ線近似でゲイン特性を示している。次の（a）及び（b）の問に答えよ。

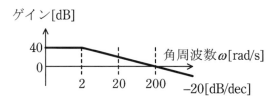

（a）　図のゲイン特性を示す周波数伝達関数として，最も適切なものを次の（1）～（5）のうちから一つ選べ。

（1）　$\dfrac{40}{1+j\omega}$　　　（2）　$\dfrac{40}{1+j0.005\omega}$　　　（3）　$\dfrac{100}{1+j\omega}$

（4）　$\dfrac{100}{1+j0.005\omega}$　　　（5）　$\dfrac{100}{1+j0.5\omega}$

（次々頁に続く）

問 17 （a）の解答　　出題項目＜ボード線図，伝達関数＞　　　　答え（5）

このボード線図は一次遅れ要素なので，周波数伝達関数 $W(\mathrm{j}\omega)$ は次式のように表される。ただし，K はゲイン定数，$\omega[\mathrm{rad/s}]$ は角周波数，$T[\mathrm{s}]$ は時定数である。

$$W(\mathrm{j}\omega)=\frac{K}{1+\mathrm{j}\omega T}$$

この式で，$\omega T=1[\mathrm{rad}]$ のときの周波数 ω が**折点周波数** ω_{c} なので，

$$\omega_{\mathrm{c}}=\frac{1}{T}=2[\mathrm{rad/s}]$$

したがって，$T=0.5[\mathrm{s}]$ となる。また，$\omega=0$ $[\mathrm{rad/s}]$ のときのゲイン g は，

$$g=20\log_{10}\left(\frac{K}{1+0}\right)=40[\mathrm{dB}]$$

これより，

$$\log_{10}K=\frac{40}{20}=2 \qquad \therefore\ K=10^2=100$$

したがって，周波数伝達関数 $W(\mathrm{j}\omega)$ は，

$$W(\mathrm{j}\omega)=\frac{K}{1+\mathrm{j}\omega T}=\frac{100}{1+\mathrm{j}0.5\omega}$$

【**別 解**】　$\omega=0[\mathrm{rad/s}]$ のときのゲイン g を求める。

（1），（2）の場合

$$g=20\log_{10}\left(\frac{40}{1+0}\right)\fallingdotseq32[\mathrm{dB}]$$

（3），（4），（5）の場合

$$g=20\log_{10}\left(\frac{100}{1+0}\right)=40[\mathrm{dB}]$$

したがって答えは，（3），（4），（5）のいずれかになる。

次に，角周波数 $\omega=200[\mathrm{rad/s}]$ のときのゲイン g を求める。

（3）の場合

$$g=20\log_{10}\left|\frac{100}{1+\mathrm{j}200}\right|$$

$$=20\log_{10}\left(\frac{100}{\sqrt{1^2+200^2}}\right)$$

$$\fallingdotseq20\log_{10}(0.5)\fallingdotseq-6[\mathrm{dB}]$$

（4）の場合

$$g=20\log_{10}\left|\frac{100}{1+\mathrm{j}}\right|=20\log_{10}\left(\frac{100}{\sqrt{1^2+1^2}}\right)$$

$$\fallingdotseq20\log_{10}(71)\fallingdotseq37[\mathrm{dB}]$$

（5）の場合

$$g=20\log_{10}\left|\frac{100}{1+\mathrm{j}100}\right|$$

$$=20\log_{10}\left(\frac{100}{\sqrt{1^2+100^2}}\right)$$

$$\fallingdotseq20\log_{10}(1)\fallingdotseq0[\mathrm{dB}]$$

したがって，（5）が答えである。

令和4 (2022)
令和3 (2021)
令和2 (2020)
令和元 (2019)
平成30 (2018)
平成29 (2017)
平成28 (2016)
平成27 (2015)
平成26 (2014)
平成25 (2013)
平成24 (2012)
平成23 (2011)
平成22 (2010)
平成21 (2009)
平成20 (2008)

（続き）

（b）　図のゲイン特性を示すブロック線図として，最も適切なものを次の（1）〜（5）のうちから一つ選べ。ただし，入力を $R(j\omega)$，出力を $C(j\omega)$ として，図のゲイン特性を示しているものとする。

（1）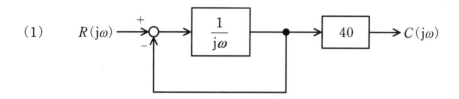

（2）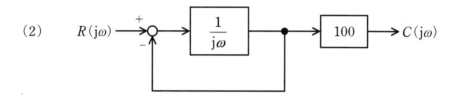

（3）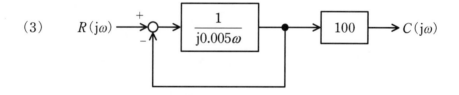

（4）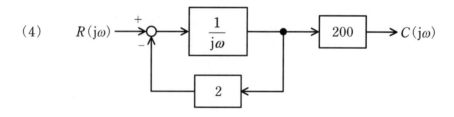

（5）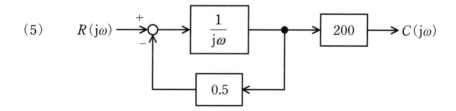

令和 **4** (2022)

令和 **3** (2021)

令和 **2** (2020)

令和 **元** (2019)

平成 **30** (2018)

平成 **29** (2017)

平成 **28** (2016)

平成 **27** (2015)

平成 **26** (2014)

平成 **25** (2013)

平成 **24** (2012)

平成 **23** (2011)

平成 **22** (2010)

平成 **21** (2009)

平成 **20** (2008)

問17（b）の解答　　出題項目＜ブロック線図＞　　答え　（4）

それぞれのブロック線図を合成して，総合の周波数伝達関数 $W(\mathrm{j}\omega)$ を求めてみる。

（1）　誤。

$$W(\mathrm{j}\omega)=\frac{\dfrac{1}{\mathrm{j}\omega}}{1+\dfrac{1}{\mathrm{j}\omega}}\times 40=\frac{1}{1+\mathrm{j}\omega}\times 40$$

$$=\frac{40}{1+\mathrm{j}\omega}$$

（2）　誤。

$$W(\mathrm{j}\omega)=\frac{\dfrac{1}{\mathrm{j}\omega}}{1+\dfrac{1}{\mathrm{j}\omega}}\times 100=\frac{1}{1+\mathrm{j}\omega}\times 100$$

$$=\frac{100}{1+\mathrm{j}\omega}$$

（3）　誤。

$$W(\mathrm{j}\omega)=\frac{\dfrac{1}{\mathrm{j}0.005\omega}}{1+\dfrac{1}{\mathrm{j}0.005\omega}}\times 100$$

$$=\frac{1}{1+\mathrm{j}0.005\omega}\times 100$$

$$=\frac{100}{1+\mathrm{j}0.005\omega}$$

（4）　正。

$$W(\mathrm{j}\omega)=\frac{\dfrac{1}{\mathrm{j}\omega}}{1+\dfrac{1}{\mathrm{j}\omega}\times 2}\times 200=\frac{1}{2+\mathrm{j}\omega}\times 200$$

$$=\frac{200}{2+\mathrm{j}\omega}=\frac{100}{1+\mathrm{j}0.5\omega}$$

（5）　誤。

$$W(\mathrm{j}\omega)=\frac{\dfrac{1}{\mathrm{j}\omega}}{1+\dfrac{1}{\mathrm{j}\omega}\times 0.5}\times 200$$

$$=\frac{1}{0.5+\mathrm{j}\omega}\times 200$$

$$=\frac{200}{0.5+\mathrm{j}\omega}=\frac{400}{1+\mathrm{j}2\omega}$$

(選択問題)

問 18 出題分野＜情報＞ 難易度 ★★★ 重要度 ★★★

　図は，n 個の配列の数値を大きい順（降順）に並べ替えるプログラムのフローチャートである。次の（ａ）及び（ｂ）の問に答えよ。

（ａ）　図中の（ア）〜（ウ）に当てはまる処理の組合せとして，正しいものを次の（１）〜（５）のうちから一つ選べ。

	（ア）	（イ）	（ウ）
（１）	a[i]＞a[j]	a[j]←a[i]	a[i]←m
（２）	a[i]＞a[j]	a[i]←a[j]	a[j]←m
（３）	a[i]＜a[j]	a[j]←a[i]	a[i]←m
（４）	a[i]＜a[j]	a[j]←a[i]	a[j]←m
（５）	a[i]＜a[j]	a[i]←a[j]	a[j]←m

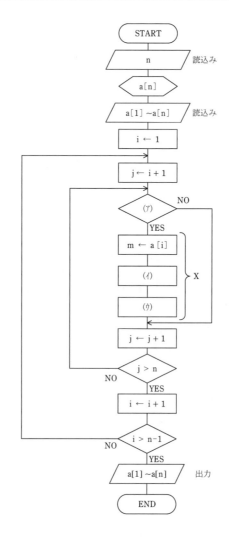

（次々頁に続く）

問 18 （a）の解答　　出題項目＜フローチャート＞　　　答え　（5）

プログラムの内容は，次の①〜⑥のとおりである。

①　配列は n 個で，数値は a[1]〜a[n] である。

②　2個のポインタ i，j で指定された2個の数値 a[i]，a[j] を使用する。最初は i＝1，j＝i＋1＝2 である。

③　(ア)の部分で数値の大小の判断を行う。a[i]より a[j]のほうが大きい場合には YES に進み，X の処理(入れ替え)を行う。a[i]より a[j]のほうが小さい場合には NO に進み，j を ＋1 して(ア)の処理に戻る。これを a[j]のポインタが n になるまで順次繰り返す。

したがって，(ア)は a[i]＜a[j]である。

④　X は入れ替え処理の部分である。a[i]と a[j]を直接入れ替えられない(いきなり a[i]←a[j]を実行すると a[i]が消えてしまう)ので，m を介して入れ替えを行っている。

したがって，(イ)は a[i]←a[j]，(ウ)は a[j]←m である。

⑤　一つの a[i]に対して全ての a[j]の処理が終了したら，i を ＋1 して，再度③と④の処理を行う。これを a[i]のポインタが n−1 になるまで繰り返す。

⑥　最後に，降順に並べた数値を出力する。

令和4(2022) 令和3(2021) 令和2(2020) 令和元(2019) 平成30(2018) 平成29(2017) 平成28(2016) 平成27(2015) 平成26(2014) 平成25(2013) 平成24(2012) 平成23(2011) 平成22(2010) 平成21(2009) 平成20(2008)

（続き）

（b） このプログラム実行時の読込み処理
において，n=5とし，a[1]＝3，a[2]
＝1，a[3]＝2，a[4]＝5，a[5]＝4と
する。フローチャート中のXで示さ
れる部分の処理は何回行われるか，正
しいものを次の（1）～（5）のうちから
一つ選べ。

（1）　3　　（2）　5　　（3）　7

（4）　8　　（5）　10

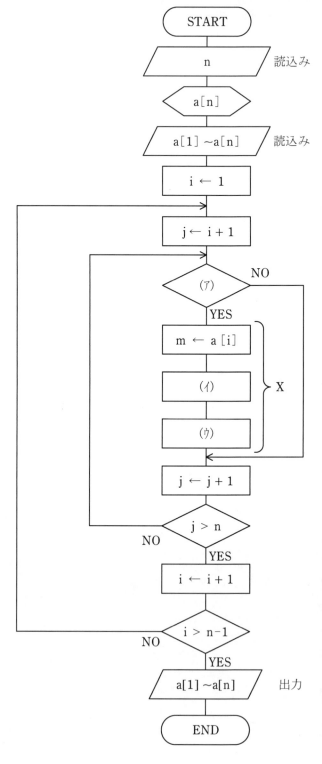

問18（b）の解答　　出題項目＜フローチャート＞　　　　答え（3）

・**a[i]＝a[1]の場合**

①　a[i]＝a[1]，a[j]＝a[2]からはじめる。この時点の配列は，次のようになる。

a[1]	a[2]	a[3]	a[4]	a[5]
3	1	2	5	4

②　a[1]＜a[2]（3＜1），a[1]＜a[3]（3＜2）はNOである。

③　a[1]＜a[4]（3＜5）はYESなので，Xの入れ替え処理を行う（**1回目**）。入れ替え後の配列は，次のようになる。

a[1]	a[2]	a[3]	a[4]	a[5]
5	1	2	3	4

④　a[1]＜a[5]はNOである。

・**a[i]＝a[2]の場合**

①　a[i]＝a[2]，a[j]＝a[3]からはじめる。

②　a[2]＜a[3]（1＜2）はYESなので，Xの入れ替え処理を行う（**2回目**）。入れ替え後の配列は，次のようになる。

a[1]	a[2]	a[3]	a[4]	a[5]
5	2	1	3	4

③　a[2]＜a[4]（2＜3）もYESなので，Xの入れ替え処理を行う（**3回目**）。入れ替え後の配列は，次のようになる。

a[1]	a[2]	a[3]	a[4]	a[5]
5	3	1	2	4

④　a[2]＜a[5]（3＜4）もYESなので，Xの入れ替え処理を行う（**4回目**）。入れ替え後の配列は，次のようになる。

a[1]	a[2]	a[3]	a[4]	a[5]
5	4	1	2	3

・**a[i]＝a[3]の場合**

①　a[i]＝a[3]，a[j]＝a[4]からはじめる。

②　a[3]＜a[4]（1＜2）はYESなので，Xの入れ替え処理を行う（**5回目**）。入れ替え後の配列は，次のようになる。

a[1]	a[2]	a[3]	a[4]	a[5]
5	4	2	1	3

③　a[3]＜a[5]（2＜3）もYESなので，Xの入れ替え処理を行う（**6回目**）。入れ替え後の配列は，次のようになる。

a[1]	a[2]	a[3]	a[4]	a[5]
5	4	3	1	2

・**a[i]＝a[4]の場合**

①　a[i]＝a[4]，a[j]＝a[5]からはじめる。

②　a[4]＜a[5]（1＜2）はYESなので，Xの入れ替え処理を行う（**7回目**）。入れ替え後の配列は，次のようになる。

a[1]	a[2]	a[3]	a[4]	a[5]
5	4	3	2	1

③　iに＋1すると，i＞n－1（5＞4）でYESになり終了する。したがって，Xで入れ替え処理を行う回数は，

$$1＋3＋2＋1＝7（回）$$

となる。

令和4（2022）令和3（2021）令和2（2020）令和元（2019）平成30（2018）平成29（2017）平成28（2016）平成27（2015）平成26（2014）平成25（2013）平成24（2012）平成23（2011）平成22（2010）平成21（2009）平成20（2008）

機械 令和元年度（2019年度）

A 問題 （配点は1問題当たり5点）

問1 出題分野＜直流機＞ 難易度 ★★★ 重要度 ★★★

直流電源に接続された永久磁石界磁の直流電動機に一定トルクの負荷がつながっている。電機子抵抗が $1.00\,\Omega$ である。回転速度が $1\,000\,\mathrm{min}^{-1}$ のとき，電源電圧は $120\,\mathrm{V}$，電流は $20\,\mathrm{A}$ であった。

この電源電圧を $100\,\mathrm{V}$ に変化させたときの回転速度の値 $[\mathrm{min}^{-1}]$ として，最も近いものを次の（1）～（5）のうちから一つ選べ。

ただし，電機子反作用及びブラシ，整流子における電圧降下は無視できるものとする。

（1） 200　　（2） 400　　（3） 600　　（4） 800　　（5） 1 000

問2 出題分野＜直流機＞ 難易度 ★★★ 重要度 ★★★

直流機の電機子反作用に関する記述として，誤っているものを次の（1）～（5）のうちから一つ選べ。

（1） 直流発電機や直流電動機では，電機子巻線に電流を流すと，電機子電流によって電機子周辺に磁束が生じ，電機子電圧を誘導する磁束すなわち励磁磁束が，電機子電流の影響で変化する。これを電機子反作用という。

（2） 界磁電流による磁束のベクトルに対し，電機子電流による電機子反作用磁束のベクトルは，同じ向きとなるため，電動機として運転した場合に増磁作用，発電機として運転した場合に減磁作用となる。

（3） 直流機の界磁磁極片に補償巻線を設け，そこに電機子電流を流すことにより，電機子反作用を緩和できる。

（4） 直流機の界磁磁極のN極とS極の間に補極を設け，そこに設けたコイルに電機子電流を流すことにより，電機子反作用を緩和できる。

（5） ブラシの位置を適切に移動させることで，電機子反作用を緩和できる。

令和 **4** (2022)
令和 **3** (2021)
令和 **2** (2020)
令和 **元** (2019)
平成 **30** (2018)
平成 **29** (2017)
平成 **28** (2016)
平成 **27** (2015)
平成 **26** (2014)
平成 **25** (2013)
平成 **24** (2012)
平成 **23** (2011)
平成 **22** (2010)
平成 **21** (2009)
平成 **20** (2008)

問1の解答　出題項目<回転速度>　　　　　　答え　（4）

図1-1 は，電源電圧が 120 V における直流電動機の等価回路である。

電機子逆起電力 E は，

$$E = 120 - 1 \times 20 = 100[\text{V}]$$

直流機では，E は回転速度 $N[\text{min}^{-1}]$ と界磁磁束 $\phi[\text{Wb}]$ の積に比例する。

$$E \propto N\phi$$

また，ϕ は永久磁石のため一定なので ϕ を含む比例定数を k とすると，次式より k が計算できる。

$$E = kN$$

$$100 = 1\,000k \quad \rightarrow \quad k = 0.1$$

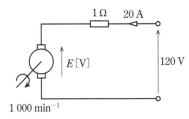

図1-1　等価回路

電源電圧を 100 V にしたときの電機子逆起電力を E' とする。このときの電機子電流は，定トルク負荷（かつ ϕ も一定）なので，電源電圧変化前と同じ 20 A である。これより E' は，

$$E' = 100 - 1 \times 20 = 80[\text{V}]$$

となるので，電源電圧 100 V における回転速度 N' は，$E' = kN'$ より，

$$N' = \frac{E'}{k} = \frac{80}{0.1} = 800[\text{min}^{-1}]$$

解説 ....

直流電動機の諸計算では，次の関係式を用いる場合が多い。①電機子回路の等価回路から得られる関係式。②回転速度が，電機子逆起電力と界磁磁束の積に比例する関係式。③トルクが，電機子電流と界磁磁束の積に比例する関係式。

また，一般の計算では，磁気飽和，電機子反作用，ブラシ・整流子の電圧降下は無視できるものとして計算するのが普通である。

問2の解答　出題項目<電機子反作用>　　　　　　答え　（2）

（1）　正。記述は電機子反作用の定義である。

（2）　誤。電機子電流による起磁力は，界磁磁束の向きと電気的に直交する。この結果，界磁の一様な磁束分布が歪み，磁極の片側において磁束密度が大きくなり，他の片側では磁束密度が小さくなる。これを，**交差磁化作用**という。

（3）　正。補償巻線は，電機子電流が作る起磁力をほぼ打ち消すことができる。

（4）　正。補極は，ブラシの位置付近（中性軸付近）の電機子電流による起磁力を打ち消し，電機子反作用を緩和できる。

（5）　正。電機子反作用により，幾何学的中性軸に対して電気的中性軸が移動する（発電機では回転方向，電動機では回転に対し反対方向）。このため，ブラシの位置を電気的中性軸の位置に移動させることで，電機子反作用を緩和できる。

解説 ....

電機子反作用の発生の仕組み，電機子反作用で起こる障害及び電機子反作用の緩和対策は，覚えておきたい重要事項である。

一般に，電機子反作用の緩和対策として補極を設けるが，大容量機や高速機などでは補償巻線も合わせて設ける場合が多い。また，ブラシの移動による対策では，移動角度は負荷の大小で決まるので，負荷が変動するような場合にはこの方法は適さない。

問3 　出題分野＜誘導機＞　　　　　　　　難易度 ★★☆　重要度 ★★☆

4極の三相誘導電動機が 60 Hz の電源に接続され，出力 5.75 kW，回転速度 1 656 min^{-1} で運転されている。このとき，一次銅損，二次銅損及び鉄損の三つの損失の値が等しかった。このときの誘導電動機の効率の値[%]として，最も近いものを次の（1）～（5）のうちから一つ選べ。

ただし，その他の損失は無視できるものとする。

（1）　76.0　　　（2）　77.8　　　（3）　79.3　　　（4）　80.6　　　（5）　88.5

問4 　出題分野＜誘導機＞　　　　　　　　難易度 ★☆☆　重要度 ★★★

次の文章は，誘導機の速度制御に関する記述である。

誘導機の回転速度 n[min^{-1}]は，滑り s，電源周波数 f[Hz]，極数 p を用いて $n=120\cdot$ ［(ア)］ と表される。したがって，誘導機の速度は電源周波数によって制御することができ，特にかご形誘導電動機において ［(イ)］ 電源装置を用いた制御が広く利用されている。

かご形誘導機ではこの他に，運転中に固定子巻線の接続を変更して ［(ウ)］ を切り換える制御法や，［(エ)］ の大きさを変更する制御法がある。前者は，効率はよいが，速度の変化が段階的となる。後者は，速度の安定な制御範囲を広くするために ［(オ)］ の値を大きくとり，銅損が大きくなる。

巻線形誘導機では，［(オ)］ の値を調整することにより，トルクの比例推移を利用して速度を変える制御法がある。

上記の記述中の空白箇所(ア)，(イ)，(ウ)，(エ)及び(オ)に当てはまる組合せとして，正しいものを次の（1）～（5）のうちから一つ選べ。

	(ア)	(イ)	(ウ)	(エ)	(オ)
（1）	$\dfrac{sf}{p}$	CVCF	極数	一次電圧	一次抵抗
（2）	$\dfrac{(1-s)f}{p}$	CVCF	相数	二次電圧	二次抵抗
（3）	$\dfrac{sf}{p}$	VVVF	相数	二次電圧	一次抵抗
（4）	$\dfrac{(1-s)f}{p}$	VVVF	相数	一次電圧	一次抵抗
（5）	$\dfrac{(1-s)f}{p}$	VVVF	極数	一次電圧	二次抵抗

問3の解答　出題項目＜効率＞　　　答え　(3)

同期速度 N_s は，周波数を f[Hz]，極数を p とすると，

$$N_s = \frac{120f}{p} = \frac{120 \times 60}{4} = 1\,800\,[\text{min}^{-1}]$$

一方，回転速度は $1\,656\,\text{min}^{-1}$ なので，このときの滑り s は，

$$s = \frac{1\,800 - 1\,656}{1\,800} = 0.08$$

誘導電動機では出力 P_0 と二次銅損 P_{c2} は，

$$P_{c2} : P_0 = s : (1-s)$$

の関係があるので，二次銅損 P_{c2} は，

$$P_{c2} = \frac{s}{1-s}P_0 = \frac{0.08 \times 5.75}{1-0.08} = 0.5\,[\text{kW}]$$

このときの電動機の全損失 P_l は，題意より一次銅損 P_{c1}，二次銅損 P_{c2}，鉄損 P_i の値が等しいことから，

$$P_l = P_{c1} + P_{c2} + P_i = 0.5 + 0.5 + 0.5$$
$$= 1.5\,[\text{kW}]$$

効率 η は入力に対する出力の比であり，入力は出力 + 全損失と等しいので，

$$\eta = \frac{5.75}{5.75 + 1.5} \times 100 \fallingdotseq 79.3\,[\%]$$

解説

誘導電動機では，二次側の等価回路が重要である（**図 3-1** 参照）。

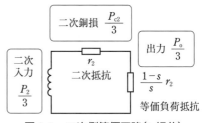

図 3-1　二次側等価回路(1 相分)

図より $P_2 = P_{c2} + P_0$ である。また，電流が共通なので各電力は抵抗に比例することから，次の比の関係式が得られる。

$$P_2 : P_{c2} : P_0 = (P_{c2} + P_0) : P_{c2} : P_0$$
$$= \left(r_2 + \frac{1-s}{s}r_2\right) : r_2 : \left(\frac{1-s}{s}r_2\right)$$
$$= 1 : s : (1-s)$$

問4の解答　出題項目＜速度制御＞　　　答え　(5)

回転速度 n[min^{-1}] は，滑り s，電源周波数 f [Hz]，極数 p を用いて $n = 120 \cdot \dfrac{(1-s)f}{p}$ と表される。したがって，誘導機の速度は電源周波数によって制御することができ，特にかご形誘導電動機において **VVVF** 電源装置を用いた制御が広く利用されている。

かご形誘導機ではこの他に，運転中に固定子巻線の接続を変更して**極数**を切り換える制御法や，**一次電圧**の大きさを変更する制御法がある。前者は，効率はよいが，速度の変化が段階的となる。後者は，速度の安定な制御範囲を広くするために**二次抵抗**の値を大きくとり，銅損が大きくなる。

巻線形誘導機では，**二次抵抗**の値を調整することにより，トルクの比例推移を利用して速度を変える制御法がある。

解説

誘導電動機の速度制御で広く利用される VVVF（可変電圧可変周波数）制御は，PWM インバータにより，電圧と周波数が比例するように制御する方法である。

なお，選択肢の CVCF は定電圧定周波数装置である。これは，停電時などに安定した電源を確保するための無停電電源装置(UPS)のうち，特に交流電力を供給する装置のことを指す。

巻線形誘導機の速度制御では二次抵抗制御の他に，二次励磁制御による方法もある。これにはクレーマ方式，セルビウス方式があり，外部二次抵抗による損失を回生できるため効率がよい。

次の文章は，星形結線の円筒形三相同期電動機の入力，出力，トルクに関する記述である。

この三相同期電動機の1相分の誘導起電力 E[V]，電圧 V[V]，電流 I[A]，V と I の位相差を θ[rad]としたときの1相分の入力 P_i[W]は次式で表される。

$$P_\mathrm{i} = VI \cos\theta$$

また，E と V の位相差を δ[rad]とすると，1相分の出力 P_o[W]は次式で表される。E と V の位相差 δ は ［ (ア) ］ といわれる。

$$P_\mathrm{o} = EI \cos(\delta-\theta) = \frac{VE}{x} \quad ［(イ)］$$

ここで x[Ω]は同期リアクタンスであり，電機子巻線抵抗は無視できるものとする。

この三相同期電動機の全出力を P[W]，同期速度を n_s[min^{-1}]とすると，トルク T[N·m]と P の関係は次式で表される。

$$P = 3P_\mathrm{o} = 2\pi\frac{n_\mathrm{s}}{60}T$$

これから，T は次式のようになる。

$$T = \frac{60}{2\pi n_\mathrm{s}} \cdot 3P_\mathrm{o} = \frac{60}{2\pi n_\mathrm{s}} \cdot \frac{3VE}{x} \quad ［(イ)］$$

以上のことから，$0 \leqq \delta \leqq \dfrac{\pi}{2}$ の範囲において δ が ［ (ウ) ］ なるに従って T は ［ (エ) ］ なり，理論上 $\dfrac{\pi}{2}$[rad]のとき ［ (オ) ］ となる。

上記の記述中の空白箇所(ア)，(イ)，(ウ)，(エ)及び(オ)に当てはまる組合せとして，正しいものを次の(1)～(5)のうちから一つ選べ。

	(ア)	(イ)	(ウ)	(エ)	(オ)
(1)	負荷角	$\cos\delta$	大きく	大きく	最大値
(2)	力率角	$\cos\delta$	大きく	小さく	最小値
(3)	力率角	$\sin\delta$	小さく	小さく	最小値
(4)	負荷角	$\sin\delta$	大きく	大きく	最大値
(5)	負荷角	$\cos\delta$	小さく	小さく	最大値

令和
4
(2022)

令和
3
(2021)

令和
2
(2020)

**令和
元**
(2019)

平成
30
(2018)

平成
29
(2017)

平成
28
(2016)

平成
27
(2015)

平成
26
(2014)

平成
25
(2013)

平成
24
(2012)

平成
23
(2011)

平成
22
(2010)

平成
21
(2009)

平成
20
(2008)

問5の解答　　出題項目＜電動機のトルク＞　　　　　答え　（4）

星形結線の円筒形三相同期電動機の1相分の誘導起電力 E[V]，電圧 V[V]，電流 I[A]，V と I の位相差を θ[rad]としたときの1相分の入力 P_{i}[W]は次式で表される。

$$P_{\mathrm{i}} = VI\cos\theta$$

また，E と V の位相差を δ[rad]とすると，1相分の出力 P_{o}[W]は次式で表される。E と V の位相差 δ は**負荷角**といわれる。

$$P_{\mathrm{o}} = EI\cos(\delta-\theta) = \frac{VE}{x}\boldsymbol{\sin\delta}$$

ここで x[Ω]は同期リアクタンスであり，電機子巻線抵抗は無視できるものとする。

この三相同期電動機の全出力を P[W]，同期速度を n_{s}[min^{-1}]とすると，トルク T[N·m]と P の関係は次式で表される。

$$P = 3P_{\mathrm{o}} = 2\pi\frac{n_{\mathrm{s}}}{60}T$$

これから，T は次式のようになる。

$$T = \frac{60}{2\pi n_{\mathrm{s}}}\cdot 3P_{\mathrm{o}} = \frac{60}{2\pi n_{\mathrm{s}}}\cdot\frac{3VE}{x}\boldsymbol{\sin\delta}$$

以上のことから，$0\leqq\delta\leqq\dfrac{\pi}{2}$ の範囲において δ が**大きく**なるに従って T は**大きく**なり，理論上 $\dfrac{\pi}{2}$[rad]のとき**最大値**となる。

解説 ·······················

図5-1 は，円筒形三相同期電動機の等価回路（1相分）であり，**図5-2** はベクトル図である。ただし，誘導起電力の向きは，電源と対立する向きに逆起電力として描いてある。

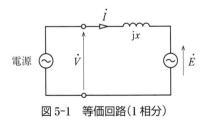

図 5-1　等価回路（1 相分）

$\dot{E}$，$\dot{V}$，$\dot{I}$ の大きさをそれぞれ E，V，I とする。ベクトル図より，

$$xI\cos(\delta-\theta) = V\sin\delta$$

が成り立つので $I\cos(\delta-\theta) = \dfrac{V}{x}\sin\delta$ より，P_{o} は次式で表される。

$$P_{\mathrm{o}} = EI\cos(\delta-\theta) = \frac{VE}{x}\sin\delta$$

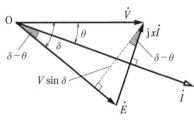

図 5-2　電機子回路のベクトル図（1 相
分）

なお，この式は，V，E を線間電圧とするときには三相出力 P を表す。

T は n_{s} が一定であることから P に比例する。また，$\sin\delta$ は，$0\leqq\delta\leqq\dfrac{\pi}{2}$ の範囲において δ の増加に伴い増加し，$\delta=\dfrac{\pi}{2}$ で最大となる。したがって，δ のみを変数とした場合，T，P は理論上 $\dfrac{\pi}{2}$[rad]のとき最大値となる。

Point

① 損失を無視した円筒形三相同期電動機の出力。

$$P = \frac{VE}{x}\sin\delta \quad (V，E は線間電圧)$$

② トルクと出力は比例関係にある。

$$T\propto P$$

問6 出題分野＜同期機, パワエレ, 機器全般＞ 難易度 ★★★ 重要度 ★★★

次の文章は，一般的なブラシレス DC モータに関する記述である。

ブラシレス DC モータは， (ア) が回転子側に， (イ) が固定子側に取り付けられた構造となっており， (イ) が回転しないため， (ウ) が必要な一般の直流電動機と異なる。しかし，何らかの方法で回転子の (エ) を検出して， (イ) への電流を切り換える必要がある。この電流の切り換えを， (オ) で構成された駆動回路を用いて実現している。ブラシレス DC モータは， (オ) の発達とともに発展してきたモータであり，上記の駆動回路が重要な役割を果たすモータである。

上記の記述中の空白箇所(ア)，(イ)，(ウ)，(エ)及び(オ)に当てはまる組合せとして，正しいものを次の(1)～(5)のうちから一つ選べ。

	(ア)	(イ)	(ウ)	(エ)	(オ)
(1)	電機子巻線	永久磁石	ブラシと整流子	回転速度	半導体スイッチ
(2)	電機子巻線	永久磁石	ブラシとスリップリング	回転速度	機械スイッチ
(3)	永久磁石	電機子巻線	ブラシと整流子	回転速度	半導体スイッチ
(4)	永久磁石	電機子巻線	ブラシとスリップリング	回転位置	機械スイッチ
(5)	永久磁石	電機子巻線	ブラシと整流子	回転位置	半導体スイッチ

問6の解答　出題項目＜ブラシレスDCモータ，特殊モータ＞　　答え　(5)

ブラシレス DC モータは，**永久磁石**が回転子側に，**電機子巻線**が固定子側に取り付けられた構造となっており，**電機子巻線**が回転しないため，**ブラシと整流子**が必要な一般の直流電動機と異なる。しかし，何らかの方法で回転子の**回転位置**を検出して，**電機子巻線**への電流を切り換える必要がある。この電流の切り換えを，**半導体スイッチ**で構成された駆動回路を用いて実現している。ブラシレス DC モータは，**半導体スイッチ**の発達とともに発展してきたモータであり，上記の駆動回路が重要な役割を果たすモータである。

解説

図 6-1 は，ブラシレス DC モータの構造原理図である。回転子は永久磁石であり，固定子には三相巻線を施した磁極がある。動作原理は次のようになる。回転子位置を検出する磁気センサ(ホール素子)の信号に基づき，制御回路では各巻線への電流の切り換えを行う制御信号を作る。制御信号はスイッチング回路(駆動回路)のスイッチング素子をオン・オフ制御することで，回転に必要な各巻線の電流の制御を行う。この一連の動作により，回転子の速度制御などの回転制御が行われる。

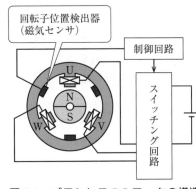

図 6-1　ブラシレス DC モータの構造
　　　　原理図

ブラシレス DC モータは，速度制御が容易であり，定速安定回転ができ，高効率で低消費電力，長寿命などの特徴がある。

令和4(2022)
令和3(2021)
令和2(2020)
令和元(2019)
平成30(2018)
平成29(2017)
平成28(2016)
平成27(2015)
平成26(2014)
平成25(2013)
平成24(2012)
平成23(2011)
平成22(2010)
平成21(2009)
平成20(2008)

問7　出題分野＜機器全般＞　　　難易度 ★★★　重要度 ★★★

次の文章は，電気機器の損失に関する記述である。

a　コイルの電流とコイルの抵抗によるジュール熱が　(ア)　であり，この損失を低減するため，コイルを構成する電線の断面積を大きくする。

　　交流電流が並列コイルに分かれて流れると，並列コイル間の電流不平衡からこの損失が増加する。この損失を低減するため，並列回路を構成する各コイルの鎖交磁束と抵抗値，すなわち，各コイルのインピーダンスを等しくする。

b　鉄心に交流磁束が通ると損失が発生する。その成分は　(イ)　と　(ウ)　の二つに分類される。前者は，交流磁束によって誘導された電流が鉄心を流れてジュール熱として発生する。そこで，電気抵抗が高い強磁性材料や，表面を絶縁膜で覆った薄い鉄板を積層した積層鉄心を磁気回路に用いて，電流の経路を断つことで損失を低減する。後者は，鉄心の磁束が磁界の履歴に依存するために発生する。この　(ウ)　を低減するために電磁鋼板が磁気回路に広く用いられている。

c　上記の電磁気要因の損失のほか，電動機や発電機では，回転子の運動による軸受け摩擦損や冷却ファンの空気抵抗による損失などの　(エ)　がある。

　上記の記述中の空白箇所(ア)，(イ)，(ウ)及び(エ)に当てはまる組合せとして，正しいものを次の(1)～(5)のうちから一つ選べ。

	(ア)	(イ)	(ウ)	(エ)
(1)	銅損	渦電流損	ヒステリシス損	機械損
(2)	鉄損	抵抗損	ヒステリシス損	銅損
(3)	銅損	渦電流損	インダクタンス損	機械損
(4)	鉄損	機械損	ヒステリシス損	銅損
(5)	銅損	抵抗損	インダクタンス損	機械損

問8　出題分野＜変圧器＞　　　難易度 ★★☆　重要度 ★★☆

　2台の単相変圧器があり，それぞれ，巻線比（一次巻線/二次巻線）が30.1，30.0，二次側に換算した巻線抵抗及び漏れリアクタンスからなるインピーダンスが(0.013＋j0.022)Ω，(0.010＋j0.020)Ωである。この2台の変圧器を並列接続し二次側を無負荷として，一次側に6 600 Vを加えた。この2台の変圧器の二次巻線間を循環して流れる電流の値[A]として，最も近いものを次の(1)～(5)のうちから一つ選べ。ただし，励磁回路のアドミタンスの影響は無視するものとする。

（1）4.1　　　（2）11.2　　　（3）15.3　　　（4）30.6　　　（5）61.3

問 7 の解答　　出題項目＜損失＞　　　　　　　　答え （1）

a　コイルの電流とコイルの抵抗によるジュール熱が**銅損**であり，この損失を低減するため，コイルを構成する電線の断面積を大きくする。

b　鉄心に交流磁束が通ると損失が発生する。その成分は**渦電流損**と**ヒステリシス損**の二つに分類される。前者は，交流磁束によって誘導された電流が鉄心を流れてジュール熱として発生する。そこで，電気抵抗が高い強磁性材料や，表面を絶縁膜で覆った薄い鉄板を積層した積層鉄心を磁気回路に用いて，電流の経路を断つことで損失を低減する。後者は，鉄心の磁束が磁界の履歴に依存するために発生する。この**ヒステリシス損**を低減するために電磁鋼板が磁気回路に広く用いられている。

c　上記の電磁気要因の損失のほか，電動機や発電機では，回転子の運動による軸受け摩擦損や冷却ファンの空気抵抗による損失などの**機械損**がある。

解　説・・・・・・・・・・・・・・・・・・・・・・・・・・・

問題文にある損失以外のものに，漂遊負荷損がある。これは，負荷電流が流れることによって生じる損失のうち，銅損を除いたものである。一般に他の損失と比べて小さいため，計算問題では無視されることが多い。また，機械損のうち空気抵抗によるものを風損という。

鉄損，機械損などは，機器に負荷をかけなくてもほぼ一定の大きさで存在するので，これを無負荷損または固定損という。一方，負荷電流によって変化する銅損及び漂遊負荷損を，負荷損という。

問 8 の解答　　出題項目＜並行運転＞　　　　　　　答え （3）

二次側を並列接続した 2 台の変圧器の，二次側の等価回路を**図 8-1** に示す。一次側の電圧を基準ベクトルとすると，二次側の二つの起電力は二次端子に対して同相（循環回路として見ると互いに逆相）となり，電源 A と電源 B の起電力差により，二次巻線間に循環電流 $\dot{I}$ が流れる。

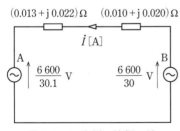

図 8-1　二次側の等価回路

$$\dot{I} = \frac{6\,600/30 - 6\,600/30.1}{(0.013 + \text{j}0.022) + (0.010 + \text{j}0.020)}$$

$$= \frac{6\,600/30 - 6\,600/30.1}{0.023 + \text{j}0.042}\,[\text{A}]$$

電流の大きさ $I = |\dot{I}|$ は，

$$I = \frac{6\,600/30 - 6\,600/30.1}{\sqrt{0.023^2 + 0.042^2}} \fallingdotseq \frac{0.730\,9}{0.047\,89}$$

$$\fallingdotseq 15.3\,[\text{A}]$$

解　説・・・・・・・・・・・・・・・・・・・・・・・・・・・

この問題は，巻数比がわずかに異なる 2 台の変圧器を並行運転する場合の，無負荷における循環電流を計算するものである。二次側の起電力の差は 0.73 V 程とわずかであるが，インピーダンスが小さいため十数アンペアの循環電流が流れる。

なお，循環電流は，起電力の大きさが一致していても位相差があれば流れるが，単相変圧器の並行運転では位相差は生じない。一方で，角変位や相回転の異なる三相変圧器を並列に接続すると，端子電圧の大きさが同じでも循環電流が流れる。循環電流が大きいと，巻線を加熱焼損するおそれがある。

令和 4 (2022)　令和 3 (2021)　令和 2 (2020)　令和元 (2019)　平成 30 (2018)　平成 29 (2017)　平成 28 (2016)　平成 27 (2015)　平成 26 (2014)　平成 25 (2013)　平成 24 (2012)　平成 23 (2011)　平成 22 (2010)　平成 21 (2009)　平成 20 (2008)

問9 出題分野＜変圧器＞ 難易度 ★★☆ 重要度 ★★★

　変圧器の試験方法の一つに温度上昇試験がある。小形変圧器の場合には実負荷法を用いるが，電力用等の大形変圧器では返還負荷法を用いる。返還負荷法では，外部電源から鉄損と銅損に相当する電力のみを供給すればよいので試験電源が比較的小規模なものですむ。単相変圧器におけるこの試験の結線方法及び図中に示す鉄損，銅損の供給方法として，次の（1）～（5）のうちから正しいものを一つ選べ。ただし，T_1，T_2 は試験対象となる同じ仕様の変圧器，T_3 は補助変圧器である。

(1)
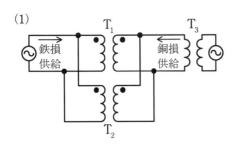

(2)
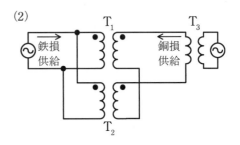

(3)
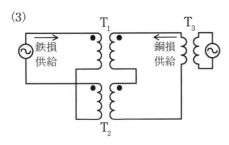

(4)
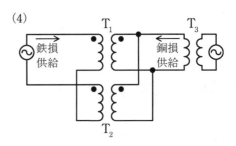

(5)
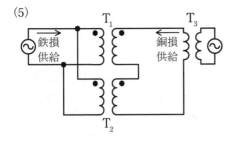

令和 **4** (2022)
令和 **3** (2021)
令和 **2** (2020)
令和 **元** (2019)
平成 **30** (2018)
平成 **29** (2017)
平成 **28** (2016)
平成 **27** (2015)
平成 **26** (2014)
平成 **25** (2013)
平成 **24** (2012)
平成 **23** (2011)
平成 **22** (2010)
平成 **21** (2009)
平成 **20** (2008)

問 9 の解答　　出題項目＜試験＞　　　　　　　　　　　　答え　（2）

　同一定格の2台の変圧器を使い，返還負荷法により温度上昇試験を実施する場合には，次のように結線する。

　鉄損を供給する側の端子の極性が同じ向きになるように並列に接続し，同じ定格電圧を印加する。これで鉄損が供給される。

　銅損を供給する側では，2台の変圧器の極性を逆向き（起電力が打ち消す向き）に直列に接続し，その端子に銅損を供給する電流を流すための補助変圧器を接続する。補助変圧器により，変圧器のインピーダンス電圧の2倍の電圧を印加して定格電流を流すことで，全負荷銅損が供給される。

　以上の説明に合う結線を見つける。鉄損供給側の正しい結線は（1），（2），（5）であり，銅損供給側の正しい結線は（2）である。したがって，選択肢（2）が正しい。

解説 ・・・・・・・・・・・・・・・・・・・・・・・・・・・・・・

　変圧器は，各種損失により運転時に絶縁油や巻線温度が上昇する。このとき，温度上昇が規定値以下であることを確認する試験が温度上昇試験である。温度上昇試験には，①実負荷法，②返還負荷法，③等価負荷法がある。

　実負荷法は，変圧器に実際の負荷を接続して鉄損と銅損を発生させる方法である。

　返還負荷法は，問題文にあるように鉄損と銅損を供給する方法である。返還負荷法を実施するには，原理上同一定格の変圧器が2台必要となる。一般に返還負荷法では，低圧側から鉄損を供給し，高圧側から銅損を供給する。このとき，問題文の方法では，銅損を供給するために補助変圧器を使用しているが，**図 9-1** のように，高圧側のタップ差間の電位差を利用して電流を流し銅損を供給する方法もある。この方法は，タップ電圧差法と呼ばれる。

　また，等価負荷法は，一方の巻線を短絡して，他方の巻線に鉄損と銅損の和の損失（全損失）が生じるような供試電圧を加えて行う方法である。

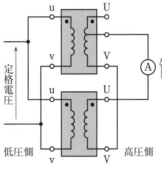

図 9-1　タップ電圧差法

問 10 出題分野＜パワーエレクトロニクス＞ 　難易度 ★★★ 　重要度 ★★★

次の文章は，単相サイリスタ整流回路に関する記述である。

図1には純抵抗負荷に接続された単相サイリスタ整流回路を示し，T_1〜T_4のサイリスタはオン電圧降下を無視できるものとする。また，図1中の矢印の方向を正とした交流電源の電圧 $v = V\sin\omega t$ [V] 及び直流側電圧 v_d の波形をそれぞれ破線及び実線で図2に示す。

図2に示した交流電圧の位相において，$\pi < \omega t < 2\pi$ の位相で同時にオン信号を与えるサイリスタは ┌(ア)┐ である。

交流電圧1サイクルの中で，例えばサイリスタ T_4 から T_2 へ導通するサイリスタが換わる動作を考える。T_4 がオンしている状態から位相 π で電流が零になると，T_4 はオフ状態となる。その後，制御遅れ角 α を経て T_2 にオン信号を与えると，電流が T_2 に流れる。このとき既に電流が零になった T_4 には，交流電圧 v が ┌(イ)┐ として印加される。すなわち，┌(ウ)┐ であるサイリスタは，極性が変わる交流電圧を利用してターンオフすることができる。

次に交流電圧と直流側電圧の関係について考える。サイリスタ T_2 と T_3 がオンしている期間は交流電源の ┌(エ)┐ と直流回路の N 母線が同じ電位になるので，このときの直流側電圧 v_d は ┌(オ)┐ と等しくなる。

上記の記述中の空白箇所(ア)，(イ)，(ウ)，(エ)及び(オ)に当てはまる組合せとして，正しいものを次の(1)〜(5)のうちから一つ選べ。

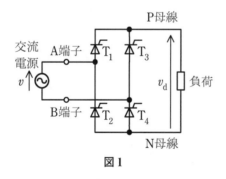

図1

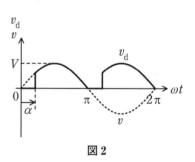

図2

	(ア)	(イ)	(ウ)	(エ)	(オ)
(1)	T_2とT_3	順電圧	オン制御デバイス	A 端子	交流電圧の逆方向電圧 $-v$
(2)	T_1とT_4	逆電圧	オン制御デバイス	B 端子	交流電圧 v
(3)	T_2とT_3	逆電圧	オン制御デバイス	A 端子	交流電圧の逆方向電圧 $-v$
(4)	T_1とT_4	順電圧	オンオフ制御デバイス	B 端子	交流電圧の逆方向電圧 $-v$
(5)	T_2とT_3	逆電圧	オンオフ制御デバイス	B 端子	交流電圧 v

問 10 の解答　出題項目＜単相サイリスタ整流回路＞　　　答え　（3）

　問題図 2 に示した交流電圧の位相において，$\pi < \omega t < 2\pi$ の位相で同時にオン信号を与えるサイリスタは T_2 と T_3 である。

　交流電圧 1 サイクルの中で，例えばサイリスタ T_4 から T_2 へ導通するサイリスタが換わる動作を考える。T_4 がオンしている状態から位相 π で電流が零になると，T_4 はオフ状態となる。その後，制御遅れ角 α を経て T_2 にオン信号を与えると，電流が T_2 に流れる。このとき既に電流が零になった T_4 には，交流電圧 v が**逆電圧**として印加される。すなわち，**オン制御デバイス**であるサイリスタは，極性が変わる交流電圧を利用してターンオフすることができる。

　次に交流電圧と直流側電圧の関係について考える。サイリスタ T_2 と T_3 がオンしている期間は交流電源の **A 端子**と直流回路の N 母線が同じ電位になるので，このときの直流側電圧 v_d は**交流電圧の逆方向電圧 $-v$** と等しくなる。

解説

　サイリスタブリッジを用いた全波整流回路に関する基本問題であり，サイリスタの動作を理解してれば容易に解答できる。

　サイリスタは自己消弧形素子ではないので，ゲート信号でターンオンはできるが自力でターンオフできないため，一般に電源電圧を利用してターンオフさせる。このようなデバイスをオン制御デバイスという。

　問題図 1 の動作は次のようになる。交流電源電圧が正の向きのときは，T_1 と T_4 に加わる電圧は順方向なので，制御遅れ角 α でゲート信号を加えるとターンオンして，負荷抵抗には正の交流電圧が加わる。一方，T_2 と T_3 には逆電圧が加わっているので T_2 と T_3 はオフ状態にある。これは，問題図 2 において $0 < \omega t < \pi$ の期間に相当する。

　$\omega t = \pi$ で，T_1 と T_4 の電流が零になり，以後 $\omega t = 2\pi$ までの期間は T_1 と T_4 には逆電圧が加わるのでオフ状態となる。一方，$\pi < \omega t < 2\pi$ の期間，負の向きの交流電圧は T_2 と T_3 には順電圧となるので，$\omega t = \pi + \alpha$ で T_2 と T_3 がターンオンし，A 端子と N 母線，B 端子と P 母線が導通状態（同電位）となり，負荷抵抗には交流電圧の逆方向電圧 $-v$ が現れる。

　これを 1 周期として，以後同様の動作を繰り返す。

　この回路において負荷抵抗を流れる電流は，電圧波形 v_d に比例した電流波形となる。

補足

　サイリスを用いた整流回路では，誘導性負荷における動作（特に，整流回路直流側の電圧波形，電流波形）が重要である。また，負荷と直列にインダクタンスの大きな平滑リアクトルを接続した場合や，負荷と並列に静電容量の大きな平滑コンデンサを取り付けた場合の動作も学習しておきたい。

令和 4 (2022)
令和 3 (2021)
令和 2 (2020)
令和 元 (2019)
平成 30 (2018)
平成 29 (2017)
平成 28 (2016)
平成 27 (2015)
平成 26 (2014)
平成 25 (2013)
平成 24 (2012)
平成 23 (2011)
平成 22 (2010)
平成 21 (2009)
平成 20 (2008)

問 11　出題分野＜電動機応用＞　難易度 ★★★　重要度 ★★★

　かごの質量が 250 kg，定格積載質量が 1 500 kg のロープ式エレベータにおいて，釣合いおもりの質量は，かごの質量に定格積載質量の 50 ％ を加えた値とした。このエレベータの電動機出力を 22 kW とした場合，一定速度でかごが上昇しているときの速度の値[m/min]はいくらになるか，最も近いものを次の(1)～(5)のうちから一つ選べ。ただし，エレベータの機械効率は 70 ％，積載量は定格積載質量とし，ロープの質量は無視するものとする。

　(1)　54　　　(2)　94　　　(3)　126　　　(4)　180　　　(5)　377

問 12　出題分野＜パワーエレクトロニクス＞　難易度 ★★★　重要度 ★★★

　次の文章は，太陽光発電システムに関する記述である。

　太陽光発電システムは，太陽電池アレイ，パワーコンディショナ，これらを接続する接続箱，交流側に設置する交流開閉器などで構成される。

　太陽電池アレイは，複数の太陽電池　(ア)　を通常は直列に接続して構成される太陽電池　(イ)　をさらに直並列に接続したものである。パワーコンディショナは，直流を交流に変換する　(ウ)　と，連系保護機能を実現する系統連系用保護装置などで構成されている。

　太陽電池アレイの出力は，日射強度や太陽電池の温度によって変動する。これらの変動に対し，太陽電池アレイから常に　(エ)　の電力を取り出す制御は，MPPT（Maximum Power Point Tracking）制御と呼ばれている。

　上記の記述中の空白箇所(ア)，(イ)，(ウ)及び(エ)に当てはまる組合せとして，正しいものを次の(1)～(5)のうちから一つ選べ。

	(ア)	(イ)	(ウ)	(エ)
(1)	モジュール	セル	整流器	最小
(2)	ユニット	セル	インバータ	最大
(3)	ユニット	モジュール	インバータ	最小
(4)	セル	ユニット	整流器	最小
(5)	セル	モジュール	インバータ	最大

令和
4
(2022)

令和
3
(2021)

令和
2
(2020)

令和
元
(2019)

平成
30
(2018)

平成
29
(2017)

平成
28
(2016)

平成
27
(2015)

平成
26
(2014)

平成
25
(2013)

平成
24
(2012)

平成
23
(2011)

平成
22
(2010)

平成
21
(2009)

平成
20
(2008)

問 11 の解答　出題項目＜エレベータ・巻上機＞　答え　(3)

エレベータでは，電動機の巻上げ荷重 M[kg] は，かごの質量 M_C[kg] と積載質量 M_L[kg] の合計から，釣合いおもりの質量 M_B[kg] を差し引いたものとなる。題意より，

$$M_C=250[\text{kg}], \quad M_L=1\,500[\text{kg}]$$
$$M_B=M_C+0.5M_L=250+0.5\times1\,500$$
$$=1\,000[\text{kg}]$$

なので M は，

$$M=M_C+M_L-M_B$$
$$=250+1\,500-1\,000=750[\text{kg}]$$

巻上げ荷重 M[kg]，巻上げ速度 V[m/min]，効率 η の場合に必要な電動機出力 P は，重力加速度を 9.8 m/s² とすると，

$$P=\frac{9.8MV}{60\eta}[\text{W}]$$

であるから V は，

$$V=\frac{60\eta P}{9.8M}=\frac{60\times0.7\times22\times10^3}{9.8\times750}$$
$$\fallingdotseq126[\text{m/min}]$$

解説

エレベータは原理的に巻上機と同じであるが，釣合いおもりの分だけ巻上げ荷重が少なくなる（**図 11-1** 参照）。

力学では，**図 11-2** のように質量 M[kg] の物体を重力 $9.8M$ [N] に逆らって上方に一定速度 v[m/s] で移動させるのに必要な 1 s 間当たりの仕事(仕事率)P は次式となる。

$$P=9.8Mv[\text{W}]$$

毎分当たりの移動速度 V[m/min] で表すと $V=60v$ であるから，

$$P=\frac{9.8MV}{60}[\text{W}]$$

電動機出力は，機械の損失分を加える必要があるので，効率 η で割った式となる。

$$P=\frac{9.8MV}{60\eta}\fallingdotseq\frac{MV}{6.12\eta}[\text{W}]$$

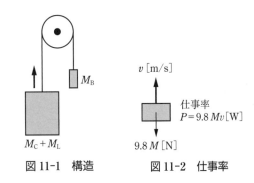

図 11-1　構造　　　図 11-2　仕事率

（類題：平成 28 年度問 11）

問 12 の解答　出題項目＜太陽光発電システム＞　答え　(5)

太陽電池アレイは，複数の太陽電池**セル**を通常は直列に接続して構成される太陽電池**モジュール**をさらに直並列に接続したものである。パワーコンディショナは，直流を交流に変換するインバータと，連系保護機能を実現する系統連系用保護装置などで構成されている。

太陽電池アレイの出力は，日射強度や太陽電池の温度によって変動する。これらの変動に対し，太陽電池アレイから常に**最大**の電力を取り出す制御は，MPPT 制御と呼ばれている。

解説

太陽電池の電圧 V に対する電流 I，電力 VI 特性を**図 12-1** に示す。太陽電池は V-I 特性曲線上

の動作点で決まる電力を発生する。MPPT 制御は，最大電力を取り出せる（V と I の積で示される長方形の面積が最大となる）ような動作点（最適動作電圧）で動作するように制御する方法である。

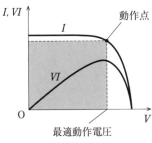

図 12-1　太陽電池の **V-I** 特性（日射光量一定）

（類題：平成 28 年度問 10）

| 問 13 | 出題分野＜自動制御＞ | 難易度 ★★★ | 重要度 ★★★ |

図1に示すR-L回路において，端子a-a′間に5Vの段階状のステップ電圧 $v_1(t)$[V]を加えたとき，抵抗 R_2[Ω]に発生する電圧を $v_2(t)$[V]とすると，$v_2(t)$ は図2のようになった。この回路の R_1[Ω]，R_2[Ω]及び L[H]の値と，入力を $v_1(t)$，出力を $v_2(t)$ としたときの周波数伝達関数 $G(j\omega)$ の式として，正しいものを次の（1）～（5）のうちから一つ選べ。

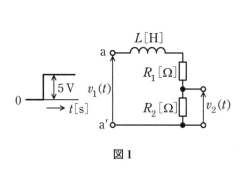

図1

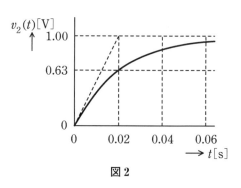

図2

	R_1	R_2	L	$G(j\omega)$
（1）	80	20	0.2	$\dfrac{0.5}{1+j0.2\omega}$
（2）	40	10	1.0	$\dfrac{0.5}{1+j0.02\omega}$
（3）	8	2	0.1	$\dfrac{0.2}{1+j0.2\omega}$
（4）	4	1	0.1	$\dfrac{0.2}{1+j0.02\omega}$
（5）	0.8	0.2	1.0	$\dfrac{0.2}{1+j0.2\omega}$

| 問 14 | 出題分野＜情報＞ | 難易度 ★★★ | 重要度 ★★★ |

2進数 A と B がある。それらの和が $A+B=(101010)_2$，差が $A-B=(1100)_2$ であるとき，B の値として，正しいものを次の（1）～（5）のうちから一つ選べ。

（1）$(1110)_2$　　（2）$(1111)_2$　　（3）$(10011)_2$　　（4）$(10101)_2$　　（5）$(11110)_2$

問 13 の解答　出題項目＜伝達関数＞　　答え　（4）

問題図 2 より，L と (R_1+R_2) の直列回路の時定数 τ が 0.02 s であることがわかるので，次式が成り立つ。

$$\tau=\frac{L}{R_1+R_2}=0.02$$

$$L=0.02(R_1+R_2)$$

この関係を満たす R_1, R_2, L の組合せは，選択肢（2）と（4）である。

次に，十分時間が経過した定常状態では，L の起電力は零となり，問題図 2 より v_2 が 1 V であることから次式が成り立つ。

$$R_1:R_2=4:1$$

$$R_1=4R_2$$

また，v_1 と v_2 を $j\omega$ の関数に変換した電圧を $V_1(j\omega)$，$V_2(j\omega)$ とすると，問題図 1 の回路より，$V_1(j\omega)$ と $V_2(j\omega)$ の関係は，

$$V_2(j\omega)=\frac{R_2}{(R_1+R_2)+j\omega L}V_1(j\omega)$$

となるので，周波数伝達関数 $G(j\omega)$ は，

$$G(j\omega)=\frac{V_2(j\omega)}{V_1(j\omega)}=\frac{R_2}{(R_1+R_2)+j\omega L}$$

$$=\frac{\dfrac{R_2}{R_1+R_2}}{1+j\omega\left(\dfrac{L}{R_1+R_2}\right)}=\frac{0.2}{1+j0.02\omega}$$

したがって，選択肢（4）が正しい。

解 説

$t=0$ 以降の v_2 は，

$$v_2=\frac{v_1R_2}{R_1+R_2}\left\{1-e^{\frac{-t}{L/(R_1+R_2)}}\right\}[\mathrm{V}]$$

と表すことができる。この式に数値を代入すると次式となる。ただし，e はネイピア数（約 2.718）である。

$$v_2=1-e^{-t/0.02}$$

$t=\tau=0.02$ のとき，$v_2=1-e^{-1}\fallingdotseq0.632[\mathrm{V}]$ となる。これは，問題図 2 のような変化をする過渡現象では，$t=\tau$ における値が，定常値の約 0.632 倍となることを示している。

このような理由で，問題図 2 から時定数を読み取ることができる。

問 14 の解答　出題項目＜2 進数＞　　答え　（2）

この問題の 2 進数を，10 進数に変換して考えるとわかりやすい。$A+B$ 及び $A-B$ を 10 進数に変換すると，

$$A+B=2^5+2^3+2^1=42$$

$$A-B=2^3+2^2=12$$

この連立方程式を解くと $B=15$ となり，2 進数で表すと $(1111)_2$ となる。

解 説

10 進数以外の n 進数の計算は 10 進数に変換して行い，結果を n 進数に再変換する。この方法が短時間で解答でき，間違いも少ない。

なお，問題を 2 進数のまま解くと次のようになる。引き算は補数の足し算で実現する。

$(101010)_2$ から $(1100)_2$ を引くとき，引く数の桁を引かれる数の桁に合わせて補数を作る。

$(001100)_2$ の補数は，各ビットを反転させて $+1$ すればよいので，$(110100)_2$ となる。

$$(101010)_2-(1100)_2=(101010)_2+(110100)_2$$
$$=(1011110)_2$$
$$=(A+B)-(A-B)$$
$$=2B$$

この減算は 6 ビットの減算なので，結果の最上位ビットは無視して，$2B=(011110)_2$ となる。2 進法では 2 倍した数は，末尾に 0 を付け足すことで実現できるので，逆に $(011110)_2$ を 2 で割った数は，末尾の 0 をとった数，$(01111)_2=(1111)_2$ となる。

なお，末尾が 1 である 2 進数は，10 進数では奇数なので 2 で割れない（末尾から 0 をとれない）。

令和4(2022) 令和3(2021) 令和2(2020) 令和元(2019) 平成30(2018) 平成29(2017) 平成28(2016) 平成27(2015) 平成26(2014) 平成25(2013) 平成24(2012) 平成23(2011) 平成22(2010) 平成21(2009) 平成20(2008)

B　問　題　（配点は1問題当たり(a)5点，(b)5点，計10点）

問 15　　出題分野＜同期機＞　　難易度 ★✦★　重要度 ★★★

　　並行運転しているA及びBの2台の三相同期発電機がある。それぞれの発電機の負荷分担が同じ7 300 kWであり，端子電圧が6 600 Vのとき，三相同期発電機Aの負荷電流I_Aが1 000 A，三相同期発電機Bの負荷電流I_Bが800 Aであった。損失は無視できるものとして，次の(a)及び(b)の問に答えよ。

（a）　三相同期発電機Aの力率の値[%]として，最も近いものを次の(1)～(5)のうちから一つ選べ。

（1）　48　　　（2）　64　　　（3）　67　　　（4）　77　　　（5）　80

（b）　2台の発電機の合計の負荷が調整の前後で変わらずに一定に保たれているものとして，この状態から三相同期発電機A及びBの励磁及び駆動機の出力を調整し，三相同期発電機Aの負荷電流は調整前と同じ1 000 Aとし，力率は100 %とした。このときの三相同期発電機Bの力率の値[%]として，最も近いものを次の(1)～(5)のうちから一つ選べ。

　　ただし，端子電圧は変わらないものとする。

（1）　22　　　（2）　50　　　（3）　71　　　（4）　87　　　（5）　100

令和
4
(2022)

令和
3
(2021)

令和
2
(2020)

令和
元
(2019)

平成
30
(2018)

平成
29
(2017)

平成
28
(2016)

平成
27
(2015)

平成
26
(2014)

平成
25
(2013)

平成
24
(2012)

平成
23
(2011)

平成
22
(2010)

平成
21
(2009)

平成
20
(2008)

問15（a）の解答　出題項目＜並行運転＞　　答え　（2）

発電機 A の力率を $\cos\theta$ とすると三相電力の式より，

$$\cos\theta=\frac{7\,300\times10^3}{\sqrt{3}\times6\,600\times1\,000}$$

$$\fallingdotseq0.639\quad\rightarrow\quad64\,\%$$

解説

三相電力の式を用いた簡単な問題である。

線間電圧 $V[\text{V}]$，線電流 $I[\text{A}]$，力率 $\cos\theta$ で運転している三相同期発電機の出力（有効電力 P 及び無効電力 Q）は，

$$P=\sqrt{3}\,VI\cos\theta[\text{W}]$$

$$Q=\sqrt{3}\,VI\sin\theta[\text{var}]$$

$$=\sqrt{3}\,VI\sqrt{1-\cos^2\theta}\,[\text{var}]$$

問15（b）の解答　出題項目＜並行運転＞　　答え　（1）

調整前の発電機 A の無効電力 Q_{A1} は，

$$Q_{\text{A1}}=\sqrt{3}\times6\,600\times1\,000\times\sqrt{1-0.639^2}$$

$$\fallingdotseq8.793\times10^6[\text{var}]=8\,793[\text{kvar}]$$

調整前の発電機 B の力率 $\cos\theta_{\text{B1}}$ は，

$$\cos\theta_{\text{B1}}=\frac{7\,300\times10^3}{\sqrt{3}\times6\,600\times800}\fallingdotseq0.798$$

となるので，調整前の発電機 B の無効電力 Q_{B1} は，

$$Q_{\text{B1}}=\sqrt{3}\times6\,600\times800\times\sqrt{1-0.798^2}$$

$$\fallingdotseq5.511\times10^6[\text{var}]=5\,511[\text{kvar}]$$

これより，調整前の負荷の無効電力 Q_{L} は，

$$Q_{\text{L}}=Q_{\text{A1}}+Q_{\text{B1}}=8\,793+5\,511=14\,304[\text{kvar}]$$

以上から，調整前の状態は**図 15-1** となる。

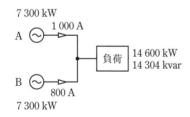

図 15-1　発電機の並行運転（調整前）

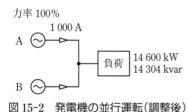

図 15-2　発電機の並行運転（調整後）

次に，調整後の諸量を計算する。**図 15-2** は，調整後の状態を表している。発電機 A が分担する有効電力 P_{A2} 及び無効電力 Q_{A2} は，

$$P_{\text{A2}}=\sqrt{3}\times6\,600\times1\,000\times1$$

$$\fallingdotseq11\,432\times10^3[\text{W}]=11\,432[\text{kW}]$$

$$Q_{\text{A2}}=\sqrt{3}\times6\,600\times1\,000\times0=0[\text{var}]$$

このとき，負荷の有効電力 P_{L} は調整前と同じ $P_{\text{L}}=7\,300\times2=14\,600[\text{kW}]$ なので，発電機 B の有効電力 P_{B2} は，

$$P_{\text{B2}}=P_{\text{L}}-P_{\text{A2}}=14\,600-11\,432=3\,168[\text{kW}]$$

同じ理由から，発電機 B の無効電力 Q_{B2} は，

$$Q_{\text{B2}}=Q_{\text{L}}-Q_{\text{A2}}=14\,304-0=14\,304[\text{kvar}]$$

これより，発電機 B の皮相電力 S_{B2} は，

$$S_{\text{B2}}=\sqrt{P_{\text{B2}}^2+Q_{\text{B2}}^2}$$

$$=\sqrt{3\,168^2+14\,304^2}\fallingdotseq14\,651[\text{kV}\cdot\text{A}]$$

したがって，発電機 B の力率 $\cos\theta_{\text{B2}}$ は，

$$\cos\theta_{\text{B2}}=\frac{P_{\text{B2}}}{S_{\text{B2}}}=\frac{3\,168}{14\,651}$$

$$\fallingdotseq0.216\quad\rightarrow\quad22\,\%$$

解説

負荷の有効電力及び無効電力が，調整前後において不変であることを使う。このとき，2 台の発電機が分担する有効電力の和及び無効電力の和は，負荷の有効電力と無効電力に等しい。

この問題は，同期発電機関連ではあまり見かけないタイプの問題である。設問（b）は，計算量も多くレベル的にやや難である。

問 16　　出題分野＜パワーエレクトロニクス＞　　難易度 ★★★　重要度 ★★★

　図は直流昇圧チョッパ回路であり，スイッチングの周期を T[s]とし，その中での動作を考える。ただし，直流電源 E の電圧を E_0[V]とし，コンデンサ C の容量は十分に大きく出力電圧 E_1[V]は一定とみなせるものとする。

　半導体スイッチ S がオンの期間 T_on[s]では，E－リアクトル L－S－E の経路と C－負荷 R－C の経路の二つで電流が流れ，このときに L に蓄えられるエネルギーが増加する。S がオフの期間 T_off[s]では，E－L－ダイオード D－（C と R の並列回路）－E の経路で電流が流れ，L に蓄えられたエネルギーが出力側に放出される。次の（a）及び（b）の問に答えよ。

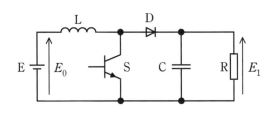

昇圧チョッパ回路

（a）　この動作において，L の磁束を増加させる電圧時間積は　　（ア）　　であり，磁束を減少させる電圧時間積は　　（イ）　　である。定常状態では，増加する磁束と減少する磁束が等しいとおけるので，入力電圧と出力電圧の関係を求めることができる。

　　上記の記述中の空白箇所（ア）及び（イ）に当てはまる組合せとして，正しいものを次の（1）～（5）のうちから一つ選べ。

	（ア）	（イ）
（1）	$E_0 \cdot T_\text{on}$	$(E_1 - E_0) \cdot T_\text{off}$
（2）	$E_0 \cdot T_\text{on}$	$E_1 \cdot T_\text{off}$
（3）	$E_0 \cdot T$	$E_1 \cdot T_\text{off}$
（4）	$(E_0 - E_1) \cdot T_\text{on}$	$(E_1 - E_0) \cdot T_\text{off}$
（5）	$(E_0 - E_1) \cdot T_\text{on}$	$(E_1 - E_0) \cdot T$

（b）　入力電圧 $E_0 = 100$ V，通流率 $\alpha = 0.2$ のときに，出力電圧 E_1 の値[V]として，最も近いものを次の（1）～（5）のうちから一つ選べ。
（1）　80　　　（2）　125　　　（3）　200　　　（4）　400　　　（5）　500

問 16 （a）の解答　出題項目<チョッパ>　　　　　答え（1）

この動作において，L の磁束を増加させる電圧時間積は $E_0 \cdot T_{on}$ であり，磁束を減少させる電圧時間積は $(E_1-E_0) \cdot T_{off}$ である。定常状態では，増加する磁束と減少する磁束が等しいとおけるので，入力電圧と出力電圧の関係を求めることができる。

解説

問題文から答が導き出せる。

「半導体スイッチ S がオンの期間 $T_{on}[s]$ では，E－リアクトル L－S－E の経路で電流が流れ，このときに L に蓄えられるエネルギーが増加する。」より，次のことがわかる。L には E_0 が T_{on} 間にわたり加わり磁束を増加させる（L のエネルギーを増加させる）ので，この電圧時間積は $E_0 \cdot T_{on}$ である。

「S がオフの期間 $T_{off}[s]$ では，E－L－ダイオード D－（C と R の並列回路）－E の経路で電流が流れ，L に蓄えられたエネルギーが出力側に放出

される。」より，次のことがわかる。L には電位差 $E_1-E_0(E_1>E_0)$ が T_{off} 間にわたり加わり磁束を減少させる（L のエネルギーを減少させる）ので，この電圧時間積は $(E_1-E_0) \cdot T_{off}$ である。

E_0 と E_1 の関係は，$E_0 T_{on}=(E_1-E_0)T_{off}$ より，

$$E_0(T_{on}+T_{off})=E_1 T_{off}$$

$$E_1=\frac{T_{on}+T_{off}}{T_{off}}E_0$$

$$=\frac{1}{\dfrac{T_{off}}{T_{on}+T_{off}}}E_0=\frac{1}{\dfrac{T_{on}+T_{off}-T_{on}}{T_{on}+T_{off}}}E_0$$

$$=\frac{1}{1-\dfrac{T_{on}}{T_{on}+T_{off}}}E_0$$

なお，$\dfrac{T_{on}}{T_{on}+T_{off}}$ は通流率 α である。

Point $E_1>E_0$ の昇圧チョッパの関係式

$$E_1=\frac{1}{1-\alpha}E_0$$

問 16 （b）の解答　出題項目<チョッパ>　　　　　答え（2）

入力電圧を $E_0[V]$，通流率を α とすると，出力電圧 E_1 は，

$$E_1=\frac{1}{1-\alpha}E_0=\frac{1}{1-0.2}\times100$$

$$=125[V]$$

解説

設問（a）の解説において導いた式に，数値を代入すればよい。近年，直流チョッパの出題が多い。直流チョッパには昇圧チョッパの他に，降圧チョッパや両方の機能を持つ昇降圧チョッパもある。

補足　直流電圧の昇圧には変圧器は使えないので，次の方法が考えられる。

① 直流電動機と直流発電機を連結して運転する。

② 直流をスイッチングで切り刻み高周波の交流に変換して，変圧器で昇圧した後に整流して高

電圧の直流に変換する。

③ インダクタンスに流れる直流電流をスイッチングして，遮断時の誘導起電力を利用して直流を昇圧する。

①は設備が大がかりで，直流機の保守が必要となる。②は一般にスイッチングレギュレータと呼ばれる電源装置で，半導体スイッチのオンオフのみで電圧を制御するため，回路損失が小さく高効率で動作する。また，高周波用の変圧器は小型軽量のため非常にコンパクトになり，小型携帯用機器の充電器として多用されている（この充電器の場合は，商用交流電源を整流して直流に変換した後にスイッチングを行う）。③は一般にチョッパと呼ばれている電源装置で，回路損失が小さく高効率で動作する。

（類題：平成 28 年度問 9，平成 26 年度問 16）

令和
4
(2022)

令和
3
(2021)

令和
2
(2020)

令和
元
(2019)

平成
30
(2018)

平成
29
(2017)

平成
28
(2016)

平成
27
(2015)

平成
26
(2014)

平成
25
(2013)

平成
24
(2012)

平成
23
(2011)

平成
22
(2010)

平成
21
(2009)

平成
20
(2008)

問17及び問18は選択問題であり，問17又は問18のどちらかを選んで解答すること。両方解答すると採点されません。

（選択問題）

問 17　　出題分野＜電熱＞　　　　難易度 ★★★　　重要度 ★★★

電気給湯器を用いて，貯湯タンクに入っている温度20℃，体積0.37 m³の水を85℃に加熱したい。水の比熱容量は 4.18×10^3 J/(kg·K)，水の密度は 1.00×10^3 kg/m³ であり，いずれも水の温度に関係なく一定とする。次の（a）及び（b）の問に答えよ。

（a）　貯湯タンク内の水の加熱に必要な熱エネルギー Q の値[MJ]として，最も近いものを次の（1）～（5）のうちから一つ選べ。

（1）　51　　　　（2）　101　　　（3）　152　　　（4）　202　　　（5）　253

（b）　電気給湯器としてCOP（成績係数）が4.0のヒートポンプユニットを用いた。この加熱に要した時間は6時間であった。ヒートポンプユニットの消費電力 P の値[kW]として，最も近いものを次の（1）～（5）のうちから一つ選べ。ただし，ヒートポンプ式電気給湯器の貯湯タンク，ヒートポンプユニット，配管などの加熱に必要な熱エネルギーは無視し，それらからの熱損失もないものとする。また，ヒートポンプユニットの消費電力及びCOPは，いずれも加熱の開始から終了まで一定とする。

（1）　0.96　　　（2）　1.06　　　（3）　1.16　　　（4）　1.26　　　（5）　1.36

令和4 (2022)
令和3 (2021)
令和2 (2020)
令和元 (2019)
平成30 (2018)
平成29 (2017)
平成28 (2016)
平成27 (2015)
平成26 (2014)
平成25 (2013)
平成24 (2012)
平成23 (2011)
平成22 (2010)
平成21 (2009)
平成20 (2008)

問17（a）の解答　出題項目＜加熱エネルギー＞　　答え（2）

加熱に必要な熱エネルギーは，「水の比熱容量×質量×加熱温度差」で計算できる。また，水は一般に容積で表されるので，質量に換算するために，「質量＝密度×容積」の関係を使う。

$$Q = 4.18 \times 10^3 \times 0.37 \times 1 \times 10^3 \times (85 - 20)$$
$$\fallingdotseq 100.5 \times 10^6 [\text{J}] = 100.5 [\text{MJ}]$$
$$\rightarrow \quad 101 \text{ MJ}$$

解説

水に限らず，物質を加熱昇温させるのに必要な熱エネルギーは，比熱容量×質量×加熱温度差で計算できる。このとき，それぞれの単位に注意して計算する。なお，この問題では，加熱温度の単位に［℃］，比熱容量［J/(kg·K)］の温度の単位に［K］が使われているが，両方ともに"温度差"を表したものなので，温度差1℃と1Kは同じ量を表す（温度の換算では0［℃］≒273［K］）。

補足　加熱に関する計算では，水の加熱以外に，①金属の加熱溶融，②木材の乾燥，が過去に出題されている。

①では，金属を融点まで加熱する熱量と，融点で固体を液体に溶融させる融解熱を合わせた熱エネルギーが必要である。

②では，木材の温度上昇に必要な熱量，含有水分を沸点まで加熱するのに必要な熱量，沸点における気化熱，これらの総和の熱エネルギーが必要となる。

問17（b）の解答　出題項目＜ヒートポンプ＞　　答え（3）

加熱にヒートポンプを使用する場合，ヒートポンプが水に与えた熱エネルギー Q_h は，題意により熱損失がないのでヒートポンプが発生した熱エネルギーに等しい。

また，Q_h はヒートポンプの消費エネルギーとCOPの積で計算できるので，加熱時間を $T[\text{h}]$ とすると，

$$Q_h = P \times 10^3 \times \text{COP} \times T \times 3\,600 [\text{J}]$$
$$= P \times 10^3 \times 4 \times 6 \times 3\,600$$
$$= 86.4 \times 10^6 P[\text{J}] = 86.4P[\text{MJ}]$$

$Q = Q_h$ が成り立つので，P が計算できる。

$$100.5 = 86.4P$$
$$P \fallingdotseq 1.16[\text{kW}]$$

解説

電力量［kW·h］と熱エネルギー［kJ］の換算は，1［W·s］＝1［J］より，1［kW·h］＝3 600［kJ］となる。ヒートポンプによる水の加熱に関する計算問題は，比較的平易な問題なので確実に正答したい。

なお，COPは加熱温度差によって変化するが，この種の問題ではCOPは一定とする条件で解く。

Point ヒートポンプが発生する熱エネルギーは，「消費電力×COP×加熱時間（秒）」。

（類題：平成28年度問17）

（選択問題）

問 18　　出題分野＜情報＞　　　　　　　難易度 ★★★　　重要度 ★★★

論理関数について，次の（a）及び（b）の問に答えよ。

（a）　論理式 $X \cdot Y \cdot Z + X \cdot \bar{Y} \cdot \bar{Z} + \bar{X} \cdot Y \cdot Z + X \cdot \bar{Y} \cdot Z$ を積和形式で簡単化したものとして，正しいものを次の（1）～（5）のうちから一つ選べ。

　（1）　$X \cdot Y + X \cdot Z$　　　　（2）　$X \cdot \bar{Y} + Y \cdot Z$　　　　（3）　$\bar{X} \cdot Y + X \cdot Z$

　（4）　$X \cdot Y + \bar{Y} \cdot Z$　　　　（5）　$X \cdot Y + \bar{X} \cdot Z$

（b）　論理式 $(X + Y + Z) \cdot (X + Y + \bar{Z}) \cdot (X + \bar{Y} + Z)$ を和積形式で簡単化したものとして，正しいものを次の（1）～（5）のうちから一つ選べ。

　（1）　$(X + Y) \cdot (X + Z)$　　　　（2）　$(X + \bar{Y}) \cdot (X + Z)$　　　　（3）　$(X + Y) \cdot (Y + \bar{Z})$

　（4）　$(X + \bar{Y}) \cdot (Y + Z)$　　　　（5）　$(X + Z) \cdot (Y + \bar{Z})$

令和 **4** (2022)

令和 **3** (2021)

令和 **2** (2020)

令和 **元** (2019)

平成 **30** (2018)

平成 **29** (2017)

平成 **28** (2016)

平成 **27** (2015)

平成 **26** (2014)

平成 **25** (2013)

平成 **24** (2012)

平成 **23** (2011)

平成 **22** (2010)

平成 **21** (2009)

平成 **20** (2008)

問 18 （a）の解答　出題項目＜論理式＞　　　答え　（2）

与えられた論理式の論理変数 X, Y, Z に適当な真理値を入力し，その出力値 W と同じ真理値となる選択肢を消去法により求めるのが簡単である。次に，解答の一例を示す。

① $X=0$, $Y=0$, $Z=0$ を入力すると，$W=0$。このとき，（1）〜（5）はすべて 0 となるので判定不能。

② $X=1$, $Y=0$, $Z=0$ を入力すると，$W=1$。このとき，（2）は 1，それ以外はすべて 0 となる。

したがって，正解は選択肢（2）となる。

解説

解答では，適当な入力値の試行が 2 回で正解に至ったが，場合によっては正解に至るまで，さらに試行が必要となる場合もある。また，次に紹介する論理演算の定理を用いて簡単化する方法もある。

●論理演算の定理

① 恒等の定理　$A \cdot 0 = 0$, $A \cdot 1 = A$
　　　　　　　$A + 0 = A$, $A + 1 = 1$

② 同一の定理　$A \cdot A = A$, $A + A = A$

③ 補元の定理　$A \cdot \overline{A} = 0$, $A + \overline{A} = 1$

④ 復元の定理　$\overline{\overline{A}} = A$

⑤ 交換の定理　$A \cdot B = B \cdot A$, $A + B = B + A$

⑥ 結合の定理　$(A \cdot B) \cdot C = A \cdot (B \cdot C)$
　　　　　　　$(A + B) + C = A + (B + C)$

⑦ 分配の定理　$A \cdot (B + C) = A \cdot B + A \cdot C$
　　　　　　　$A + (B \cdot C) = (A + B) \cdot (A + C)$

⑧ ド・モルガンの定理　$\overline{A + B} = \overline{A} \cdot \overline{B}$
　　　　　　　　　　　$\overline{A \cdot B} = \overline{A} + \overline{B}$

⑨ 吸収の定理　$A \cdot (A + B) = A$
　　　　　　　$A + (A \cdot B) = A$

次に，論理演算の諸定理を用いた簡単化の一例を示す。

$$W = X \cdot Y \cdot Z + X \cdot \overline{Y} \cdot \overline{Z} + \overline{X} \cdot Y \cdot Z + X \cdot \overline{Y} \cdot Z$$
$$= (X + \overline{X}) \cdot Y \cdot Z + X \cdot \overline{Y} \cdot (Z + \overline{Z})$$
$$= 1 \cdot Y \cdot Z + X \cdot \overline{Y} \cdot 1$$
$$= X \cdot \overline{Y} + Y \cdot Z$$

なお，この式変形では，恒等の定理，補元の定理，交換の定理，分配の定理を用いた。

問 18 （b）の解答　出題項目＜論理式＞　　　答え　（1）

次に，解答の一例を示す。ただし，論理式の出力を W とする。

① $X=0, Y=0, Z=0$ を入力すると，$W=0$。このとき，（1）〜（5）はすべて 0 となるので判定不能。

② $X=1, Y=0, Z=0$ を入力すると，$W=1$。このとき，（4）は 0 でそれ以外はすべて 1 となるので（4）は誤り。

③ $X=0, Y=1, Z=0$ を入力すると，$W=0$。このとき，（1），（2），（5）は 0，（3）は 1 となるので（3）は誤り。

④ $X=0, Y=0, Z=1$ を入力すると，$W=0$。このとき，（1），（5）は 0，（2）は 1 となるので，（2）は誤り。

⑤ $X=1, Y=1, Z=0$ を入力すると，$W=1$。このとき，（1），（5）は 1 となるので判定不能。

⑥ $X=1$, $Y=0$, $Z=1$ を入力すると，$W=1$。このとき，（1）は 1，（5）は 0 となるので（5）は誤り。

したがって，正解は選択肢（1）となる。

解説

$$(A+B)(A+\overline{B}) = A \cdot A + A \cdot (B+\overline{B}) + B \cdot \overline{B}$$
$$= A + A + 0 = A$$

より，

$$(X+Y+Z) \cdot (X+Y+\overline{Z}) = X+Y$$

となるので，論理式を簡単化すると，

$$W = (X+Y) \cdot (X+\overline{Y}+Z)$$
$$= X \cdot X + X \cdot (\overline{Y}+Y) + X \cdot Z + Y \cdot \overline{Y} + Y \cdot Z$$
$$= X + X + X \cdot Z + 0 + Y \cdot Z = X + X \cdot Z + Y \cdot Z$$
$$= X \cdot (1+Z) + Y \cdot Z = X \cdot 1 + Y \cdot Z = X + Y \cdot Z$$

選択肢を簡単化して，W と同じ論理式になるのは選択肢（1）である。

機　械 | 平成 30 年度(2018 年度)

A 問 題 (配点は 1 問題当たり 5 点)

問1　出題分野<直流機>　難易度 ★★★　重要度 ★★★

　界磁磁束を一定に保った直流電動機において，0.5 Ω の抵抗値をもつ電機子巻線と直列に始動抵抗(可変抵抗)が接続されている。この電動機を内部抵抗が無視できる電圧 200 V の直流電源に接続した。静止状態で電源に接続した直後の電機子電流は 100 A であった。

　この電動機の始動後，徐々に回転速度が上昇し，電機子電流が 50 A まで減少した。トルクも半分に減少したので，電機子電流を 100 A に増やすため，直列可変抵抗の抵抗値を R_1[Ω] から R_2[Ω] に変化させた。R_1 及び R_2 の値の組合せとして，正しいものを次の(1)～(5)のうちから一つ選べ。

　ただし，ブラシによる電圧降下，始動抵抗を調整する間の速度変化，電機子反作用及びインダクタンスの影響は無視できるものとする。

	R_1	R_2
(1)	2.0	1.0
(2)	4.0	2.0
(3)	1.5	1.0
(4)	1.5	0.5
(5)	3.5	1.5

問2　出題分野<直流機>　難易度 ★★★　重要度 ★★★

　いろいろな直流機に関する記述として，誤っているものを次の(1)～(5)のうちから一つ選べ。

(1)　電機子と界磁巻線が並列に接続された分巻発電機は，回転を始めた電機子巻線と磁極の残留磁束によって，まず低い電圧で発電が開始される。その結果，界磁巻線に電流が流れ始め，磁極の磁束が強まれば，発電する電圧が上昇し，必要な励磁が確立する。

(2)　電機子と界磁巻線が直列に接続された直巻発電機は，出力電流が大きく界磁磁極が磁気飽和する場合よりも，出力電流が小さく界磁磁極が磁気飽和しない場合のほうが，出力電圧が安定する。

(3)　電源電圧一定の条件下で運転される分巻電動機は，負荷が変動した場合でも，ほぼ一定の回転速度を保つので，定速度電動機とよばれる。

(4)　直巻電動機は，始動時の大きな電機子電流が大きな界磁電流となる。直流電動機のトルクは界磁磁束と電機子電流から発生するので，大きな始動トルクが必要な用途に利用されてきた。

(5)　ブラシと整流子の機械的接触による整流の働きを半導体スイッチで電子的に行うブラシレスDC モータでは，同期機と同様に電機子の作る回転磁界に同期して永久磁石の界磁が回転する。制御によって，外部から見た電圧—電流特性を他励直流電動機とほぼ同様にすることができる。

令和
4
(2022)

令和
3
(2021)

令和
2
(2020)

令和
元
(2019)

平成
30
(2018)

平成
29
(2017)

平成
28
(2016)

平成
27
(2015)

平成
26
(2014)

平成
25
(2013)

平成
24
(2012)

平成
23
(2011)

平成
22
(2010)

平成
21
(2009)

平成
20
(2008)

問1の解答　　出題項目＜電機子電流・電圧＞　　　　　　　　　答え　（4）

直流電動機において，**図1-1**に示すように，始動抵抗を$R[\Omega]$，電機子巻線の巻線抵抗を$R_a[\Omega]$，電源電圧を$E[V]$，電機子に生じる逆起電力を$E_0[V]$，電機子電流を$I_a[A]$とすると，これらの間には，

$$E = E_0 + (R + R_a)I_a \qquad ①$$

という関係が成り立つ。

始動時は直流電動機の逆起電力$E_0[V]$が零なので，①式に$E_0 = 0[V]$を代入すると，求める始動抵抗の抵抗値$R_1[\Omega]$は，題意の各値より，

$$E = (R_1 + R_a)I_a$$

$$\therefore R_1 = \frac{E}{I_a} - R_a = \frac{200}{100} - 0.5 = 1.5[\Omega]$$

また，電機子電流が$I_a = 50[A]$となったときの逆起電力$E_0[V]$は，①式より，

$$E_0 = E - (R_1 + R_a)I_a$$

$$= 200 - (1.5 + 0.5) \times 50 = 100[V]$$

したがって，再び電機子電流を$I_a = 100[A]$に戻したときの始動抵抗の抵抗値$R_2[\Omega]$は，

$$R_2 = \frac{E - E_0}{I_a} - R_a = \frac{200 - 100}{100} - 0.5$$

$$= 0.5[\Omega]$$

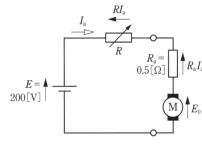

図1-1　直流電動機の等価回路

問2の解答　　出題項目＜磁気飽和＞　　　　　　　　　　　　　　答え　（2）

（1）　正。一度磁化された界磁巻線の磁極には，界磁電流を取り除いても磁束が残る。これを残留磁束といい，その残留磁束が回転を始めた電機子巻線に鎖交することによって，電機子には誘導起電力が発生する。この起電力が電機子と並列に接続された界磁巻線に印加されることで界磁電流が流れ，磁極は再び磁化されて誘導電圧は徐々に上昇する。この繰り返しにより，必要な励磁が確立される。

（2）　誤。発電機の誘導起電力をE，電機子巻線と界磁巻線の合成抵抗をr，界磁電流（＝出力電流）をI_fとすると，出力電圧$V = E - rI_f$である。また，界磁磁束をϕ，回転速度をnとすると，$E = k\phi n$（kは比例係数）である。nが一定の場合，磁気飽和する前は$\phi \propto I_f$なので，$E = kI_f n$より，$V = kI_f n - rI_f = (k'n - r)I_f$となって，$I_f$の変化が$V$に大きく影響を与える。一方，磁気飽和すると$\phi$が一定で$E$も一定となるため，$I_f$は$r$における電圧降下のみに寄与し，$V$の変化にあまり影響を与えない。したがって，磁気飽和する

場合の方が出力電圧は安定する。

（3）　正。分巻電動機では電機子巻線と並列に界磁巻線が配置されるため，界磁巻線には電源電圧が直接印加される。したがって，電源電圧が一定であれば界磁電流も一定となるため，負荷が変化しても回転速度はほぼ一定を保つ。

（4）　正。直流電動機におけるトルクTは，界磁磁束をϕ，電機子電流をI_aとすると$T = k\phi I_a$で表される（kは比例係数）。直巻電動機の場合，電機子巻線と界磁巻線が直列に接続されるため，そこに電源電圧が直接印加されることにより，始動時の電機子電流I_a＝界磁電流I_fは非常に大きくなる。したがって，始動トルクも非常に大きくなる。

（5）　正。回転子の位置を検出して半導体スイッチにより電流の切り替えを繰り返すことで，直流電源でも回転磁界を作り出すことが可能となる。この方式で動作する電動機を，ブラシレスDCモータという。

| 問 3 | 出題分野＜誘導機＞ | 難易度 ★★★ | 重要度 ★★★ |

　定格出力11.0 kW，定格電圧220 Vの三相かご形誘導電動機が定トルク負荷に接続されており，定格電圧かつ定格負荷において滑り3.0 %で運転されていたが，電源電圧が低下し滑りが6.0 %で一定となった。滑りが一定となったときの負荷トルクは定格電圧のときと同じであった。このとき，二次電流の値は定格電圧のときの何倍となるか。最も近いものを次の（1）～（5）のうちから一つ選べ。ただし，電源周波数は定格値で一定とする。

（1） 0.50　　　（2） 0.97　　　（3） 1.03　　　（4） 1.41　　　（5） 2.00

| 問 4 | 出題分野＜誘導機＞ | 難易度 ★★★ | 重要度 ★★★ |

　三相誘導電動機の始動においては，十分な始動トルクを確保し，始動電流は抑制し，かつ定常運転時の特性を損なわないように適切な方法を選定することが必要である。次の文章はその選定のために一般に考慮される特徴の幾つかを述べたものである。誤っているものを次の（1）～（5）のうちから一つ選べ。

（1）　全電圧始動法は，直入れ始動法とも呼ばれ，かご形誘導電動機において電動機の出力が電源系統の容量に対して十分小さい場合に用いられる。始動電流は定格電流の数倍程度の値となる。

（2）　二重かご形誘導電動機は，回転子に二重のかご形導体を設けたものであり，始動時には電流が外側導体に偏り始動特性が改善されるので，普通かご形誘導電動機と比較して大きな容量まで全電圧始動法を用いることができる。

（3）　Y-Δ始動法は，一次巻線を始動時のみY結線とすることにより始動電流を抑制する方法であり，定格出力が5～15 kW程度のかご形誘導電動機に用いられる。始動トルクはΔ結線における始動時の $\frac{1}{\sqrt{3}}$ 倍となる。

（4）　始動補償器法は，三相単巻変圧器を用い，使用する変圧器のタップを切り換えることによって低電圧で始動し運転時には全電圧を加える方法であり，定格出力が15 kW程度より大きなかご形誘導電動機に用いられる。

（5）　巻線形誘導電動機の始動においては，始動抵抗器を用いて始動時に二次抵抗を大きくすることにより始動電流を抑制しながら始動トルクを増大させる方法がある。これは誘導電動機のトルクの比例推移を利用したものである。

問3の解答　　出題項目＜二次電流＞

誘導電動機の二次側の等価回路は，**図3-1**に示すとおりである。図3-1から，機械出力（1相分）P_0[W]は，二次電流をI_2[A]，二次抵抗をr_2[Ω]，滑りをsとすると，

$$P_0 = \frac{1-s}{s} r_2 I_2^2 \qquad ①$$

また，トルクT[N·m]は，同期角速度をω_0[rad/s]，角速度をω[rad/s]とすると，

$$T = \frac{P_0}{\omega} = \frac{P_0}{(1-s)\omega_0} \qquad ②$$

①式を②式に代入すると，

$$T = \frac{\dfrac{1-s}{s} r_2 I_2^2}{(1-s)\omega_0} = \frac{r_2 I_2^2}{s\omega_0}$$

題意より，電源電圧の変化の前後でトルクは変わらないので，電源電圧低下後の二次電流を

I_2'[A]，滑りをs'とすると，

$$\frac{r_2 I_2^2}{s\omega_0} = \frac{r_2 I_2'^2}{s'\omega_0}$$

$$\frac{I_2'^2}{s'} = \frac{I_2^2}{s}$$

$$\therefore \ \frac{I_2'}{I_2} = \sqrt{\frac{s'}{s}} \qquad ③$$

題意の$s=0.03$，$s'=0.06$を③式に代入すると，

$$\frac{I_2'}{I_2} = \sqrt{\frac{0.06}{0.03}} \fallingdotseq 1.41$$

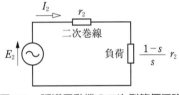

図3-1　誘導電動機の二次側等価回路

問4の解答　　出題項目＜始動＞

（1）　正。誘導電動機の始動時には定格電流の5倍から7倍程度の電流が流れるが，小容量機であれば定格電流そのものが小さいので，少し大きな容量の遮断器を選定すれば，全電圧始動法で始動しても遮断器は動作せずに済む。しかし，大容量機になると定格電流自体が大きいため，遮断器の容量も非常に大きくする必要があり非経済的である。

（2）　正。周波数が高くなるほど電流は導体の表面を流れようとするため，インピーダンス値が高くなる。これを表皮効果という。始動時は滑りが大きい，つまり回転子の電流の周波数は高いので，表皮効果によって電流は抑制される。

（3）　誤。Δ結線では線間電圧Vがそのまま電機子巻線Zに印加されるため，線電流I_Δは$I_\Delta = \dfrac{\sqrt{3}V}{Z}$となるのに対し，Y結線では線間電圧$V$の$\dfrac{1}{\sqrt{3}}$倍の電圧$\dfrac{V}{\sqrt{3}}$が電機子巻線$Z$に印加さ

れるので，線電流I_Yは$I_Y = \dfrac{V}{\sqrt{3}Z}$となる。したがって，

$$\frac{I_Y}{I_\Delta} = \frac{\dfrac{V}{\sqrt{3}Z}}{\dfrac{\sqrt{3}V}{Z}} = \frac{1}{3}$$

となるため，始動電流は$\dfrac{1}{3}$となる。また，始動トルクは線間電圧と始動電流の積に比例するため，始動トルクも$\dfrac{1}{3}$となる。

（4）　正。始動補償器法は，単巻変圧器に複数のタップを設け，低電圧で始動させて徐々に電圧を増加させていき，最後には全電圧を印加する方法である。

（5）　正。誘導電動機において，二次抵抗を2倍にすると滑りも2倍のときに同一のトルクを発生させるという特徴があり，これを比例推移という。この特徴を利用して始動させるために，二次抵抗を変化させる装置が始動抵抗器である。

問5　　出題分野＜同期機＞　　難易度 ★★★　重要度 ★★★

次の文章は，同期発電機の種類と構造に関する記述である。

同期発電機では一般的に，小容量のものを除き電機子巻線は (ア) に設けて，導体の絶縁が容易であり，かつ，大きな電流が取り出せるようにしている。界磁巻線は (イ) に設けて，直流の励磁電流が供給されている。

比較的 (ウ) の水車を原動機とした水車発電機は，50 Hz 又は 60 Hz の商用周波数を発生させるために磁極数が多く，回転子の直径が軸方向に比べて大きく作られている。

蒸気タービン等を原動機としたタービン発電機は， (エ) で運転されるため，回転子の直径を小さく，軸方向に長くした横軸形として作られている。磁極は回転軸と一体の鍛鋼又は特殊鋼で作られ，スロットに巻線が施される。回転子の形状から (オ) 同期機とも呼ばれる。

上記の記述中の空白箇所(ア)，(イ)，(ウ)，(エ)及び(オ)に当てはまる組合せとして，正しいものを次の(1)～(5)のうちから一つ選べ。

	(ア)	(イ)	(ウ)	(エ)	(オ)
(1)	固定子	回転子	高速度	高速度	突極形
(2)	回転子	固定子	高速度	低速度	円筒形
(3)	回転子	固定子	低速度	低速度	突極形
(4)	回転子	固定子	低速度	高速度	円筒形
(5)	固定子	回転子	低速度	高速度	円筒形

問6　　出題分野＜同期機＞　　難易度 ★★★　重要度 ★★★

定格容量 P[kV·A]，定格電圧 V[V]の星形結線の三相同期発電機がある。電機子電流が定格電流の40 ％，負荷力率が遅れ 86.6 ％（$\cos 30° = 0.866$），定格電圧でこの発電機を運転している。このときのベクトル図を描いて，負荷角 δ の値[°]として，最も近いものを次の(1)～(5)のうちから一つ選べ。

ただし，この発電機の電機子巻線の 1 相当たりの同期リアクタンスは単位法で 0.915 p.u.，1 相当たりの抵抗は無視できるものとし，同期リアクタンスは磁気飽和等に影響されず一定であるとする。

(1) 0　　　(2) 15　　　(3) 30　　　(4) 45　　　(5) 60

問5の解答　出題項目＜種類と構造＞　　答え　(5)

同期発電機には回転電機子形と回転界磁形とがあるが，大容量機では一般的に，回転界磁形(電機子巻線が**固定子**で，界磁巻線が**回転子**)が採用される。これは，回転電機子形とした場合，回転子に必要なスリップリングやブラシが，大電流を流すことのできるような大型のものとなってしまい，非経済的だからである。

同期発電機の回転速度 $n\,[\mathrm{min^{-1}}]$ と磁極数 p，周波数 $f\,[\mathrm{Hz}]$ の間には，

$$n = \frac{120f}{p}$$

の関係が成り立つ。周波数 $f\,[\mathrm{Hz}]$ は商用周波数で一定なので，回転速度 $n\,[\mathrm{min^{-1}}]$ が遅いほど磁極数 p は多くなり，逆に回転速度 $n\,[\mathrm{min^{-1}}]$ が速いほど磁極数 p は少なくなる。

したがって，水車のように回転速度が数百 $\mathrm{min^{-1}}$ 程度の**低速度**の場合，水車発電機は磁極が 12 個や 20 個などと多く，回転子の直径が軸方向に比べて大きくなる。逆に蒸気タービンのように $1500\sim3600\ \mathrm{min^{-1}}$ 程度の**高速度**の場合，タービン発電機は磁極が 2 個や 4 個などと少なく，回転子の直径が小さくなり，軸方向に長くなる。その円筒のような形状から，タービン発電機は**円筒形**発電機とも呼ばれる。

問6の解答　出題項目＜負荷角＞　　答え　(2)

1 相分の等価回路は，**図 6-1** のようになる。

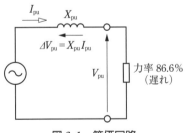

図 6-1　等価回路

定格電圧で運転しているので，これを単位法で表すと $V_{\mathrm{pu}}=1.0\,[\mathrm{p.u.}]$ である。また，定格電流の 40% の電機子電流が流れているので，これを単位法で表すと $I_{\mathrm{pu}}=0.4\,[\mathrm{p.u.}]$ である。さらに，題意より 1 相当たりの同期リアクタンスは単位法で表すと $X_{\mathrm{pu}}=0.915\,[\mathrm{p.u.}]$ なので，同期リアクタンスにおける電圧降下 $\Delta V_{\mathrm{pu}}\,[\mathrm{p.u.}]$ は，

$$\Delta V_{\mathrm{pu}} = X_{\mathrm{pu}}I_{\mathrm{pu}} = 0.915 \times 0.4 = 0.366\,[\mathrm{p.u.}]$$

したがって，負荷力率が遅れ 86.6%($\cos 30°$ $=0.866$)であることを考慮してベクトル図を描く

と，**図 6-2** のようになる。

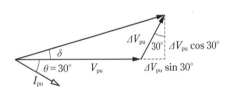

図 6-2　ベクトル図

図 6-2 における $\Delta V_{\mathrm{pu}}\sin 30°$，$\Delta V_{\mathrm{pu}}\cos 30°$ の値は，

$$\Delta V_{\mathrm{pu}}\sin 30° = 0.183\,[\mathrm{p.u.}]$$

$$\Delta V_{\mathrm{pu}}\cos 30° \fallingdotseq 0.317\,[\mathrm{p.u.}]$$

なので，求める負荷角を $\delta\,[°]$ とすると，

$$\tan \delta = \frac{\Delta V_{\mathrm{pu}}\cos 30°}{V_{\mathrm{pu}} + \Delta V_{\mathrm{pu}}\sin 30°} = \frac{0.317}{1.0+0.183}$$

$$\fallingdotseq 0.268$$

したがって，解答群の中で $\tan \delta \fallingdotseq 0.268$ となる負荷角は，$\delta = 15\,[°]$ である。

| **問7** | 出題分野＜同期機, パワエレ, 機器全般＞ | **難易度** ★★★ | **重要度** ★★★ |

次の文章は，ステッピングモータに関する記述である。

ステッピングモータはパルスモータとも呼ばれ，駆動回路に与えられた ┌──(ア)──┐ に比例する ┌──(イ)──┐ だけ回転するものである。したがって，このモータはパルスを周期的に与えたとき，そのパルスの ┌──(ウ)──┐ に比例する回転速度で回転し，入力パルスを停止すれば回転子も停止する。

ステッピングモータはパルスが送られるたびに定められた角度 θ[°] を1ステップとして回転する。この1パルス当たりの回転速度を ┌──(エ)──┐ という。

ステッピングモータには，永久磁石形，可変リラクタンス形，ハイブリッド形などがあり，永久磁石形ステッピングモータでは，無通電状態でも回転子位置を ┌──(オ)──┐ が働く特徴がある。

上記の記述中の空白箇所(ア)，(イ)，(ウ)，(エ)及び(オ)に当てはまる組合せとして，正しいものを次の(1)～(5)のうちから一つ選べ。

	(ア)	(イ)	(ウ)	(エ)	(オ)
(1)	周波数	回転角度	幅	ステップ角	追従する力
(2)	周波数	回転速度	幅	移動角	追従する力
(3)	パルス数	回転速度	周波数	移動角	保持する力
(4)	パルス数	回転角度	幅	ステップ角	追従する力
(5)	パルス数	回転角度	周波数	ステップ角	保持する力

| **問8** | 出題分野＜機器全般＞ | **難易度** ★★★ | **重要度** ★★★ |

次の文章は，変圧器，直流電動機，誘導電動機及び同期電動機の共通点や相違点に関する記述である。

a ┌──(ア)──┐ と，負荷抵抗を接続した ┌──(イ)──┐ の等価回路は，電源からの電流が励磁電流と負荷電流に分かれるなど，原理及び構成に共通点が多い。相違点は， ┌──(ア)──┐ における二次側の負荷抵抗値が，滑り s によって変化するところである。

b 磁束を与える界磁電流と，トルクに比例する電機子電流を独立して制御できる ┌──(ウ)──┐ は，広範囲な回転速度で精密なトルクの制御ができる。

　構造が簡単で丈夫なため広く使われている ┌──(ア)──┐ も，インバータを用いた制御によって， ┌──(ウ)──┐ と同様な運転特性をもたせることができる。

c ┌──(ウ)──┐ と ┌──(エ)──┐ は，界磁電流で励磁を制御するなど，原理及び構成に共通点が多い。相違点は， ┌──(エ)──┐ の出力に負荷角が関与するところである。

上記の記述中の空白箇所(ア)，(イ)，(ウ)及び(エ)に当てはまる組合せとして，正しいものを次の(1)～(5)のうちから一つ選べ。

	(ア)	(イ)	(ウ)	(エ)
(1)	変圧器	誘導電動機	直流電動機	同期電動機
(2)	直流電動機	同期電動機	変圧器	誘導電動機
(3)	誘導電動機	変圧器	直流電動機	同期電動機
(4)	変圧器	直流電動機	誘導電動機	同期電動機
(5)	誘導電動機	変圧器	同期電動機	直流電動機

問7の解答　出題項目＜ステッピングモータ，特殊モータ＞　　　　答え　（5）

　ステッピングモータはパルスモータとも呼ばれ，パルスが一つ来るごとに決められた回転角度だけ回転するようなモータをいう。つまり，**パルス数**に比例する**回転角度**だけ回転するモータである。したがって，パルスを一定間隔で周期的に与える場合，まるで時計の秒針のように，その**周波数**に比例する回転速度で1ステップずつ回転する。この1ステップ当たりの回転角度を**ステップ角**という。

　回転子として永久磁石を用いる永久磁石形ステッピングモータは，無通電状態でも回転子位置を**保持する力**が働く。

解説 ∙∙∙

　永久磁石形ステッピングモータが，無通電状態

であってもその位置を保持する力が働く理由は，以下のように説明できる。

　静止中の回転子から発生する磁束は電機子巻線に鎖交しているが，何らかの外力が加わるなどの原因によって回転子が回転しようとすると，電機子巻線に鎖交する磁束は減少してしまう。すると，レンツの法則により磁束の変化を妨げる，つまり電機子巻線に鎖交する磁束を増加させるような電流が電機子巻線に誘導される。回転しようとした回転子は，この誘導電流によって発生する磁界に引き寄せられて，回転しようとした方向とは逆方向に力が働くことによって，元の位置に戻る。

問8の解答　出題項目＜各種電気機器＞　　　　答え　（3）

　誘導電動機の回転子は，固定子巻線に電流が流れることによって発生する回転磁界の回転速度に対して，少し遅れて回転する。つまり相対的に見ると，**図8-1**に示すように，静止している回転子の周りを磁界が低速で移動していると考えられるため，回転子の導体には誘導起電力が発生する。これは，一次側のコイルが作った磁束が二次側のコイルに鎖交することで二次側に誘導起電力が生じるという**変圧器**の原理と同等であり，等価回路も等しくなる。

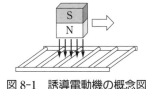

図8-1　誘導電動機の概念図

　誘導電動機の二次側の等価回路（H30 機械問3の図3-1 参照）において，二次側の巻線抵抗をr_2，滑りをsとすると，負荷抵抗値は$\dfrac{1-s}{s}r_2$と

なるので，負荷抵抗値は滑りによって変化する。

　直流電動機は電機子電流と界磁電流を独立して制御できるため，速度制御やトルク制御が容易である。近年では，インバータを用いたベクトル制御などの高度な制御手法も確立されたため，構造が簡単だが制御が難しかった誘導電動機も，ベクトル制御などによって直流電動機と同様に界磁電流とトルク電流を独立して制御できるようになり，繊細な速度制御やトルク制御が可能となった。

　同期電動機と直流電動機は，原理や構成に共通点が多い。同期電動機の出力P[p.u.]は，負荷角をδ，無負荷誘導起電力をE_0[p.u.]，端子電圧をV[p.u.]，同期リアクタンスをX_s[p.u.]とすると，

$$P = \frac{E_0 V}{X_s} \sin \delta$$

で表されるので，出力には負荷角が関係するところが直流電動機との相違点である。

令和
4
(2022)

令和
3
(2021)

令和
2
(2020)

令和
元
(2019)

平成
30
(2018)

平成
29
(2017)

平成
28
(2016)

平成
27
(2015)

平成
26
(2014)

平成
25
(2013)

平成
24
(2012)

平成
23
(2011)

平成
22
(2010)

平成
21
(2009)

平成
20
(2008)

問 9 出題分野＜変圧器＞ 　難易度 ★★★ 　重要度 ★★★

定格一次電圧 6 000 V，定格二次電圧 6 600 V の単相単巻変圧器がある。消費電力 200 kW，力率 0.8 (遅れ)の単相負荷に定格電圧で電力を供給する。単巻変圧器として必要な自己容量の値[kV・A]として，最も近いものを次の(1)～(5)のうちから一つ選べ。ただし，巻線のインピーダンス，鉄心の励磁電流及び鉄心の磁気飽和は無視できる。

(1) 22.7 　　(2) 25.0 　　(3) 160 　　(4) 200 　　(5) 250

問 10 出題分野＜電動機応用＞ 　難易度 ★★★ 　重要度 ★★★

貯水池に集められた雨水を，毎分 300 m³ の排水量で，全揚程 10 m を揚水して河川に排水する。このとき，100 kW の電動機を用いた同一仕様のポンプを用いるとすると，必要なポンプの台数は何台か。最も近いものを次の(1)～(5)のうちから一つ選べ。ただし，ポンプの効率は 80 ％，設計製作上の余裕係数は 1.1 とし，複数台のポンプは排水を均等に分担するものとする。

(1) 1 　　(2) 2 　　(3) 6 　　(4) 7 　　(5) 9

問9の解答　　出題項目＜単巻変圧器＞　　　　　　　　　　　　答え　（1）

本問における単巻変圧器の回路図は，**図9-1**のようになる。消費電力をP[W]，力率を$\cos\theta$，二次電圧をV_2[V]とすると，二次電流I_2[A]は，

$$P = V_2 I_2 \cos\theta$$

$$\therefore \ I_2 = \frac{P}{V_2 \cos\theta} \qquad ①$$

題意の$P = 200$[kW]，$\cos\theta = 0.8$，$V_2 = 6\,600$[V]を①式に代入すると，二次電流I_2[A]は，

$$I_2 = \frac{200 \times 10^3}{6\,600 \times 0.8} \fallingdotseq 37.88\,[\text{A}]$$

ここで，単巻変圧器における自己容量P_s[V·A]は，一次電圧をV_1[V]とおくと，

$$P_\text{s} = (V_2 - V_1) I_2 \qquad ②$$

したがって，題意の$V_1 = 6\,000$[V]，$V_2 = 6\,600$[V]と$I_2 = 37.88$[A]を②式に代入すると，求める自己容量P_s[V·A]は，

$$P_\text{s} = (6\,600 - 6\,000) \times 37.88$$
$$= 22\,728\,[\text{V·A}] \quad \rightarrow \quad 22.7\,\text{kV·A}$$

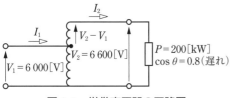

図 9-1　単巻変圧器の回路図

解説

単巻変圧器の一般構造を，**図9-2**に示す。図9-2の単巻変圧器は昇圧用であるが，これの左右を反転させると降圧用となる。

一次側・二次側で共通となる端子 b-c 間の巻線のことを分路巻線といい，共通でない端子 a-b 間の巻線のことを直列巻線という。

また，分路巻線の巻数をN_1，直列巻線の巻数を$N_2 - N_1$とすると，一次側・二次側の電圧や電流には，一般的な二巻線の変圧器と同様に，

$$\frac{V_1}{V_2} = \frac{N_1}{N_2}, \quad \frac{I_1}{I_2} = \frac{N_2}{N_1}$$

という関係が成り立つ。

単巻変圧器は巻線の一部が共通であり，巻線の量が少なくて済むため，小型・軽量化が容易であり経済的である。また，巻線が共通であるため二巻線変圧器と比べると漏れ磁束が少なく，電圧変動率が小さくなるという利点がある。

一方で，巻線が共通であるため一次側と二次側を絶縁することが構造上不可能となってしまい，変圧比をあまり大きくできないデメリットがある。したがって，変圧比を 1：2 以下に抑えるような使用方法が主であり，電圧を少しだけ昇圧または降圧させたい場合に使用するのが一般的である。

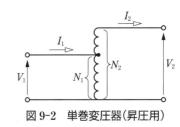

図 9-2　単巻変圧器（昇圧用）

問10の解答　　出題項目＜ポンプ＞　　　　　　　　　　　　　　答え　（4）

貯水池に集められた雨水の排水に必要な仕事P[kW]は，毎秒の排水量をQ[m³/s]，全揚程をH[m]，ポンプ効率をηとすると，

$$P = \frac{9.8QH}{\eta} \qquad ①$$

毎分 300 m³ の排水量を毎秒に換算すると，

$$Q = \frac{300}{60} = 5\,[\text{m}^3/\text{s}]$$

となるので，$Q = 5$[m³/s]と題意の$H = 10$[m]，$\eta = 0.8$を①式に代入すると，雨水の排水に必要な仕事P[kW]は，

$$P = \frac{9.8 \times 5 \times 10}{0.8} = 612.5\,[\text{kW}]$$

これに設計製作上の余裕係数 1.1 を掛けると，必要な仕事P'[kW]は，

$$P' = 1.1P = 673.75\,[\text{kW}]$$

ポンプ 1 台当たりの出力$P_\text{p} = 100$[kW]なので，ポンプの必要台数nは，

$$n = \frac{P'}{P_\text{p}} = \frac{673.75}{100} = 6.7 \quad \rightarrow \quad 7\,台$$

令和4 (2022)
令和3 (2021)
令和2 (2020)
令和元 (2019)
平成30 (2018)
平成29 (2017)
平成28 (2016)
平成27 (2015)
平成26 (2014)
平成25 (2013)
平成24 (2012)
平成23 (2011)
平成22 (2010)
平成21 (2009)
平成20 (2006)

| 問 **11** | 出題分野＜パワーエレクトロニクス＞ | 難易度 ★★★ | 重要度 ★★★ |

次の文章は，直流を交流に変換する電力変換器に関する記述である。

図は，直流電圧源から単相の交流負荷に電力を供給する　(ア)　の動作の概念を示したものであり，　(ア)　は四つのスイッチ S_1〜S_4 から構成される。スイッチ S_1〜S_4 を実現する半導体バルブデバイスは，それぞれ　(イ)　機能をもつデバイス（例えばIGBT）と，それと逆並列に接続した　(ウ)　とからなる。

この電力変換器は，出力の交流電圧と交流周波数とを変化させて運転することができる。交流電圧を変化させる方法は主に二つあり，一つは，直流電圧源の電圧 E を変化させて，交流電圧波形の　(エ)　を変化させる方法である。もう一つは，直流電圧源の電圧 E は一定にして，基本波1周期の間に多数のスイッチングを行い，その多数のパルス幅を変化させて全体で基本波1周期の電圧波形を作り出す　(オ)　と呼ばれる方法である。

上記の記述中の空白箇所(ア)，(イ)，(ウ)，(エ)及び(オ)に当てはまる組合せとして，正しいものを次の(1)〜(5)のうちから一つ選べ。

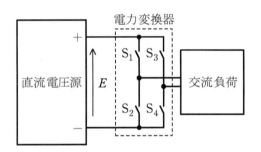

	(ア)	(イ)	(ウ)	(エ)	(オ)
(1)	インバータ	オンオフ制御	サイリスタ	周期	PWM制御
(2)	整流器	オンオフ制御	ダイオード	周期	位相制御
(3)	整流器	オン制御	サイリスタ	波高値	PWM制御
(4)	インバータ	オン制御	ダイオード	周期	位相制御
(5)	インバータ	オンオフ制御	ダイオード	波高値	PWM制御

令和
4
(2022)

令和
3
(2021)

令和
2
(2020)

令和
元
(2019)

平成
30
(2018)

平成
29
(2017)

平成
28
(2016)

平成
27
(2015)

平成
26
(2014)

平成
25
(2013)

平成
24
(2012)

平成
23
(2011)

平成
22
(2010)

平成
21
(2009)

平成
20
(2008)

問 11 の解答　出題項目＜インバータ＞　　　　答え　（5）

　問題図は，直流電圧源から単相の交流負荷に電力を供給する**インバータ**の動作の概念を示したものであり，**インバータ**は四つのスイッチ S_1〜S_4 から構成される。スイッチ S_1〜S_4 を実現する半導体バルブデバイスは，それぞれ**オンオフ制御**機能をもつデバイス（例えば IGBT）と，それと逆並列に接続した**ダイオード**とからなる。

　交流電圧を変化させる方法は主に二つあり，一つは，直流電圧源の電圧 E を変化させて，交流電圧波形の**波高値**を変化させる方法である。もう一つは，直流電圧源の電圧 E は一定にして，基本波 1 周期の間に多数のスイッチングを行い，その多数のパルス幅を変化させて全体で基本波 1 周期の電圧波形を作り出す **PWM 制御**と呼ばれる方法である。

解説

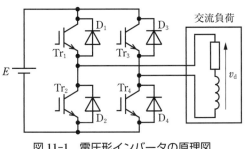

図 11-1　電圧形インバータの原理図

　図 **11-1** は，問題図の電力変換器を IGBT で実現したものである。IGBT と逆並列に接続された

ダイオードは**帰還ダイオード**と呼ばれ，回生運転時に交流電力を直流側へ通す役割と，パルス幅の制御のために必要となる。

　この回路において，図 **11-2** のようにスイッチングを行うと交流側 v_d には方形波の交流が得られ，交流側の電圧は直流側の電圧 E により制御できる。

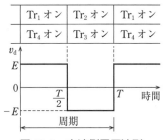

図 11-2　交流側電圧波形

　また，直流側の電圧 E を一定として IGBT を適切にスイッチングし，交流側 v_d に図 **11-3** に示すような多数のパルスからなる電圧を発生させることで，その平均波形をほぼ正弦波にできる。

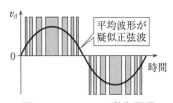

図 11-3　PWM の動作原理

問 12　出題分野＜電気化学＞　難易度 ★★★　重要度 ★★☆

次の文章は，リチウムイオン二次電池に関する記述である。

リチウムイオン二次電池は携帯用電子機器や電動工具などの電源として使われているほか，電気自動車の電源としても使われている。

リチウムイオン二次電池の正極には　(ア)　が用いられ，負極には　(イ)　が用いられている。また，電解液には　(ウ)　が用いられている。放電時には電解液中をリチウムイオンが　(エ)　へ移動する。リチウムイオン二次電池のセル当たりの電圧は　(オ)　V 程度である。

上記の記述中の空白箇所(ア)，(イ)，(ウ)，(エ)及び(オ)に当てはまる組合せとして，正しいものを次の(1)～(5)のうちから一つ選べ。

	(ア)	(イ)	(ウ)	(エ)	(オ)
(1)	リチウムを含む金属酸化物	主に黒鉛	有機電解液	負極から正極	3～4
(2)	リチウムを含む金属酸化物	主に黒鉛	無機電解液	負極から正極	1～2
(3)	リチウムを含む金属酸化物	主に黒鉛	有機電解液	正極から負極	1～2
(4)	主に黒鉛	リチウムを含む金属酸化物	有機電解液	負極から正極	3～4
(5)	主に黒鉛	リチウムを含む金属酸化物	無機電解液	正極から負極	1～2

問 13　出題分野＜自動制御＞　難易度 ★★☆　重要度 ★★★

図のようなブロック線図で示す制御系がある。出力信号 $C(j\omega)$ の入力信号 $R(j\omega)$ に対する比，すなわち $\dfrac{C(j\omega)}{R(j\omega)}$ を示す式として，正しいものを次の(1)～(5)のうちから一つ選べ。

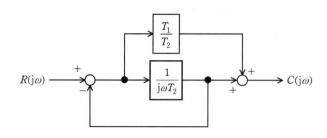

(1) $\dfrac{T_1+j\omega}{T_2+j\omega}$　　(2) $\dfrac{T_2+j\omega}{T_1+j\omega}$　　(3) $\dfrac{j\omega T_1}{1+j\omega T_2}$　　(4) $\dfrac{1+j\omega T_1}{1+j\omega T_2}$　　(5) $\dfrac{1+j\omega\dfrac{T_1}{T_2}}{1+j\omega T_2}$

令和
4
(2022)

令和
3
(2021)

令和
2
(2020)

令和
元
(2019)

平成
30
(2018)

平成
29
(2017)

平成
28
(2016)

平成
27
(2015)

平成
26
(2014)

平成
25
(2013)

平成
24
(2012)

平成
23
(2011)

平成
22
(2010)

平成
21
(2009)

平成
20
(2008)

問12 の解答　出題項目＜二次電池＞　答え（1）

リチウムイオン二次電池の正極には**リチウムを含む金属酸化物**が用いられ，負極には**主に黒鉛**が用いられている。また，電解液には**有機電解液**が用いられている。放電時には電解液中をリチウムイオンが**負極から正極**へ移動する。リチウムイオン二次電池のセル当たりの電圧は**3〜4** V 程度である。

解説

図 12-1 は，リチウムイオン二次電池の動作原理図である。正極，負極ともに Li^+ を吸蔵できる構造をもつ。充電時，正極の Li 化合物から Li がイオン化して Li^+ が電解液中を正極から負極に向かい移動し負極に吸蔵される。同時に充電器を通して正極から負極に移動した電子を受け取り Li 化合物となる。放電時には逆反応が起こり，

負極の Li 化合物から Li がイオン化して Li^+ が電解液中を負極から正極に向かい移動し正極に吸蔵される。同時に負荷を流れて負極から正極に移動した電子を受け取り Li 化合物となる。

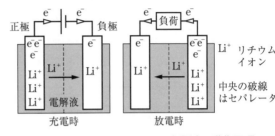

図 12-1　リチウムイオン二次電池の動作原理

問13 の解答　出題項目＜ブロック線図＞　答え（4）

図 13-1 のように，伝達要素 $\boxed{1/(j\omega T_2)}$ の入力信号を E（以後の説明では記号に続く $(j\omega)$ は省略する）とすると，制御系の各信号が決まる。

図中の一巡回路より，次の関係式を得る。

$$E = R - \frac{E}{j\omega T_2} \quad \rightarrow \quad E = \frac{R}{1 + \dfrac{1}{j\omega T_2}}$$

出力信号 C は，

$$C = \frac{E}{j\omega T_2} + \frac{T_1 E}{T_2} = \left(\frac{1}{j\omega T_2} + \frac{T_1}{T_2}\right) E$$

となるので，この式に E の式を代入すると C と R の関係式が得られる。

$$C = \left(\frac{1}{j\omega T_2} + \frac{T_1}{T_2}\right)\left(\frac{R}{1 + \dfrac{1}{j\omega T_2}}\right)$$

$$= \left(\frac{1 + j\omega T_1}{j\omega T_2}\right)\left(\frac{j\omega T_2 R}{1 + j\omega T_2}\right)$$

$$= \frac{1 + j\omega T_1}{1 + j\omega T_2} R$$

したがって，

$$\frac{C}{R} = \frac{1 + j\omega T_1}{1 + j\omega T_2}$$

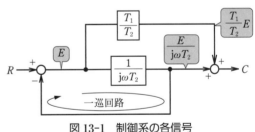

図 13-1　制御系の各信号

解説

制御系のブロック線図において，問題図のようにフィードバック接続を有する系では，各信号を求めるためにフィードバック信号の差を加えた信号を E と仮定し，各信号を E を含む式で表す。E を求めるには，E からスタートしてフィードバックの経路を通り一巡して再び E に戻る信号を計算し，それが E と等しいと置いた方程式を作り E について解く。

問 14　出題分野＜情報＞　難易度 ★★★　重要度 ★★★

　図のように，入力信号 A，B 及び C，出力信号 Z の論理回路がある。この論理回路には排他的論理和（EX-OR）を構成する部分と排他的否定論理和（EX-NOR）を構成する部分が含まれている。

　この論理回路の真理値表として，正しいものを次の（1）～（5）のうちから一つ選べ。

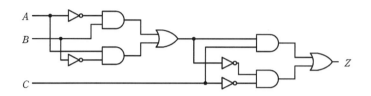

（1）

入力信号			出力信号
A	B	C	Z
0	0	0	1
0	0	1	0
0	1	0	0
0	1	1	1
1	0	0	0
1	0	1	1
1	1	0	1
1	1	1	0

（2）

入力信号			出力信号
A	B	C	Z
0	0	0	0
0	0	1	1
0	1	0	1
0	1	1	0
1	0	0	1
1	0	1	0
1	1	0	0
1	1	1	1

（3）

入力信号			出力信号
A	B	C	Z
0	0	0	0
0	0	1	0
0	1	0	0
0	1	1	0
1	0	0	0
1	0	1	0
1	1	0	1
1	1	1	0

（4）

入力信号			出力信号
A	B	C	Z
0	0	0	1
0	0	1	0
0	1	0	1
0	1	1	0
1	0	0	1
1	0	1	0
1	1	0	0
1	1	1	1

（5）

入力信号			出力信号
A	B	C	Z
0	0	0	1
0	0	1	0
0	1	0	1
0	1	1	1
1	0	0	1
1	0	1	1
1	1	0	1
1	1	1	1

問 14 の解答　出題項目<論理回路>　　　　答え　(1)

入力を A, B, 出力を Y とする EX-OR 及び EX-NOR の真理値表を**図 14-1** に示す。

A	B	Y
0	0	0
0	1	1
1	0	1
1	1	0

EX-OR

A	B	Y
0	0	1
0	1	0
1	0	0
1	1	1

EX-NOR

図 14-1　真理値表

問題図の中央にある OR 素子の出力を S, 入力を A, B とした回路が EX-OR であり, 出力を Z, 入力を S, C とした回路が EX-NOR である。

問題図の真理値表を求めるには, **図 14-2** に示すように, EX-OR の出力 S を表す欄を用意するとよい。

初めに, 入力信号 A, B, C を割り振る(これは選択肢の真理値表と同じにする)。次に, S を求め記入する。最後に, 入力を S, C とした EX-NOR の出力 Z を求める。以上から, 問題図の論理回路の真理値表は選択肢(1)となる。

A	B	S	C	Z
0	0		0	
0	0	先にこの欄を求める	1	
0	1		0	
0	1		1	
1	0		0	
1	0		1	
1	1		0	
1	1		1	

A	B	S	C	Z
0	0	0	0	1
0	0	0	1	0
0	1	1	0	0
0	1	1	1	1
1	0	1	0	0
1	0	1	1	1
1	1	0	0	1
1	1	0	1	0

図 14-2　S を加えた真理値表と論理演算の結果

解説

この問題のように, 論理回路の一部がそれ自体で特別な論理演算を行う回路を構成する場合は, その真理値表を利用する。このとき, その出力を真理値表の入力に加えておくとよい。

B 問 題 (配点は1問題当たり(a)5点, (b)5点, 計10点)

問15 出題分野＜変圧器＞ 難易度 ★★★ 重要度 ★★★

　無負荷で一次電圧6 600 V, 二次電圧200 Vの単相変圧器がある。一次巻線抵抗 $r_1=0.6\ \Omega$, 一次巻線漏れリアクタンス $x_1=3\ \Omega$, 二次巻線抵抗 $r_2=0.5\ \text{m}\Omega$, 二次巻線漏れリアクタンス $x_2=3\ \text{m}\Omega$ である。計算に当たっては, 二次側の諸量を一次側に換算した簡易等価回路を用い, 励磁回路は無視するものとして, 次の(a)及び(b)の問に答えよ。

(a) この変圧器の一次側に換算したインピーダンスの大きさ[Ω]として, 最も近いものを次の(1)～(5)のうちから一つ選べ。

　(1) 1.15　　(2) 3.60　　(3) 6.27　　(4) 6.37　　(5) 7.40

(b) この変圧器の二次側を200 Vに保ち, 容量200 kV·A, 力率0.8(遅れ)の負荷を接続した。このときの一次電圧の値[V]として, 最も近いものを次の(1)～(5)のうちから一つ選べ。

　(1) 6 600　　(2) 6 700　　(3) 6 740　　(4) 6 800　　(5) 6 840

令和
4
(2022)

令和
3
(2021)

令和
2
(2020)

令和
元
(2019)

平成
30
(2018)

平成
29
(2017)

平成
28
(2016)

平成
27
(2015)

平成
26
(2014)

平成
25
(2013)

平成
24
(2012)

平成
23
(2011)

平成
22
(2010)

平成
21
(2009)

平成
20
(2008)

問15 （a）の解答　　出題項目＜単相変圧器・変圧比＞　　　答え　（4）

この変圧器の巻数比 a は変圧比と等しく，

$a = 6\,600/200 = 33$

である。二次側の巻線抵抗及び漏れリアクタンスを一次側に換算したものを r_{21}，x_{21} とすると，

$r_{21} = a^2 r_2 = 33^2 \times 0.5 = 544.5\,[\text{m}\Omega]$

$x_{21} = a^2 x_2 = 33^2 \times 3 = 3\,267\,[\text{m}\Omega]$

となるので，一次側から見た抵抗 R 及びリアクタンス X は，

$R = r_1 + r_{21} = 0.6 + 0.544\,5 = 1.144\,5\,[\Omega]$

$X = x_1 + x_{21} = 3 + 3.267 = 6.267\,[\Omega]$

となる。したがって，一次側に換算したインピーダンスの大きさ Z は，

$Z = \sqrt{R^2 + X^2} = \sqrt{1.144\,5^2 + 6.267^2}$

$\fallingdotseq 6.37\,[\Omega]$

解説

変圧器はインピーダンスと等価であるが，一次側と二次側で電圧が異なる場合は，一方の側から他方の側へのインピーダンスの換算が必要になる。

変圧器の巻数比が a であるとき，二次側のイ

ンピーダンスを一次側に換算する場合は a^2 倍する。逆に，一次側のインピーダンスを二次側に換算する場合は $1/a^2$ 倍する。

補足 図 15-1 において，一次側の電圧を V，電流を I，巻数比を a，二次側のインピーダンスを z_2 とすると，二次電圧は V/a，二次電流は aI となるので z_2 は次式となる。

$$z_2 = \frac{(V/a)}{(aI)} = \frac{V}{a^2 I}$$

上式の V/I は一次側から見たインピーダンス z_1 を表しているので，次の関係式を得る。

$$z_2 = \frac{V}{a^2 I} = \frac{z_1}{a^2} \quad \rightarrow \quad z_1 = a^2 z_2$$

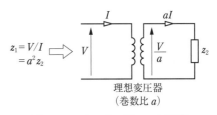

理想変圧器
（巻数比 a）

図 15-1　インピーダンスの換算

問15 （b）の解答　　出題項目＜単相変圧器・変圧比＞　　　答え　（3）

一次側から見た等価回路で表すと図 15-2 となる。一次側に換算した負荷電流 I は，

$$I = \frac{200 \times 10^3}{6\,600} \fallingdotseq 30.3\,[\text{A}]$$

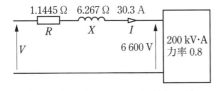

図 15-2　一次側から見た等価回路

また，負荷力率を $\cos\theta$ としたとき，変圧器による電圧降下 v を一次側と二次側の電圧の位相差が小さいとして得られる近似式で表すと，

$v = (R\cos\theta + X\sin\theta) I\,[\text{V}]$

電圧降下 v の式に数値を代入すると，

$v = (1.1445 \times 0.8 + 6.267 \times 0.6) \times 30.3$

$\fallingdotseq 142\,[\text{V}]$

したがって，一次電圧 V は，

$V = 6\,600 + 142 = 6\,742\,[\text{V}] \quad \rightarrow \quad 6\,740\,\text{V}$

解説

設問（a）において，変圧器の巻線抵抗と漏れリアクタンスが一次側換算値で算出されているので，これを利用するために一次側から見た回路で考えた。実際の負荷電圧は 200 V であるが，一次側から見ると負荷電圧は 6 600 V に見える。

また，電圧降下の計算では，特記事項がない限り近似式を用いる場合が多い。

問 16　出題分野＜パワーエレクトロニクス＞　難易度 ★★★　重要度 ★★★

　図 1 に示す降圧チョッパの回路は，電圧 E の直流電源，スイッチングする半導体バルブデバイス S，ダイオード D，リアクトル L，及び抵抗 R の負荷から構成されている。また，図 2 には，図 1 の回路に示すダイオード D の電圧 v_D と負荷の電流 i_R の波形を示す。次の（a）及び（b）の問に答えよ。

（a）　降圧チョッパの回路動作に関し，図 3〜図 5 に，実線で示した回路に流れる電流のループと方向を示した三つの電流経路を考える。図 2 の時刻 t_1 及び時刻 t_2 において，それぞれどの電流経路となるか。正しい組合せを次の（1）〜（5）のうちから一つ選べ。

	時刻 t_1	時刻 t_2
（1）	電流経路(A)	電流経路(B)
（2）	電流経路(A)	電流経路(C)
（3）	電流経路(B)	電流経路(A)
（4）	電流経路(B)	電流経路(C)
（5）	電流経路(C)	電流経路(B)

（b）　電圧 E が 100 V，降圧チョッパの通流率が 50 %，負荷抵抗 R が 2 Ω とする。デバイス S は周期 T の高周波でスイッチングし，リアクトル L の平滑作用により，図 2 に示す電流 i_R のリプル成分は十分小さいとする。電流 i_R の平均値 $I_R[\mathrm{A}]$ として，最も近いものを次の（1）〜（5）のうちから一つ選べ。

（1）　17.7　　　（2）　25.0　　　（3）　35.4　　　（4）　50.1　　　（5）　70.7

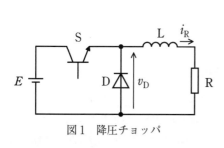

図 1　降圧チョッパ

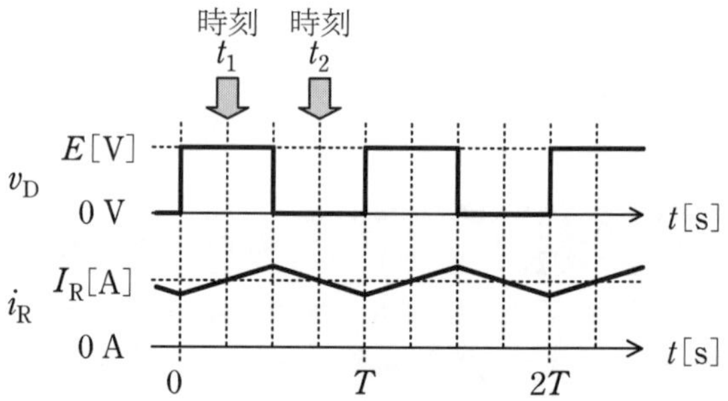

図 2　動作波形

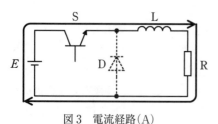

図 3　電流経路(A)

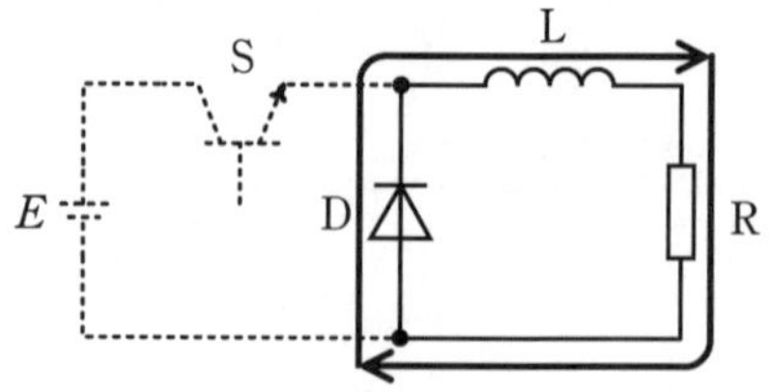

図 4　電流経路(B)

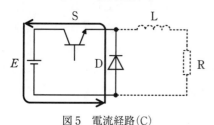

図 5　電流経路(C)

令和
4
(2022)

令和
3
(2021)

令和
2
(2020)

令和
元
(2019)

平成
30
(2018)

平成
29
(2017)

平成
28
(2016)

平成
27
(2015)

平成
26
(2014)

平成
25
(2013)

平成
24
(2012)

平成
23
(2011)

平成
22
(2010)

平成
21
(2009)

平成
20
(2008)

問16 （a）の解答　出題項目＜チョッパ＞　　答え（1）

① スイッチング素子Sがオンのとき

ダイオードDには問題図1の矢印の向きに直流電圧 $v_D = E$ が加わりDは非導通となる。リアクトルL及び抵抗Rの直列回路には E が加わるので，電流 i_R はLの作用のため徐々に増加し，同時にLは磁気エネルギーを蓄える。

この動作を問題図2で確認すると，$v_D = E$ となる**時刻 t_1 の現象**であることがわかる（このとき i_R は徐々に増加していることも確認できる）。

また，電流経路は，Dが非導通状態で，L及びRに i_R が流れている**電流回路(A)**が正しい。

② スイッチング素子Sがオフのとき

SがオンからオフになるとL, は i_R を同じ向きに流し続けるような向きに起電力を生じる。この起電力でDが導通状態になり i_R が回路を循環する。このとき，i_R はLの磁気エネルギーの放出に伴い徐々に減少する。

この動作を問題図2で確認すると，Dが導通状態なので $v_D = 0$ となる**時刻 t_2 の現象**であることがわかる（このとき i_R は徐々に減少していることも確認できる）。

また，電流経路は，Dが導通状態で，かつ，L及びRに i_R が流れている**電流回路(B)**が正しい。

【別解】 Sは逆向きに電流を流せないので，電流経路(C)は誤りとなる。電流経路(A)は，Sがオン状態（Sを電流が流れている）であり，かつ，Dが非導通状態（$v_D = E$）なので，**時刻 t_1 の現象**である。また，**時刻 t_2 の現象**は消去法により電流経路(B)となる（Sがオフ状態かつDが導通状態（$v_D = 0$）より結論づけてもよい）。

解説

降圧チョッパの動作を考えるとき，DとLの働きが重要である。十分に理解しておきたい。

Point チョッパは直流電圧を効率よく変圧する装置。降圧チョッパは電圧を下げ，昇圧チョッパは電圧を上げる。

問16 （b）の解答　出題項目＜チョッパ＞　　答え（2）

Rの端子電圧の平均電圧 V_R は，降圧チョッパの通流率を d とすると次式で計算できる。

$$V_R = dE = 0.5 \times 100 = 50 \text{[V]}$$

このとき，抵抗 $R = 2 \text{[Ω]}$ を流れる平均電流 I_R はオームの法則より，

$$I_R = \frac{V_R}{R} = \frac{50}{2} = 25 \text{[A]}$$

解説

問題図1において，抵抗の端子電圧の平均値 V_R は，v_D の平均電圧 $\overline{v_D}$ からLに発生する誘導起電力 v_L の平均電圧 $\overline{v_L}$ を引いた値となる。しかし，題意により電流のリプル成分は十分小さいため $v_L \fallingdotseq 0 = \overline{v_L}$（電流変化がないと誘導起電力は生じない）となるので，$V_R = \overline{v_D}$ となる。

次に，$\overline{v_D}$ は，問題図2の v_D の波形と t 軸で囲まれた一周期分の面積の平均として計算できるので，V_R は次式となる。

$$V_R = \frac{E(T/2) + 0(T/2)}{T} = \frac{E}{2} = 50 \text{[V]}$$

また，この式は，Sがオンの時間を T_{ON}，オフの時間を T_{OFF} とすると，次式で表すことができる。

$$V_R = \frac{E\,T_{ON} + 0\,T_{OFF}}{T_{ON} + T_{OFF}} = \frac{T_{ON}}{T_{ON} + T_{OFF}}E$$
$$= dE \text{[V]}$$

なお，この式中の d を通流率という。

V_R と I_R と R の間にもオームの法則が成り立つので，I_R は V_R を R で割った値となる。

Point 通流率 d，負荷の平均電圧 V_R の式は覚えておきたい。

（類題：平成28年度問9，平成27年度問10）

　問 17 及び問 18 は選択問題であり，問 17 又は問 18 のどちらかを選んで解答すること。両方解答すると採点されません。

（選択問題）

問 17　　出題分野＜照明＞　　　　　　難易度 ★★★　　重要度 ★★★

　どの方向にも光度が等しい均等放射の点光源がある。この点光源の全光束は 15 000 lm である。この点光源二つ（A 及び B）を屋外で図のように配置した。地面から点光源までの高さはいずれも 4 m であり，A と B との距離は 6 m である。次の（a）及び（b）の問に答えよ。ただし，考える空間には，A 及び B 以外に光源はなく，地面や周囲などからの反射光の影響もないものとする。

（a）　図において，点光源 A のみを点灯した。A の直下の地面 A′ 点における水平面照度の値 [lx] として，最も近いものを次の（1）～（5）のうちから一つ選べ。

　　（1）　56　　　　（2）　75　　　　（3）　100　　　　（4）　149　　　　（5）　299

（b）　図において，点光源 A を点灯させたまま，点光源 B も点灯した。このとき，地面 C 点における水平面照度の値 [lx] として，最も近いものを次の（1）～（5）のうちから一つ選べ。

　　（1）　46　　　　（2）　57　　　　（3）　76　　　　（4）　96　　　　（5）　153

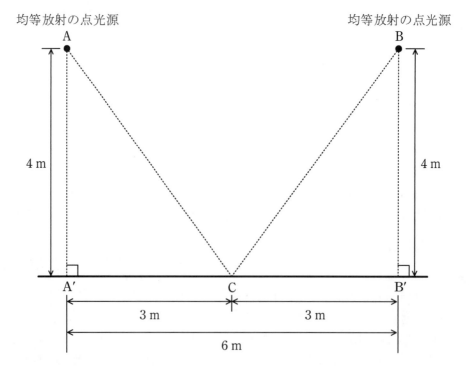

令和
4
(2022)

令和
3
(2021)

令和
2
(2020)

令和
元
(2019)

平成
30
(2018)

平成
29
(2017)

平成
28
(2016)

平成
27
(2015)

平成
26
(2014)

平成
25
(2013)

平成
24
(2012)

平成
23
(2011)

平成
22
(2010)

平成
21
(2009)

平成
20
(2008)

問 17 （a）の解答　出題項目＜水平面照度＞　　　答え （2）

均等放射の点光源は，全方向の光度も均等となる。全空間の立体角は $4\pi[\mathrm{sr}]$ なので，この点光源の光度 I は，

$$I = \frac{15\,000}{4\pi}[\mathrm{cd}]$$

A′ における水平面照度 E_A は，距離の逆二乗の法則より，

$$E_\mathrm{A} = \frac{I}{4^2} = \frac{15\,000}{4\pi \times 16} \fallingdotseq 74.6[\mathrm{lx}]$$

$$\rightarrow \quad 75\,\mathrm{lx}$$

【別 解】　A を中心とした距離 AA′ を半径とする球面を考える。均等放射点光源はこの球内面を一様に照らすので，球内面の照度は一様になる。この照度は A′ における水平面照度 E_A でもあるので，E_A は全光束をこの球の表面積で割れば求められる。

$$E_\mathrm{A} = \frac{15\,000}{4\pi \times 4^2} \fallingdotseq 74.6[\mathrm{lx}]$$

解 説 ....

照度計算の基本問題である。解答では照度を，

光源の光度と被照面までの距離から**距離の逆二乗の法則**を用いて計算した。光度を光源の光束から求めるには，被照面方向の立体角 1 sr 当たりの光束を計算しなければ

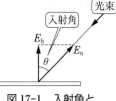

図 17-1　入射角と
水平面照度

ならないが，均等放射光源であることから，光度は全光束を全空間の立体角で割った値となる。

また，入射光束に対して垂直な面の照度 E_n を**法線照度**といい，水平面に対する照度 E_h を**水平面照度**という。**図 17-1** より，E_h は E_n の水平面に対する照度成分と考えることができるので，E_h と E_n のなす角を θ とすれば次式が成り立つ。

$$E_\mathrm{h} = E_\mathrm{n} \cos\theta[\mathrm{lx}]$$

この関係式を**入射角余弦の法則**といい，θ を入射角という。

問題の場合，入射角が零なので $E_\mathrm{h} = E_\mathrm{n}$ である。

Point 法線照度は，1 m² 当たりの光束[lm]。

問 17 （b）の解答　出題項目＜水平面照度＞　　　答え （3）

C における点光源 A からの入射角の余弦は，

$$\cos(\angle\mathrm{A'AC}) = \frac{4}{\sqrt{3^2 + 4^2}} = 0.8$$

であり，AC 間の距離は 5 m なので，点光源 A による C の水平面照度 E_hA は，距離の逆二乗の法則及び入射角余弦の法則より，

$$E_\mathrm{hA} = \frac{I}{5^2}\cos\theta = \frac{15\,000}{4\pi \times 25} \times 0.8$$

$$\fallingdotseq 38.2[\mathrm{lx}]$$

次に，点光源 B による C の水平面照度 E_hB は，点光源 B が点光源 A と同じ特性であること及び B と C の位置関係が A と C のものと同じであることから，$E_\mathrm{hB} = E_\mathrm{hA} = 38.2[\mathrm{lx}]$ となる。

複数の光源による水平面照度は，個々の光源が

単独で照明したときの照度の和（重ね合わせ）で計算できるので，C の水平面照度 E_h は，

$$E_\mathrm{h} = E_\mathrm{hA} + E_\mathrm{hB} = 2 \times 38.2 = 76.4[\mathrm{lx}]$$

$$\rightarrow \quad 76\,\mathrm{lx}$$

解 説 ....

この問題では入射角が零ではないので，水平面照度を求めるには法線照度に入射角の余弦をかけ算する必要がある。

また，光源 A による C の法線照度は，距離 AC を半径とする球面の内面照度と等しいので，この方法で求めてもよい。

Point 法線照度と水平面照度の違いに注意すること。

（選択問題）

問18　出題分野＜自動制御＞　　難易度 ★★☆　重要度 ★★☆

　一般的な水力発電所の概略構成を図1に，発電機始動から遮断器投入までの順序だけを考慮したシーケンスを図2に示す。図2において，SWは始動スイッチ，GOVはガバナ動作，AVRは自動電圧調整器動作，CBCは遮断器投入指令である。

　GOVがオンの状態では，ガイドベーンの操作によって水車の回転速度が所定の時間内に所定の値に自動的に調整される。AVRがオンの状態では，励磁装置の動作によって発電機の出力電圧が所定の時間内に所定の値に自動的に調整される。水車の回転速度及び発電機の出力電圧が所定の値になると，自動的に外部との同期がとれるものとする。

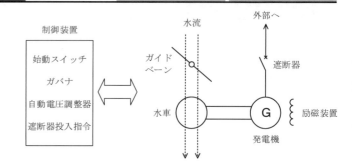

図1　水力発電所の構成

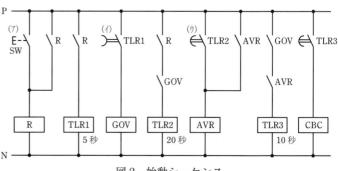

図2　始動シーケンス

　この始動シーケンスについて，次の（a）及び（b）の問に答えよ。なお，シーケンス記号はJIS C 0617-7（電気用図記号—第7部：開閉装置，制御装置及び保護装置）に従っている。

（a）　図2の（ア）～（ウ）に示したシンボルの器具名称の組合せとして，正しいものを次の（1）～（5）のうちから一つ選べ。

	（ア）	（イ）	（ウ）
（1）	押しボタンスイッチ	自動復帰接点	手動復帰接点
（2）	ひねり操作スイッチ	瞬時動作限時復帰接点	限時動作瞬時復帰接点
（3）	押しボタンスイッチ	瞬時動作限時復帰接点	限時動作瞬時復帰接点
（4）	ひねり操作スイッチ	自動復帰接点	手動復帰接点
（5）	押しボタンスイッチ	限時動作瞬時復帰接点	瞬時動作限時復帰接点

（b）　始動スイッチをオンさせてから遮断器の投入指令までの時間の値[秒]として，最も近いものを次の（1）～（5）のうちから一つ選べ。なお，リレーの動作遅れはないものとする。
　　（1）　5　　　（2）　10　　　（3）　20　　　（4）　30　　　（5）　35

令和
4
(2022)

令和
3
(2021)

令和
2
(2020)

令和
元
(2019)

平成
30
(2018)

平成
29
(2017)

平成
28
(2016)

平成
27
(2015)

平成
26
(2014)

平成
25
(2013)

平成
24
(2012)

平成
23
(2011)

平成
22
(2010)

平成
21
(2009)

平成
20
(2008)

問18 （a）の解答　出題項目＜シーケンス制御＞　答え　（3）

（ア）は押しボタンスイッチ，（イ）は瞬時動作限時復帰接点，（ウ）は限時動作瞬時復帰接点，である。

解説

有接点リレーシーケンス制御で使用する主な機器の名称，図記号及び動作を次に示す。

（1）　**押しボタンスイッチ**（**図18-1** 参照）

押すという操作をやめると，元に自動復帰する。

図18-1　押しボタンスイッチ

（2）　電磁リレー（電磁継電器）（**図18-2** 参照）

①　a接点（常時開路接点）：励磁により瞬時に閉じ，消磁により瞬時に開く接点。

②　b接点（常時閉路接点）：励磁により瞬時に開き，消磁により瞬時に閉じる接点。

図18-2　電磁リレー

複数の電磁リレーで構成されるシーケンス回路では，電磁コイルと対応する接点の関係を明確にするために，接点名に電磁コイルの名称を付して表す（例：電磁コイルRのa接点は，R-a など）。

（3）　タイマ（**図18-3**，**図18-4** 参照）

①　**限時動作瞬時復帰接点**：駆動部が励磁されてから設定時間経過後に動作し，その後駆動部が消磁すると瞬時に復帰する接点。

②　**瞬時動作限時復帰接点**：駆動部が励磁されると瞬時に動作し，その後駆動部が消磁すると設定時間経過後に復帰する接点。

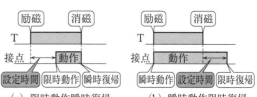

図18-3　タイマ

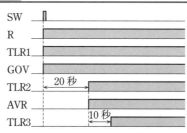

図18-4　タイマの動作

補足

有接点リレーシーケンスの問題は近年出題されていない。シーケンス制御を理解する上で有接点リレーシーケンスは有用であるが，現在ではPLC（プログラマブルロジックコントローラ）がシーケンス制御の主流となっている。

問18 （b）の解答　出題項目＜シーケンス制御＞　答え　（4）

図18-5 は各接点の時間的な動作を示した図（タイムチャート）である。図より，SW オンより **30秒後にTLR3が閉じ，CBC**（遮断器投入指令）が動作する。

解説

水力発電所の始動を例にしているが，要はタイマの動作に関する問題である。シーケンス回路の基礎を理解しておきたい。

図18-5　各接点の時間的な動作
（着色の期間は「閉」）

機　械 | 平成 29 年度（2017 年度）

A 問 題 （配点は 1 問題当たり 5 点）

問 1　出題分野＜直流機＞　　難易度 ★★★　重要度 ★★★

　界磁に永久磁石を用いた小形直流電動機があり，電源電圧は定格の 12 V，回転を始める前の静止状態における始動電流は 4 A，定格回転数における定格電流は 1 A である。定格運転時の効率の値[%]として，最も近いものを次の（1）～（5）のうちから一つ選べ。

　ただし，ブラシの接触による電圧降下及び電機子反作用は無視できるものとし，損失は電機子巻線による銅損しか存在しないものとする。

（1）　60　　　　（2）　65　　　　（3）　70　　　　（4）　75　　　　（5）　80

問 2　出題分野＜直流機＞　　難易度 ★★★　重要度 ★★★

　界磁に永久磁石を用いた磁束一定の直流機で走行する車があり，上り坂で電動機運転を，下り坂では常に回生制動（直流機が発電機としてブレーキをかける運転）を行い，一定の速度（直流機が一定の回転速度）を保って走行している。

　この車の駆動システムでは，直流機の電機子銅損以外の損失は小さく無視できる。電源の正極側電流，直流機内の誘導起電力などに関する記述として，誤っているものを次の（1）～（5）のうちから一つ選べ。

（1）　上り坂における正極側の電流は，電源から直流機へ向かって流れている。
（2）　上り坂から下り坂に変わるとき，誘導起電力の方向が反転する。
（3）　上り坂から下り坂に変わるとき，直流機が発生するトルクの方向が反転する。
（4）　上り坂から下り坂に変わるとき，電源電圧を下げる制御が行われる。
（5）　下り坂における正極側の電流は，直流機から電源へ向かって流れている。

問1の解答　出題項目＜損失・効率＞　　答え（4）

電源電圧を $E=12[V]$, 始動電流を $I_0=4[A]$, 電機子巻線抵抗を $R_a[\Omega]$ とおいたとき, 小形直流電動機の静止状態における等価回路は**図1-1**の通りである。

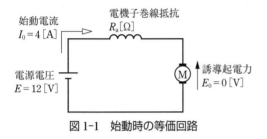

図 1-1　始動時の等価回路

図から電機子巻線抵抗 R_a は,

$$R_a=\frac{E}{I_0}=\frac{12}{4}=3[\Omega]$$

定格運転時の損失, つまり電機子巻線による銅損 $P_l[\%]$ は, 定格電流を $I_n=1[A]$ とすると,

$$P_l=R_aI_n^2=3\times1^2=3[W]$$

一方, 定格運転時に電源から供給される入力電力 $P_i[W]$ は,

$$P_i=EI_n=12\times1=12[W]$$

したがって, 求める効率 $\eta[\%]$ は,

$$\eta=\frac{P_i-P_l}{P_i}\times100=\frac{12-3}{12}\times100$$
$$=\frac{9}{12}\times100=75[\%]$$

問2の解答　出題項目＜電動機の制御＞　　答え（2）

（1）　正。上り坂では電動機運転をしているので, 電流は電源から直流機に向かって流れている。

（2）　誤。上り坂から下り坂に変わるとき, 界磁の回転方向は同じであるので誘導起電力の方向は**変わらない**。なお, 誘導起電力は磁束を打ち消す方向に電流を流そうとするため, その向きは電源電圧を低減させる方向となる。

（3）　正。トルク T は, 磁束を ϕ, 電流を I, 比例定数を k_t としたとき,

$$T=k_t\phi I$$

と表され, （1）および後述する（5）の結果から上り坂と下り坂で電流の向きが反転するため, トルクの向きも反転する。

（4）　正。誘導起電力 E は, 磁束を ϕ, 回転速度を n, 比例定数を k_e としたとき,

$$E=k_e\phi n$$

と表されるが, 題意より磁束, 回転速度ともに一定なので, 誘導起電力も常に一定となる。上り坂から下り坂に変わって, 直流機から電源に向かって電流を流すためには, 電源電圧を誘導起電力よりも小さくする必要があるため, 電源電圧を下げる制御が行われる。

（5）　正。下り坂では回生制動を行っており, 発電機運転をしているので, 電流は直流機から電源に向かって流れている。

補足 　電気自動車（EV）や電気鉄道は, 本問で問われた発電機運転を積極的に活用している。

電気自動車はブレーキ時に発電機運転をすることで, 回生電力をバッテリーに流して充電している。電気鉄道は, 普段は架線から電力を得て電動機を駆動しているが, ブレーキ時は発電機運転をすることで, 回生電力を逆に架線に返している。回生電力は, 近くに力行している他の電気車がある場合はその電気車に供給され, ない場合は地上に設置した蓄電装置に供給されて充電をする。

問3　出題分野＜誘導機＞　難易度 ★★★　重要度 ★★★

次の文章は，誘導機に関する記述である。

誘導機の二次入力は　(ア)　とも呼ばれ，トルクに比例する。二次入力における機械出力と二次銅損の比は，誘導機の滑りを s として　(イ)　の関係にある。この関係を用いると，二次銅損は常に正であることから，s が -1 から 0 の間の値をとるとき機械出力は　(ウ)　となり，誘導機は　(エ)　として運転される。

上記の記述中の空白箇所(ア)，(イ)，(ウ)及び(エ)に当てはまる組合せとして，正しいものを次の(1)〜(5)のうちから一つ選べ。

	(ア)	(イ)	(ウ)	(エ)
(1)	同期ワット	$(1-s):s$	負	発電機
(2)	同期ワット	$(1+s):s$	負	発電機
(3)	トルクワット	$(1+s):s$	正	電動機
(4)	同期ワット	$(1-s):s$	負	電動機
(5)	トルクワット	$(1-s):s$	正	電動機

問4　出題分野＜同期機＞　難易度 ★★★　重要度 ★★★

次の文章は，三相同期発電機の並行運転に関する記述である。

既に同期発電機Aが母線に接続されて運転しているとき，同じ母線に同期発電機Bを並列に接続するために必要な条件又は操作として，誤っているものを次の(1)〜(5)のうちから一つ選べ。

(1)　母線電圧と同期発電機Bの端子電圧の相回転方向が一致していること。同期発電機Bの設置後又は改修後の最初の運転時に相回転方向の一致を確認すれば，その後は母線への並列のたびに相回転方向を確認する必要はない。

(2)　母線電圧と同期発電機Bの端子電圧の位相を合わせるために，同期発電機Bの駆動機の回転速度を調整する。

(3)　母線電圧と同期発電機Bの端子電圧の大きさを等しくするために，同期発電機Bの励磁電流の大きさを調整する。

(4)　母線電圧と同期発電機Bの端子電圧の波形をほぼ等しくするために，同期発電機Bの励磁電流の大きさを変えずに励磁電圧の大きさを調整する。

(5)　母線電圧と同期発電機Bの端子電圧の位相の一致を検出するために，同期検定器を使用するのが一般的であり，位相が一致したところで母線に並列する遮断器を閉路する。

問3の解答　出題項目＜二次回路・同期ワット＞　　答え　（1）

誘導機の二次入力は，**同期ワット**とも呼ばれている。

誘導機において，二次入力 P_2，二次銅損 P_c，機械出力 P_0 との間には，滑りを s とすると，

$$P_2 : P_c : P_0 = 1 : s : (1-s)$$

の関係がある。したがって，機械出力と二次銅損の比は **$(1-s) : s$** となる。

s が -1 から 0 の間の値をとる場合，

$$P_0 = \frac{1-s}{s} P_c < 0$$

となるので，機械出力は**負**の値となる。機械出力が負ということは，電力の流れが出力側から入力側に向かうことを示しており，それはつまり**発電機**として運転されていることを意味している。

解 説

回転子が発生するトルク T は，回転角速度を ω とすると，

$$T = \frac{P_0}{\omega} \qquad ①$$

で表されるが，$P_0 = (1-s)P_2$ であり，また同期角速度を ω_s とすると $\omega = (1-s)\omega_s$ であるので，これを①式に代入すると，

$$T = \frac{(1-s)P_2}{(1-s)\omega_s} = \frac{P_2}{\omega_s}$$

と変形できる。つまり二次入力は，同期速度で回転すると仮定したときに生じる機械出力と等しい。それゆえに二次入力は同期ワットと呼ばれる。

問4の解答　出題項目＜並行運転＞　　答え　（4）

（1）正。相回転方向の一致は並列運転の条件の一つである。発電機の設置時や交換時において，最初に運転する際に相回転方向が一致していることを確認すればよい。

（2）正。位相の一致は並列運転の条件の一つであり，発電機Bに接続される駆動機によってその回転速度を調整することで位相を調整する。

（3）正。電圧の大きさの一致は，並列運転の条件の1つであり，発電機Bの励磁電流の大きさを調整することで電圧の大きさを調整する。

（4）誤。波形の一致は並列運転の条件の一つではあるが，波形を正弦波に近づけるためには，一定の速度で回転するような駆動機を選定する必要がある。

（5）正。位相の一致を調べるためには，一般に同期検定器が用いられている。

解 説

三相同期発電機を並行運転するときの構成図は，**図 4-1** の通りである。

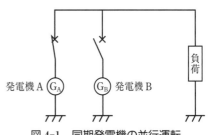

図 4-1　同期発電機の並行運転

また，並行運転するための条件は，以下の五つである。

① 起電力の周波数が等しい。
② 起電力の大きさが等しい。
③ 起電力の位相が等しい。
④ 起電力の波形が等しい。
⑤ 起電力の相回転方向が等しい。

問 5　　出題分野＜同期機＞　　　　　難易度 ★★★　　重要度 ★★★

　定格出力 10 MV·A，定格電圧 6.6 kV，百分率同期インピーダンス 80 ％ の三相同期発電機がある。三相短絡電流 700 A を流すのに必要な界磁電流が 50 A である場合，この発電機の定格電圧に等しい無負荷端子電圧を発生させるのに必要な界磁電流の値[A]として，最も近いものを次の（1）～（5）のうちから一つ選べ。

　ただし，百分率同期インピーダンスの抵抗分は無視できるものとする。

（1）　50.0　　　　（2）　62.5　　　　（3）　78.1　　　　（4）　86.6　　　　（5）　135.3

問 6　　出題分野＜機器全般＞　　　　　難易度 ★★★　　重要度 ★★★

　次の文章は，一般的な電気機器（変圧器，直流機，誘導機，同期機）の共通点に関する記述である。

a　　(ア)　と　(イ)　は，磁束の大きさ一定，電源電圧（交流機では周波数も）一定のとき回転速度の変化でトルクが変化する。

b　一次巻線に負荷電流と励磁電流を重畳して流す　(イ)　と　(ウ)　は，特性計算に用いる等価回路がよく似ている。

c　負荷電流が電機子巻線を流れる　(ア)　と　(エ)　は，界磁磁束と電機子反作用磁束のベクトル和の磁束に比例する誘導起電力が発生する。

　上記の記述中の空白箇所(ア)，(イ)，(ウ)及び(エ)に当てはまる組合せとして，正しいものを次の（1）～（5）のうちから一つ選べ。

	(ア)	(イ)	(ウ)	(エ)
（1）	誘導機	直流機	変圧器	同期機
（2）	同期機	直流機	変圧器	誘導機
（3）	直流機	誘導機	変圧器	同期機
（4）	同期機	直流機	誘導機	変圧器
（5）	直流機	誘導機	同期機	変圧器

問 5 の解答　　出題項目＜無負荷飽和曲線＞　　答え　（3）

百分率同期インピーダンスは，題意よりその抵抗分を無視して $\%X_s[\%]$ と表し，このオーム値換算の同期リアクタンスを X_s，定格電流を I_n，定格出力を P_n，定格電圧を V_n とすると，

$$\%X_s = \frac{\sqrt{3}\,I_n X_s}{V_n} \times 100 = \frac{\sqrt{3}\,V_n I_n X_s}{V_n^2} \times 100$$

$$= \frac{P_n X_s}{V_n^2} \times 100[\%]$$

と表せる。よって，同期リアクタンス $X_s[\Omega]$ は，

$$X_s = \frac{V_n^2}{100 P_n}\%X_s = \frac{6\,600^2}{100 \times 10 \times 10^6} \times 80$$

$$= 3.484\,8[\Omega]$$

界磁電流 $I_{f0} = 50[A]$ 時の内部誘導起電力の大きさ E_0 は，三相短絡電流が $I_s = 700[A]$ となることを用いて，図 5-1 より，

$$E_0 = X_s \times I_s = 3.484\,8 \times 700 = 2\,439.36[V]$$

内部誘導起電力 E_0 が定格相電圧 $E_n(=V_n/\sqrt{3})$ に等しくなるときの界磁電流を $I_f[A]$ とすると，

$$\frac{E_n}{E_0} = \frac{I_f}{I_{f0}}$$

$$\frac{6\,600/\sqrt{3}}{2439.36} = \frac{I_f}{50}$$

$$\therefore\ I_f = \frac{6\,600/\sqrt{3}}{2439.36} \times 50 = 78.1[A]$$

補足　内部誘導起電力を $\dot{E}_0[V]$，端子（相）電圧を $\dot{V}[V]$，同期インピーダンスを $\dot{Z}_s[\Omega]$，負荷電流を $\dot{I}[A]$ としたとき，三相同期発電機における 1 相分の等価回路およびそのベクトル図は，図 5-2 のようになる。したがってこれらの間には，

$$\dot{E}_0 = \dot{V} + \dot{Z}_s \dot{I}$$

の関係が成り立つ。

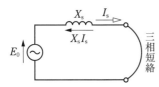

図 5-1　三相短絡時の等価回路（1 相分）

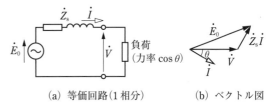

(a) 等価回路（1 相分）　　(b) ベクトル図

図 5-2　三相同期発電機の等価回路とベクトル図

問 6 の解答　　出題項目＜各種電気機器＞　　答え　（3）

直流機のトルク T は，磁束を ϕ，負荷電流を I としたとき，比例定数を k_t とすれば $T = k_t \phi I$ と表される。電源電圧が一定であれば，誘導起電力が変化することで負荷電流も変化する。誘導起電力 E は，回転速度を n，比例定数を k_e とすれば $E = k_e \phi n$ と表されるため，回転速度が変化すると誘導起電力が変化し，それが負荷電流を変化させて最終的にトルクが変化する。

誘導機のトルク T は，出力を P，回転角速度を ω とすれば，$T = \dfrac{P}{\omega}$ で表される。電源電圧および周波数が一定であれば，出力 P および回転角速度 ω は滑り s のみの関数となるため，トルク T も滑り s のみの関数となる。したがって，回転速度の変化に応じてトルクも変化する。

一次巻線に負荷電流と励磁電流を重畳して流し，発生した磁束を二次巻線に鎖交させることで二次側に誘導起電力を発生させるのが**変圧器**の原理である。**誘導機**もこれと同様の現象であり，固定子に三相交流電流を流して回転磁界を発生させ，それを回転子に鎖交させることで誘導起電力を発生させている。

負荷電流が電機子巻線を流れるのは，**直流機**と**同期機**の特徴であり，それゆえに電機子反作用の影響も考慮する必要がある。

令和4 (2022)
令和3 (2021)
令和2 (2020)
令和元 (2019)
平成30 (2018)
平成29 (2017)
平成28 (2016)
平成27 (2015)
平成26 (2014)
平成25 (2013)
平成24 (2012)
平成23 (2011)
平成22 (2010)
平成21 (2009)
平成20 (2008)

問7 出題分野＜変圧器＞　　難易度 ★★★　重要度 ★★★

　図1〜3は，同じ定格の単相変圧器3台を用いた三相の変圧器であり，図4は，同じ定格の単相変圧器2台を用いたV結線三相変圧器である。各図の一次側電圧に対する二次側電圧の位相変位（角変位）の値［rad］の組合せとして，正しいものを次の（1）〜（5）のうちから一つ選べ。

　ただし，各図において一次電圧の相順はU，V，Wとする。

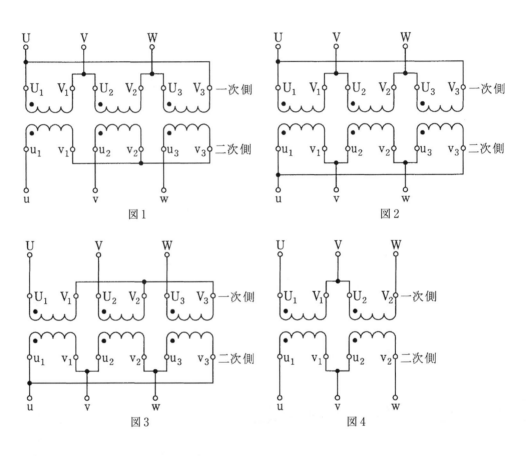

図1　図2　図3　図4

	図1	図2	図3	図4
（1）	進み$\frac{\pi}{6}$	0	遅れ$\frac{\pi}{6}$	0
（2）	遅れ$\frac{\pi}{6}$	0	進み$\frac{\pi}{6}$	進み$\frac{\pi}{6}$
（3）	遅れ$\frac{\pi}{6}$	0	進み$\frac{\pi}{6}$	0
（4）	進み$\frac{\pi}{6}$	遅れ$\frac{\pi}{6}$	遅れ$\frac{\pi}{6}$	遅れ$\frac{\pi}{6}$
（5）	遅れ$\frac{\pi}{6}$	進み$\frac{\pi}{6}$	進み$\frac{\pi}{6}$	進み$\frac{\pi}{6}$

問7の解答　　出題項目＜三相変圧器＞　　　　　答え　（1）

問題の図1～図4は，それぞれ Δ-Y 結線，Δ-Δ 結線，Y-Δ 結線，V-V 結線を示している。

Δ-Δ 結線や V-V 結線，本問では出題されていないが Y-Y 結線などのように，一次側と二次側の結線方法が同一の場合は位相のずれは $\underset{\sim}{0}$ である。

一方，Δ-Y 結線や Y-Δ 結線のように一次側と二次側の結線方法が異なる場合は，位相にずれが生じる。Δ-Y 結線の場合は一次側に対して二次側が $\dfrac{\pi}{6}$ 進み，Y-Δ 結線の場合は一次側に対して二次側が $\dfrac{\pi}{6}$ 遅れる。

解説

Δ-Y 結線および Y-Δ 結線のベクトル図を**図7-1**に示す。

問題の図1(Δ-Y 結線)の場合，一次側の U-V 端子間の電圧の位相と二次側の u 端子の電圧の位相が等しいので，ベクトル図は図(a)のようにな

る。したがって，一次側 U 端子の電圧の位相に対して二次側 u 端子の電圧の位相は $\dfrac{\pi}{6}$ だけ進む。

問題の図3(Y-Δ 結線)の場合，一次側の U 端子の電圧の位相と二次側の u-v 端子間の電圧の位相が等しいので，ベクトル図は図(b)のようになる。したがって，一次側 U 端子の電圧の位相に対して二次側 u 端子の電圧の位相は $\dfrac{\pi}{6}$ だけ遅れる。

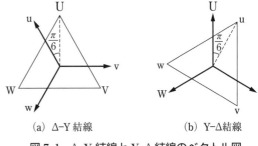

(a) Δ-Y 結線　　　(b) Y-Δ結線

図7-1　Δ-Y 結線と Y-Δ 結線のベクトル図

令和 4 (2022)

令和 3 (2021)

令和 2 (2020)

令和 元 (2019)

平成 30 (2018)

平成 29 (2017)

平成 28 (2016)

平成 27 (2015)

平成 26 (2014)

平成 25 (2013)

平成 24 (2012)

平成 23 (2011)

平成 22 (2010)

平成 21 (2009)

平成 20 (2008)

問8　出題分野＜変圧器＞　　　　難易度 ★★★　重要度 ★★★

　定格容量50 kV·Aの単相変圧器において，力率1の負荷で全負荷運転したときに，銅損が1 000 W，鉄損が250 Wとなった。力率1を維持したまま負荷を調整し，最大効率となる条件で運転した。銅損と鉄損以外の損失は無視できるものとし，この最大効率となる条件での効率の値[%]として，最も近いものを次の（1）～（5）のうちから一つ選べ。

（1）95.2　　　（2）96.0　　　（3）97.6　　　（4）98.0　　　（5）99.0

問 8 の解答　　出題項目＜損失・効率＞

定格容量を P_n[kV・A]，力率を $\cos\theta$，負荷率を α，全負荷時の銅損を P_c[W]，鉄損を P_i[W] とおいたとき，効率 η は，

$$\eta = \frac{\alpha P_n \cos\theta}{\alpha P_n \cos\theta + \alpha^2 P_c + P_i} \times 100 [\%] \quad ①$$

負荷率 α のときの最大効率となる条件は，負荷率 α における銅損 $\alpha^2 P_c$ と鉄損 P_i が等しいときなので，$P_c = 1\,000$[W]，$P_i = 250$[W] を用いて，

$$\alpha^2 P_c = P_i$$

$$\therefore \ \alpha = \sqrt{\frac{P_i}{P_c}} = \sqrt{\frac{250}{1\,000}} = \frac{1}{2} \quad ②$$

②式，および $P_n = 50 \times 10^3$[W]，$P_c = 1\,000$[W]，$P_i = 250$[W]，$\cos\theta = 1$ を①式に代入して，

$$\eta = \frac{\dfrac{1}{2} \times 50 \times 10^3 \times 1}{\dfrac{1}{2} \times 50 \times 10^3 \times 1 + \left(\dfrac{1}{2}\right)^2 \times 1\,000 + 250} \times 100$$

$$= \frac{25\,000}{25\,500} \times 100 = 98.04 \quad \rightarrow \quad 98.0\,\%$$

解説

銅損と鉄損が等しいときに最大効率となることを証明する。①式を書き換えると，

$$\eta = \frac{P_n \cos\theta}{P_n \cos\theta + \alpha P_c + \dfrac{1}{\alpha} P_i} \times 100 [\%]$$

ここで，最小の定理という数学の定理を利用する。最小の定理とは「二つの正の数 a，b があるとき，その積 $a \times b$ が一定であれば，$a = b$ のときにその二つの数の和 $a + b$ は最小となる」というものである。αP_c と $\dfrac{1}{\alpha} P_i$ の積は $P_c P_i$ で一定なので，$\alpha P_c = \dfrac{1}{\alpha} P_i$ のときに $\alpha P_c + \dfrac{1}{\alpha} P_i$ が最小，つまり効率が最大となるのである。最小の定理は，電験では頻出なので覚えておくとよい。

令和
4
(2022)

令和
3
(2021)

令和
2
(2020)

令和
元
(2019)

平成
30
(2018)

平成
29
(2017)

平成
28
(2016)

平成
27
(2015)

平成
26
(2014)

平成
25
(2013)

平成
24
(2012)

平成
23
(2011)

平成
22
(2010)

平成
21
(2009)

平成
20
(2008)

問 9　　出題分野＜機器全般＞　　難易度 ★★★　重要度 ★★★

次の文章は，電力用コンデンサに関する記述である。

電力用コンデンサには，進相コンデンサ，調相コンデンサ及び直列コンデンサがあり，さらにフィルタ用コンデンサやサージ吸収用コンデンサなどを含めることがある。電力用コンデンサは，一般的に複数枚の薄葉誘電体を金属はく電極とともに巻き込み，リード線を引き出した単位コンデンサの集合で構成し，容器などに収容したものである。また，電極として蒸着金属が用いられることがある。誘電体には，広い面積にわたり厚さが均一であること，適当な機械的強度を有すること，誘電率が　（ア）　その温度変化が少ないこと，誘電正接が　（イ）　絶縁抵抗及び絶縁耐力が　（ウ）　こと，耐熱性に優れ長期安定性に優れていることなどが求められる。

電力用コンデンサの　（エ）　点検としては，油漏れ，発錆，がいしの汚損，容器の変形，端子部の過熱及び機器の異常過熱などの有無について確認を行う。また，数年ごとあるいは異常発生時に行う　（オ）　点検として，　（エ）　点検項目のほかにコンデンサの静電容量・損失の測定，端子—外箱間の絶縁抵抗測定，耐電圧試験などを実施する。

上記の記述中の空白箇所(ア)，(イ)，(ウ)，(エ)及び(オ)に当てはまる組合せとして，正しいものを次の(1)～(5)のうちから一つ選べ。

	（ア）	（イ）	（ウ）	（エ）	（オ）
（1）	高く	小さく	高い	日常	特別
（2）	高く	大きく	高い	日常	特別
（3）	低く	大きく	高い	特別	日常
（4）	高く	小さく	低い	特別	日常
（5）	低く	大きく	低い	特別	日常

問 10　　出題分野＜パワーエレクトロニクス＞　　難易度 ★★★　重要度 ★★★

電力変換装置では，各種のパワー半導体デバイスが使用されている。パワー半導体デバイスの定常的な動作に関する記述として，誤っているものを次の(1)～(5)のうちから一つ選べ。

(1) ダイオードの導通，非導通は，そのダイオードに印加される電圧の極性で決まり，導通時は回路電圧と負荷などで決まる順電流が流れる。

(2) サイリスタは，オンのゲート電流が与えられて順方向の電流が流れている状態であれば，その後にゲート電流を取り去っても，順方向の電流に続く逆方向の電流を流すことができる。

(3) オフしているパワー MOSFET は，ボディーダイオードを内蔵しているのでオンのゲート電圧が与えられなくても逆電圧が印加されれば逆方向の電流が流れる。

(4) オフしている IGBT は，順電圧が印加されていてオンのゲート電圧を与えると順電流を流すことができ，その状態からゲート電圧を取り去ると非導通となる。

(5) IGBT と逆並列ダイオードを組み合わせたパワー半導体デバイスは，IGBT にとって順方向の電流を流すことができる期間を IGBT のオンのゲート電圧を与えることで決めることができる。IGBT にとって逆方向の電圧が印加されると，IGBT のゲート状態にかかわらず IGBT にとって逆方向の電流が逆並列ダイオードに流れる。

問9の解答　　出題項目＜コンデンサ＞

電力用コンデンサは，一般的に複数枚の薄葉誘電体を金属はく電極とともに巻き込み，リード線を引き出した単位コンデンサの集合で構成し，容器などに収納したものである。また，電極として蒸着金属が用いられることがある。誘電体には，広い面積にわたり厚さが均一であること，適当な機械的強度を有すること，誘電率が**高く**その温度変化が少ないこと，誘電正接が**小さく**絶縁抵抗及び絶縁耐力が**高い**こと，耐熱性に優れ長期安定性に優れていることなどが求められる。

電力用コンデンサの**日常**点検としては，油漏れ，発錆，がいしの破損，容器の変形，端子部の過熱及び機器の異常過熱などの有無について確認を行う。また，数年ごとあるいは異常発生時に行う**特別**点検として，日常点検項目のほかにコンデンサの静電容量・損失の測定，端子—外箱間の絶縁抵抗測定，耐電圧試験などを実施する。

解説

図9-1は，電力用コンデンサを構成する単位コンデンサの基本構造図である。複数枚（図は2枚の例）の金属箔とフィルム状の誘電体をともに巻き込み，形状を反物状とした構造となっている。このように電極面積を大きくし，誘電体に誘電率の高い物質を採用することで，大きな静電容量を得ることができる。誘電正接は，誘電体の絶縁性能及びコンデンサの損失に影響するため，値が小さいことが求められる。

電力用コンデンサの保守，管理として，記述のような日常点検と特別点検が実施されている。

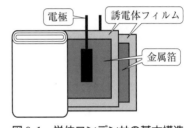

図9-1　単位コンデンサの基本構造

問10の解答　　出題項目＜半導体デバイス＞

（1）　正。導通時の電圧極性を順方向バイアス，非導通時の極性を逆方向バイアスという。

（2）　誤。ゲート電流によりオン状態となった（ターンオン）のち，ゲート電流を取り去っても順方向のオン状態は続く。しかし，**逆方向の電流を流すことはできない**。

（3）　正。パワー MOSFET では，逆方向の電流を流すダイオードが製造過程でつくられる。これはボディーダイオードまたは寄生ダイオードなどと呼ばれる（**図10-1**参照）。

（4）　正。記述のとおり。このように入力信号により導通，非導通の制御ができるものを，自己消弧形素子という。

（5）　正。IGBT 自体はゲート電圧で順方向の電流をオン，オフできるが，逆方向に電流を流すことはできない。回生制動などで逆方向に電流を流す必要がある場合は，逆並列に接続したダイオードが必要になる。

解説

図10-1はパワー MOSFET の基本構造図である。図中の実線矢印の電流が，ゲート信号でオンオフ制御できる。破線矢印は逆方向の電流であり，ゲート信号に関わらず流れる。

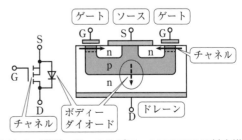

図10-1　縦型 n チャネルパワー MOSFET の基本構造

令和
4
(2022)

令和
3
(2021)

令和
2
(2020)

令和
元
(2019)

平成
30
(2018)

平成
29
(2017)

平成
28
(2016)

平成
27
(2015)

平成
26
(2014)

平成
25
(2013)

平成
24
(2012)

平成
23
(2011)

平成
22
(2010)

平成
21
(2009)

平成
20
(2008)

　図1は，平滑コンデンサをもつ単相ダイオードブリッジ整流器の基本回路である。なお，この回路のままでは電流波形に高調波が多く含まれるので，実用化に当たっては注意が必要である。

　図1の基本回路において，一定の角周波数 ω の交流電源電圧を v_s，電源電流を i_1，図中のダイオードの電流を i_2, i_3, i_4, i_5 とする。平滑コンデンサの静電容量は，負荷抵抗の値とで決まる時定数が電源の1周期に対して十分に大きくなるように選ばれている。図2は交流電源電圧 v_s に対する各部の電流波形の候補を示している。図1の電流 i_1, i_2, i_3, i_4, i_5 の波形として正しい組合せを次の(1)～(5)のうちから一つ選べ。

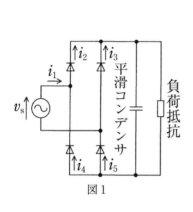

図1

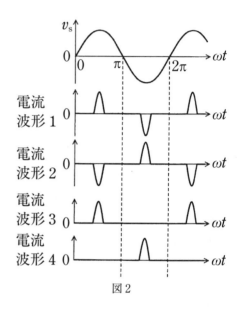

図2

	i_1	i_2	i_3	i_4	i_5
(1)	電流波形1	電流波形4	電流波形3	電流波形3	電流波形4
(2)	電流波形2	電流波形3	電流波形4	電流波形4	電流波形3
(3)	電流波形1	電流波形4	電流波形3	電流波形4	電流波形3
(4)	電流波形2	電流波形4	電流波形3	電流波形3	電流波形4
(5)	電流波形1	電流波形3	電流波形4	電流波形4	電流波形3

令和
4
(2022)

令和
3
(2021)

令和
2
(2020)

令和
元
(2019)

平成
30
(2018)

平成
29
(2017)

平成
28
(2016)

平成
27
(2015)

平成
26
(2014)

平成
25
(2013)

平成
24
(2012)

平成
23
(2011)

平成
22
(2010)

平成
21
(2009)

平成
20
(2008)

問 11 の解答 　出題項目＜単相ダイオード整流回路＞　答え　（5）

負荷抵抗及び平滑コンデンサの端子電圧を v_0, 整流器の出力電流を i とする。また，i_2, i_3, i_4, i_5 が流れるダイオードを D₂, D₃, D₄, D₅ とする。

問題図 1 において，$\omega t = 0$ から v_S（正の半周期 $v_S > 0$）が上昇し $v_S > v_0$ となると D₂, D₅ が導通状態となり i が流れ，コンデンサは v_S により充電され，v_0 には v_S が現れる。v_S のピークが過ぎ，v_S の低下の割合がコンデンサの放電による v_0 の低下の割合を超えると，$v_S < v_0$ となるため D₂, D₅ は非導通となる。すると平滑コンデンサは負荷抵抗を通して放電するが，平滑コンデンサが問題文の条件を満たす場合，v_0 は緩やかに低下する。その後 $-v_S$（負の半周期 $v_S < 0$）が再び上昇し $-v_S > v_0$ となると D₃, D₄ が導通状態となり i が流れ，先ほどと同じ経過をたどり D₃, D₄ は非導通となる。これが v_S の 1 周期分の現象であり，以後これを繰り返す。定常状態では，v_0 及び i の波形は**図 11-1** のようになる。

$i = i_2 + i_3$ であり，i_2 と i_3 は半周期ごとに流れるが，電源を流れる i_3 は i_2 と逆向きなので，i_1 の波形は電流波形 1 となる。また，i_2 と i_5 は同じ電流であり，2π の間隔で同じ波形が現れることから，i_2 及び i_5 の波形は電流波形 3 となる。同様な考察から，i_3 及び i_4 の波形は電流波形 4 となる。

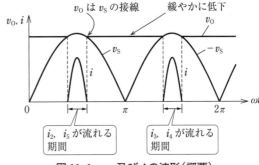

図 11-1　v_0 及び i の波形（概要）

解説 ‥‥‥‥‥‥‥‥‥‥‥‥‥‥‥‥

図 11-1 より，平滑コンデンサの作用で，v_0 の脈動が小さくなっている様子がわかる。静電容量が小さくなると，ダイオード非導通時の v_0 の低下が大きくなり，i が流れる期間が広がり，平滑作用が小さくなる。

問 12　　出題分野＜電動機応用＞　　　　　難易度 ★★★　　重要度 ★★★

次の文章は，送風機など電動機の負荷の定常特性に関する記述である。

電動機の負荷となる機器では，損失などを無視し，電動機の回転数と機器において制御対象となる速度が比例するとすると，速度に対するトルクの代表的な特性が以下に示すように二つある。

一つは，エレベータなどの鉛直方向の移動体で速度に対して　　(ア)　　トルク，もう一つは，空気や水などの流体の搬送で速度に対して　　(イ)　　トルクとなる特性である。

後者の流量制御の代表的な例は送風機であり，通常はダンパなどを設けて圧損を変化させて流量を制御するのに対し，ダンパなどを設けずに電動機で速度制御することでも流量制御が可能である。このとき，風量は速度に対して　　(ウ)　　して変化し，電動機に必要な電力は速度に対して　　(エ)　　して変化する特性が得られる。したがって，必要流量に絞って運転する機会の多いシステムでは，電動機で速度制御することで大きな省エネルギー効果が得られる。

上記の記述中の空白箇所(ア)，(イ)，(ウ)及び(エ)に当てはまる組合せとして，正しいものを次の(1)～(5)のうちから一つ選べ。

	(ア)	(イ)	(ウ)	(エ)
(1)	比例する	2乗に比例する	比例	3乗に比例
(2)	比例する	一定の	比例	2乗に比例
(3)	比例する	一定の	2乗に比例	2乗に比例
(4)	一定の	2乗に比例する	比例	3乗に比例
(5)	一定の	2乗に比例する	2乗に比例	2乗に比例

問 12 の解答　　出題項目＜負荷の定常特性＞　　　　　　　　答え　（4）

電動機の負荷となる機器では，損失などを無視し，電動機の回転数と機器において制御対象となる速度が比例するとすると，速度に対するトルクの代表的な特性が以下に示すように二つある。

一つは，エレベータなどの鉛直方向の移動体で速度に対して**一定の**トルク，もう一つは，空気や水などの流体の搬送で速度に対して**2乗に比例する**トルクとなる特性である。

後者の流量制御の代表的な例は送風機であり，通常はダンパなどを設けて圧損を変化させて流量を制御するのに対し，ダンパなどを設けずに電動機で速度制御することでも流量制御が可能である。このとき，風量は速度に対して**比例**して変化し，電動機に必要な電力は速度に対して**3乗に比例**して変化する特性が得られる。

解 説

鉛直方向の移動では，移動物体に加わる力は一定の重力のみなので，定トルクとなる。

ポンプや送風機などの流体では，**流量 Q は流速 v に比例する。**

質量 m の物体が速度 v で運動する場合の物体のエネルギーは mv^2 に比例するが，物体が流体である場合，流量 Q が v に比例するため流体の密度を一定とすれば，運動する流体の単位時間当たりの質量 m は v に比例する。結果として，流体の単位時間当たりのエネルギー（仕事率）P は v^3 に比例する。

トルク T は P/N（N は電動機の回転速度であり v と比例関係にある）に比例するので，結果的に T は v^2 に比例する。

また，$v \propto N$ の関係から，次の関係が成り立つ。

$$Q \propto N, \quad T \propto N^2, \quad P \propto N^3$$

令和4 (2022)
令和3 (2021)
令和2 (2020)
令和元 (2019)
平成30 (2018)
平成29 (2017)
平成28 (2016)
平成27 (2015)
平成26 (2014)
平成25 (2013)
平成24 (2012)
平成23 (2011)
平成22 (2010)
平成21 (2009)
平成20 (2008)

問 13 出題分野＜電熱＞ 難易度 ★★★ 重要度 ★★★

誘導加熱に関する記述として，誤っているものを次の（1）～（5）のうちから一つ選べ。

（1） 産業用では金属の溶解や金属部品の熱処理などに用いられ，民生用では調理加熱に用いられている。

（2） 金属製の被加熱物を交番磁界内に置くことで発生するジュール熱によって被加熱物自体が発熱する。

（3） 被加熱物の透磁率が高いものほど加熱されやすい。

（4） 被加熱物に印加する交番磁界の周波数が高いほど，被加熱物の内部が加熱されやすい。

（5） 被加熱物として，銅，アルミよりも，鉄，ステンレスの方が加熱されやすい。

問 14 出題分野＜情報＞ 難易度 ★★★ 重要度 ★★★

二つのビットパターン 1011 と 0101 のビットごとの論理演算を行う。排他的論理和（ExOR）は ［（ア）］，否定論理和（NOR）は ［（イ）］であり， ［（ア）］と ［（イ）］との論理和（OR）は ［（ウ）］である。0101 と ［（ウ）］との排他的論理和（ExOR）の結果を 2 進数と考え，その数値を 16 進数で表すと ［（エ）］である。

上記の記述中の空白箇所（ア），（イ），（ウ）及び（エ）に当てはまる組合せとして，正しいものを次の（1）～（5）のうちから一つ選べ。

	（ア）	（イ）	（ウ）	（エ）
（1）	1010	0010	1010	9
（2）	1110	0000	1111	B
（3）	1110	0000	1110	9
（4）	1010	0100	1111	9
（5）	1110	0000	1110	B

問 13 の解答　　出題項目＜誘導加熱＞　　　　答え　（4）

（1）　正。民生用では IH 調理器として普及している。

（2）　正。金属製の被加熱物を交番磁束が貫くとき，電磁誘導により磁束の周囲に渦電流が生じる。この渦電流が金属製被加熱物の持つ電気抵抗を流れることでジュール熱が発生し，被加熱物自体が発熱する。このため，熱伝導による間接加熱に比べ熱効率が高い。

（3）　正。一般に，透磁率が高いほど被加熱物内の磁束密度が大きくなるため，大きな渦電流が流れ発熱量が大きくなり，加熱されやすい。

（4）　誤。交番磁界の周波数が高いほど，表皮効果のために渦電流が表面に集中し，**表面が加熱されやすい**。

（5）　正。銅は透磁率が低いため，磁束密度を高くできず渦電流は小さい。抵抗率も低いため比較的発熱量が小さく，また放熱しやすいので熱効率が悪い。アルミも銅と同様の性質のため，熱効率が悪い。鉄は透磁率が高く抵抗も適度に大きいため，発熱量が比較的大きく誘導加熱に適する。ステンレスは，透磁率は低いが抵抗が適度に大きいので，銅やアルミよりも加熱されやすい。

解説

誘導加熱は，被加熱物の材質により加熱の程度が異なる。加熱原理上，セラミックなどの絶縁体は発熱しないので，これらの加熱では，導電性の容器に被加熱物を入れて間接加熱を行う。

間接誘導加熱の利用例に IH 調理器がある。IH 調理器では発熱体である調理器具に使用できる材質に制限があり，一般に発熱量の大きな鉄製が用いられるが，高周波を用いることで銅やアルミ製に対応しているものもある。

（類題：平成 24 年度問 12）

問 14 の解答　　出題項目＜論理演算＞　　　　答え　（5）

二つのビットパターン 1011 と 0101 のビットごとの論理演算を行う。排他的論理和（ExOR）は**1110**，否定論理和（NOR）は**0000**であり，1110 と 0000 との論理和（OR）は**1110**である。0101 と 1110 との排他的論理和（ExOR）の結果を 2 進数と考え，その数値を 16 進数で表すと**B**である。

解説

図 14-1 は，OR（論理和），NOR（否定的論理和），ExOR（排他的論理和，EX-OR，EXOR，XOR と表記されることもある）の真理値表である。A，B は 1 ビットの入力，Z は 1 ビットの出力を表す。

OR			NOR			ExOR		
A	B	Z	A	B	Z	A	B	Z
0	0	0	0	0	1	0	0	0
0	1	1	0	1	0	0	1	1
1	0	1	1	0	0	1	0	1
1	1	1	1	1	0	1	1	0

図 14-1　真理値表

この表に従いビットごとの論理演算を行うことで，空欄の答が得られる。

他の基本論理演算として，AND（論理積），NOT（否定）がある。また，AND の結果を否定する論理演算として NAND（否定的論理積）がある。それぞれの真理値表を図 14-2 に示す。

AND			NOT		NAND		
A	B	Z	A	Z	A	B	Z
0	0	0	0	1	0	0	1
0	1	0	1	0	0	1	1
1	0	0			1	0	1
1	1	1			1	1	0

図 14-2　真理値表

0101 と 1110 の排他的論理和は 1011 となり，10 進数では 11 に相当し，16 進数では B となる。

Point　進数の変換結果は，10 進数で確認。

B 問 題　（配点は 1 問題当たり（a）5 点，（b）5 点，計 10 点）

問 15　　出題分野＜誘導機＞　　　　　　　難易度 ★★★　重要度 ★★★

　　定格出力 15 kW，定格電圧 400 V，定格周波数 60 Hz，極数 4 の三相誘導電動機がある。この誘導電動機が定格電圧，定格周波数で運転されているとき，次の（a）及び（b）の問に答えよ。

（a）　軸出力が 15 kW，効率と力率がそれぞれ 90% で運転されているときの一次電流の値[A]として，最も近いものを次の（1）～（5）のうちから一つ選べ。

（1）22　　　（2）24　　　（3）27　　　（4）33　　　（5）46

（b）　この誘導電動機が巻線形であり，全負荷時の回転速度が 1 746 min⁻¹ であるものとする。二次回路の各相に抵抗を追加して挿入したところ，全負荷時の回転速度が 1 455 min⁻¹ となった。ただし，負荷トルクは回転速度によらず一定とする。挿入した抵抗の値は元の二次回路の抵抗の値の何倍であるか。最も近いものを次の（1）～（5）のうちから一つ選べ。

（1）1.2　　　（2）2.2　　　（3）5.4　　　（4）6.4　　　（5）7.4

問 15 （a）の解答　　出題項目＜一次電流＞　　　　　　　　　　答え　（3）

軸出力 $P_0=15[\mathrm{kW}]$，効率 $\eta=0.9$ であり，一次入力 P_1 は，$\eta=\dfrac{\text{軸出力 } P_0}{\text{一次入力 } P_1}$ であることから，

$$P_1=\frac{P_0}{\eta}=\frac{15}{0.9}=16.667[\mathrm{kW}]$$

となる。一次電圧 $V_1=400[\mathrm{V}]$，力率 $\cos\theta=0.9$ なので，求める一次電流を $I_1[\mathrm{A}]$ とすると，

$$P_1=3\times\frac{V_1}{\sqrt{3}}I_1\cos\theta=\sqrt{3}\,V_1I_1\cos\theta$$

$$I_1=\frac{P_1}{\sqrt{3}\,V_1\cos\theta}=\frac{16.667\times10^3}{\sqrt{3}\times400\times0.9}$$

$$=26.73[\mathrm{A}]\ \rightarrow\ 27\ \mathrm{A}$$

解説 ....

誘導電動機の一般的な等価回路は**図 15-1** の通りである。

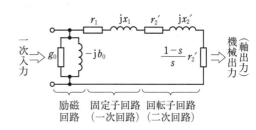

図 15-1　誘導電動機の等価回路

ここで，g_0 は励磁コンダクタンス[S]，b_0 は励磁サセプタンス[S]，r_1 および r_2 は一次および二次巻線抵抗[Ω]，x_1 および x_2 は一次および二次漏れリアクタンス[Ω]，s は滑りである。

問 15 （b）の解答　　出題項目＜速度制御＞　　　　　　　　　　答え　（3）

題意より，定格周波数 $f=60[\mathrm{Hz}]$，極数 $p=4$ なので，同期速度 $N_s[\mathrm{min}^{-1}]$ は，

$$N_s=\frac{120f}{p}=\frac{120\times60}{4}=1\,800[\mathrm{min}^{-1}]$$

となる。抵抗挿入前の滑りを s_1，抵抗挿入後の滑りを s_2 とすると，

$$s_1=\frac{1\,800-1\,746}{1\,800}=0.03$$

$$s_2=\frac{1\,800-1\,455}{1\,800}=0.191\,7$$

となる。元の二次回路の抵抗を $r_2[\Omega]$，挿入した抵抗値を $R[\Omega]$ とすると，トルクの比例推移より，

$$\frac{r_2}{s_1}=\frac{r_2+R}{s_2},\ \ \frac{s_2}{s_1}=\frac{r_2+R}{r_2}$$

$$\frac{0.191\,7}{0.03}=\frac{r_2+R}{r_2}$$

$$\therefore\ R=5.39r_2\ \rightarrow\ 5.4\ \text{倍}$$

解説 ....

巻線形誘導電動機の場合は，回転子巻線抵抗に直列に外部抵抗を接続することができる。外部抵抗を接続することで**図 15-2** のようにトルク−速度特性曲線を推移させることができる。

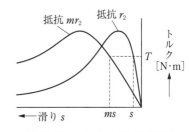

図 15-2　トルク−速度特性曲線

外部抵抗の接続によって，合成抵抗の値が接続前の抵抗値の m 倍になったとき，接続前と同一の大きさのトルクを得るときの滑りの値も接続前の滑りの値の m 倍となる。この特性をトルクの比例推移という。

この特性を用いれば，大きな外部抵抗を接続することで始動時（滑り 1）でも大きなトルクを得る状況をつくることができる。また，段階的に外部抵抗の大きさを変えることによって，定トルクでの速度制御が実現可能となる。

問 16 出題分野＜パワーエレクトロニクス＞ 難易度 ★★★ 重要度 ★★★

図1に示す単相交流電力調整回路が制御遅れ角 α[rad]で運転しているときの動作を考える。

正弦波の交流電源電圧は v_S，負荷は純抵抗負荷又は誘導性負荷であり，負荷電圧を v_L，負荷電流を i_L とする。次の（a）及び（b）の問に答えよ。

（a） 図2の波形1〜3のうち，純抵抗負荷の場合と誘導性負荷の場合とで発生する波形の組合せとして，正しいものを次の（1）〜（5）のうちから一つ選べ。

	純抵抗負荷	誘導性負荷
（1）	波形1	波形2
（2）	波形1	波形3
（3）	波形2	波形1
（4）	波形2	波形3
（5）	波形3	波形2

（b） 交流電源電圧は v_S の実効値を V_S として，純抵抗負荷の場合の負荷電圧 v_L の実効値 V_L は，$V_L = V_S\sqrt{1 - \dfrac{\alpha}{\pi} + \dfrac{\sin 2\alpha}{2\pi}}$ で表される。制御遅れ角を $\alpha_1 = \dfrac{\pi}{2}$[rad]から $\alpha_2 = \dfrac{\pi}{4}$[rad]に変えたときに，負荷の抵抗で消費される交流電力は何倍となるか，最も近いものを次の（1）〜（5）のうちから一つ選べ。

（1） 0.550 （2） 0.742 （3） 1.35 （4） 1.82 （5） 2.00

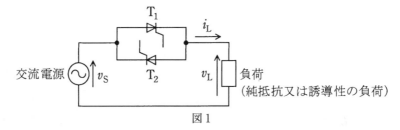

図1

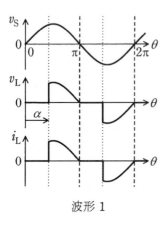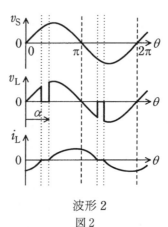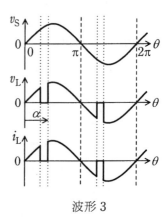

波形1　　　　　　　　波形2　　　　　　　　波形3
図2

問16（a）の解答　出題項目＜トライアック＞　答え（1）

（1）　純抵抗負荷における1周期（$0 \leqq \theta \leqq 2\pi$）の動作

① $0 \leqq \theta \leqq \pi$ の期間

$\theta = \alpha$ までは，T_1 は順方向バイアスであるが，オフ状態を維持するので，$v_L = i_L = 0$ となる。

$\theta = \alpha$ で T_1 がターンオンして，v_L には以後 v_S が現れる。i_L は，v_L に比例した同形の波形となる。

$\theta = \pi$ で $i_L = 0$ となり，以後 T_1 には逆方向バイアスが加わるので T_1 はターンオフする。

② $\pi \leqq \theta \leqq 2\pi$ の期間

$\theta = \pi + \alpha$ までは，T_2 は順方向バイアスであるが，オフ状態を維持するので，$v_L = i_L = 0$ となる。

$\theta = \pi + \alpha$ で T_2 がターンオンして，v_L には以後 v_S が現れる。i_L は，v_L に比例した同形の波形となる。

$\theta = 2\pi$ で $i_L = 0$ となり，以後 T_2 には逆方向バイアスが加わるので T_2 はターンオフする。

以上から，純抵抗負荷の場合は，波形1となる。

（2）　誘導性負荷における1周期（$\alpha \leqq \theta \leqq 2\pi + \alpha$）の動作

① $\alpha \leqq \theta \leqq \pi + \alpha$ の期間

$\theta = \alpha$ で T_1 がターンオンして v_L には以後 v_S が現れる。i_L は，負荷のインダクタンスの影響で0から徐々に増加する。

$\theta = \pi$ で $v_S = v_L = 0$ となるが，i_L は，インダク

タンスの保有する磁気エネルギーのために期間 $\beta（\beta < \alpha）$ 流れ続ける。このため T_1 は，i_L が0となる $\theta = \pi + \beta$ までオン状態を維持し，$\pi \leqq \theta \leqq \pi + \beta$ の期間 v_L には v_S が現れる。$\theta = \pi + \beta$ 以後 T_1 はターンオフし，$v_L = i_L = 0$ となる。

② $\pi + \alpha \leqq \theta \leqq 2\pi + \alpha$ の期間

$\theta = \pi + \alpha$ で T_2 がターンオンして v_L には以後 v_S が現れる。i_L は，負荷のインダクタンスの影響で逆向きに0から徐々に増加する。

$\theta = 2\pi$ で $v_S = v_L = 0$ となるが，i_L は，インダクタンスの保有する磁気エネルギーのために期間 $\beta（\beta < \alpha）$ 流れ続ける。このため T_2 は，i_L が0となる $\theta = 2\pi + \beta$ までオン状態を維持し，$2\pi \leqq \theta \leqq 2\pi + \beta$ の期間 v_L には v_S が現れる。$\theta = 2\pi + \beta$ 以後 T_2 はターンオフし，$v_L = i_L = 0$ となる。

以上から，誘導性負荷の場合は，波形2となる。

解説

誘導性負荷では，電源電圧の極性が逆になっても負荷電流が流れ続けるため，引き続き負荷側に電源電圧が一定期間現れる。なお，誘導性負荷の解答では，波形の特殊性から1周期を α から $2\pi + \alpha$ としたが，期間 $2\pi \leqq \theta \leqq 2\pi + \alpha$ の波形は，期間 $0 \leqq \theta \leqq \alpha$ の波形と同じになる。

問16（b）の解答　出題項目＜トライアック＞　答え（4）

α_1 及び α_2 における負荷電圧の実効値を V_{L1}，V_{L2} とする。抵抗で消費される交流電力は V_L の2乗に比例するので，α_1 から α_2 に変えたときの消費電力が k 倍となったとすると，

$$k = \left(\frac{V_{L2}}{V_{L1}}\right)^2 = \frac{V_S^2\left\{1 - \left(\frac{\pi/4}{\pi}\right) + \frac{\sin 2(\pi/4)}{2\pi}\right\}}{V_S^2\left\{1 - \left(\frac{\pi/2}{\pi}\right) + \frac{\sin 2(\pi/2)}{2\pi}\right\}}$$

$$= \frac{1 - (1/4) + \{1/(2\pi)\}}{1 - (1/2) + 0} \fallingdotseq 1.82$$

解説

出力電圧及び出力電流はひずみ波となるが，その実効値がわかれば，電力の計算は直流回路と同様に行うことができる。実効値の算出は，与えられた式に制御遅れ角を代入すればよい。

解答では，個々の制御遅れ角についての V_L を個別に求めることはせず，電力比の式に代入し2乗することで $\sqrt{\ }$ を外して計算した。

なお，V_L の計算式は，電験三種の範囲を超える。このような場合は，問題中に計算式が与えられているのが普通である。

　問17及び問18は選択問題であり，問17又は問18のどちらかを選んで解答すること。両方解答すると採点されません。

（選択問題）

問 17　出題分野＜照明＞　難易度 ★★★　重要度 ★★★

　均等拡散面とみなせる半径0.3 mの円板光源がある。円板光源の厚さは無視できるものとし，円板光源の片面のみが発光する。円板光源中心における法線方向の光度I_0は2 000 cdであり，鉛直角θ方向の光度I_θは$I_\theta = I_0 \cos\theta$で与えられる。また，円板光源の全光束$F[\mathrm{lm}]$は$F = \pi I_0$で与えられるものとする。次の（a）及び（b）の問に答えよ。

（a）　図1に示すように，この円板光源を部屋の天井面に取り付け，床面を照らす方向で部屋の照明を行った。床面B点における水平面照度の値[lx]とB点から円板光源の中心を見たときの輝度の値[cd/m^2]として，最も近い値の組合せを次の（1）～（5）のうちから一つ選べ。ただし，この部屋にはこの円板光源以外に光源はなく，天井，床，壁など，周囲からの反射光の影響はないものとする。

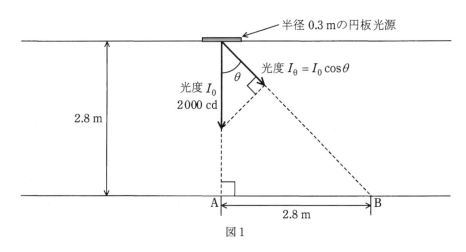

半径0.3 mの円板光源

光度$I_\theta = I_0 \cos\theta$

光度I_0
2 000 cd

2.8 m

θ

A　　　2.8 m　　　B

図1

	水平面照度[lx]	輝度[cd/m^2]
（1）	64	5 000
（2）	64	7 080
（3）	90	1 060
（4）	90	1 770
（5）	255	7 080

（次々頁に続く）

問 17（a）の解答　出題項目＜水平面照度，輝度＞　　　答え（2）

問題図より，光源中心から B 点までの距離 r 及び $\cos\theta$ は，

$$r=\sqrt{2.8^2+2.8^2}=2.8\sqrt{2}\,[\mathrm{m}]$$

$$\cos\theta=\frac{2.8}{2.8\sqrt{2}}=\frac{1}{\sqrt{2}}$$

B 点における入射角は θ なので，B 点の水平面照度 E_h は，距離の逆 2 乗の法則及び入射角余弦の法則より，

$$E_\mathrm{h}=\frac{I_\theta}{r^2}\cos\theta=\frac{2\,000\cos^2\theta}{r^2}$$

$$=\frac{2\,000\times(1/2)}{(2.8\sqrt{2})^2}\fallingdotseq63.8\,[\mathrm{lx}]\quad\rightarrow\quad 64\,\mathrm{lx}$$

この光源を図 17-1 のように B 点からみると，円板光源の横方向の長さは変わらないが，縦方向は一様に $\cos\theta$ 倍に圧縮され，だ円として観測される。だ円の面積 S_θ は，

$$S_\theta=\pi\times(0.3)\times(0.3\cos\theta)$$

$$=0.09\pi\cos\theta\,[\mathrm{m}^2]$$

輝度 B は，光源の観測方向の光度を観測方向の見かけの面積で割ったものであるから，

$$B=\frac{I_\theta}{S_\theta}=\frac{2\,000\cos\theta}{0.09\pi\cos\theta}\fallingdotseq7\,074\,[\mathrm{cd/m^2}]$$

$$\rightarrow\quad 7\,080\,\mathrm{cd/m^2}$$

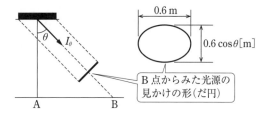

図 17-1　B 点からみた光源の見かけの形

解 説

光度から水平面照度を求める照度計算は，重要かつ頻出問題である。

また，θ 方向の光度が問題図のように $I_\theta=I_0\cos\theta$ となる配光を持つ場合，見かけの面積も鉛直方向（$\theta=0$）の面積 S の $\cos\theta$ 倍となるため，この光源はどの方向から見ても一様な輝度 I_0/S となる。このような発光面を完全拡散面という。なお，完全拡散面は実在しないため，これに近いものとして問題では均等拡散面と表記されている。

令和 4 (2022)
令和 3 (2021)
令和 2 (2020)
令和 元 (2019)
平成 30 (2018)
平成 29 (2017)
平成 28 (2016)
平成 27 (2015)
平成 26 (2014)
平成 25 (2013)
平成 24 (2012)
平成 23 (2011)
平成 22 (2010)
平成 21 (2009)
平成 20 (2008)

（続き）

（b）　次に，図2に示すように，建物内を真っすぐ長く延びる廊下を考える。この廊下の天井面には上記円板光源が等間隔で連続的に取り付けられ，照明に供されている。廊下の長さは円板光源の取り付け間隔に比して十分大きいものとする。廊下の床面に対する照明率を0.3，円板光源の保守率を0.7としたとき，廊下床面の平均照度の値[lx]として，最も近いものを次の（1）～（5）のうちから一つ選べ。

（1）　102　　　　（2）　204　　　　（3）　262　　　　（4）　415　　　　（5）　2 261

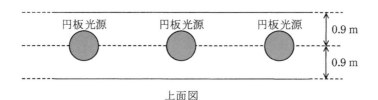

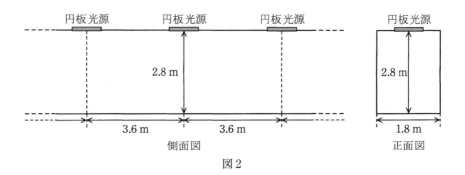

図2

問17（b）の解答　出題項目＜照明設計＞　　　答え　（2）

平均照度 E は，面積 $S[\mathrm{m}^2]$ に光束 $F[\mathrm{lm}]$ が照射されているとき次式で定義される。

$$E=\frac{F}{S}[\mathrm{lx}]$$

問題の上面図，側面図より，1個の円板光源が分担する床面積 S は，

$$S=(0.9+0.9)\times 3.6=6.48[\mathrm{m}^2]$$

1個の光源から放射される光束 F は，

$$F=\pi I_0=2\,000\,\pi[\mathrm{lm}]$$

光源の光束は，その1部が床面に到達する。光源の光束に対する床面に入射する光束の比が照明率 U であるから，床面に入射する光束 F' は，

$$F'=FU[\mathrm{lm}]$$

また，使用に伴う光源の光束の減少分を予め補償する係数が保守率 M であるから，結果的に床面に入射する光束 F'' は，

$$F''=F'M=FUM=2\,000\,\pi UM[\mathrm{lm}]$$

以上から，廊下の床面の平均照度 E は，

$$E=\frac{F''}{S}=\frac{2\,000\pi\times 0.3\times 0.7}{6.48}\fallingdotseq 204[\mathrm{lx}]$$

解説

一定間隔に配置された複数の照明器具で連続的に照明する場合の照度は，照明器具1個当たりが分担する被照面（床面）の面積に対する，照明器具1個当たりの入射光束の比で計算する。

この問題は，一定間隔で街灯を配置した直線道路の照明と同種である。

令和
4
(2022)

令和
3
(2021)

令和
2
(2020)

令和
元
(2019)

平成
30
(2018)

平成
29
(2017)

平成
28
(2016)

平成
27
(2015)

平成
26
(2014)

平成
25
(2013)

平成
24
(2012)

平成
23
(2011)

平成
22
(2010)

平成
21
(2009)

平成
20
(2008)

（選択問題）

問 18　　出題分野＜情報＞　　　難易度 ★★★　　重要度 ★★☆

　図のフローチャートで表されるアルゴリズムについて，次の（a）及び（b）の問に答えよ。変数は全て整数型とする。

　このアルゴリズム実行時の読込み処理において，n=5 とし，a[1]=2，a[2]=3，a[3]=8，a[4]=6，a[5]=5 とする。

（a）　図のフローチャートで表されるアルゴリズムの機能を考えて，出力される a[5] の値を求めよ。その値として正しいものを次の（1）～（5）のうちから一つ選べ。

（1）　2　　　（2）　3　　　（3）　5　　　（4）　6
（5）　8

（b）　フローチャート中の X で示される部分の処理は何回行われるか，正しいものを次の（1）～（5）のうちから一つ選べ。

（1）　3　　　（2）　4　　　（3）　5　　　（4）　8
（5）　10

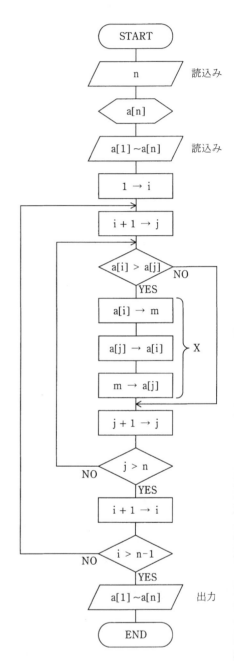

問 18 （a）の解答　　出題項目＜フローチャート＞　　　　答え　（5）

フローチャート中の判断 [a[i]>a[j]]，判断 [j>n] 及び判断 [i>n−1] を，判断 A，判断 B，判断 C とする。START から 1 回目の判断 A までの間に，配列要素は図 18-1 の値に，i=1，j=2，n=5 に初期化される。ここで，i，j の値は配列要素の位置を示すポインタと考える。

i⇩　　j⇩

配列要素	a[1]	a[2]	a[3]	a[4]	a[5]
データ	2	3	8	6	5

図 18-1　配列要素の初期値とポインタ

① 1 回目の判断 A：a[1]<a[2] なので "NO"。j=3 に更新。判断 B は，j<n なので "NO"。

② 2 回目の判断 A：a[1]<a[3] なので "NO"。j=4 に更新。判断 B は，j<n なので "NO"。

③ 3 回目の判断 A：a[1]<a[4] なので "NO"。j=5 に更新。判断 B は，j=n なので "NO"。

④ 4 回目の判断 A：a[1]<a[5] なので "NO"。j=6 に更新。判断 B は，j>n なので "YES"，i=2 に更新。判断 C は，i<n−1 なので "NO"。j=i+1=3 に更新。**この段階で i=2，j=3**。

⑤ 5 回目の判断 A：a[2]<a[3] なので "NO"。j=4 に更新。判断 B は，j<n なので "NO"。

⑥ 6 回目の判断 A：a[2]<a[4] なので "NO"。j=5 に更新。判断 B は，j=n なので "NO"。

⑦ 7 回目の判断 A：a[2]<a[5] なので "NO"。j=6 に更新。判断 B は，j>n なので "YES"，i=3 に更新。判断 C は，i<n−1 なので "NO"，j=i+1=4 に更新。**この段階で i=3，j=4**。

⑧ 8 回目の判断 A：a[3]>a[4] なので "YES"。**1 回目の X 処理**を実行。配列要素のデータ入れ換えが為され，**図 18-2** となる。

配列要素	a[1]	a[2]	a[3]	a[4]	a[5]
データ	2	3	**6**	**8**	5

図 18-2　1 回目の X 処理後の配列要素

j=5 に更新。判断 B は，j=n なので "NO"。

⑨ 9 回目の判断 A：a[3]>a[5] なので "YES"。**2 回目の X 処理**を実行。配列要素のデータ入れ換えが為され，**図 18-3** となる。

配列要素	a[1]	a[2]	a[3]	a[4]	a[5]
データ	2	3	**5**	8	**6**

図 18-3　2 回目の X 処理後の配列要素

j=6 に更新。判断 B は，j>n なので "YES"。i=4 に更新。判断 C は，i=n−1 なので "NO"。j=i+1=5 に更新。**この段階で i=4，j=5**。

⑩ 10 回目の判断 A：a[4]>a[5] なので "YES"。**3 回目の X 処理**を実行。配列要素のデータ入れ換えが為され，**図 18-4** となる。

配列要素	a[1]	a[2]	a[3]	a[4]	a[5]
データ	2	3	5	**6**	**8**

図 18-4　3 回目の X 処理後の配列要素

j=6 に更新。判断 B は，j>n なので "YES"。i=5 に更新。判断 C は，i>n−1 なので "YES"。配列データを出力。END。したがって，a[5]=8。

解説 ••••••••••••••••••••••••••••••••

　解答では，流れ図に従い処理を追ったが，X がデータを小さい順(昇順)に並び替える処理であると気付けば，簡単に a[5]=8 であることがわかる。なお，大きい順(降順)の並び替えは，判断 A の不等号の向きを逆にすることで実現できる。

問 18 （b）の解答　　出題項目＜フローチャート＞　　　　答え　（1）

　設問（a）の解答より，X の処理は 3 回である。

解説 ••••••••••••••••••••••••••••••••

　フローチャートの問題では，「データの並び替え(昇順，降順)」の他に，「データの最大値，最小値」が重要である。これらは，ループ処理(繰り返し処理)を用いても実現できる。

機 械 | 平成 28 年度（2016 年度）

A 問 題 （配点は1問題当たり5点）

問1　出題分野＜直流機＞　難易度 ★★☆　重要度 ★★☆

電機子巻線抵抗が0.2 Ωである直流分巻電動機がある。この電動機では界磁抵抗器が界磁巻線に直列に接続されており界磁電流を調整することができる。また，この電動機には定トルク負荷が接続されており，その負荷が要求するトルクは定常状態においては回転速度によらない一定値となる。

この電動機を，負荷を接続した状態で端子電圧を100 Vとして運転したところ，回転速度は1 500 min⁻¹であり，電機子電流は50 Aであった。この状態から，端子電圧を115 Vに変化させ，界磁電流を端子電圧が100 Vのときと同じ値に調整したところ，回転速度が変化し最終的にある値で一定となった。この電動機の最終的な回転速度の値[min⁻¹]として，最も近いものを次の（1）～（5）のうちから一つ選べ。

ただし，電機子電流の最終的な値は端子電圧が100 Vのときと同じである。また，電機子反作用及びブラシによる電圧降下は無視できるものとする。

（1）1 290　　（2）1 700　　（3）1 730　　（4）1 750　　（5）1 950

問2　出題分野＜直流機＞　難易度 ★☆☆　重要度 ★★★

次の文章は，直流機に関する記述である。

直流機では固定子と回転子の間で直流電力と機械動力の変換が行われる。この変換を担う機構の一種にブラシと整流子とがあり，これらを用いた直流機では通常，界磁巻線に直流の界磁電流を流し，　（ア）　を回転子とする。

このブラシと整流子を用いる直流機では，電機子反作用への対策として補償巻線や補極が設けられる。ブラシと整流子を用いる場合には，補極や補償巻線を設けないと，電機子反作用によって，固定子から見た　（イ）　中性軸の位置が変化するために，これに合わせてブラシを移動しない限りブラシと整流子片との間に　（ウ）　が生じて整流子片を損傷するおそれがある。なお，小形機では，補償巻線と補極のうち　（エ）　が一般的に用いられる。

上記の記述中の空白箇所（ア），（イ），（ウ）及び（エ）に当てはまる組合せとして，正しいものを次の（1）～（5）のうちから一つ選べ。

	（ア）	（イ）	（ウ）	（エ）
（1）	界 磁	電気的	火 花	補償巻線
（2）	界 磁	幾何学的	応 力	補 極
（3）	電機子	電気的	火 花	補 極
（4）	電機子	電気的	火 花	補償巻線
（5）	電機子	幾何学的	応 力	補償巻線

令和 4 (2022)
令和 3 (2021)
令和 2 (2020)
令和 元 (2019)
平成 30 (2018)
平成 29 (2017)
平成 28 (2016)
平成 27 (2015)
平成 26 (2014)
平成 25 (2013)
平成 24 (2012)
平成 23 (2011)
平成 22 (2010)
平成 21 (2009)
平成 20 (2008)

問1の解答　出題項目＜回転速度＞　　答え（4）

直流分巻電動機の等価回路を**図1-1**に示す。

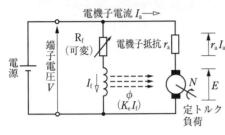

図1-1　直流分巻電動機

端子電圧 $V=100$ V 時の誘導起電力 $E=E_1$ は，

$$E_1 = V - r_a I_a = 100 - 0.2 \times 50 = 90 [\text{V}]$$

また，1 極当たりの磁束を ϕ[Wb]，回転速度を N_1[min^{-1}]，極数を p，総導体数を Z，並列回路数を a とすると，誘導起電力 E_1 は，

$$E_1 = \frac{pZ}{60a}\phi N_1 = K_e \phi N_1 [\text{V}] \qquad ①$$

ただし，比例定数 $K_e = pZ/60a$ である。

端子電圧 $V=115$ V 時の誘導起電力 E_2 は，問題但し書きより，電機子電流 I_a[A]は $V=100$ V

運転時と同じ値であるから，

$$E_2 = V - r_a I_a = 115 - 0.2 \times 50 = 105 [\text{V}]$$

題意より，図の界磁抵抗器 R_f を調整して界磁電流 I_f を同じ値とするから，磁束は変わらない。よって誘導起電力 E_2 は，回転速度を N_2[min^{-1}]とすると，①式と同様に，

$$E_2 = K_e \phi N_2 \qquad ②$$

で表される。

よって，②式 ÷ ①式より，

$$\frac{E_2}{E_1} = \frac{K_e \phi N_2}{K_e \phi N_1} = \frac{N_2}{N_1} \quad \therefore N_2 = \frac{E_2}{E_1} N_1 \qquad ③$$

誘導起電力 E_1，E_2 および回転速度 N_1 の値を③式に代入すると，回転速度 N_2 は，

$$N_2 = \frac{105}{90} \times 1\,500 = 1\,750 [\text{min}^{-1}]$$

補足　電動機の発生トルク T は，

$$T = \frac{pZ}{2\pi a}\phi I_a = K_T \phi I_a [\text{N·m}]$$

ただし，比例定数 $K_T = pZ/2\pi a$ である。

問2の解答　出題項目＜電機子反作用＞　　答え（3）

直流機の電機子巻線に誘導される電圧は交流で，ブラシと整流子を通過して直流となり外部回路に接続される。直流機は**電機子**を回転子とする。

電機子導体片の誘導起電力は $e = Blv\sin\theta$ と表すことができる。ただし，B：磁束密度[T]，l：電機子導体片長さ[m]，v：導体片の速度[m/s]，θ：B と v のなす角度である。**図2-1**の位置 2, 4 は v と B が同方向（$\theta = 0$）のため誘導起電力が零となり，これを結んだ線を**電気的**中性軸といい，ブラシの位置となる。電機子電流が流れると，その磁束が界磁磁束に加わり，中性軸が移動する（**図2-2**）。以前の位置で整流すると誘導起電力が零にならず，ブラシと整流子片の間に**火花**が生じて，整流子片の損傷などのおそれがある。したがって，電機子電流による磁束の影響を打ち消すための対策として，補極または補償巻線を設ける。小形機では**補極**が一般的に用いられている。

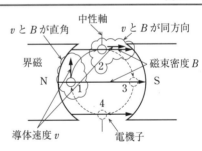

図2-1　直流発電機の誘導起電力

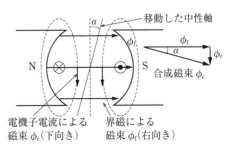

図2-2　発電機の電機子反作用と中性軸の移動

問3　出題分野＜誘導機＞ 難易度 ★★★　重要度 ★★★

　次の文章は，三相誘導電動機の誘導起電力に関する記述である。

　三相誘導電動機で固定子巻線に電流が流れると (ア) が生じ，これが回転子巻線を切るので回転子巻線に起電力が誘導され，この起電力によって回転子巻線に電流が流れることでトルクが生じる。この回転子巻線の電流によって生じる起磁力を (イ) ように固定子巻線に電流が流れる。

　回転子が停止しているときは，固定子巻線に流れる電流によって生じる (ア) は，固定子巻線を切るのと同じ速さで回転子巻線を切る。このことは原理的に変圧器と同じであり，固定子巻線は変圧器の (ウ) 巻線に相当し，回転子巻線は (エ) 巻線に相当する。回転子巻線の各相には変圧器と同様に (エ) 誘導起電力を生じる。

　回転子が $n\,[\mathrm{min^{-1}}]$ の速度で回転しているときは， (ア) の速度を $n_\mathrm{s}\,[\mathrm{min^{-1}}]$ とすると，滑り s は $s = \dfrac{n_\mathrm{s}-n}{n_\mathrm{s}}$ で表される。このときの (エ) 誘導起電力の大きさは，回転子が停止しているときの (オ) 倍となる。

　上記の記述中の空白箇所(ア)，(イ)，(ウ)，(エ)及び(オ)に当てはまる組合せとして，正しいものを次の(1)～(5)のうちから一つ選べ。

	(ア)	(イ)	(ウ)	(エ)	(オ)
(1)	交番磁界	打ち消す	二次	一次	$1-s$
(2)	回転磁界	打ち消す	一次	二次	$\dfrac{1}{s}$
(3)	回転磁界	増加させる	一次	二次	s
(4)	交番磁界	増加させる	二次	一次	$\dfrac{1}{s}$
(5)	回転磁界	打ち消す	一次	二次	s

問4　出題分野＜誘導機＞ 難易度 ★★★　重要度 ★★★

　定格周波数50 Hz，6極のかご形三相誘導電動機があり，トルク200 N·m，機械出力20 kWで定格運転している。このときの二次入力(同期ワット)の値[kW]として，最も近いものを次の(1)～(5)のうちから一つ選べ。

(1) 19　　(2) 20　　(3) 21　　(4) 25　　(5) 27

問3の解答　出題項目＜誘導起電力＞

　三相誘導電動機は，固定子巻線に三相交流電流を流すと<u>回転磁界</u>が生じる。この磁界が回転子巻線を切ることで回転子には起電力が誘導され，誘導電流が流れてトルクが生じる。三相誘導電動機の等価回路は，図3-1のように変圧器の等価回路と同様に表せる。二次回路（回転子巻線）に電流 $\dot{I}_2$ が流れると，その起磁力を<u>打ち消す</u>ように一次回路（固定子巻線）に電流 $\dot{I}_1$ が流れる。

　前述のとおり，固定子巻線は変圧器の場合の<u>一次</u>巻線，回転子巻線は<u>二次</u>巻線に相当する。

　回転子が静止しているとき，すなわち滑り $s=1$ の場合，固定子巻線で生じる回転磁界の回転速度は回転子から見ても同じ速度である。したがって回転子巻線に生じる起電力の周波数は f となる。

　回転子が滑り $s(1>s>0)$ で回転しているとき，二次回路に生じる起電力および周波数は sE，sf であり，回転子停止時の $\underline{s}$ 倍となる。

解説

　図3-1から，二次電流 $\dot{I}_2$ は，

$$\dot{I}_2 = \frac{s\dot{E}}{r_2 + \mathrm{j}sx_2} = \frac{\dot{E}}{r_2/s + \mathrm{j}x_2} \qquad ①$$

　①式より，図3-1の二次回路は誘導起電力 E_2 と r_2/s，$\mathrm{j}x_2$ が直列に接続された回路と等価となり，これを一次換算（巻数比 $1:1$）すると，**図3-2** で表せる。

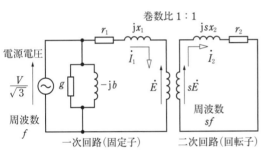

図 3-1　三相誘導電動機の等価回路（L 形）

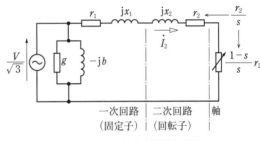

図 3-2　一次換算等価回路

問4の解答　出題項目＜二次回路・同期ワット＞

　三相誘導電動機の発生トルク T は次式となる。

$$T = \frac{P_0}{\omega} = \frac{P_2(1-s)}{\omega_\mathrm{s}(1-s)} = \frac{P_2}{\omega_\mathrm{s}} \,[\mathrm{N \cdot m}] \qquad ①$$

ただし，P_0：電動機出力[W]，ω：回転角速度[rad/s]，s：滑り，P_2：二次入力[W]，ω_s：同期角速度[rad/s]である。

　同期速度 N_s は，電源周波数を f[Hz]，極数を p とすると，

$$N_\mathrm{s} = \frac{120f}{p} = \frac{120 \times 50}{6} = 1\,000 \,[\mathrm{min^{-1}}] \qquad ②$$

　題意の数値より，N_s から ω_s を求めると，

$$\omega_\mathrm{s} = \frac{2\pi}{60} \cdot N_\mathrm{s} = \frac{2\pi}{60} \times 1\,000 = \frac{100\pi}{3} \,[\mathrm{rad/s}] \qquad ③$$

　二次入力 P_2 は，①式を変形すると，

$$P_2 = \omega_\mathrm{s}T = \frac{100\pi}{3} \times 200$$

$$= 20.94 \times 10^3 \,[\mathrm{W}] \quad \rightarrow \quad 21\,\mathrm{kW}$$

解説

　二次入力 P_2 は，同期ワットともいう。電動機の発生トルクは，①式のように P_0/ω，および P_2/ω_s として表せる。

　本問では，トルクが与えられており，また②式から同期速度，③式から同期角速度を求め，①式の $T=P_2/\omega_\mathrm{s}$ で（滑りを用いず）容易に求まる。電動機のトルクは，角速度または同期角速度を用いて計算することもできるため，③式の回転速度と角速度の換算を覚えておく。

Point トルクは，2 式（P_0/ω，P_2/ω_s）から適切な方を用いて解く。

令和4(2022)　令和3(2021)　令和2(2020)　令和元(2019)　平成30(2018)　平成29(2017)　平成28(2016)　平成27(2015)　平成26(2014)　平成25(2013)　平成24(2012)　平成23(2011)　平成22(2010)　平成21(2009)　平成20(2008)

問5　出題分野＜同期機＞

難易度 ★★★　重要度 ★★★

次の文章は，同期電動機の特性に関する記述である。記述中の空白箇所の記号は，図中の記号と対応している。

図は同期電動機の位相特性曲線を示している。形がVの字のようになっているのでV曲線とも呼ばれている。横軸は　(ア)　，縦軸は　(イ)　で，負荷が増加するにつれ曲線は上側へ移動する。図中の破線は，各負荷における力率　(ウ)　の動作点を結んだ線であり，この破線の左側の領域は　(エ)　力率，右側の領域は　(オ)　力率の領域である。

上記の記述中の空白箇所(ア)，(イ)，(ウ)，(エ)及び(オ)に当てはまる組合せとして，正しいものを次の(1)～(5)のうちから一つ選べ。

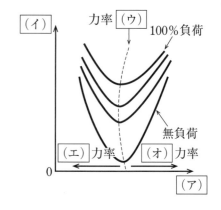

	(ア)	(イ)	(ウ)	(エ)	(オ)
(1)	電機子電流	界磁電流	1	遅　れ	進　み
(2)	界磁電流	電機子電流	1	遅　れ	進　み
(3)	界磁電流	電機子電流	1	進　み	遅　れ
(4)	電機子電流	界磁電流	0	進　み	遅　れ
(5)	界磁電流	電機子電流	0	遅　れ	進　み

問6　出題分野＜機器全般＞

難易度 ★★★　重要度 ★★★

次の文章は，電源電圧一定(交流機の場合は多相交流巻線に印加する電源電圧の周波数も一定。)の条件下における各種電動機において，空回しの無負荷から，負荷の増大とともにトルクを発生する現象に関する記述である。

無負荷条件の直流分巻電動機では，回転速度に比例する　(ア)　と　(イ)　とがほぼ等しく，電機子電流がほぼ零となる。この状態から負荷が掛かって回転速度が低下すると，電機子電流が増大してトルクが発生する。

無負荷条件の誘導電動機では，周波数及び極数で決まる　(ウ)　と回転速度とがほぼ等しく，　(エ)　がほぼ零となる。この状態から負荷が掛かって回転速度が低下すると，　(エ)　が増大してトルクが発生する。

無負荷条件の同期電動機では，界磁単独の磁束と電機子反作用を考慮した電機子磁束との位相差がほぼ零となる。この状態から負荷が掛かっても回転速度の低下はないが，上記両磁束の位相差，すなわち　(オ)　が増大してトルクが発生する。

上記の記述中の空白箇所(ア)，(イ)，(ウ)，(エ)及び(オ)に当てはまる組合せとして，正しいものを次の(1)～(5)のうちから一つ選べ。

	(ア)	(イ)	(ウ)	(エ)	(オ)
(1)	逆起電力	電源電圧	同期速度	滑　り	負荷角
(2)	誘導起電力	逆起電力	回転磁界	二次抵抗	負荷角
(3)	逆起電力	電源電圧	定格速度	二次抵抗	力率角
(4)	誘導起電力	逆起電力	同期速度	滑　り	負荷角
(5)	逆起電力	電源電圧	回転磁界	滑　り	力率角

問5の解答　出題項目＜V曲線＞

同期電動機のV曲線は，横軸が**界磁電流**，縦軸が**電機子電流**である。問題図の点線は各負荷における力率**1.0**の点を結んだ線である。破線の左側の領域は**遅れ力率**，右側の領域は**進み力率**の領域である。

解説

図5-1は，非突極形同期電動機の等価回路である。誘導起電力を$\dot{E}$，電機子電流を$\dot{I}$，同期リアクタンスをX_Sとすると，端子相電圧（仮想中性線に対する電圧）$\dot{V}$は次式で表せる。

$$\dot{V}=\dot{E}+jX_S\dot{I}\,[V] \qquad ①$$

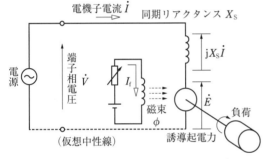

図5-1　同期電動機の等価回路（1相分）

同期電動機の誘導起電力Eは，磁束ϕに比例，すなわち界磁電流I_fに比例する。**図5-2**は，界磁電流I_fの大きさを変化させたときのベクトル図である。I_fが小さいとき（低励磁）は図（a）のように電機子電流$\dot{I}$が遅れ，I_fが大きいとき（過励磁）は図（b）のように電機子電流$\dot{I}$が進む。

上記から同期電動機は，界磁電流を増減することによって，無効電力を遅れから進みまで変化させることができる。

（a）I_f小：遅れ　　（b）I_f大：進み

図5-2　界磁電流とベクトル図

Point 同期電動機では，界磁電流小→遅れ力率（遅れ電流），界磁電流大→進み力率（進み電流）

問6の解答　出題項目＜電動機のトルク＞

直流分巻電動機は，回転速度に比例する誘導起電力（逆起電力）E_aが電機子巻線に生じる。電源電圧VとE_a，電機子電流I_aおよび電機子抵抗r_aの関係を次式に示す。

$$V=E_a+r_aI_a\,[V] \qquad ①$$

したがって，無負荷（$I_a\fallingdotseq0$）のとき，**逆起電力**E_aと**電源電圧**Vはほぼ等しい。

誘導電動機の同期速度N_sおよび回転速度Nを次式に示す。ただし，f：電源周波数[Hz]，p：極数，s：滑りである。

$$N_s=\frac{120f}{p}\,[min^{-1}] \qquad ②$$

$$N=N_s(1-s)\,[min^{-1}] \qquad ③$$

②式より，**同期速度**は電源周波数と極数で決まる。無負荷では誘導電動機の**滑り**sは，ほぼ0となるため，回転速度は③式より同期速度とほぼ等

しくなる。

同期電動機の発生トルクは次式で表せる。ただし，V：端子（相）電圧[V]，E：誘導起電力[V]，X_s：同期リアクタンス[Ω]，δ：負荷角（VとEの位相差），ω_s：同期角速度[rad/s]である。

$$T=\frac{P}{\omega_s}=\frac{3VE}{\omega_sX_s}\sin\delta\,[N\cdot m] \qquad ④$$

④式より，同期電動機は無負荷状態から**負荷角**δが増大することでトルクが発生する

解説

各電動機のトルクの関係は次の通り。

直流電動機：$T\propto I_a$

誘導電動機：定格付近において$T\propto s$

同期電動機：$T\propto\sin\delta$

Point 各電動機のトルクの発生原理を理解すること。

問 7　出題分野＜変圧器＞　　　　　難易度 ★★★　重要度 ★★☆

各種変圧器に関する記述として，誤っているものを次の（1）～（5）のうちから一つ選べ。

（1）　単巻変圧器は，一次巻線と二次巻線とが一部分共通になっている。そのため，一次巻線と二次巻線との間が絶縁されていない。変圧器自身の自己容量は，負荷に供給する負荷容量に比べて小さい。

（2）　三巻線変圧器は，一つの変圧器に三組の巻線を設ける。これを 3 台用いて三相 Y-Y 結線を行う場合，一組目の巻線を Y 結線の一次，二組目の巻線を Y 結線の二次，三組目の巻線を Δ 結線の第 3 調波回路とする。

（3）　磁気漏れ変圧器は，磁路の一部にギャップがある鉄心に，一次巻線及び二次巻線を巻く。負荷のインピーダンスが変化しても，変圧器内の漏れ磁束が変化することで，負荷電圧を一定に保つ作用がある。

（4）　計器用変成器には，変流器（CT）と計器用変圧器（VT）がある。これらを用いると，大電流又は高電圧の測定において，例えば最大目盛りが 5 A，150 V という通常の電流計又は電圧計を用いることができる。

（5）　変流器（CT）では，電流計が二次側の閉回路を構成し，そこに流れる電流が一次側に流れる被測定電流の起磁力を打ち消している。通電中に誤って二次側を開放すると，被測定電流が全て励磁電流となるので，鉄心の磁束密度が著しく大きくなり，焼損するおそれがある。

問 8　出題分野＜変圧器＞　　　　　難易度 ★★☆　重要度 ★★★

変圧器の規約効率を計算する場合，巻線の抵抗値を 75 ℃の基準温度の値に補正する。

ある変圧器の巻線の温度と抵抗値を測ったら，20 ℃のとき 1.0 Ω であった。この変圧器の 75 ℃における巻線抵抗値[Ω]として，最も近いものを次の（1）～（5）のうちから一つ選べ。

ただし，巻線は銅導体であるものとし，T[℃]と t[℃]の抵抗値の比は，

$(235 + T) : (235 + t)$

である。

（1）　0.27　　　（2）　0.82　　　（3）　1.22　　　（4）　3.75　　　（5）　55.0

令和
4
(2022)

令和
3
(2021)

令和
2
(2020)

令和
元
(2019)

平成
30
(2018)

平成
29
(2017)

平成
28
(2016)

平成
27
(2015)

平成
26
(2014)

平成
25
(2013)

平成
24
(2012)

平成
23
(2011)

平成
22
(2010)

平成
21
(2009)

平成
20
(2008)

問7の解答　出題項目＜各種変圧器＞　　答え（3）

（1）　正。単巻変圧器において一次巻線と二次巻線が共通する部分を分路巻線，共通でない部分を直列巻線という（**図7-1**）。変圧器自体の容量は自己容量という。単巻変圧器から供給される負荷容量 S_L と直列巻線の自己容量 S_S を比較すると，

$$S_L = V_2 \cdot I_2 [\mathrm{V \cdot A}], \quad S_S = (V_2 - V_1) \cdot I_2 [\mathrm{V \cdot A}]$$

となり，自己容量は負荷容量に比べて小さい。

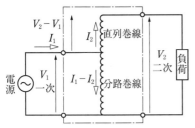

図7-1　昇圧用単巻変圧器

（2）　正。三巻線変圧器は Y-Y-Δ 結線で構成される。一次-二次を Y-Y 結線とすることで，中性点の接地が可能であり，位相変位 0° の送電線用等の変圧器として使用される。三次は Δ 結線として励磁電流に必要な第3調波を流すことで，ひずみの少ない電圧とすることができる。

（3）　誤。磁気漏れ変圧器は，意図的に漏れ磁束を大きくすることで漏れリアクタンス X_t を大きくした変圧器である。**図7-2** の等価回路において負荷インピーダンス Z_L' が小さい場合，$Z_t \gg Z_L'$ が成り立つ。負荷電流 $\dot{I_2'}$（一次換算）は，

$$\dot{I_2'} = \frac{V_1}{\dot{Z_t} + \dot{Z_L'}} \fallingdotseq \frac{V_1}{\dot{Z_t}} [\mathrm{A}]$$

と表せる。$\dot{I_2'}$ は $Z_t \gg Z_L'$ が成り立つ場合，Z_L' に関係無く一定となる。よって，負荷電圧を一定に保つという記述は間違いである。

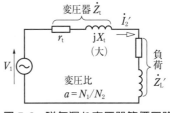

図7-2　磁気漏れ変圧器等価回路（一次換算）

（4）　正。計器用変成器は，一次回路の高電圧・大電流を低電圧・小電流に変成し，二次回路で計器の表示，リレー回路等に利用する。

（5）　正。変流器は一種の変圧器であり，鉄心内において一次側起磁力（電流（アンペア）× 巻数（ターン））を常に等しい二次側起磁力で打ち消している（等アンペアターンの法則）。一次電流を流した状態で二次側を開放（二次電流÷0）すると，一次側起磁力を二次側起磁力で打ち消すことができなくなる。よって，鉄心内の磁束密度が大きくなり，二次側の開放端に過電圧が発生する。

Point 各種変圧器の特性を理解すること。

問8の解答　出題項目＜損失・効率＞　　答え（3）

題意より，変圧器の巻線の温度 20℃ のときの巻線抵抗値 1.0 Ω と温度 75℃ のときの巻線抵抗値 R_{75} の関係を次式に示す。

$$(235 + 75) : (235 + 20) = R_{75} : 1.0 \quad ①$$

比の外項の積と内項の積は等しいので，次式が成り立つ。

$$(235 + 75) \times 1.0 = (235 + 20) \cdot R_{75} \quad ②$$

②式を変形して，R_{75} を求める。

$$R_{75} = \frac{(235 + 75) \times 1.0}{(235 + 20)} = 1.216 [\Omega] \quad \rightarrow \quad 1.22 \ \Omega$$

解説

温度 t で測定した巻線（銅）抵抗を r_t とすると，温度 T に換算した巻線抵抗 r_T は，次式で求められる。

$$r_T = r_t \frac{(235 + T)}{(235 + t)} [\Omega] \quad ③$$

式中の 235 は銅の温度定数である。

Point 比の計算（外項の積 ＝ 内項の積）を覚える。

問 9　　出題分野＜パワーエレクトロニクス＞　　難易度 ★★★　重要度 ★★★

　図は，2 種類の直流チョッパを示している。いずれの回路もスイッチ S，ダイオード D，リアクトル L，コンデンサ C(図 1 のみに使用されている。)を用いて，直流電源電圧 $E = 200$ V を変換し，負荷抵抗 R の電圧 v_{d1}，v_{d2} を制御するためのものである。これらの回路で，直流電源電圧は $E = 200$ V 一定とする。また，負荷抵抗 R の抵抗値とリアクトル L のインダクタンス又はコンデンサ C の静電容量の値とで決まる時定数が，スイッチ S の動作周期に対して十分に大きいものとする。各回路のスイッチ S の通流率を 0.7 とした場合，負荷抵抗 R の電圧 v_{d1}，v_{d2} の平均値 V_{d1}，V_{d2} の値[V]の組合せとして，最も近いものを次の(1)～(5)のうちから一つ選べ。

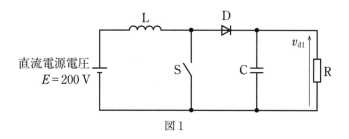

図 1

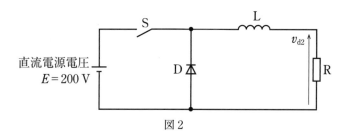

図 2

	V_{d1}	V_{d2}
(1)	667	140
(2)	467	60
(3)	667	86
(4)	467	140
(5)	286	60

問 9 の解答　　出題項目＜チョッパ＞　　　　　答え　（1）

問題図 1 は直流昇圧チョッパである。スイッチ S の通流率を d とすると，出力電圧の平均値 V_{d1} は次式で表される。

$$V_{d1} = \frac{1}{1-d}E\,[\mathrm{V}]$$

数値を代入して計算すると，

$$V_{d1} = \frac{1}{1-0.7} \times 200 \fallingdotseq 666.6\,[\mathrm{V}] \quad \rightarrow \quad 667\ \mathrm{V}$$

また，問題図 2 は直流降圧チョッパである。出力電圧の平均値 V_{d2} は次式で表される。

$$V_{d2} = dE\,[\mathrm{V}]$$

数値を代入して計算すると，

$$V_{d2} = 0.7 \times 200 = 140\,[\mathrm{V}]$$

解説 ●●●●●●●●●●●●●●●●●●●●●●●●●●●●

直流チョッパは，直流電圧を異なる直流電圧に変換する装置であり，昇圧形，降圧形，昇降圧形（昇圧と降圧を一つの回路にまとめたもの）がある。

昇圧の仕組みは，問題図 1 のスイッチ S を開いたときにリアクトル L に生じる誘導起電力を利用する点にある。電源と同じ向きに生じた誘導起電力は，ダイオード D を通りコンデンサを充電するため，負荷抵抗 R の端子電圧は電源電圧よりも高くなり昇圧ができる。

降圧の仕組みは，スイッチ S で直流を切り刻むことで，出力される電圧の平均値を下げることにある。

通流率は，スイッチ S を開閉する動作周期（オン ＋ オフ）に対するスイッチが閉じている（オン）期間の比で表され，オンの期間を $T_{on}\,[\mathrm{s}]$，オフの期間を $T_{off}\,[\mathrm{s}]$ とすると次式で表される。

$$d = \frac{T_{on}}{T_{on} + T_{off}}$$

また，回路の時定数が動作周期に対して十分に大きいということは，オンオフ時の過渡現象において負荷抵抗 R を流れる電流がほぼ一定であることを意味している。このため，負荷抵抗 R の端子電圧もほぼ一定となる。

Point チョッパの出力は通流率で決まる。

令和
4
(2022)

令和
3
(2021)

令和
2
(2020)

令和
元
(2019)

平成
30
(2018)

平成
29
(2017)

平成
28
(2016)

平成
27
(2015)

平成
26
(2014)

平成
25
(2013)

平成
24
(2012)

平成
23
(2011)

平成
22
(2010)

平成
21
(2009)

平成
20
(2008)

問 10　出題分野＜パワーエレクトロニクス＞　難易度 ★★★　重要度 ★★★

次の文章は，太陽光発電システムに関する記述である。

図1は交流系統に連系された太陽光発電システムである。太陽電池アレイはインバータと系統連系用保護装置とが一体になった　(ア)　を介して交流系統に接続されている。

太陽電池アレイは，複数の太陽電池セルを直列又は直並列に接続して構成される太陽電池モジュールをさらに直並列に接続したものである。太陽電池セルは p 形半導体と n 形半導体とを接合した pn 接合ダイオードであり，照射される太陽光エネルギーを　(イ)　によって電気エネルギーに変換する。

また，太陽電池セルの簡易等価回路は電流源と非線形の電流・電圧特性をもつ一般的なダイオードを組み合わせて図2のように表される。太陽電池セルに負荷を接続し，セルに照射される太陽光の量を一定に保ったまま，負荷を変化させたときに得られる出力電流・出力電圧特性は図3の　(ウ)　のようになる。このとき負荷への出力電力・出力電圧特性は図4の　(エ)　のようになる。セルに照射される太陽光の量が変化すると，最大電力も，最大電力となるときの出力電圧も変化する。このため，　(ア)　には太陽電池アレイから常に最大の電力を取り出すような制御を行うものがある。この制御は　(オ)　制御と呼ばれている。

上記の記述中の空白箇所(ア)，(イ)，(ウ)，(エ)及び(オ)に当てはまる組合せとして，正しいものを次の(1)～(5)のうちから一つ選べ。

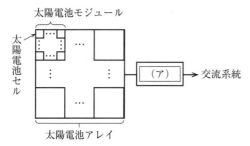

図1　交流系統に連系された太陽光発電システム

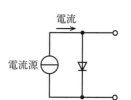

図2　太陽電池セルの簡易等価回路

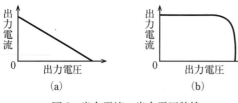

図3　出力電流・出力電圧特性

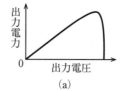

図4　出力電力・出力電圧特性

	(ア)	(イ)	(ウ)	(エ)	(オ)
(1)	パワーコンディショナ	光起電力効果	(b)	(a)	MPPT
(2)	ガバナ	光起電力効果	(b)	(b)	PWM
(3)	パワーコンディショナ	光起電力効果	(a)	(b)	MPPT
(4)	ガバナ	光導電効果	(b)	(a)	PWM
(5)	パワーコンディショナ	光導電効果	(a)	(b)	PWM

問 10 の解答　　出題項目＜太陽光発電システム＞　　答え　（1）

太陽電池アレイはインバータと系統連系用保護装置とが一体になった**パワーコンディショナ**を介して交流系統に接続されている。

太陽電池セルは p 形半導体と n 形半導体とを接合した pn 接合ダイオードであり，照射される太陽光エネルギーを**光起電力効果**によって電気エネルギーに変換する。

太陽電池セルに負荷を接続し，セルに照射される太陽光の量を一定に保ったまま，負荷を変化させたときに得られる出力電流・出力電圧特性は問題図 3 の**（b）**のようになる。このとき負荷への出力電力・出力電圧特性は問題図 4 の**（a）**のようになる。

パワーコンディショナには太陽電池アレイから常に最大電力を取り出すような制御を行うものがある。この制御は **MPPT** と呼ばれる。

解説

太陽電池セルの簡易等価回路は，問題図 2 のように電流源とダイオードが並列に接続されたものである。ダイオードは順方向電圧（約 0.7 V）以下の出力電圧ではオフ状態なので，定電流特性を示す。それ以上の出力電圧ではオン状態となるので，電流源の電流はすべてダイオードを流れ，出力電流は零となる。

出力電力は，電流が一定のため出力電圧に比例する。出力電圧が約 0.7 V 以上になると出力電流が零になるため，出力電力も零になる。

MPPT とは，最大電力点追従の略語であり，常に出力電力が最大となる動作点を追従するように，出力電圧を制御する方法である。

Point 太陽電池セルは電流源である。

令和 4 (2022)
令和 3 (2021)
令和 2 (2020)
令和 元 (2019)
平成 30 (2018)
平成 29 (2017)
平成 28 (2016)
平成 27 (2015)
平成 26 (2014)
平成 25 (2013)
平成 24 (2012)
平成 23 (2011)
平成 22 (2010)
平成 21 (2009)
平成 20 (2008)

問11 出題分野＜電動機応用＞ 難易度 ★★★ 重要度 ★★★

　かごの質量が200 kg，定格積載質量が1 000 kgのロープ式エレベータにおいて，釣合いおもりの質量は，かごの質量に定格積載質量の40 %を加えた値とした。このエレベータで，定格積載質量を搭載したかごを一定速度90 m/minで上昇させるときに用いる電動機の出力の値[kW]として，最も近いものを次の(1)～(5)のうちから一つ選べ。ただし，機械効率は75 %，加減速に要する動力及びロープの質量は無視するものとする。

（1）　1.20　　　（2）　8.82　　　（3）　11.8　　　（4）　23.5　　　（5）　706

問12 出題分野＜電気化学＞ 難易度 ★★★ 重要度 ★★★

電池に関する記述として，誤っているものを次の(1)～(5)のうちから一つ選べ。
（1）　充電によって繰り返し使える電池は二次電池と呼ばれている。
（2）　電池の充放電時に起こる化学反応において，イオンは電解液の中を移動し，電子は外部回路を移動する。
（3）　電池の放電時には正極では還元反応が，負極では酸化反応が起こっている。
（4）　出力インピーダンスの大きな電池ほど大きな電流を出力できる。
（5）　電池の正極と負極の物質のイオン化傾向の差が大きいほど開放電圧が高い。

問 11 の解答　出題項目＜エレベータ・巻上機＞　　答え　（3）

このエレベータの模式図を図 11-1 に示す。

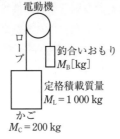

図 11-1　模式図

釣合いおもりの質量 M_B は，

$$M_B = M_C + 0.4M_L$$
$$= 200 + 400 = 600 \,[\text{kg}]$$

定格積載質量を搭載したかごを上昇させるとき，電動機に加わる荷重 M は，

$$M = M_C + M_L - M_B = 200 + 1\,000 - 600$$
$$= 600 \,[\text{kg}]$$

機械効率を η，上昇速度を $V\,[\text{m/min}]$ としたときの電動機の出力 $P\,[\text{kW}]$ は次式となる。

$$P = \frac{MV}{6\,120\,\eta} = \frac{600 \times 90}{6\,120 \times 0.75} \fallingdotseq 11.8 \,[\text{kW}]$$

解説

エレベータの特徴は，釣合いおもりが設けられていることにあり，電動機の負担は釣合いおもりの分だけ軽減される。問題では釣合いおもりの質量を，かご＋(定格積載質量の 40 %)として設計している。

電動機の出力は次のように導く。

重力加速度を $g = 9.8\,[\text{m/s}^2]$ とするとき，質量 $M\,[\text{kg}]$ の物体に働く重力は $Mg\,[\text{N}]$ である。この力に逆らって物体を一定速度 $V'\,[\text{m/s}]$ で上昇さ

せるには，常に上向きに $Mg\,[\text{N}]$ の力が必要になり，1 秒当たり $MgV'\,[\text{J}]$ の仕事を必要とする。1 秒当たりの仕事は仕事率[W]のことであるから，この物体の移動に必要な仕事率 P は，

$$P = MgV'\,[\text{W}]$$

移動速度を 1 分当たりの速度 $V\,[\text{m/min}]$ に換算すると，

$$P = \frac{MgV}{60}\,[\text{W}] \qquad\qquad ①$$

機械部分の損失のために，電動機の出力は理論値より大きくしなければならないので，①式を機械効率で割ると出力の式が導出できる。

$$P = \frac{MgV}{60\,\eta} \fallingdotseq \frac{MV}{6.12\,\eta}\,[\text{W}] = \frac{MV}{6\,120\,\eta}\,[\text{kW}]$$

補足　力学計算で覚えておきたい関係式。

物体に $F\,[\text{N}]$ の力を加えて $L\,[\text{m}]$ 移動させるのに必要な仕事 W は，

$$W = FL\,[\text{J}]$$

また，速度 $V\,[\text{m/s}]$ で移動させるのに必要な仕事率 P は，

$$P = FV\,[\text{W}]$$

この関係式は，水力発電所の発電機出力やポンプ，巻上機などの電動機出力の計算式を導出するための元となる式である。

問 12 の解答　出題項目＜電池と電気分解＞　　答え　（4）

（1）　正。一度の放電で寿命となる電池を一次電池と呼んでいる。

（2）　正。記述のとおり。

（3）　正。物質が電子を放出する化学反応を酸化反応，電子を受け取る化学反応を還元反応という。電池の負極では電子を放出する酸化反応が起こり，生じた電子が外部回路を通り正極で起こる還元反応に使われる。このため，正極から負極に向かい外部回路に電流が流れる。

（4）　誤。出力インピーダンスが大きな電池は，負荷電流による端子電圧の低下が大きく，**大きな電流を出力できない**。

（5）　正。二つの電極の物質のうち，イオン化傾向の大きな物質が負極となる。

解説

電池に関する基本事項の問題である。各電極で起こる化学変化を理解しておきたい。

令和 4 (2022)

令和 3 (2021)

令和 2 (2020)

令和 元 (2019)

平成 30 (2018)

平成 29 (2017)

平成 28 (2016)

平成 27 (2015)

平成 26 (2014)

平成 25 (2013)

平成 24 (2012)

平成 23 (2011)

平成 22 (2010)

平成 21 (2009)

平成 20 (2008)

問 13 出題分野＜自動制御＞ 難易度 ★★★ 重要度 ★★★

次の文章は，フィードバック制御における三つの基本的な制御動作に関する記述である。

目標値と制御量の差である偏差に （ア） して操作量を変化させる制御動作を （ア） 動作という。この動作の場合，制御動作が働いて目標値と制御量の偏差が小さくなると操作量も小さくなるため，制御量を目標値に完全に一致させることができず， （イ） が生じる欠点がある。

一方，偏差の （ウ） 値に応じて操作量を変化させる制御動作を （ウ） 動作という。この動作は偏差の起こり始めに大きな操作量を与える動作をするので，偏差を早く減衰させる効果があるが，制御のタイミング(位相)によっては偏差を増幅し不安定になることがある。

また，偏差の （エ） 値に応じて操作量を変化させる制御動作を （エ） 動作という。この動作は偏差が零になるまで制御動作が行われるので， （イ） を無くすことができる。

上記の記述中の空白箇所(ア)，(イ)，(ウ)及び(エ)に当てはまる組合せとして，正しいものを次の(1)～(5)のうちから一つ選べ。

	(ア)	(イ)	(ウ)	(エ)
(1)	積 分	目標偏差	微 分	比 例
(2)	比 例	定常偏差	微 分	積 分
(3)	微 分	目標偏差	積 分	比 例
(4)	比 例	定常偏差	積 分	微 分
(5)	微 分	定常偏差	比 例	積 分

問 14 出題分野＜情報＞ 難易度 ★★☆ 重要度 ★★☆

次の文章は，基数の変換に関する記述である。

・2 進数 00100100 を 10 進数で表現すると （ア） である。

・10 進数 170 を 2 進数で表現すると （イ） である。

・2 進数 111011100001 を 8 進数で表現すると （ウ） である。

・16 進数 （エ） を 2 進数で表現すると 11010111 である。

上記の記述中の空白箇所(ア)，(イ)，(ウ)及び(エ)に当てはまる組合せとして，正しいものを次の(1)～(5)のうちから一つ選べ。

	(ア)	(イ)	(ウ)	(エ)
(1)	36	10101010	7321	D7
(2)	37	11010100	7341	C7
(3)	36	11010100	7341	D7
(4)	36	10101010	7341	D7
(5)	37	11010100	7321	C7

令和 4 (2022)
令和 3 (2021)
令和 2 (2020)
令和元 (2019)
平成 30 (2018)
平成 29 (2017)
平成 28 (2016)
平成 27 (2015)
平成 26 (2014)
平成 25 (2013)
平成 24 (2012)
平成 23 (2011)
平成 22 (2010)
平成 21 (2009)
平成 20 (2008)

問 13 の解答　出題項目＜フィードバック制御＞　答え　(2)

　目標値と制御量の差である偏差に**比例**して操作量を変化させる制御動作を**比例**動作という。この動作の場合，制御動作が働いて目標値と制御量の偏差が小さくなると操作量も小さくなるため，制御量を目標値に完全に一致させることができず，**定常偏差**が生じる欠点がある。

　一方，偏差の**微分**値に応じて操作量を変化させる制御動作を**微分**動作という。この動作は偏差の起こり始めに大きな操作量を与える動作をするので，偏差を早く減衰させる効果があるが，制御のタイミング（位相）によっては偏差を増幅し不安定になることがある。

　また，偏差の**積分**値に応じて操作量を変化させる制御動作を積分動作という。この動作は偏差が零になるまで制御動作が行われるので，**定常偏差**をなくすことができる。

解説

　フィードバック制御において，制御量と目標値にずれ（偏差）が生じたとき，迅速に制御量を目標値に一致させる仕組みとして，**比例動作（P 動**作），積分動作（I 動作），微分動作（D 動作）を組み合わせた **PID 動作**が用いられている。比例動作は偏差に比例した操作を行い，制御量を目標値に近づけていくフィードバック制御の基本動作を成す。しかし，偏差が零に近づく（制御量が目標値に近づく）と操作量も小さくなり，それが操作部の制御能力の限界以下になると，それ以上の操作が行われず偏差が完全に零にならない。これを**定常偏差**または**残留偏差**という。

　この定常偏差を零にする仕組みが積分動作である。わずかな定常偏差を時間で積分し（時間をかけて蓄積すること），その量に比例して操作量を増やすことで偏差を零にすることができる。

　迅速に偏差を零にする仕組みとして微分動作がある。外乱等で制御量が目標値からずれた場合，ずれの変化の度合いを時間で微分することで検出し，その量に比例して操作量を増やす。これにより，偏差の時間変化が大きいほど大きな操作を行い，短時間で偏差を減衰させることができる。

問 14 の解答　出題項目＜基数変換＞　答え　(4)

・2 進数 0010 0100 を 10 進数で表現すると，
$0\times2^7+0\times2^6+1\times2^5+0\times2^4+0\times2^3$
$+1\times2^2+0\times2^1+0\times2^0=1\times2^5+1\times2^2=\textbf{36}$

・10 進数 170 を 2 進数で表現すると，

2）170
2）　85…0
2）　42…1　　170＝(**1010 1010**)₂
2）　21…0
2）　10…1
2）　　5…0
2）　　2…1
2）　　1…0
　　　　0…1

・2 進数 111 011 100 001 を 3 ビット区切りで表現すると 8 進数となる。111→7，011→3，100→

4，001→1 なので，
(111 011 100 001)₂＝(**7341**)₈

・2 進数 1101 0111 を 4 ビット区切りで表現すると 16 進数となる。1101→D，0111→7 なので，
(1101 0111)₂＝(**D7**)₁₆

解説

　2 進数を 10 進数に変換するには，2 進数の r 桁目が 2^{r-1} の位（重み）であることを利用する。10 進数を 2 進数に変換するには，2 で割った余りの列で求められる。また，2 進数 3 桁は 0〜7 までを表現できるので，3 桁区切りで 10 進数に直せば 8 進数に変換できる。同様に，2 進数は 4 桁区切りで 16 進数に変換できる。ただし，16 進数では 10，11，12，13，14，15 に相当する数を A, B, C, D, E, F と表現している。

B 問 題 （配点は 1 問題当たり(a)5 点，(b)5 点，計 10 点）

問 15 出題分野＜同期機＞ 難易度 ★★★ 重要度 ★★★

定格出力 3 300 kV·A，定格電圧 6 600 V，定格力率 0.9(遅れ)の非突極形三相同期発電機があり，星形接続 1 相当たりの同期リアクタンスは 12.0 Ω である。電機子の巻線抵抗及び磁気回路の飽和は無視できるものとして，次の(a)及び(b)の問に答えよ。

(a) 定格運転時における 1 相当たりの内部誘導起電力の値[V]として，最も近いものを次の(1)～(5)のうちから一つ選べ。

(1) 3 460 (2) 3 810 (3) 6 170 (4) 7 090 (5) 8 690

(b) 上記の発電機の励磁を定格状態に保ったまま運転し，星形結線 1 相当たりのインピーダンスが 13＋j5 Ω の平衡三相誘導性負荷を接続した。このときの発電機端子電圧の値[V]として，最も近いものを次の(1)～(5)のうちから一つ選べ。

(1) 3 810 (2) 4 010 (3) 5 990 (4) 6 600 (5) 6 950

問15（a）の解答　出題項目＜誘導起電力＞　　答え　（3）

定格運転時の電機子電流 I_n は，定格容量を S_n [V·A]，定格端子電圧を V_n[V] とすると，

$$S_\mathrm{n}=\sqrt{3}\,V_\mathrm{n}I_\mathrm{n}[\mathrm{V·A}]$$

$$\therefore\ I_\mathrm{n}=\frac{S_\mathrm{n}}{\sqrt{3}\,V_\mathrm{n}}=\frac{3\,300\times10^3}{\sqrt{3}\times6\,600}\fallingdotseq288.68[\mathrm{A}]$$

非突極形三相同期発電機の等価回路（1 相分）を **図 15-1** に示す。図から誘導起電力 $\dot{E}$ は，端子（相）電圧 $V_\mathrm{n}/\sqrt{3}$ を基準とすると，次式で示せる。

$$\dot{E}=\frac{V_\mathrm{n}}{\sqrt{3}}+\mathrm{j}X_\mathrm{S}\dot{I}_\mathrm{n}[\mathrm{V}]\qquad①$$

①式の関係を図示したものが，**図 15-2** のベクトル図である。1 相当たりの誘導起電力 E は，

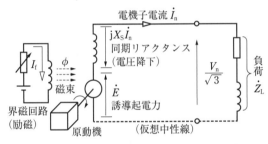

図 15-1　非突極形三相同期発電機（1 相分）

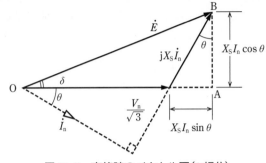

図 15-2　定格時のベクトル図（1 相分）

△ OAB において三平方の定理を適用すると，

$$E^2=\left(\frac{V_\mathrm{n}}{\sqrt{3}}+X_\mathrm{S}I_\mathrm{n}\sin\theta\right)^2+(X_\mathrm{S}I_\mathrm{n}\cos\theta)^2$$

$$E=\sqrt{\left(\frac{V_\mathrm{n}}{\sqrt{3}}+X_\mathrm{S}I_\mathrm{n}\sin\theta\right)^2+(X_\mathrm{S}I_\mathrm{n}\cos\theta)^2}$$

上式において，定格力率 $\cos\theta=0.9$，および $\sin\theta=\sqrt{1-0.9^2}=0.435\,89$ であるから，

$$E=\sqrt{\left(\frac{6\,600}{\sqrt{3}}+12.0\times288.68\times0.435\,89\right)^2+(12.0\times288.68\times0.9)^2}$$

$$\fallingdotseq6\,166.7[\mathrm{V}]$$

$$\rightarrow\quad6\,170\ \mathrm{V}$$

問15（b）の解答　出題項目＜端子電圧＞　　答え　（5）

題意の「励磁を定格状態に保った」とは，界磁巻線に供給する界磁電流を一定に保った状態なので，誘導起電力は上記（a）で求めた $E=6\,166.7$ [V] と同じ値である。

負荷インピーダンス $\dot{Z}_\mathrm{L}=13+\mathrm{j}5$ [Ω] を接続した場合の端子電圧を V とすると，端子（相）電圧 $V/\sqrt{3}$ は，図 15-1 により，$\dot{Z}_\mathrm{L}$ と $\mathrm{j}X_\mathrm{S}=\mathrm{j}12.0$ [Ω] との分圧であるので，

$$\frac{V}{\sqrt{3}}=\left|\frac{\dot{Z}_\mathrm{L}}{\dot{Z}_\mathrm{L}+\mathrm{j}X_\mathrm{S}}\cdot\dot{E}\right|$$

となる。上式に数値を代入すると，

$$\frac{V}{\sqrt{3}}=\frac{|13+\mathrm{j}5|}{|13+\mathrm{j}5+\mathrm{j}12|}\times6\,166.7$$

$$\frac{V}{\sqrt{3}}=\frac{\sqrt{13^2+5^2}}{\sqrt{13^2+17^2}}\times6\,166.7$$

両辺に $\sqrt{3}$ を掛けて端子電圧 V を求める。

$$V=\sqrt{3}\times\frac{\sqrt{13^2+5^2}}{\sqrt{13^2+17^2}}\times6\,166.7$$

$$\fallingdotseq6\,951.5[\mathrm{V}]$$

$$\rightarrow\quad6\,950\ \mathrm{V}$$

問 16　出題分野＜パワーエレクトロニクス＞　難易度 ★★★　重要度 ★★★

純抵抗を負荷とした単相サイリスタ全波整流回路の動作について，次の(a)及び(b)の問に答えよ。

(a)　図1に単相サイリスタ全波整流回路を示す。サイリスタ T_1〜T_4 に制御遅れ角 $\alpha = \dfrac{\pi}{2}$[rad]で
ゲート信号を与えて運転しようとしている。T_2 及び T_3 のゲート信号は正しく与えられたが，
T_1 及び T_4 のゲート信号が全く与えられなかった場合の出力電圧波形を e_{d1} とし，正しく T_1〜
T_4 にゲート信号が与えられた場合の出力電圧波形を e_{d2} とする。図2の波形1〜波形3から，e_{d1}
と e_{d2} の組合せとして正しいものを次の(1)〜(5)のうちから一つ選べ。

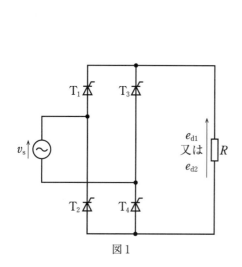

図1

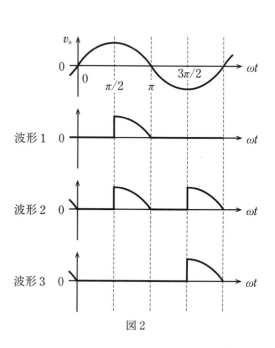

図2

	電圧波形 e_{d1}	電圧波形 e_{d2}
(1)	波形1	波形2
(2)	波形2	波形1
(3)	波形2	波形3
(4)	波形3	波形1
(5)	波形3	波形2

(b)　単相交流電源電圧 v_s の実効値を V[V]とする。ゲート信号が正しく与えられた場合の出力電
圧波形 e_{d2} について，制御遅れ角 α[rad]と出力電圧の平均値 E_d[V]との関係を表す式として，
正しいものに最も近いものを次の(1)〜(5)のうちから一つ選べ。

(1)　$E_d = 0.45 V \dfrac{1 + \cos\alpha}{2}$　　　(2)　$E_d = 0.9 V \dfrac{1 + \cos\alpha}{2}$　　　(3)　$E_d = V \dfrac{1 + \cos\alpha}{2}$

(4)　$E_d = 0.45 V \cos\alpha$　　　(5)　$E_d = 0.9 V \cos\alpha$

問 16 （a）の解答　出題項目〈単相サイリスタ整流回路〉　答え　（5）

サイリスタに正しくゲート信号が与えられた場合について，サイリスタの動作及び出力電圧 v_R の変化を次の区分で調べる。

① ωt が 0 から $\pi/2$ 未満

すべてのサイリスタはオフなので，出力電圧は 0 V となる。

② ωt が $\pi/2$ から π まで（**図 16-1** 参照）

ωt が $\pi/2$ になった時点で T_1 及び T_4 がターンオンし，出力には電源電圧 v_s が現れる。

③ ωt が π から $3\pi/2$ まで

ωt が π の時点でサイリスタの電流は零となり，以後 T_1 及び T_4 には逆電圧が加わるので T_1 及び T_4 はオフ状態となる。一方，T_2 及び T_3 には順方向電圧が加わるが，ゲート信号が $\omega t=3\pi/2$ まで与えられないのでオフ状態のままである。このため，出力電圧は 0 V となる。

図 16-1　ωt が π まで

④ ωt が $3\pi/2$ から 2π まで（**図 16-2** 参照）

ωt が $3\pi/2$ になった時点で T_2 及び T_3 がターンオンし，出力には電源電圧 v_s が反転して現れる。したがって，e_{d2} は波形 2 となる。

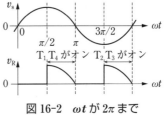

図 16-2　ωt が 2π まで

T_1 及び T_4 のゲート信号がまったく与えられない場合，T_1 及び T_4 がターンオンしないため，ωt が $\pi/2$ から π までの間の出力電圧は 0 V となる。したがって，e_{d1} は波形 3 となる。

解 説

単相サイリスタブリッジは出題頻度が高い。誘導負荷における負荷電圧や電流の波形は要注意である。

問 16 （b）の解答　出題項目〈単相サイリスタ整流回路〉　答え　（2）

正弦波交流の波形率（実効値/平均値）は 1.11 であるから，制御角 $\alpha=0$ のときの出力電圧の平均値 E_d は，

$$E_d = \frac{V}{1.11} \fallingdotseq 0.9V\,[\text{V}]$$

でなければならない。選択肢の式でこの条件を満たすのは（2）と（5）である。

次に，$\alpha=\pi/2$ のとき，出力電圧波形と ωt 軸とで囲まれる面積が $\alpha=0$ のときの半分となるので，出力電圧の平均値 E_d は $\alpha=0$ のときの半分となり，$E_d=0.45V\,[\text{V}]$ でなければならない。選択肢（2）と（5）の式でこの条件を満たすのは（2）である。

解 説

E_d の導出は，積分の計算が必要になり電験三種の範囲を超える。したがって，他の方法によるアプローチがあるはずであり，それを考える。

$\alpha=0$ の出力電圧はダイオードの全波整流波形と同じなので，E_d は波形率から容易に求められる。この結果と合わない選択肢を消去すれば，（2）と（5）が残る。

次に，$\alpha=\pi/2$ のときの E_d の値は，（5）では $E_d=0$ となるが，出力波形からは電圧が現れていることが明白であり矛盾する。解答では $\alpha=\pi/2$ のときの E_d を求めたが，敢えて求めなくても，正解に至ることができる。

Point 式に数値を代入して矛盾を探す。

　　問 17 及び問 18 は選択問題であり，問 17 又は問 18 のどちらかを選んで解答すること。両方解答すると採点されません。

（選択問題）

問 17　出題分野＜電熱＞　　難易度 ★★★　重要度 ★★★

　　図はヒートポンプ式電気給湯器の概要図である。ヒートポンプユニットの消費電力は 1.34 kW，COP（成績係数）は 4.0 である。また，貯湯タンクには 17 ℃の水 460 L が入っている。この水全体を 88 ℃まで加熱したい。次の（a）及び（b）の問に答えよ。

（a）　この加熱に必要な熱エネルギー W_h の値[MJ]として，最も近いものを次の（1）～（5）のうちから一つ選べ。ただし，貯湯タンク，ヒートポンプユニット，配管などからの熱損失はないものとする。また，水の比熱容量は 4.18 kJ/(kg·K)，水の密度は 1.00×10^3 kg/m³ であり，いずれも水の温度に関係なく一定とする。

　　（1）　37　　　　（2）　137　　　　（3）　169　　　　（4）　202　　　　（5）　297

（b）　この加熱に必要な時間 t の値[h]として，最も近いものを次の（1）～（5）のうちから一つ選べ。ただし，ヒートポンプユニットの消費電力及び COP はいずれも加熱の開始から終了まで一定とする。

　　（1）　1.9　　　　（2）　7.1　　　　（3）　8.8　　　　（4）　10.5　　　　（5）　15.4

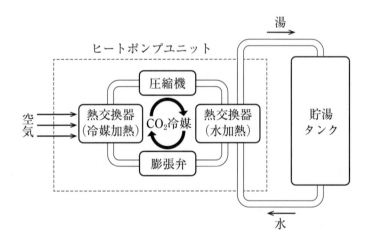

令和 4 (2022)
令和 3 (2021)
令和 2 (2020)
令和 元 (2019)
平成 30 (2018)
平成 29 (2017)
平成 28 (2016)
平成 27 (2015)
平成 26 (2014)
平成 25 (2013)
平成 24 (2012)
平成 23 (2011)
平成 22 (2010)
平成 21 (2009)
平成 20 (2008)

問 17 （a）の解答　出題項目<ヒートポンプ，加熱エネルギー>　答え　(2)

容積[リットル]を体積[m³]に換算する。

　$1[L]=1\,000[mL]=1\,000[cc]=1\,000[cm^3]$

$1[cm^3]=10^{-6}[m^3]$であるから，

　$1[L]=10^{-3}[m^3]$

したがって，$460[L]=0.46[m^3]$となる。

加熱による温度差は$88-17=71[℃]=71[K]$，水の質量は$0.46×1.00×10^3=460[kg]$なので，水の比熱容量から加熱に必要な熱エネルギー W_h が計算できる。

　$W_h=4.18×71×460≒137×10^3[kJ]$

　　　$=137[MJ]$

解説

単位の換算はなかなか面倒なものである。水の加熱の場合，容積[リットル]で与えられるのが普通であり，一方，比熱容量（比熱）は単位質量[kg]当たりの値として与えられる場合が多いので，次の換算を覚えておくと便利である。

　「水 1[L]の質量は 1[kg]」

また，質量は密度 × 体積で与えられ，加熱に必要なエネルギーは比熱容量 × 質量 × 温度差で与えられる。

題意により熱損失はないので，これで計算された値が実際の加熱に要する熱量となる。

もし，熱損失を考慮するような場合には，加熱器の熱効率が用いられる。

$$熱効率=\frac{加熱に必要な理論値}{実際の加熱に要する熱量}$$

この問題では熱効率は 1(100 %)である。

Point エネルギー ＝ 比熱容量 × 質量 × 温度差

問 17 （b）の解答　出題項目<ヒートポンプ>　答え　(2)

ヒートポンプの COP は，

$$COP=\frac{ヒートポンプが発生した熱量}{ヒートポンプの消費電力量}$$

と定義されているので，ヒートポンプの消費電力量 W は，

　$W=1.34×t[h]×3\,600=4\,824\,t[kJ]$

加熱に必要な熱エネルギーは $W_h=137×10^3$ [kJ]であり，熱損失はないのでこの値がヒートポンプが発生した熱量に等しい。

COP の式に代入すると，

　$COP=4.0=\dfrac{137×10^3}{4\,824\,t}$

これより t は，

　$t=\dfrac{137×10^3}{4.0×4\,824}≒7.1[h]$

解説

近年，ヒートポンプに関する出題は多い。内容は大別して次の二つである。COP を用いた加熱の計算や冷房の計算に関する問題，ヒートポンプの動作原理に関する問題である。

計算問題は，一般の電気加熱の計算方法と同じであるが，COP を用いる点だけが異なる。したがって，COP の定義さえ理解していれば問題自体難しいものではない。

動作原理に関する問題では，**圧縮機**による**冷媒**（問題では CO_2 を使用）の加圧と，**膨張弁**による減圧が重要である。加圧された気体冷媒は高温高圧の気体となり，水加熱用の熱交換器で熱を放出しながら液化する。次に，膨張弁で減圧した液体冷媒は低温低圧となり，冷媒加熱用熱交換器から熱を吸収しながら気化する。そして，再び圧縮機に送られ，このサイクルを繰り返す。

ヒートポンプは，このような冷媒の状態変化を介して，低温部の熱量を高温部に運び上げる熱のポンプとして働く。

一般に，ヒートポンプでは消費電力量よりも多くの熱量を運び上げることができるので，COP は 1 より大きな値となる。

（選択問題）

問 18 出題分野＜情報＞ 　　難易度 ★★★ 　重要度 ★★★

次の論理回路について，（a）及び（b）の問に答えよ。

（a）　図 1 に示す論理回路の真理値表として，正しいものを次の（1）〜（5）のうちから一つ選べ。

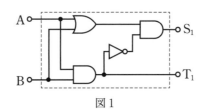

図 1

（1）

入力		出力	
A	B	S_1	T_1
0	0	0	0
0	1	0	0
1	0	0	0
1	1	0	1

（2）

入力		出力	
A	B	S_1	T_1
0	0	0	1
0	1	0	0
1	0	0	0
1	1	0	1

（3）

入力		出力	
A	B	S_1	T_1
0	0	0	0
0	1	1	0
1	0	0	0
1	1	0	1

（4）

入力		出力	
A	B	S_1	T_1
0	0	0	0
0	1	1	0
1	0	1	0
1	1	0	1

（5）

入力		出力	
A	B	S_1	T_1
0	0	0	1
0	1	1	0
1	0	1	0
1	1	0	1

（次々頁に続く）

令和 **4** (2022)
令和 **3** (2021)
令和 **2** (2020)
令和 **元** (2019)
平成 **30** (2018)
平成 **29** (2017)
平成 **28** (2016)
平成 **27** (2015)
平成 **26** (2014)
平成 **25** (2013)
平成 **24** (2012)
平成 **23** (2011)
平成 **22** (2010)
平成 **21** (2009)
平成 **20** (2008)

問18（a）の解答　出題項目＜論理回路＞ 答え（4）

A＝0，B＝0 のとき，S_1，T_1 の真理値は**図18-1**となる。したがって，選択肢（2），（5）は T_1＝1 なので誤り。

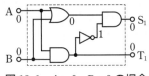

図18-1　A＝0，B＝0 の場合

A＝0，B＝1 のとき，S_1，T_1 の真理値は**図18-2**

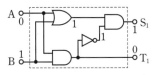

図18-2　A＝0，B＝1 の場合

となる。したがって，選択肢（1）は S_1＝0 なので

誤り。

A＝1，B＝0 のとき，S_1，T_1 の真理値は**図18-3**となる。したがって，選択肢（3）は S_1＝0 なので誤り。残った（4）が正解。

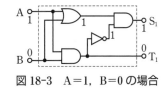

図18-3　A＝1，B＝0 の場合

解 説

それぞれの入力値について，各素子の出力を順次確定していくことで，S_1，T_1 の真理値が求められる。この結果に合わない真理値表を消去していけば，最終的に正解が残る。

（続き）

（b）　図 1 に示す論理回路を 2 組用いて図 2 に示すように接続して構成したとき，A，B 及び C の入
　　　力に対する出力 S_2 及び T_2 の記述として，正しいものを次の（1）〜（5）のうちから一つ選べ。

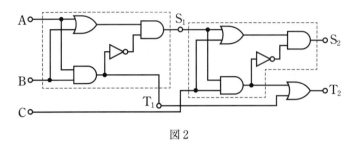

図 2

（1）　A＝0，B＝0，C＝0 を入力したときの出力は，S_2＝0，T_2＝1 である。

（2）　A＝0，B＝0，C＝1 を入力したときの出力は，S_2＝0，T_2＝1 である。

（3）　A＝0，B＝1，C＝0 を入力したときの出力は，S_2＝1，T_2＝0 である。

（4）　A＝1，B＝0，C＝1 を入力したときの出力は，S_2＝1，T_2＝0 である。

（5）　A＝1，B＝1，C＝0 を入力したときの出力は，S_2＝1，T_2＝1 である。

令和 4 (2022)
令和 3 (2021)
令和 2 (2020)
令和 元 (2019)
平成 30 (2018)
平成 29 (2017)
平成 28 (2016)
平成 27 (2015)
平成 26 (2014)
平成 25 (2013)
平成 24 (2012)
平成 23 (2011)
平成 22 (2010)
平成 21 (2009)
平成 20 (2008)

問 18（b）の解答　出題項目＜論理回路＞　　　　答え　（3）

A＝0，B＝0，C＝0 のとき，S_2，T_2 の真理値は図 18-4 となる。したがって，選択肢（1）は誤り。

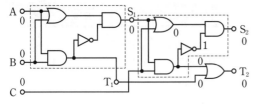

図 18-4　A＝0，B＝0，C＝0 の場合

A＝0，B＝0，C＝1 のとき，S_2，T_2 の真理値は図 18-5 となる。したがって，選択肢（2）は誤り。

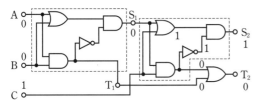

図 18-5　A＝0，B＝0，C＝1 の場合

A＝0，B＝1，C＝0 のとき，S_2，T_2 の真理値は図 18-6 となる。したがって，選択肢（3）は正解。

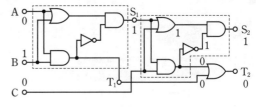

図 18-6　A＝0，B＝1，C＝0 の場合

解説

最も簡単な方法は，五つの入力パターンのそれぞれの入力値について，各素子の出力を順次確定していき，S_2，T_2 の真理値を求める方法であろう。解答では 3 つ目で正解に至ったが，不注意による誤りも考えられるので，念のため選択肢すべてを確認した方が良い。

なお，問題図 1 の論理回路は，A，B の和を求める回路で半加算器と呼ばれる。この回路では S_1 が和，T_1 が桁上げを表す。

問題図 2 の論理回路は，A，B の和と下位からの桁上げ C の三つの和を求める回路で，全加算器と呼ばれる。この回路では，S_2 が A，B，C の和，T_2 が現在桁の桁上げを表す。

機械 平成27年度（2015年度）

A 問 題 （配点は1問題当たり5点）

問1 出題分野＜直流機＞ 難易度 ★★★ 重要度 ★★★

4極の直流電動機が電機子電流250A，回転速度1200 min^{-1} で一定の出力で運転されている。電機子導体は波巻であり，全導体数が258，1極当たりの磁束が0.020Wbであるとき，この電動機の出力の値[kW]として，最も近いものを次の(1)～(5)のうちから一つ選べ。

ただし，波巻の並列回路数は2である。また，ブラシによる電圧降下は無視できるものとする。

（1） 8.21 （2） 12.9 （3） 27.5 （4） 51.6 （5） 55.0

問2 出題分野＜直流機＞ 難易度 ★★☆ 重要度 ★★☆

次の文章は，直流機に関する記述である。

図は，ある直流機を他励発電機として運転した場合と分巻発電機として運転した場合との外部特性曲線を比較したものである。回転速度はいずれも一定の同じ値であったとする。このとき，分巻発電機の場合の特性は (ア) である。

また，この直流機を分巻発電機として運転した場合と同じ極性の端子電圧を外部から加えて分巻電動機として運転すると，界磁電流の向きは発電機運転時と (イ) となり，回転方向は (ウ) となる。これらの向きの関係から，分巻機では，電源電圧を誘導起電力より低くすることで，電動機運転の状態から結線を変更せずに (エ) ができ，エネルギーを有効に利用できる。

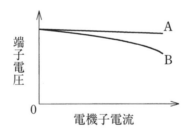

上記の記述中の空白箇所(ア)，(イ)，(ウ)及び(エ)に当てはまる組合せとして，正しいものを次の(1)～(5)のうちから一つ選べ。

	（ア）	（イ）	（ウ）	（エ）
（1）	A	同じ向き	逆向き	回生制動
（2）	B	同じ向き	同じ向き	回生制動
（3）	A	逆向き	逆向き	発電制動
（4）	B	逆向き	同じ向き	回生制動
（5）	A	逆向き	同じ向き	発電制動

問1の解答　　出題項目＜出力・トルク＞

直流機の電機子誘導起電力 E_a は，極数を p，総導体数を Z，1極当たりの磁束を $\phi[\mathrm{Wb}]$，回転速度を $N[\mathrm{min}^{-1}]$，並列回路数を a とすると，

$$E_a = \frac{pZ\phi N}{60a}[\mathrm{V}] \qquad ①$$

①式に数値を代入して，

$$E_a = \frac{4 \times 258 \times 0.020 \times 1\,200}{60 \times 2} = 206.4[\mathrm{V}]$$

直流電動機の回路図を**図1-1**に示す。電動機の出力 P_a は，電機子（負荷）電流 I_a，電機子誘導起電力 E_a との関係より，

$$P_a = E_a I_a \qquad ②$$

②式に数値を代入して，

$$P_a = 206.4 \times 250 = 51\,600[\mathrm{W}] = 51.6[\mathrm{kW}]$$

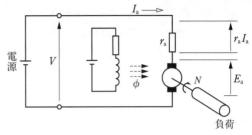

図1-1　直流電動機（他励式）

解 説

図1-1は直流他励式の電動機であるが，他励式に限らず，直流電動機の出力は電機子誘導起電力×電機子電流である。

Point 誘導起電力を求める②式を暗記しておく。並列回路数は波巻では2，重ね巻では極数に等しい。

問2の解答　　出題項目＜外部特性曲線＞

直流発電機の電機子電流 I_a（＝負荷電流）に対する端子電圧 V は，誘導起電力を E_a，電機子抵抗を r_a とすると，

$$V = E_a - r_a I_a[\mathrm{V}] \qquad ①$$

①式は分巻・他励発電機ともに成り立つ。回転速度一定，他励の界磁電流一定の条件で I_a が増加した場合を考える。他励発電機の E_a は一定である。一方，分巻発電機は界磁巻線に加わる電圧 V が①式により減少し界磁電流（磁束）も減少するため E_a は低下する。よって，I_a の増加に対する V の低下の度合いは分巻発電機の方が大きく，特性は **B** である。

分巻発電機の回転方向を反対とする場合を考える。電気的には，

・界磁電流 I_f（磁束）を逆方向
・誘導起電力 E_a を逆方向

のどちらかであれば逆回転となる。しかし，**図2-1**（a）の電動機に対して，（b）は E_a を V より高くすることで，I_a' は I_a と逆方向になり，回転方向は**同じ向き**となる。よって，分巻電動機は結

線の変更無しに**回生制動**が可能である。

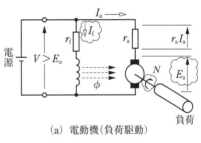

（a）電動機（負荷駆動）

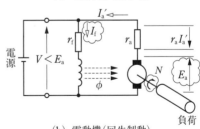

（b）電動機（回生制動）

図2-1　分巻電動機

Point 負荷の減速エネルギーを抵抗器に消費させることを発電制動，電源に返還することを回生制動という。

問3　出題分野＜誘導機＞

難易度 ★★☆　重要度 ★★★

誘導機に関する記述として，誤っているものを次の（1）～（5）のうちから一つ選べ。

（1）　三相かご形誘導電動機の回転子は，積層鉄心のスロットに棒状の導体を差し込み，その両端を太い導体環で短絡して作られる。これらの導体に誘起される二次誘導起電力は，導体の本数に応じた多相交流である。

（2）　三相巻線形誘導電動機は，二次回路にスリップリングを通して接続した抵抗を加減し，トルクの比例推移を利用して滑りを変えることで速度制御ができる。

（3）　単相誘導電動機はそのままでは始動できないので，始動の仕組みの一つとして，固定子の主巻線とは別の始動巻線にコンデンサ等を直列に付加することによって回転磁界を作り，回転子を回転させる方法がある。

（4）　深溝かご形誘導電動機は，回転子の深いスロットに幅の狭い平たい導体を押し込んで作られる。このような構造とすることで，回転子導体の電流密度は定常時に比べて始動時は導体の外側（回転子表面側）と内側（回転子中心側）で不均一の度合いが増加し，等価的に二次導体のインピーダンスが増加することになり，始動トルクが増加する。

（5）　二重かご形誘導電動機は回転子に内外二重のスロットを設け，それぞれに導体を埋め込んだものである。内側（回転子中心側）の導体は外側（回転子表面側）の導体に比べて抵抗値を大きくすることで，大きな始動トルクを得られるようにしている。

問4　出題分野＜同期機＞

難易度 ★★☆　重要度 ★★★

定格電圧，定格電流，力率1.0で運転中の三相同期発電機がある。百分率同期インピーダンスは85％である。励磁電流を変えないで無負荷にしたとき，この発電機の端子電圧は定格電圧の何倍になるか。最も近いものを次の（1）～（5）のうちから一つ選べ。

ただし，電機子巻線抵抗と磁気飽和は無視できるものとする。

（1）　1.0　　　（2）　1.1　　　（3）　1.2　　　（4）　1.3　　　（5）　1.4

問 3 の解答　　出題項目<始動，速度制御>

（1）　正。三相かご形誘導電動機の回転子は**図3-1**のようにかご状の導体で構成される。導体は積層鉄心のスロット（溝）に収められ，導体の端部を端絡環で接続する。

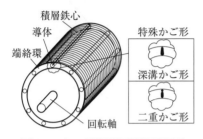

積層鉄心
導体
端絡環
回転軸
特殊かご形
深溝かご形
二重かご形

図 3-1　かご形誘導電動機回転子

（2）　正。三相巻線形誘導電動機の二次回路は，回転子からスリップリング，ブラシを経て外部の可変抵抗器に接続される。

（3）　正。単相誘導電動機の固定子巻線で発生する磁界は交番磁界である。交番磁界は一度回り始めると回転トルクが発生するが，始動トルクは零である。始動時にトルクを発生させるには，固定子の主巻線とは別の始動巻線をコンデンサと直列に接続し，位相の違う回転磁界を作る必要がある。

（4）　正。始動時の二次抵抗が大きいと始動トルクが増加する。特殊かご形（深溝かご形，二重かご形）誘導電動機では，始動時の二次周波数が高いほど回転子表面に電流が流れやすい表皮効果を利用している。図 3-1 において，深溝かご形の二次導体の形状は台形になっており，回転子表面側を狭く（抵抗大）とすることで，始動時のみ抵抗を大きくし，周波数が低い定格時は回転子中心側の抵抗を小さくして，効率の低下を防ぐ。

（5）　誤。深溝かご形と同様，二重かご形の導体は回転子表面側の抵抗を大きくして，回転子中心側の抵抗を小さくする。したがって，問題文の「内側（回転子中心側）の導体は外側（回転子表面側）に比べて抵抗値を大きくする」は誤りである。

Point　誘導電動機の構造を理解すること。

問 4 の解答　　出題項目<端子電圧>

題意の三相同期発電機の等価回路（1 相分），ベクトル図を**図 4-1** に示す。

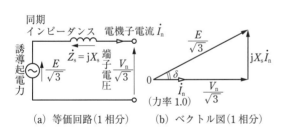

同期インピーダンス
電機子電流 $\dot{I}_\mathrm{n}$
誘導起電力
$\dfrac{E}{\sqrt{3}}$
$\dot{Z}_\mathrm{s}=\mathrm{j}X_\mathrm{s}$
端子電圧 $\dfrac{V_\mathrm{n}}{\sqrt{3}}$

$\dfrac{E}{\sqrt{3}}$
$\mathrm{j}X_\mathrm{s}\dot{I}_\mathrm{n}$
δ
$\dot{I}_\mathrm{n}$（力率 1.0）
$\dfrac{V_\mathrm{n}}{\sqrt{3}}$

（a）等価回路（1 相分）　（b）ベクトル図（1 相分）

図 4-1　三相同期発電機

百分率同期インピーダンス（リアクタンス）[%]は，同期リアクタンス X_s，定格電圧 V_n および定格電流 I_n から，

$$\%Z_\mathrm{s}=\frac{X_\mathrm{s}\cdot I_\mathrm{n}}{V_\mathrm{n}/\sqrt{3}}\times100=85\,[\%]\qquad①$$

となる。一方，図 4-1 から V_n，I_n における誘導起電力 $E/\sqrt{3}$（1 相分）は，

$$E/\sqrt{3}=\sqrt{(V_\mathrm{n}/\sqrt{3})^2+(X_\mathrm{s}\cdot I_\mathrm{n})^2}\,[\mathrm{V}]\qquad②$$

ここで，E（線間）は界磁電流一定で無負荷（$I_\mathrm{n}=0$）としたときの端子電圧である。定格電圧に対する倍数は②式を $V_\mathrm{n}/\sqrt{3}$ で割って，

$$\frac{E/\sqrt{3}}{V_\mathrm{n}/\sqrt{3}}=\frac{\sqrt{(V_\mathrm{n}/\sqrt{3})^2+(X_\mathrm{s}\cdot I_\mathrm{n})^2}}{V_\mathrm{n}/\sqrt{3}}$$
$$=\sqrt{(1)^2+\left(\frac{X_\mathrm{s}\cdot I_\mathrm{n}}{V_\mathrm{n}/\sqrt{3}}\right)^2}$$

となる。また，根号内第 2 項の（　）内は①式より $85/100=0.85$ であるので，

$$\frac{E}{V_\mathrm{n}}=\sqrt{(1)^2+(0.85)^2}≒1.312\quad→\quad1.3\ 倍$$

Point　①式と同期発電機の等価回路からベクトル図により誘導起電力を計算する。

令和 4 (2022)
令和 3 (2021)
令和 2 (2020)
令和 元 (2019)
平成 30 (2018)
平成 29 (2017)
平成 28 (2016)
平成 27 (2015)
平成 26 (2014)
平成 25 (2013)
平成 24 (2012)
平成 23 (2011)
平成 22 (2010)
平成 21 (2009)
平成 20 (2008)

問5　出題分野＜同期機＞

難易度 ★★★　重要度 ★★★

図は，同期発電機の無負荷飽和曲線(A)と短絡曲線(B)を示している。図中で V_n[V]は端子電圧(星形相電圧)の定格値，I_n[A]は定格電流，I_s[A]は無負荷で定格電圧を発生するときの界磁電流と等しい界磁電流における短絡電流である。この発電機の百分率同期インピーダンス z_s[%]を示す式として，正しいものを次の(1)〜(5)のうちから一つ選べ。

（1）　$\dfrac{I_s}{I_n} \times 100$　　（2）　$\dfrac{V_n}{I_n} \times 100$

（3）　$\dfrac{I_n}{I_{f2}} \times 100$　　（4）　$\dfrac{V_n}{I_{f1}} \times 100$

（5）　$\dfrac{I_{f2}}{I_{f1}} \times 100$

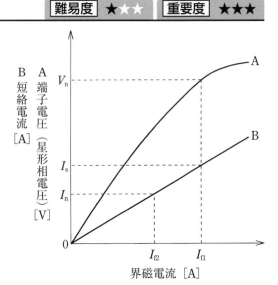

問6　出題分野＜機器全般＞

難易度 ★★★　重要度 ★★★

次の文章は，小形モータに関する記述である。

小形直流モータを分解すると，N極とS極用の2個の永久磁石，回転子の溝に収められた3個のコイル，3個の　(ア)　で構成されていた。一般に　(イ)　の溝数を減らすと，エアギャップ磁束が脈動し，トルクの脈動が増える。そこで，希土類系永久磁石には大きな　(ウ)　があるので，溝をなくしてエアギャップにコイルを設け，トルク脈動の低減を目指した小形モータも作られている。

小形　(エ)　には，永久磁石を回転子の表面に設けたSPMSMという機種，永久磁石を回転子に埋め込んだIPMSMという機種，突極性を大きくした鉄心だけのSynRMという機種などがある。小形直流モータは電池だけで運転されるものが多いが，小形　(エ)　は，円滑な　(オ)　が困難なため，インバータによって運転される。

上記の記述中の空白箇所(ア)，(イ)，(ウ)，(エ)及び(オ)に当てはまる組合せとして，正しいものを次の(1)〜(5)のうちから一つ選べ。

	(ア)	(イ)	(ウ)	(エ)	(オ)
(1)	整流子片	電機子	保磁力	同期モータ	始　動
(2)	整流子片	界　磁	透磁率	誘導モータ	制　動
(3)	ブラシ	電機子	透磁率	同期モータ	制　動
(4)	整流子片	電機子	保磁力	誘導モータ	始　動
(5)	ブラシ	界　磁	透磁率	同期モータ	始　動

問5の解答　出題項目＜同期インピーダンス＞　答え（5）

問題図の同期発電機の無負荷飽和曲線と短絡曲線の各電流値により，短絡比 K_s は，

$$K_s=\frac{I_s}{I_n}=\frac{I_{f1}}{I_{f2}} \qquad ①$$

同期インピーダンス Z_s は，**図 5-1**（a）の誘導起電力 E_{a1}（＝ 端子電圧（相電圧）V_n）および短絡電流 I_s から計算すると，

$$Z_s=\frac{E_{a1}}{I_s}=\frac{V_n}{I_s}[\Omega] \qquad ②$$

百分率（%）同期インピーダンス %z_s は，定義式より，

$$\%z_s=\frac{I_n\cdot Z_s}{V_n}\times100[\%] \qquad ③$$

③式の Z_s に②式を代入すると，

$$\%z_s=\frac{I_n}{V_n}\cdot\frac{V_n}{I_s}\times100=\frac{I_n}{I_s}\times100[\%] \qquad ④$$

④式に①式を代入すると，

$$\%z_s=\frac{I_{f2}}{I_{f1}}\times100[\%] \qquad ⑤$$

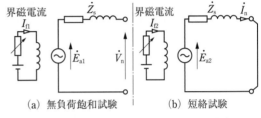

（a）無負荷飽和試験　（b）短絡試験

図 5-1　無負荷飽和試験および短絡試験

Point 短絡比および百分率インピーダンスの定義により百分率同期インピーダンスを求める。

問6の解答　出題項目＜直流機と同期機＞　答え（1）

小形直流モータは，**図 6-1** のような構造で界磁用の永久磁石（2 個）と回転子の磁極（3 個）からなる。さらに，軸部分は回転軸とともに回転する**整流子片**（3 個）と電源に接続され，また回転しないブラシがある。図 6-1 の電動機は回転電機子形である。また，**電機子**の溝の数が減ることにより，界磁磁束の通り道に空間が増えるため，エアギャップ部の磁束が脈動しトルクの脈動も増える。そこで**保磁力**の大きな永久磁石を使用することでトルクの脈動を抑えた無溝形の小形モータもある。

小形**同期モータ**は同期電動機と同様に始動トルクが小さく円滑な**始動**が困難なため，インバータによって運転される。

解説

図 6-1 の小形直流モータで磁極1に巻いたコイルの右辺端を 1，左辺端を 1′ とすると，現時点の位置では 1 が ＋ のブラシに接続し，1′ が － のブラシに接続している。この向きの電流により磁極1は N 極となり永久磁石の右側に引かれ，左側と反発し時計方向の回転トルクとなる。図より

も回転が進むとコイル端1の整流子片が － のブラシに，1′ の整流子片が ＋ のブラシに接続され，反対方向の電流が流れて磁極1は S 極になり永久磁石の左側に引かれ，右側と反発し時計方向の回転トルクとなる。

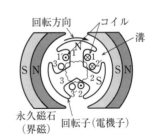

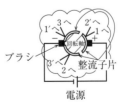

図 6-1　小形直流モータ

Point 小形モータに関する知識およびキーワードを覚えておく。

問7　出題分野＜変圧器＞　難易度 ★★★　重要度 ★★★

三相電源に接続する変圧器に関する記述として，誤っているものを次の（1）～（5）のうちから一つ選べ。

（1）　変圧器鉄心の磁気飽和現象やヒステリシス現象は，正弦波の電圧，又は正弦波の磁束による励磁電流高調波の発生要因となる。変圧器のΔ結線は，励磁電流の第3次高調波を，巻線内を循環電流として流す働きを担っている。

（2）　Δ結線がないY-Y結線の変圧器は，第3次高調波の流れる回路がないため，相電圧波形がひずみ，これが原因となって，近くの通信線に雑音などの障害を与える。

（3）　Δ-Y結線又はY-Δ結線は，一次電圧と二次電圧との間に角変位又は位相変位と呼ばれる位相差45°がある。

（4）　三相の磁束が重畳して通る部分の鉄心を省略し，鉄心材料を少なく済ませている三相内鉄形変圧器は，単相変圧器3台に比べて据付け面積の縮小と軽量化が可能である。

（5）　スコット結線変圧器は，三相3線式の電源を直交する二つの単相（二相）に変換し，大容量の単相負荷に電力を供給する場合に用いる。三相のうち一相からの単相負荷電力供給は，三相電源に不平衡を生じるが，三相を二相に相数変換して二相側の負荷を平衡させると，三相側の不平衡を緩和できる。

問8　出題分野＜変圧器＞　難易度 ★★★　重要度 ★★★

一次側の巻数が N_1，二次側の巻数が N_2 で製作された，同一仕様3台の単相変圧器がある。これらを用いて一次側をΔ結線，二次側をY結線として抵抗負荷，一次側に三相発電機を接続した。発電機を電圧440V，出力100kW，力率1.0で運転したところ，二次電流は三相平衡の17.5Aであった。この単相変圧器の巻数比 $\dfrac{N_1}{N_2}$ の値として，最も近いものを次の（1）～（5）のうちから一つ選べ。

ただし，変圧器の励磁電流，インピーダンス及び損失は無視するものとする。

（1）　0.13　　（2）　0.23　　（3）　0.40　　（4）　4.3　　（5）　7.5

問7の解答　出題項目＜三相変圧器＞　　　　答え（3）

（1）　正。変圧器は鉄心の磁気飽和・ヒステリシス特性により，一次側の交流電圧・電流を二次側に変換するために励磁電流は第3次高調波を含んだひずみ波となる。変圧器に Δ 結線が存在すると，第3次高調波は巻線内を循環電流として流れ，二次側の電圧波形がひずまない。

（2）　正。Y–Y 結線は Δ 結線が無く，第3次高調波が流れないため，二次側の電圧波形がひずみ，高調波による様々な障害が発生する可能性がある。そのため，実際には Y–Y–Δ 結線としている。

（3）　誤。Δ–Y または Y–Δ 結線には一次側（線間）電圧と二次側（線間）電圧に **30° の位相差**が生じる。これを角変位または位相変位と呼んでいる。問題文中の位相差 45° は誤り。Δ–Y 結線の場合，**図 7-1** より Y の二次側線間電圧の位相が一次側より 30° 進みである。Y–Δ 結線の場合も Y の一次側線間電圧が Δ の二次側より 30° 進みである。

（4）　正。三相内鉄形変圧器は単相変圧器に比べて据付面積の縮小と軽量化が可能である（**図 7-2**）。

（5）　正。三相変圧器より単相負荷を供給すると電源の三相側は不平衡となる。スコット結線は三相を二相に変換し二つの平衡単相負荷へ供給すること

とで電源の三相側を平衡させる。スコット結線変圧器は電車用または非常負荷用等に使用されている。

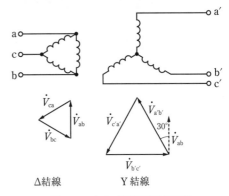

図 7-1　Δ–Y 結線三相変圧器

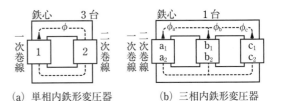

（a）単相内鉄形変圧器　（b）三相内鉄形変圧器

図 7-2　単相変圧器と三相変圧器（内鉄形）

Point 変圧器の励磁電流および結線の特徴を覚えておく。

問8の解答　出題項目＜三相変圧器＞　　　　答え（2）

Δ–Y 結線変圧器の回路を**図 8-1** に示す。図において，題意から損失を無視して三相平衡抵抗負荷の電力 $P = 100[\text{kW}]$，力率 $\cos\theta = 1.0$，二次電流は三相平衡で $I_2 = 17.5[\text{A}]$ である。負荷に加わる線間電圧を $\sqrt{3}\,V_2$ とすると，

$$P = \sqrt{3}\cdot(\sqrt{3}\,V_2)I_2\cos\theta = 3V_2\times17.5\times1.0[\text{W}] \quad ①$$

となる。①式から V_2 を求めると，

$$V_2 = \frac{P}{3\times17.5\times1.0} = \frac{100\times10^3}{3\times17.5\times1.0}$$

$$= \frac{10^5}{52.5}[\text{V}] \qquad\qquad ②$$

ここで，一次，二次電圧および一次，二次巻数との関係は，

$$\frac{V_1}{V_2} = \frac{N_1}{N_2} \quad （巻数比） \qquad ③$$

である。したがって，③式および $V_1 = 440[\text{V}]$ より巻数比を計算すると，

$$\frac{N_1}{N_2} = \frac{V_1}{V_2} = \frac{440}{\dfrac{10^5}{52.5}} = 0.231 \fallingdotseq 0.23$$

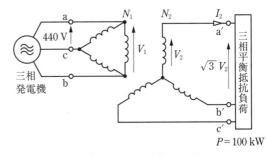

図 8-1　Δ–Y 結線変圧器

Point 問題の回路図を作成して，Δ–Y 結線の線間電圧より③式を用いて問題を解く。

令和4 (2022)
令和3 (2021)
令和2 (2020)
令和元 (2019)
平成30 (2018)
平成29 (2017)
平成28 (2016)
平成27 (2015)
平成26 (2014)
平成25 (2013)
平成24 (2012)
平成23 (2011)
平成22 (2010)
平成21 (2009)
平成20 (2008)

問 9　出題分野＜パワーエレクトロニクス＞　難易度 ★★★　重要度 ★★★

次の文章は，電力変換器の出力電圧制御に関する記述である。

商用交流電圧を入力とし同じ周波数の交流電圧を出力とする電力変換器において，可変の交流電圧を得るには　(ア)　を変える方法が広く用いられていて，このときに使用するパワーデバイスは　(イ)　が一般的である。この電力変換器は　(ウ)　と呼ばれる。

一方，一定の直流電圧を入力とし交流電圧を出力とする電力変換器において，可変の交流電圧を得るにはパルス状の電圧にして制御する方法が広く用いられていて，このときにオンオフ制御デバイスを使用する。デバイスの種類としては，デバイスのゲート端子に電流ではなくて，電圧を与えて駆動する　(エ)　を使うことが最近では一般的である。この電力変換器はインバータと呼ばれ，基本波周波数で1サイクルの出力電圧が正又は負の多数のパルス列からなって，そのパルスの　(オ)　を変えて1サイクル全体で目的の電圧波形を得る制御が PWM 制御である。

上記の記述中の空白箇所(ア)，(イ)，(ウ)，(エ)及び(オ)に当てはまる組合せとして，正しいものを次の(1)～(5)のうちから一つ選べ。

	(ア)	(イ)	(ウ)	(エ)	(オ)
(1)	制御角	サイリスタ	交流電力調整装置	IGBT	幅
(2)	制御角	ダイオード	サイクロコンバータ	IGBT	周波数
(3)	制御角	サイリスタ	交流電力調整装置	GTO	幅
(4)	転流重なり角	ダイオード	交流電力調整装置	IGBT	周波数
(5)	転流重なり角	サイリスタ	サイクロコンバータ	GTO	周波数

問 10　出題分野＜パワーエレクトロニクス＞　難易度 ★★★　重要度 ★★★

図のような直流チョッパがある。

直流電源電圧 $E=400\,\mathrm{V}$，平滑リアクトル $L=1\,\mathrm{mH}$，負荷抵抗 $R=10\,\Omega$，スイッチ S の動作周波数 $f=10\,\mathrm{kHz}$，通流率 $d=0.6$ で回路が定常状態になっている。D はダイオードである。このとき負荷抵抗に流れる電流の平均値[A]として最も近いものを次の(1)～(5)のうちから一つ選べ。

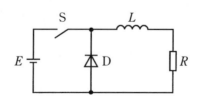

(1)　2.5　　　　(2)　3.8　　　　(3)　16.0　　　　(4)　24.0　　　　(5)　40.0

問 9 の解答　出題項目＜トライアック＞　答え　(1)

商用の交流電圧を入力として，可変の交流電圧を得るには，**制御角**を変える方法が用いられている。このとき，使用されるパワーデバイスは，**サイリスタ(トライアック)**が一般的である。このような電力変換器は**交流電力調整装置**と呼ばれる。

一定の直流電圧を入力とし，交流電圧を出力とする電力変換器には，最近では，電圧でオン・オフを行う **IGBT** が使用されている。このように直流を交流に変換する装置をインバータという。

電圧形インバータの場合は，出力電圧が方形波となるので，等価的に正弦波の電圧を得るために **PWM** 制御が採用されている。

この等価な正弦波は，基本波周波数で 1 サイクルの出力電圧が正または負の多数のパルス列からなっていて，そのパルスの**幅**を変えて目的の電圧波形を得ている。

解説

交流電力変換装置を**図 9-1** に示す。サイリスタを 2 個逆並列接続した回路である。

図 9-2 に制御角 α で電力を制御している回路

を示す。上半分は，SCR1 により制御して，下半分は SCR2 で制御している。制御角 α が大きくなるほど V の実効値は小さくなっていく。

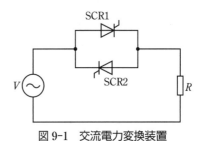

図 9-1　交流電力変換装置

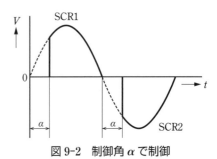

図 9-2　制御角 α で制御

問 10 の解答　出題項目＜チョッパ＞　答え　(4)

問題の回路は，降圧チョッパ回路である。抵抗 R の定常時の電圧 V_d は，通流率 d を用いると，

$$V_d = E \cdot d = 400 \times 0.6 = 240 [V]$$

よって，電流の平均値 I_a は，

$$I_a = \frac{V_d}{R} = \frac{240}{10} = 24 [A]$$

解説

図 10-1 リアクトル L を流れる電流を $i[A]$，ダイオード D の両端の電圧を $e[V]$，抵抗の両端

の電圧を $e_d[V]$ とする。これらの電流，電圧の波形を**図 10-2** に示す。これより，抵抗 R の両端の定常状態の電圧 V_d は，

$$E \cdot T_{ON} = V_d \cdot T \quad \therefore \quad V_d = E \cdot \frac{T_{ON}}{T} = E \cdot d [V]$$

となる。また，平均値 I_a は，i の平均値である。

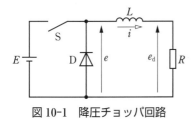

図 10-1　降圧チョッパ回路

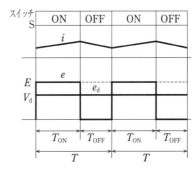

図 10-2　電圧，電流の波形

| 問 11 | 出題分野＜パワーエレクトロニクス＞ | 難易度 ★★★ | 重要度 ★★★ |

次の文章は，太陽光発電システムに関する記述である。

図1には，商用交流系統に接続して電力を供給する太陽光発電システムの基本的な構成の一つを示す。

シリコンを主な材料とした太陽電池は，通常1V以下のセルを多数直列接続した数十ボルト以上の直流電源である。電池の特性としては，横軸に電圧を，縦軸に　(ア)　をとると，図2のようにその特性曲線は上に凸の形となり，その時々の日射量，温度などの条件によって特性が変化する。使用するセル数をできるだけ少なくするために，図2の変化する特性曲線において，△印で示されている最大点で運転するよう制御を行うのが一般的である。

この最大点の運転に制御し，変動する太陽電池の電圧を一定の直流電圧に変換する図1のA部分は　(イ)　である。現在家庭用などに導入されている多くの太陽光発電システムでは，この一定の直流電圧を図1のB部分のPWMインバータを介して商用周波数の交流電圧に変換している。交流系統の端子において，インバータ出力の電流位相は交流系統の電圧位相に対して通常ほぼ　(ウ)　になるように運転され，インバータの小形化を図っている。

一般的に，インバータは電圧源であり，その出力が接続される交流系統も電圧源とみなせる。そのような接続には，　(エ)　成分を含む回路要素を間に挿入することが必須である。

上記の記述中の空白箇所(ア)，(イ)，(ウ)及び(エ)に当てはまる組合せとして，正しいものを次の(1)～(5)のうちから一つ選べ。

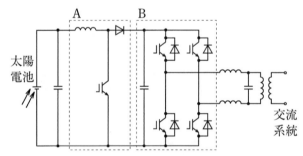

図1　太陽光発電システムの回路図

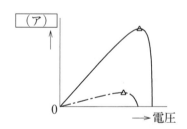

図2　太陽電池の出力特性

	(ア)	(イ)	(ウ)	(エ)
(1)	電　力	昇圧チョッパ	同　相	インダクタンス
(2)	電　流	昇圧チョッパ	90°位相進み	キャパシタンス
(3)	電　力	降圧チョッパ	同　相	インダクタンス
(4)	電　力	昇圧チョッパ	90°位相進み	インダクタンス
(5)	電　流	降圧チョッパ	90°位相進み	キャパシタンス

問 11 の解答　　出題項目＜太陽光発電システム＞　　答え　（1）

　設問図 2 は，横軸に電圧を，縦軸に**電力**をとっ
た太陽電池の特性曲線である。図示のように，
時々の日射量，温度などの条件によって特性が変
化しているので，一般的には△印で示されている
最大点で運転するように制御されている。

　設問図 1 の A 部分は回路から，**昇圧チョッパ**
である。昇圧チョッパによる一定の電圧は設問図
1 の B 部分の PWM インバータにより，商用周
波数の交流電圧に変換している。

　インバータ出力の電流位相は，交流系統の電圧位相
に対してほぼ**同相**すなわち力率 1 で運転されている。

　インバータは電圧源であり，交流系統も電圧源
とみなすと，電圧変動の抑制から**インダクタンス**
成分を含む回路要素を間に挿入する必要がある。

解 説

　太陽電池の電圧に対する出力電流と出力電力を
描いた出力特性を**図 11-1** に示す。

　出力電流 I_{sc} は負荷端を短絡したときの短絡電
流，I_{pm} は最適動作電流（最も大きな有効電力が
得られる電流）を表す。また，出力電圧 V_{oc} は負
荷端を開放したときの開放電圧，V_{pm} は最適動作
電圧（最も大きな有効電力が得られる電圧）を表
す。昇圧チョッパ回路を**図 11-2** に示す。

　図 11-2 の IGBT は絶縁ゲートバイポーラトラ
ンジスタで，MOS FET をバイポーラトランジス

タのゲートとして組み合わせたものである。

　インバータ出力を力率 1 に制御することで，無
効電力を減らし高効率な運転をすることにより，
小形化を図っている。

　インバータと交流系統との接続には，電圧変動
を抑えるために限流リアクトル等が設けられる。

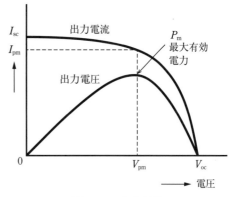

図 11-1　出力特性

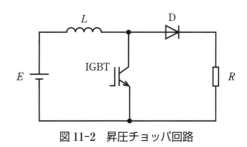

図 11-2　昇圧チョッパ回路

問 12　出題分野＜電動機応用＞　　難易度 ★★★　重要度 ★★★

　毎分 5 m³ の水を実揚程 10 m のところにある貯水槽に揚水する場合，ポンプを駆動するのに十分と計算される電動機出力 P の値[kW]として，最も近いものを次の（1）～（5）のうちから一つ選べ。

　ただし，ポンプの効率は 80 %，ポンプの設計，工作上の誤差を見込んで余裕をもたせる余裕係数は 1.1 とし，さらに全揚程は実揚程の 1.05 倍とする。また，重力加速度は 9.8 m/s² とする。

（1）　1.15　　　　（2）　1.20　　　　（3）　9.43　　　　（4）　9.74　　　　（5）　11.8

問 13　出題分野＜電熱＞　　難易度 ★★★　重要度 ★★★

　次の文章は，電気加熱に関する記述である。

　電気ストーブの発熱体として石英ガラス管に電熱線を封入したヒータがよく用いられている。この電気ストーブから室内への熱伝達は主に放射と　（ア）　によって行われる。また，このヒータからの放射は主に　（イ）　である。

　一方，交番電界中に被加熱物を置くことによって被加熱物を加熱することができる。一般に物質は抵抗体，誘電体，磁性体などの性質をもち，被加熱物が誘電体の場合，交番電界中に置かれた被加熱物には交番電流が流れ，被加熱物自身が発熱することによって被加熱物が加熱される。このとき，加熱に寄与するのは交番電流のうち交番電界　（ウ）　電流成分である。この原理に基づく加熱には　（エ）　がある。

　上記の記述中の空白箇所(ア)，(イ)，(ウ)及び(エ)に当てはまる組合せとして，正しいものを次の（1）～（5）のうちから一つ選べ。

	（ア）	（イ）	（ウ）	（エ）
（1）	対　流	赤外放射	と同相の	マイクロ波加熱
（2）	対　流	赤外放射	に直交する	マイクロ波加熱
（3）	対　流	可視放射	に直交する	誘導加熱
（4）	伝　導	赤外放射	と同相の	誘導加熱
（5）	伝　導	可視放射	と同相の	誘導加熱

問 12 の解答　出題項目＜ポンプ＞　　　　　答え　(5)

電動機の出力を P[kW]，毎秒の揚水量を Q[m³/s]，全揚程を H[m]，ポンプの効率を η_p（小数），余裕係数を K とすると，次式が成り立つ。

$$P = K\frac{9.8Q \cdot H}{\eta_p}[\text{kW}] \qquad ①$$

問題に与えられた揚水量 Q は，1分当たりの値から1秒当たりの値に変換すると，

$$Q = 5[\text{m}^3/\text{min}] = 5/60[\text{m}^3/\text{s}]$$

また，実揚程を H_a[m] とすると，題意より，$H = 1.05H_a$[m] となる。

よって，①式に，与えられた条件に従がって，数値を代入すると，

$$P = 1.1 \times \frac{9.8 \times (5/60) \times 1.05 \times 10}{0.8} \fallingdotseq 11.8[\text{kW}]$$

解説

①式が成り立つ理由を考える。

水は，$1[\text{m}^3] = 1\,000[\text{kg}]$ より，$Q[\text{m}^3/\text{s}]$ で揚水するためには，1秒当たり，$Q[\text{m}^3/\text{s}] = 1\,000Q[\text{kg}] = 9.8 \times 1\,000Q[\text{N/s}]$ の力が必要である。

したがって，この水を H[m] まで揚水するために必要なエネルギー W[kW] は，

$$W = 9.8 \times 1\,000QH[\text{N} \cdot \text{m/s}] = 9.8 \times 1\,000QH[\text{J/s}]$$
$$= 9.8 \times 1\,000QH[\text{W}] = 9.8 \times QH[\text{kW}]$$

このため，揚水するために必要な電動機出力 P は，ポンプ効率を η_p，余裕係数を K とすると，

$$P = K\frac{9.8Q \cdot H}{\eta_p}[\text{kW}]$$

問 13 の解答　出題項目＜マイクロ波加熱＞　　　　　答え　(1)

問題の電気ストーブにおいて，室内への熱伝達は主に**放射**と**対流**によって行われる。また，このヒータからの放射は主に**赤外放射**である。

一方，交番電界中に置かれた誘電体の場合，被加熱物（誘電体）には交番電流が流れ，被加熱物自身が発熱する。このとき，加熱に寄与するのは交番電流のうち交番電界と**同相**の電流成分である。この原理に基づく加熱には**マイクロ波加熱**がある。

解説

熱の伝達は，放射，対流，伝導により行われる。電気ストーブの場合，発熱体周囲の空気は熱対流を起こすので，熱伝導の効果は寡少である。また，赤外域の電磁波は空気中を直進し，物体に当たるとその物体の温度を上昇させる性質があるため，加熱に利用される。

交番電界中の誘電体は誘電損により発熱する。交番電界に対して直交する電流成分に対する，同相な電流成分の比を $\tan\delta$（誘電正接）という。有効電力が熱になるので，加熱に寄与するのは同相な電流成分である。電子レンジに代表されるマイクロ波加熱は，誘電加熱の一種である。

令和 4 (2022)
令和 3 (2021)
令和 2 (2020)
令和 元 (2019)
平成 30 (2018)
平成 29 (2017)
平成 28 (2016)
平成 27 (2015)
平成 26 (2014)
平成 25 (2013)
平成 24 (2012)
平成 23 (2011)
平成 22 (2010)
平成 21 (2009)
平成 20 (2008)

問14　出題分野＜情報＞　　　　　　　　難易度 ★★★　重要度 ★★★

次の真理値表の出力を表す論理式として，正しい式を次の(1)～(5)のうちから一つ選べ。

A	B	C	D	X
0	0	0	0	1
0	0	0	1	1
0	0	1	0	1
0	0	1	1	1
0	1	0	0	1
0	1	0	1	0
0	1	1	0	1
0	1	1	1	0
1	0	0	0	0
1	0	0	1	0
1	0	1	0	0
1	0	1	1	0
1	1	0	0	0
1	1	0	1	0
1	1	1	0	1
1	1	1	1	1

(1)　$X = \overline{A} \cdot \overline{B} + \overline{A} \cdot \overline{D} + B \cdot C \cdot D$

(2)　$X = \overline{A} \cdot B + \overline{A} \cdot \overline{D} + A \cdot B \cdot C$

(3)　$X = \overline{A} \cdot \overline{B} + \overline{A} \cdot \overline{D} + A \cdot B \cdot C$

(4)　$X = \overline{A} \cdot \overline{B} + \overline{A} \cdot \overline{C} + B \cdot C \cdot D$

(5)　$X = \overline{A} \cdot \overline{B} + \overline{A} \cdot \overline{C} + A \cdot B \cdot D$

問14の解答　出題項目＜論理式＞　　　　　　　答え　（3）

加法標準型設計法により，真理値表の出力を表す論理式 X は，

$$X = \overline{A} \cdot \overline{B} \cdot \overline{C} \cdot \overline{D} + \overline{A} \cdot \overline{B} \cdot \overline{C} \cdot D + \overline{A} \cdot \overline{B} \cdot C \cdot \overline{D}$$
$$+ \overline{A} \cdot \overline{B} \cdot C \cdot D + \overline{A} \cdot B \cdot \overline{C} \cdot \overline{D} + \overline{A} \cdot B \cdot C \cdot \overline{D}$$
$$+ A \cdot B \cdot C \cdot \overline{D} + A \cdot B \cdot C \cdot D$$

ブール代数の基本式 $A + A = A$ を用いて，上式の第1項と第3項を2項の論理和で表し，X を共通項を含む項ごとに並べると，

$$X = (\overline{A} \cdot \overline{B} \cdot \overline{C} \cdot \overline{D} + \overline{A} \cdot \overline{B} \cdot \overline{C} \cdot D + \overline{A} \cdot \overline{B} \cdot C \cdot \overline{D}$$
$$+ \overline{A} \cdot \overline{B} \cdot C \cdot D) + (\overline{A} \cdot \overline{B} \cdot \overline{C} \cdot \overline{D} + \overline{A} \cdot \overline{B} \cdot C \cdot \overline{D}$$
$$+ \overline{A} \cdot B \cdot \overline{C} \cdot \overline{D} + \overline{A} \cdot B \cdot C \cdot \overline{D})$$
$$+ (A \cdot B \cdot C \cdot \overline{D} + A \cdot B \cdot C \cdot D)$$

（　）ごとに共通項を分配則でくくり出すと，

$$X = \overline{A} \cdot \overline{B} \cdot (\overline{C} \cdot \overline{D} + \overline{C} \cdot D + C \cdot \overline{D} + C \cdot D)$$
$$+ \overline{A} \cdot \overline{D} \cdot (\overline{B} \cdot \overline{C} + \overline{B} \cdot C + B \cdot \overline{C} + B \cdot C)$$
$$+ A \cdot B \cdot C \cdot (\overline{D} + D)$$
$$= \overline{A} \cdot \overline{B} \cdot \{\overline{C} \cdot (\overline{D} + D) + C \cdot (\overline{D} + D)\}$$
$$+ \overline{A} \cdot \overline{D} \cdot \{\overline{B} \cdot (\overline{C} + C) + B \cdot (\overline{C} + C)\}$$
$$+ A \cdot B \cdot C \cdot (\overline{D} + D)$$

ブール代数の基本式 $A + \overline{A} = 1$，$A \cdot 1 = A$ を用いて，（　），｛　｝内を整理すると，

$$X = \overline{A} \cdot \overline{B} + \overline{A} \cdot \overline{D} + A \cdot B \cdot C$$

【別解】　真理値表のカルノー図を**図14-1**に示す。

図中の1を2の累乗 $(2, 4)$ 個ごとに，最少数の長方形で囲う。ただし，同じ1は何度使ってもよいがすべての1を使う。また，表の上下，左右は連続している。この操作で図中に三つの長方形（ループ）ができる。

各長方形内の共通入力を見つけ，複数ある場合は論理積を作る（0が共通の場合は否定）。

ループ1：A，Bが0で共通→$\overline{A} \cdot \overline{B}$

ループ2：A，Dが0で共通→$\overline{A} \cdot \overline{D}$

ループ3：A，B，Cが1で共通→$A \cdot B \cdot C$

全ループの論理和が求める論理式である。

$$X = \overline{A} \cdot \overline{B} + \overline{A} \cdot \overline{D} + A \cdot B \cdot C$$

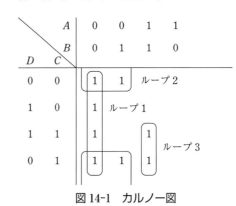

図14-1　カルノー図

解説　……………………………………………

真理値表の出力を表す論理式は複数あるが，その論理式を簡単化するために解答ではブール代数を，別解ではカルノー図を用いた。

B 問 題（配点は1問題当たり（a）5点，（b）5点，計10点）

問15 出題分野＜誘導機＞ | 難易度 ★★★ | 重要度 ★★★

　定格出力 15 kW，定格電圧 220 V，定格周波数 60 Hz，6極の三相巻線形誘導電動機がある。二次巻線は星形（Y）結線でスリップリングを通して短絡されており，各相の抵抗値は 0.5 Ω である。この電動機を定格電圧，定格周波数の電源に接続して定格出力（このときの負荷トルクを T_n とする）で運転しているときの滑りは 5 % であった。

　計算に当たっては，L形簡易等価回路を採用し，機械損及び鉄損は無視できるものとして，次の（a）及び（b）の問に答えよ。

（a）　速度を変えるために，この電動機の二次回路の各相に 0.2 Ω の抵抗を直列に挿入し，上記と同様に定格電圧，定格周波数の電源に接続して上記と同じ負荷トルク T_n で運転した。このときの滑りの値[%]として，最も近いものを次の（1）～（5）のうちから一つ選べ。

　（1）　3.0　　　（2）　3.6　　　（3）　5.0　　　（4）　7.0　　　（5）　10.0

（b）　電動機の二次回路の各相に上記（a）と同様に 0.2 Ω の抵抗を直列に挿入したままで，電源の周波数を変えずに電圧だけを 200 V に変更したところ，ある負荷トルクで安定に運転した。このときの滑りは上記（a）と同じであった。

　　この安定に運転したときの負荷トルクの値[N·m]として，最も近いものを次の（1）～（5）のうちから一つ選べ。

　（1）　99　　　（2）　104　　　（3）　106　　　（4）　109　　　（5）　114

令和
4
(2022)

令和
3
(2021)

令和
2
(2020)

令和
元
(2019)

平成
30
(2018)

平成
29
(2017)

平成
28
(2016)

平成
27
(2015)

平成
26
(2014)

平成
25
(2013)

平成
24
(2012)

平成
23
(2011)

平成
22
(2010)

平成
21
(2009)

平成
20
(2008)

問 15 （ a ）の解答　　出題項目＜速度制御＞　　　　　　　　答え　（4）

トルクの比例推移を用いて問題を解く。

図 15-1 にトルクと滑りの関係を示す。図より，

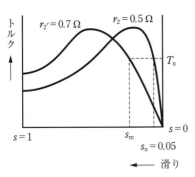

図 15-1　二次抵抗制御

トルクを $T_n[\mathrm{N\cdot m}]$ 一定とすると，$r_2=0.5[\Omega]$ の
ときの滑りは $s_n=0.05$ となる。二次回路に $0.2\,\Omega$
の抵抗を挿入したときの二次抵抗は $r_2'=0.5+0.2$
$=0.7[\Omega]$ となり，滑りは s_m となる。このとき，
比例推移より，

$$\frac{r_2}{s_n}=\frac{r_2'}{s_m}$$

よって，滑り s_m は，

$$s_m=s_n\cdot\frac{r_2'}{r_2}=0.05\times\frac{0.7}{0.5}=0.07=7[\%]$$

Point 巻線形誘導電動機の比例推移を利用して
解く。

問 15 （ b ）の解答　　出題項目＜速度制御＞　　　　　　　　答え　（2）

図 15-2 に電圧が変化したときのトルクと滑り
の関係を示す。

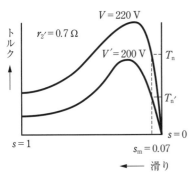

図 15-2　電圧制御

トルクは電圧の 2 乗に比例するので，

$$T_n'=\left(\frac{V'}{V}\right)^2\cdot T_n=\left(\frac{200}{220}\right)^2\cdot T_n \qquad ①$$

ここで，定格出力時のトルク $T_n[\mathrm{N\cdot m}]$ を求め
る。同期速度 N_s は，

$$N_s=\frac{2\times 60}{6}=20[\mathrm{s}^{-1}]$$

よって，定格出力時の回転速度 N は，滑りを
s とすると，

$$N=N(1-s)=20\times(1-0.05)=19[\mathrm{s}^{-1}]$$

となるので，トルク T_n は，

$$T_n=\frac{15\times 10^3}{2\pi\times 19}\fallingdotseq 125.7[\mathrm{N\cdot m}]$$

このトルクを①式に代入して T_n' を求める。

$$T_n'=\left(\frac{200}{220}\right)^2\times 125.7\fallingdotseq 103.88=104[\mathrm{N\cdot m}]$$

解説

トルクは電圧の 2 乗に比例する。回路の抵抗や
リアクタンスが同じであれば，最大トルクを生じ
る滑りは変わらない。

滑りが小さいときは，トルクと滑りが比例す
る。

Point トルクは電圧の 2 乗に比例する。

問 16 出題分野＜照明＞ 難易度 ★★★ 重要度 ★★★

　図に示すように，LED1個が，床面から高さ2.4mの位置で下向きに取り付けられ，点灯している。このLEDの直下方向となす角(鉛直角)をθとすると，このLEDの配光特性(θ方向の光度$I(\theta)$)は，LED直下方向光度$I(0)$を用いて$I(\theta)=I(0)\cos\theta$で表されるものとする。次の(a)及び(b)の問に答えよ。

（a）　床面A点における照度が20lxであるとき，A点がつくる鉛直角θ_Aの方向の光度$I(\theta_A)$の値[cd]として，最も近いものを次の(1)〜(5)のうちから一つ選べ。

　　　ただし，このLED以外に光源はなく，天井や壁など，周囲からの反射光の影響もないものとする。

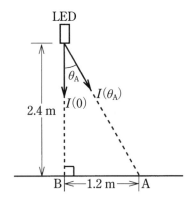

（1）　60　　　（2）　119　　　（3）　144　　　（4）　160　　　（5）　319

（b）　このLED直下の床面B点の照度の値[lx]として，最も近いものを次の(1)〜(5)のうちから一つ選べ。

（1）　25　　　（2）　28　　　（3）　31　　　（4）　49　　　（5）　61

問16（a）の解答　出題項目＜光度＞　　答え（4）

図 16-1 のように，LED の位置を P 点とし，床面 A 点における P 方向の照度（法線照度）を E_P，照度（水平面照度）を E_A とする。

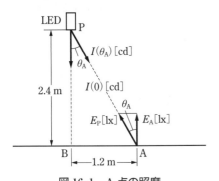

図 16-1　A 点の照度

E_P は距離の逆二乗の法則より，

$$E_P = \frac{I(\theta_A)}{\overline{AP}^2} [\text{lx}]$$

E_A は入射角余弦の法則より，

$$E_A = E_P \cos \theta_A = \frac{I(\theta_A)}{\overline{AP}^2} \frac{\overline{BP}}{\overline{AP}}$$

$$I(\theta_A) = \frac{E_A \overline{AP}^3}{\overline{BP}}$$

$\overline{AP} = \sqrt{2.4^2 + 1.2^2} = 1.2\sqrt{5} [\text{m}]$ なので，

$$I(\theta_A) = \frac{20 \times (1.2\sqrt{5})^3}{2.4} \fallingdotseq 161 [\text{cd}] \quad \to \quad 160 \text{ cd}$$

解説

光源が LED であることに特別な意味はなく，一般の光源と同様に計算できる。

問16（b）の解答　出題項目＜水平面照度＞　　答え（3）

$$I(0) = \frac{I(\theta_A)}{\cos \theta_A} = \frac{161 \times 1.2\sqrt{5}}{2.4} \fallingdotseq 180 [\text{cd}]$$

B 点の照度（水平面照度）E_B は距離の逆二乗の法則より，

$$E_B = \frac{180}{2.4^2} \fallingdotseq 31.3 [\text{lx}] \quad \to \quad 31 \text{ lx}$$

解説

照明に関する基本問題である。LED 直下の B 点における入射角は零なので，入射角の余弦は1。

補足　距離の逆二乗の法則について。

照度とは，単位面積当たりの入射光束で定義されている。しかし，距離の逆二乗の法則には入射光束も照射面積も出てこない。なぜ，距離の逆二乗の法則により照度が求められるのか，考えてみよう。

図 16-2 において，光源 P の直下 $R[\text{m}]$ 離れた Q 点の照度を $E[\text{lx}]$ とする。ここで，Q 点を中心とする面積 $\Delta A [\text{m}^2]$ の微小円に入射する光束を $\Delta F [\text{lm}]$ とすれば，E は照度の定義より，

$$E = \Delta F / \Delta A [\text{lx}] \tag{①}$$

一般に点光源から水平面に照射される光束分布は一様ではないが，Q 点近傍の微小面積に限れ

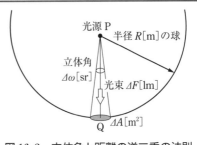

図 16-2　立体角と距離の逆二乗の法則

ば照度は一様とみなせる。

一方，空間の広がりを表現するため，立体角 ω が次のように定義されている。

P 点を中心とした半径 $R[\text{m}]$ の球において，P から球表面の微小面積 ΔA を見る立体角 $\Delta \omega$（微小な空間的広がり）は，

$$\Delta \omega = \Delta A / R^2$$

①式に代入して ΔA を消去すると，

$$E = \frac{\Delta F}{\Delta A} = \frac{\Delta F}{\Delta \omega} \frac{1}{R^2} \tag{②}$$

測光量では，$\Delta F / \Delta \omega$ をその方向の光度 $I[\text{cd}]$ と定義しているので，②式は距離の逆二乗の法則を表している。

　　問17及び問18は選択問題であり，問17又は問18のどちらかを選んで解答すること。両方解答すると採点されません。

（選択問題）

問 17 出題分野＜自動制御＞　　　難易度 ★✔★　重要度 ★★★

　　図に示すように，フィードバック接続を含んだブロック線図がある。このブロック線図において，$T=0.2\,\mathrm{s}$，$K=10$ としたとき，次の（a）及び（b）の問に答えよ。

　　ただし，ω は角周波数[rad/s]を表す。

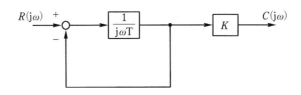

（a）　入力を $R(\mathrm{j}\omega)$，出力を $C(\mathrm{j}\omega)$ とする全体の周波数伝達関数 $W(\mathrm{j}\omega)$ として，正しいものを次の（1）～（5）のうちから一つ選べ。

（1）　$\dfrac{10}{1+\mathrm{j}0.2\omega}$　　（2）　$\dfrac{1}{1+\mathrm{j}0.2\omega}$　　（3）　$\dfrac{1}{1+\mathrm{j}5\omega}$　　（4）　$\dfrac{50\omega}{1+\mathrm{j}5\omega}$　　（5）　$\dfrac{\mathrm{j}2\omega}{1+\mathrm{j}0.2\omega}$

（b）　次のボード線図には，正確なゲイン特性を実線で，その折線近似ゲイン特性を破線で示し，横軸には特に折れ点角周波数の数値を示している。上記（a）の周波数伝達関数 $W(\mathrm{j}\omega)$ のボード線図のゲイン特性として，正しいものを次の（1）～（5）のうちから一つ選べ。ただし，横軸は角周波数 ω の対数軸であり，$-20[\mathrm{dB/dec}]$ とは，ω が10倍大きくなるに従って $|W(\mathrm{j}\omega)|$ が $-20\,\mathrm{dB}$ 変化する傾きを表している。

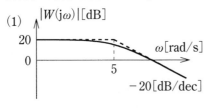

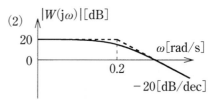

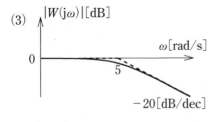

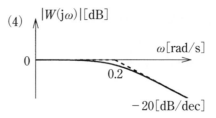

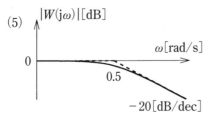

問 17（a）の解答　出題項目＜ブロック線図，伝達関数＞　　答え（1）

図 17-1 のように，信号の流れを考える。周波数伝達関数 K の入力は $C(\mathrm{j}\omega)/K$ なので，周波数伝達関数 $1/(\mathrm{j}\omega T)$ の入力は $R-C(\mathrm{j}\omega)/K$ である。この出力が $C(\mathrm{j}\omega)/K$ と等しいので，

$$\frac{C(\mathrm{j}\omega)}{K}=\Big(R-\frac{C(\mathrm{j}\omega)}{K}\Big)\frac{1}{\mathrm{j}\omega T}$$

上式より $W(\mathrm{j}\omega)=C(\mathrm{j}\omega)/R(\mathrm{j}\omega)$ は，

$$W(\mathrm{j}\omega)=\frac{C(\mathrm{j}\omega)}{R(\mathrm{j}\omega)}=\frac{K}{1+\mathrm{j}\omega T}=\frac{10}{1+\mathrm{j}0.2\omega}$$

解説

閉ループを含む全体の周波数伝達関数を求める

には，図 17-1 のように，閉ループ（フィードバック接続）の出力信号から出発して一巡する信号の流れを追い，一巡した信号が元の出力信号と等しいことを利用して方程式を作る。

（類題：平成 25 年度問 13）

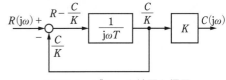

図 17-1　ブロック線図と信号

問 17（b）の解答　出題項目＜伝達関数，ボード線図＞　　答え（1）

$$|W(\mathrm{j}\omega)|=\left|\frac{10}{1+\mathrm{j}0.2\omega}\right|=\frac{10}{\sqrt{1+(0.2\omega)^2}}$$

したがって，ゲイン $|W(\mathrm{j}\omega)|[\mathrm{dB}]$ は，

$$|W(\mathrm{j}\omega)|[\mathrm{dB}]=20\log_{10}\left\{\frac{10}{\sqrt{1+(0.2\omega)^2}}\right\}$$
$$=20\Big[\log_{10}10-\frac{1}{2}\log_{10}\{1+(0.2\omega)^2\}\Big]$$
$$=20-10\log_{10}\{1+(0.2\omega)^2\}　　①$$

折点角周波数は $0.2\omega=1$ より，5[rad/s]。

次に，ゲイン特性曲線を①式から求める。

① 　$\omega<5$（折点角周波数より小さい場合）

$\omega\ll5$ において，$1+(0.2\omega)^2=1$ とみなせるので①式は，

$$|W(\mathrm{j}\omega)|[\mathrm{dB}]=20-10\log_{10}1=20[\mathrm{dB}]$$

したがって，$\omega<5$ では特性曲線は $|W(\mathrm{j}\omega)|[\mathrm{dB}]=20$ に近づく（$|W(\mathrm{j}\omega)|[\mathrm{dB}]=20$ が漸近線）。

② 　$\omega=5$（折点角周波数の場合）

$$|W(\mathrm{j}\omega)|[\mathrm{dB}]=20-10\log_{10}2=17[\mathrm{dB}]$$

（ただし，$\log_{10}2=0.301$）

③ 　$\omega>5$（折点角周波数より大きい場合）

$\omega\gg5$ において，$1+(0.2\omega)^2=(0.2\omega)^2$ とみなせるので①式は，

$$|W(\mathrm{j}\omega)|[\mathrm{dB}]=20-10\log_{10}(0.2\omega)^2$$
$$=20-20\log_{10}(0.2\omega)$$
$$=20-20(\log_{10}0.2+\log_{10}\omega)$$

$$=20-20(\log_{10}2/10+\log_{10}\omega)$$
$$=20-20(\log_{10}2-\log_{10}10+\log_{10}\omega)$$
$$=34-20\log_{10}\omega[\mathrm{dB}]$$

この式は，ω が 10 倍大きくなると $-20\,\mathrm{dB}$ 変化する，すなわち（5, 20）を通り傾き -20 の直線を表す（ω は対数目盛であることに注意）。したがって，$\omega>5$ では特性曲線は

$$|W(\mathrm{j}\omega)|[\mathrm{dB}]=34-20\log_{10}\omega \text{ に近づく}$$

（$|W(\mathrm{j}\omega)|[\mathrm{dB}]=34-20\log_{10}\omega$ が漸近線）。

以上より，ゲイン特性は図 17-2 となる。

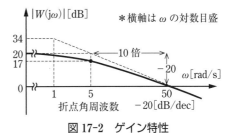

図 17-2　ゲイン特性

解説

ゲイン特性は折点角周波数が目安になる。ゲインの計算や，近似計算で漸近線を求めるには対数計算が必須である。対数の扱い方に慣れておきたい。

Point ゲイン特性は，折点角周波数と漸近線を知ることが重要である。

（選択問題）

問 18　　出題分野＜情報＞　　　　　難易度 ★★★　　重要度 ★★★

次の文章はコンピュータの構成及びICメモリ（半導体メモリ）について記述したものである。次の（a）及び（b）の問に答えよ。

（a）　コンピュータを構成するハードウェアは，コンピュータの機能面から概念的に入力装置，出力装置，記憶装置（主記憶装置及び補助記憶装置）及び中央処理装置（制御装置及び演算装置）に分類される。これらに関する記述として，誤っているものを次の（1）～（5）のうちから一つ選べ。

（1）　コンピュータのシステムの内部では，情報は特定の形式の電気信号として表現されており，入力装置では，外部から入力されたいろいろな形式の信号を，そのコンピュータの処理に適した形式に変換した後に主記憶装置に送る。

（2）　コンピュータが内部に記憶しているデータを外部に伝える働きを出力機能といい，ハードウェアのうちで出力機能を担う部分を出力装置という。出力されたデータを人間が認識できる出力装置には，プリンタ，ディスプレイ，スピーカなどがある。

（3）　コンピュータ内の中央処理装置のクロック周波数は，LAN（ローカルエリアネットワーク）の通信速度を変化させる。クロック周波数が高くなるほどLANの通信速度が向上する。また，クロック周波数によって磁気ディスクの回転数が変化する。クロック周波数が高くなるほど回転数が高くなる。

（4）　制御装置は，主記憶装置に記憶されている命令を一つ一つ順序よく取り出してその意味を解読し，それに応じて各装置に向けて必要な指示信号を出す。制御装置から信号を受けた各装置は，それぞれの機能に応じた適切な動作を行う。

（5）　算術演算，論理判断，論理演算などの機能を総称して演算機能と呼び，これらを行う装置が演算装置である。算術演算は数値データに対する四則演算である。また，論理判断は二つのデータを比較してその大小を判定したり，等しいか否かを識別したりする。論理演算は，与えられた論理値に対して論理和，論理積，否定及び排他論理和などを求める演算である。

（b）　主記憶装置等に用いられるICメモリに関する記述として，誤っているものを次の（1）～（5）のうちから一つ選べ。

（1）　RAM（Random Access Memory）は，アドレス（番地）によってデータの保存位置を指定し，データの読み書きを行う。RAMは，DRAM（Dynamic RAM）とSRAM（Static RAM）とに大別される。

（2）　ROM（Read Only Memory）は，読み出し専用であり，ROMに記録されている内容は基本的に書き換えることができない。

（3）　EPROM（Erasable Programmable ROM）は，半導体メモリの一種で，デバイスの利用者が書き込み・消去可能なROMである。データやプログラムの書き込みを行ったEPROMは，強い紫外線を照射することでその記憶内容を消去できる。

（4）　EEPROM（Electrically EPROM）は，利用者が内容を書換え可能なROMであり，印加する電圧を読み取りのときよりも低くすることで何回も記憶内容の消去・再書き込みが可能である。

（5）　DRAMは，キャパシタ（コンデンサ）に電荷を蓄えることによって情報を記憶し，電源供給が無くなると記憶情報も失われる。長期記録の用途には向かず，情報処理過程の一時的な作業記憶の用途に用いられる。

問 18（a）の解答　出題項目＜コンピュータ・コンピュータ制御＞　答え（3）

（1）正。一般的な入力装置には，キーボード，マウス，マイクロホン，イメージスキャナ，ディジタルカメラなどがある。

（2）正。記述のとおり。

（3）誤。コンピュータ内の中央処理装置の**クロック周波数と LAN の通信速度の間には関連性はない**。また，**クロック周波数と磁気ディスクの回転数の間にも関連性はない**。

クロック周波数は中央処理装置の命令実行速度に関係しているので，クロック周波数が高いほど中央処理装置の命令実行速度が向上する。

（4）正。主記憶装置に記憶されている命令を一つ読み込む作業を①フェッチという。その命令の意味を解読する作業を②デコードという。解読された命令が③実行され，指示された処理内容に従い，演算装置において演算が実行され，あるいは各装置間においてデータ転送が行われる。これで一つの命令が終わり，再び①から③の動作が繰り返される。このような動作はクロックパルスに同期して行われる。

（5）正。算術演算，論理演算，論理判断などを行う装置を算術論理演算装置（ALU）という。

解説

コンピュータの5大装置のうち，記憶装置を除く四つの装置（入力装置，出力装置，演算装置，制御装置）に関する出題である。ハードウェアの基礎として覚えておきたい。

問 18（b）の解答　出題項目＜コンピュータ・コンピュータ制御＞　答え（4）

（1）正。RAM（ランダムアクセスメモリ）の一種 DRAM（ダイナミック RAM）は，微小なコンデンサの電荷の有無により情報を記憶する。しかし，コンデンサの電荷は時間と伴にリークし情報の喪失が起こるため，情報喪失の前にデータの再書き込みを行い，電荷の存在するセル（1ビットの情報を記憶するコンデンサ）に電荷を再注入することで，記憶情報を維持する。この作業をリフレッシュという。DRAM は一般に大容量のメモリに使用される。一方，SRAM（スタティック RAM）は電源が供給される限り記憶情報を保持するメモリである。記憶はフリップフロップ回路で保持されるので，リフレッシュの必要はない。しかし，構造が複雑になるため比較的小容量のメモリとして使用される。

RAM のような電源を切ると情報が喪失するメモリを揮発性メモリという。

（2）正。ROM はリードオンリーメモリの略語。ROM のような電源を切っても情報が喪失しないメモリを不揮発性メモリという。

（3）正。記述のとおり。EPROM はイレーザブルプログラマブル ROM の略語。

（4）誤。EEPROM（エレクトリカリ EPROM）は，利用者が内容を書き換え可能な ROM であり，**印加する電圧を読み取りのときよりも高くする**ことで何回でも記憶内容の消去・再書き込みが可能なメモリである。

（5）正。記述のとおり。（1）参照。

解説

コンピュータの5大装置の残りの一つ，記憶装置についての出題である。主記憶装置とは，制御・演算装置が直接アクセスできるメモリで，一般に高速で動作する。しかし，情報を恒久的に保存しておく場合には，不揮発性の補助記憶装置が用いられる。補助記憶装置には，磁気ディスク，光ディスク，フラッシュメモリなどがある。

Point DRAM→大容量だがリフレッシュが必要。SRAM→小容量だがリフレッシュ不要。ともに揮発性メモリ。

機 械 | 平成26年度（2014年度）

A 問 題 （配点は1問題当たり5点）

問1　出題分野＜直流機＞　　難易度 ★★★　重要度 ★★☆

次の文章は，直流電動機に関する記述である。

直流分巻電動機は界磁回路と電機子回路とが並列に接続されており，端子電圧及び界磁抵抗を一定にすれば，界磁磁束は一定である。このとき，機械的な負荷が　(ア)　すると，電機子電流が　(イ)　し回転速度はわずかに　(ウ)　するが，ほぼ一定である。このように負荷の変化に関係なく，回転速度がほぼ一定な電動機は定速度電動機と呼ばれる。

上記のように直流分巻電動機の界磁磁束を一定にして運転した場合，電機子反作用等を無視すると，トルクは電機子電流にほぼ　(エ)　する。

一方，直流直巻電動機は界磁回路と電機子回路とが直列に接続されており，界磁磁束は負荷電流によって作られる。界磁磁束が磁気飽和しない領域では，界磁磁束は負荷電流にほぼ　(エ)　し，トルクは負荷電流の　(オ)　にほぼ比例する。

上記の記述中の空白箇所(ア)，(イ)，(ウ)，(エ)及び(オ)に当てはまる組合せとして，正しいものを次の(1)〜(5)のうちから一つ選べ。

	(ア)	(イ)	(ウ)	(エ)	(オ)
(1)	減 少	減 少	増 加	反比例	$\frac{1}{2}$乗
(2)	増 加	増 加	増 加	比 例	2乗
(3)	減 少	増 加	減 少	反比例	$\frac{1}{2}$乗
(4)	増 加	増 加	減 少	比 例	2乗
(5)	減 少	減 少	減 少	比 例	$\frac{1}{2}$乗

問2　出題分野＜直流機＞　　難易度 ★★☆　重要度 ★★★

出力20kW，端子電圧100V，回転速度1500min^{-1}で運転していた直流他励発電機があり，その電機子回路の抵抗は0.05Ωであった。この発電機を電圧100Vの直流電源に接続して，そのまま直流他励電動機として使用したとき，ある負荷で回転速度は1200min^{-1}となり安定した。

このときの運転状態における電動機の負荷電流（電機子電流）の値[A]として，最も近いものを次の(1)〜(5)のうちから一つ選べ。

ただし，発電機での運転と電動機での運転とで，界磁電圧は変わらないものとし，ブラシの接触による電圧降下及び電機子反作用は無視できるものとする。

(1) 180　　　(2) 200　　　(3) 220　　　(4) 240　　　(5) 260

問1の解答　出題項目＜電動機の特性＞

直流機の電機子誘導起電力 E_a は，1極当たりの磁束を $\phi[\text{Wb}]$，回転速度を $N[\text{min}^{-1}]$ とすると，次式で表される。

$$E_a = \frac{pZ}{60a}\phi N = k_e \phi N [\text{V}] \qquad ①$$

ただし，$k_e = \dfrac{pZ}{60a}$（比例定数），

（p：極数，Z：総導体数，a：並列回路数）

①式により回転速度 N は，

$$N = \frac{E_a}{k_e \phi} \qquad ②$$

となり，E_a に比例し，ϕ に反比例する。

直流分巻電動機の回路図を**図 1-1** に示す。電機子誘導起電力 E_a は，

$$E_a = V - r_a I_a \qquad ③$$

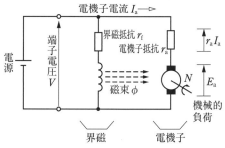

図 1-1　直流分巻電動機

図 1-1 の分巻電動機では，機械的負荷が**増加**すると電機子電流 I_a が**増加**し，③式により電機子誘導起電力 E_a は低下する。しかし，電機子抵抗 r_a が小さいため電機子誘導起電力 E_a の低下の度合いは小さく，②式により回転速度 N はわずかに**減少**する。

直流電動機のトルク T は，次式で表される。

$$T = \frac{pZ}{2\pi a}\phi I_a = k_T \phi I_a [\text{N·m}] \qquad ④$$

ただし，$k_T = \dfrac{pZ}{2\pi a}$（比例定数）

④式によりトルク T は，磁束 ϕ と電機子電流 I_a の積に**比例**する。

直巻電動機では，（電機子電流）＝（負荷電流）＝（界磁電流）であり，界磁磁束は界磁電流にほぼ**比例**（$\phi = k I_a$，k：比例定数）するため，トルク $T = k_T(k I_a)I_a = k' I_a^2 [\text{N·m}]$（$k'$：比例定数）となり，負荷電流の **2乗**にほぼ比例する。

解説

直流直巻電動機は，界磁巻線と電機子巻線が直列であり，トルクが負荷電流の2乗に比例するため電車などの負荷に使用されている。

Point 誘導起電力およびトルクの関係式から，電動機の運転特性を求める。

問2の解答　出題項目＜電機子電流・電圧＞

発電機の電機子電流 I_a（＝負荷電流）$[\text{A}]$ は，

$$I_a = \frac{\text{出力} P[\text{W}]}{\text{端子電圧} V[\text{V}]} = \frac{20 \times 10^3}{100} = 200 [\text{A}]$$

よって，発電機運転時の誘導起電力 E_a は，電機子抵抗を $r_a = 0.05[\Omega]$ すると，

$$E_a = V + r_a I_a = 100 + 0.05 \times 200 = 110 [\text{V}]$$

発電機運転時の回転速度を $N(=1\,500)[\text{min}^{-1}]$ 電動機運転時の回転速度を $N'(=1\,200)[\text{min}^{-1}]$，誘導起電力を $E_a'[\text{V}]$ とすると，次の関係式が成り立つ。

$$\frac{E_a'}{E_a} = \frac{\phi' N'}{\phi N} = \frac{N'}{N}$$

＊題意より，界磁電圧が変わらないから発電機磁束 ϕ＝電動機磁束 ϕ'

$$\therefore \ E_a' = E_a \frac{N'}{N}$$

$$= 110 \times \frac{1\,200}{1\,500} = 88 [\text{V}]$$

よって，電動機の電機子電流 I_a' は，

$$E_a' = V - r_a I_a' [\text{V}]$$

$$r_a I_a' = V - E_a' [\text{V}]$$

$$\therefore \ I_a' = \frac{V - E_a'}{r_a} = \frac{100 - 88}{0.05} = 240 [\text{A}]$$

Point 発電機，電動機運転時の誘導起電力は，磁束一定で回転速度に比例する。

| 問 3 | 出題分野＜誘導機＞ | 難易度 ★★☆ | 重要度 ★★★ |

次の文章は，三相かご形誘導電動機に関する記述である。

定格負荷時の効率を考慮して二次抵抗値は，できるだけ　(ア)　する。滑り周波数が大きい始動時には，かご形回転子の導体電流密度が　(イ)　となるような導体構造(たとえば深溝形)にして，始動トルクを大きくする。

定格負荷時は，無負荷時より　(ウ)　であり，その差は　(エ)　。このことから三相かご形誘導電動機は　(オ)　電動機と称することができる。

上記の記述中の空白箇所(ア)，(イ)，(ウ)，(エ)及び(オ)に当てはまる組合せとして，正しいものを次の(1)～(5)のうちから一つ選べ。

	(ア)	(イ)	(ウ)	(エ)	(オ)
(1)	小さく	不均一	低速度	小さい	定速度
(2)	大きく	不均一	低速度	大きい	変速度
(3)	小さく	均　一	低速度	小さい	定速度
(4)	大きく	均　一	高速度	大きい	変速度
(5)	小さく	不均一	高速度	小さい	変速度

| 問 4 | 出題分野＜誘導機＞ | 難易度 ★★★ | 重要度 ★★☆ |

一般的な三相かご形誘導電動機がある。

出力が大きい定格運転条件では，誘導機の等価回路の電流は「二次電流≫励磁電流」であるから，励磁回路を省略しても特性をほぼ表現できる。さらに，「二次抵抗による電圧降下≫その他の電圧降下」となるので，一次抵抗と漏れリアクタンスを省略しても，おおよその特性を検討できる。

このような電動機でトルク一定負荷の場合に，電流 100 A の定格運転から電源電圧と周波数を共に 10 % 下げて回転速度を少し下げた。このときの電動機の電流の値[A]として，最も近いものを次の(1)～(5)のうちから一つ選べ。

(1)　80　　　(2)　90　　　(3)　100　　　(4)　110　　　(5)　120

令和
4
(2022)

令和
3
(2021)

令和
2
(2020)

令和
元
(2019)

平成
30
(2018)

平成
29
(2017)

平成
28
(2016)

平成
27
(2015)

平成
26
(2014)

平成
25
(2013)

平成
24
(2012)

平成
23
(2011)

平成
22
(2010)

平成
21
(2009)

平成
20
(2008)

問3の解答　　出題項目＜速度制御，始動＞　　答え　（1）

　三相かご形誘導電動機の回転子抵抗を二次抵抗という。二次抵抗の大きさによって，**図3-1**のようにトルク–滑り（速度）特性が変化する。

　定格負荷時は滑りを小さくすると効率が良いため，二次抵抗値をできるだけ**小さく**する。

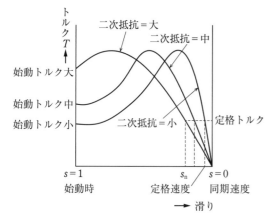

図3-1　トルク–滑り（速度）特性

　始動時は二次抵抗が大きいほど始動トルクが大きくなる。二次抵抗を始動時に大きくし，定格負荷時には小さくなるように工夫したかご形回転子は深溝形と呼ばれる。始動時のかご形回転子の周波数は高く，表皮効果により導体表面に電流が集

中して導体電流密度が**不均一**となり，二次抵抗が大きくなる。

　定格負荷時は，図3-1から無負荷（同期速度 $s=0$）よりも**低速度**であるが，その差は**小さい**。このことから，三相かご形誘導電動機は**定速度**電動機と称することができる。

解説

　かご形誘導電動機は構造が簡単で広く普及しているが，始動電流が大きい割に始動トルクが小さく，大容量機では始動特性の改善が必要となる。

　深溝形はこの要求に沿って始動特性を改善したものである（**図3-2**）。

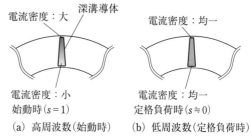

図3-2　深溝形回転子（概略）

Point　深溝形回転子の抵抗値は，始動時：大，定格負荷時：小

問4の解答　　出題項目＜二次電流＞　　答え　（3）

　励磁回路と一次抵抗および漏れリアクタンスを省略した一次換算等価回路（1相分）を**図4-1**に示す。

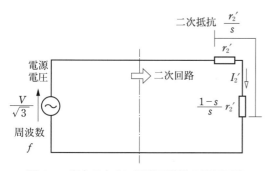

図4-1　出力の大きい誘導電動機の等価回路

　二次入力を P_2，電源の角周波数を ω_s，トルクを T とすると，$P_2=\omega_s T$ である。図4-1より，本問では P_2 は電源電圧と二次電流の積だから，次式が成り立つ。

$$T=\frac{3\times\dfrac{V}{\sqrt{3}}\times100}{\omega_s}=\frac{3\times\dfrac{V}{\sqrt{3}}\times0.9\times I_2}{0.9\omega_s}$$

（I_2 は変化後の電流）

これより，

　$I_2=100[\text{A}]$

問5　出題分野＜同期機＞　難易度 ★★★　重要度 ★★★

次の文章は，三相同期発電機の電機子反作用に関する記述である。

三相同期発電機の電機子巻線に電流が流れると，この電流によって電機子反作用が生じる。図1は，力率1の電機子電流が流れている場合の電機子反作用を説明する図である。電機子電流による磁束は，図の各磁極の　（ア）　側では界磁電流による磁束を減少させ，反対側では増加させる交差磁化作用を起こす。

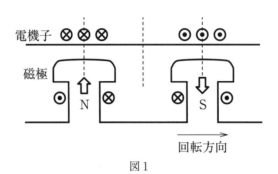

図1

次に遅れ力率0の電機子電流が流れた場合を考える。このときの磁極と電機子電流との関係は，図2　（イ）　となる。このとき，N及びS両磁極の磁束はいずれも　（ウ）　する。進み力率0の電機子電流のときには逆になる。

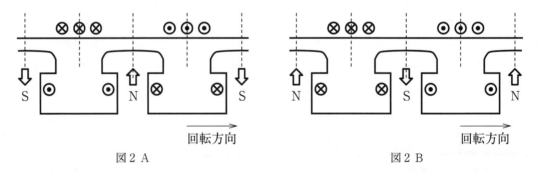

図2A　　　　　　　　　　　　　　　図2B

電機子反作用によるこれらの作用は，等価回路において電機子回路に直列に接続された　（エ）　として扱うことができる。

上記の記述中の空白箇所(ア)，(イ)，(ウ)及び(エ)に当てはまる組合せとして，正しいものを次の(1)～(5)のうちから一つ選べ。

	(ア)	(イ)	(ウ)	(エ)
(1)	右	A	減　少	リアクタンス
(2)	右	B	増　加	リアクタンス
(3)	左	A	減　少	抵　抗
(4)	左	B	減　少	リアクタンス
(5)	左	A	増　加	抵　抗

問5の解答　　出題項目＜電機子反作用＞　　　　　　　　　　　　　答え　（1）

図 5-1 は，三相同期発電機（回転界磁形）をモデル化したものである。力率1の電機子電流の電機子反作用による磁束は，上の N 極側では回転方向の磁極の**右側**が減少（磁束の向きが逆），左側が増加している。よって，この電機子反作用は交差磁化作用と呼んでいる。

一方，下側の S 極は進行方向（左側）の磁束が減少していることがわかる。

次に，遅れ力率0の電機子電流の場合を考える（**図 5-2**）。電機子に発生する起電力は，磁極の回転により発生する。図 5-1 では電機子起電力と電流の位相が同じである。遅れ力率ということは電機子起電力に対して電流が遅れることであり，起電力の発生源である磁極に対して電流が遅れる。

本問の場合，図 5-1 に対して磁極が回転方向の向きに 90° 進むと電機子電流が 90° 遅れになり，磁極と電機子電流の関係は問題図2の **A** となる。

このとき，N，S 極の磁束は電機子反作用の磁束の向きに対して反対となり，**減少**する。

電機子反作用によるこれらの作用は電機子回路に直列に接続された**リアクタンス**として扱うことができる。

解説

問題の図1，図2は，図 5-1，図 5-2 を平面に展開した図である。図 5-1，図 5-2 の電機子巻線は，問題と同様，1 相分（a-a′）コイルのみを記載している。

図 5-1 の電機子巻線の磁束（磁界）の方向は右ねじの法則を適用して，上側の電機子巻線の磁束は右回り，下側の電機子巻線の磁束は左回りとなる。図 5-2 においても電機子反作用の磁束の方向は同じである。

一方，図 5-1 を同相（力率 1.0）として，電機子電流の遅れ・進みについて考える。電機子電流に対して，起電力を作る磁極が回転方向の先の位置にあれば，起電力は進み，すなわち電機子電流が「遅れ」となる。また，磁極が回転方向の反対の後の位置にあれば，起電力は遅れ，すなわち電機子電流が「進み」となる。

電機子反作用はエネルギーの消費をしないため，リアクタンスとして扱う。

Point 同期発電機の電機子反作用は，右ねじの法則により電機子巻線電流の磁束の向きを求める。

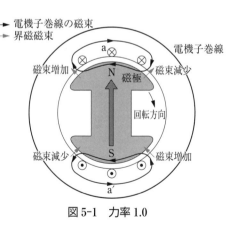

図 5-1　力率 1.0

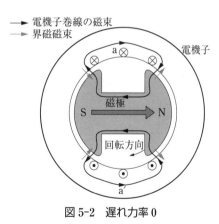

図 5-2　遅れ力率 0

令和 **4** (2022)

令和 **3** (2021)

令和 **2** (2020)

令和 **元** (2019)

平成 **30** (2018)

平成 **29** (2017)

平成 **28** (2016)

平成 **27** (2015)

平成 **26** (2014)

平成 **25** (2013)

平成 **24** (2012)

平成 **23** (2011)

平成 **22** (2010)

平成 **21** (2009)

平成 **20** (2008)

問6 出題分野＜誘導機＞ 　難易度 ★★★ 　重要度 ★★★

次の文章は，三相誘導電動機の等価回路に関する記述である。

三相誘導電動機の1相当たりの等価回路は， (ア) と同様に表すことができ，その等価回路を使用することによって電圧V及び周波数fを同時に変化させるインバータで運転したときの磁束，トルクの特性を検討することができる。

図の (イ) 等価回路において，誘導電動機を例えば定格周波数，定格電圧の数パーセント程度の周波数，電圧で始動するときの特性を考える。この場合，もし始動電流が定格電流と同じだけ流れると， (ウ) による電圧降下の一次電圧に対する比率が定格時よりも大きくなるので，磁束が減少し，発生トルクが (エ) することが理解できる。また，誘導電動機を例えば定格周波数，定格電圧で運転するときは，上記電圧降下による計算誤差が小さく，計算が簡単になるので，励磁回路を図の (オ) 側に移した簡易等価回路を使うことも有効である。この運転では，もしインバータが出力する電圧Vが減少したとしても，$\dfrac{V}{f}$比を一定に保つように周波数fを減少させれば，負荷変動に影響されずに励磁電流がほぼ一定となることが分かる。

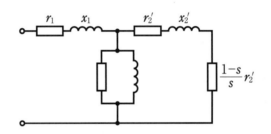

上記の記述中の空白箇所(ア)，(イ)，(ウ)，(エ)及び(オ)に当てはまる組合せとして，正しいものを次の(1)～(5)のうちから一つ選べ。

	(ア)	(イ)	(ウ)	(エ)	(オ)
(1)	同期電動機	L形	一次抵抗	増 加	右端の負荷抵抗
(2)	変圧器	T形	一次抵抗	減 少	左端の端子
(3)	同期電動機	T形	二次漏れリアクタンス	減 少	右端の負荷抵抗
(4)	変圧器	L形	一次抵抗	増 加	右端の負荷抵抗
(5)	変圧器	T形	二次漏れリアクタンス	減 少	左端の端子

問6の解答　出題項目＜等価回路＞　　　　　答え（2）

三相誘導電動機の等価回路は**変圧器**と同様に表すことができる。

問題図の回路の負荷抵抗を除いた部分は T 字形に見えるため **T 形**等価回路という。

誘導電動機を定格周波数，定格電圧の数 % で始動する場合，励磁回路に加わる電圧は**一次抵抗**による電圧降下の比率が定格時よりも大きくなり，発生トルクが**減少**する。

また，励磁回路を電源側すなわち**左側**の端子へ移動した等価回路のことを L 形等価回路という。

解説

励磁回路に加わる電圧は電源電圧から一次回路の電圧降下を引いた値となる。電源電圧，周波数を定格時の数 % として始動した場合，始動電流（≒定格電流）による電圧降下は電源電圧に対して無視できない大きさとなり，励磁回路に加わる電圧は小さくなってしまう。励磁回路に加わる電圧が低下することにより，二次側の電圧も低下して，発生トルクも減少する。

補足　図 6-1 において，V/f 一定制御のインバータ始動を行う場合の定格運転時および始動時の励磁（相）電圧 E，E' を求める。ただし，一次抵抗 $r_1 = 0.5[\Omega]$，一次リアクタンス $x_1 = 0.5[\Omega]$ とする。定格時，始動時の条件は下記のとおりとする。

[定格時]

電源電圧 $\dfrac{V}{\sqrt{3}} = \dfrac{200}{\sqrt{3}}[\mathrm{V}]$

電源周波数 $f_n = 50[\mathrm{Hz}]$

電流 $I_n = 10[\mathrm{A}]$

力率 $\cos\theta_n = 0.8$

一次電圧降下 $v[\mathrm{V}]$

[始動時（電源電圧，周波数を定格時の 5 %）]

電源電圧 $\dfrac{V'}{\sqrt{3}} = \dfrac{0.05\,V}{\sqrt{3}} = \dfrac{0.05 \times 200}{\sqrt{3}} = \dfrac{10}{\sqrt{3}}[\mathrm{V}]$

周波数 $f' = 0.05 f_n = 0.05 \times 50 = 2.5[\mathrm{Hz}]$

電流 $I' = 10[\mathrm{A}]$

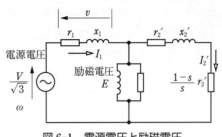

図 6-1　電源電圧と励磁電圧

力率 $\cos\theta' = 0.6$

一次電圧降下 $v'[\mathrm{V}]$

上記の条件における v および v' を簡略式により計算する。始動時リアクタンスは電源周波数に比例することに注意すると，

$$v = I_n(r_1 \cos\theta_n + x_1 \sin\theta_n)$$
$$= 10 \times (0.5 \times 0.8 + 0.5 \times 0.6)$$
$$= 7[\mathrm{V}] \qquad ①$$
$$v' = I'(r_1 \cos\theta' + 0.05 x_1 \sin\theta')$$
$$= 10 \times (0.5 \times 0.6 + 0.05 \times 0.5 \times 0.8)$$
$$= 3.2[\mathrm{V}] \qquad ②$$

となる。よって，励磁電圧は，

$$E = \frac{V}{\sqrt{3}} - v = \frac{200}{\sqrt{3}} - \frac{\sqrt{3} \times 7}{\sqrt{3}}$$
$$\fallingdotseq \frac{187.9}{\sqrt{3}}[\mathrm{V}] \qquad ③$$

$$E' = \frac{V'}{\sqrt{3}} - v' = \frac{10}{\sqrt{3}} - \frac{\sqrt{3} \times 3.2}{\sqrt{3}}$$
$$\fallingdotseq \frac{4.46}{\sqrt{3}}[\mathrm{V}] \qquad ④$$

となり，始動時の励磁電圧 $E' = 4.46/\sqrt{3}[\mathrm{V}]$ は電源電圧 $V'/\sqrt{3} = 10/\sqrt{3}[\mathrm{V}]$ の半分以下となることがわかる。

このため，始動時には不足する電圧分を予め想定して加えておき，不足トルクを補うことが行われる。これを**トルクブースト**と呼ぶ。

Point　誘導電動機の V/f 一定制御では，始動時，一次回路の電圧降下が大きいため，発生トルクが減少する。

問7　出題分野＜変圧器＞　　　　難易度 ★★★　　重要度 ★★★

次の文章は，単相変圧器の簡易等価回路に関する記述である。

変圧器の電気的な特性を考える場合，等価回路を利用すると都合がよい。また，等価回路は負荷も含めた電気回路として考えると便利であり，特に二次側の諸量を一次側に置き換え，一次側の回路はそのままとした「一次側に換算した簡易等価回路」は広く利用されている。

一次巻線の巻数を N_1，二次巻線の巻数を N_2 とすると，巻数比 a は $a = \dfrac{N_1}{N_2}$ で表され，この a を使用すると二次側諸量の一次側への換算は以下のように表される。

$\dot{V}_2'$：二次電圧 $\dot{V}_2$ を一次側に換算したもの　$\dot{V}_2' = \boxed{（ア）} \cdot \dot{V}_2$

$\dot{I}_2'$：二次電流 $\dot{I}_2$ を一次側に換算したもの　$\dot{I}_2' = \boxed{（イ）} \cdot \dot{I}_2$

r_2'：二次抵抗 r_2 を一次側に換算したもの　$r_2' = \boxed{（ウ）} \cdot r_2$

x_2'：二次漏れリアクタンス x_2 を一次側に換算したもの　$x_2' = \boxed{（エ）} \cdot x_2$

$\dot{Z}_L'$：負荷インピーダンス $\dot{Z}_L$ を一次側に換算したもの　$\dot{Z}_L' = \boxed{（オ）} \cdot \dot{Z}_L$

ただし，$'$（ダッシュ）の付いた記号は，二次側諸量を一次側に換算したものとし，$'$（ダッシュ）のない記号は二次側諸量とする。

上記の記述中の空白箇所（ア），（イ），（ウ），（エ）及び（オ）に当てはまる組合せとして，正しいものを次の（1）～（5）のうちから一つ選べ。

	（ア）	（イ）	（ウ）	（エ）	（オ）
（1）	a	$\dfrac{1}{a}$	a^2	a^2	a^2
（2）	$\dfrac{1}{a}$	a	a^2	a^2	a
（3）	a	$\dfrac{1}{a}$	$\dfrac{1}{a^2}$	$\dfrac{1}{a^2}$	$\dfrac{1}{a^2}$
（4）	$\dfrac{1}{a}$	a	$\dfrac{1}{a^2}$	$\dfrac{1}{a^2}$	a^2
（5）	$\dfrac{1}{a}$	a	$\dfrac{1}{a^2}$	$\dfrac{1}{a^2}$	$\dfrac{1}{a^2}$

問7の解答　　出題項目＜単相変圧器・変圧比＞　　　　答え　（1）

単相変圧器を等価回路で表したものが**図7-1**である。ただし，励磁電流＝0とした。

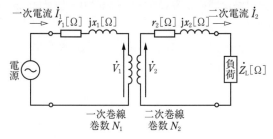

図7-1　単相変圧器の等価回路

一次巻線と二次巻線の巻数の比を巻数比といい，次式で表される。

$$巻数比\ a=\frac{N_1}{N_2}=\frac{|\dot{V}_1|}{|\dot{V}_2|}=\frac{|\dot{I}_2|}{|\dot{I}_1|} \qquad ①$$

図7-1の等価回路において，二次電圧 $\dot{V}_2$ を一次側に換算した値 $\dot{V}_2'$ は $\dot{V}_1$ である（$\dot{V}_2'=\dot{V}_1$）。一方，二次電流 $\dot{I}_2$ を一次側に換算した値 $\dot{I}_2'$ は $\dot{I}_1$ である（$\dot{I}_2'=\dot{I}_1$）。①式より，$\dot{V}_2'$，$\dot{I}_2'$ は，

$$\dot{V}_2'=\dot{V}_1=\underset{\sim}{\boldsymbol{a}}\cdot\dot{V}_2$$

$$\dot{I}_2'=\dot{I}_1=\underset{\sim}{\frac{\boldsymbol{1}}{\boldsymbol{a}}}\cdot\dot{I}_2$$

また，抵抗，リアクタンスおよびインピーダンスの単位は[Ω]であり，電圧と電流から[V/A]と表すことができる。すなわち，

$$\frac{\dot{V}_2'}{\dot{I}_2'}=\frac{a\dot{V}_2}{\dfrac{1}{a}\dot{I}_2}=a^2\cdot\frac{\dot{V}_2}{\dot{I}_2}$$

となり，巻数比の2乗倍で換算できることがわかる。よって，r_2'，x_2'，$\dot{Z}_L'$ は，

$$r_2'=\underset{\sim}{\boldsymbol{a^2}}\cdot r_2$$

$$x_2'=\underset{\sim}{\boldsymbol{a^2}}\cdot x_2$$

$$\dot{Z}_L'=\underset{\sim}{\boldsymbol{a^2}}\cdot\dot{Z}_L$$

Point 一次換算した二次側の抵抗，リアクタンスおよびインピーダンスは a^2 倍（$(N_1/N_2)^2$ 倍）する。

問 8　　出題分野＜変圧器＞

次の文章は，単相変圧器の電圧変動に関する記述である。

単相変圧器において，一次抵抗及び一次漏れリアクタンスが励磁回路のインピーダンスに比べて十分小さいとして二次側に移した，二次側換算の簡易等価回路は図のようになる。$r_{21} = 1.0 \times 10^{-3}$ Ω，$x_{21} = 3.0 \times 10^{-3}$ Ω，定格二次電圧 $V_{2n} = 100$ V，定格二次電流 $I_{2n} = 1$ kA とする。

負荷の力率が遅れ 80 ％ のとき，百分率抵抗降下 p，百分率リアクタンス降下 q 及び電圧変動率 ε のそれぞれの値[%]の組合せとして，最も近いものを次の（1）～（5）のうちから一つ選べ。なお，本問では簡単のため用いられる近似式を用いて解答すること。

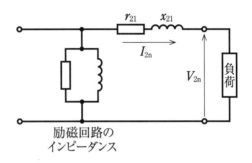

	p	q	ε
（1）	3.0	1.0	3.0
（2）	3.0	1.0	2.4
（3）	1.0	3.0	3.1
（4）	1.0	2.6	3.0
（5）	1.0	3.0	2.6

問8の解答　出題項目＜電圧変動率＞　　答え　（5）

単相変圧器の百分率抵抗降下 p, 百分率リアクタンス降下 q は,

$$p=\frac{r_{21}I_{2n}}{V_{2n}}\times100[\%] \qquad ①$$

$$q=\frac{x_{21}I_{2n}}{V_{2n}}\times100[\%] \qquad ②$$

電圧変動率 ε は, 題意より近似式を用いて,

$$\varepsilon=p\cos\theta+q\sin\theta[\%] \qquad ③$$

ただし, r_{21}：合成した二次換算巻線抵抗[Ω], x_{21}：合成した二次換算リアクタンス[Ω], I_{2n}：定格二次電流[A], V_{2n}：定格二次電圧[V], θ：負荷角[rad]である。

百分率抵抗降下 p は, ①式に題意の数値を代入して,

$$p=\frac{1.0\times10^{-3}\times1\times10^{3}}{100}\times100=1.0[\%]$$

百分率リアクタンス q は, ②式に題意の数値を代入して,

$$q=\frac{3.0\times10^{-3}\times1\times10^{3}}{100}\times100=3.0[\%]$$

となる。また, 負荷の力率が遅れ 80 ％ であるから,

$$\cos\theta=0.8$$
$$\sin\theta=\sqrt{1-\cos^{2}\theta}=\sqrt{1-0.8^{2}}=0.6$$

よって電圧変動率 ε は, ③式に数値を代入して,

$$\varepsilon=1.0\times0.8+3.0\times0.6=2.6[\%]$$

Point p, q および ε の式を覚えておくこと。

令和4 (2022)
令和3 (2021)
令和2 (2020)
令和元 (2019)
平成30 (2018)
平成29 (2017)
平成28 (2016)
平成27 (2015)
平成26 (2014)
平成25 (2013)
平成24 (2012)
平成23 (2011)
平成22 (2010)
平成21 (2009)
平成20 (2008)

問9　出題分野＜機器全般＞　　　　　難易度 ★★★　重要度 ★★★

次の文章は，電動機の速度制御に関する記述である。

他励直流電動機の速度制御には，界磁回路の直流電流を調整する方法のほかに，電機子回路の　(ア)　を調整する方法がある。これは，磁束一定の条件で，誘導起電力が　(イ)　に比例している特性を利用したものである。この方法によると，速度が一定となる定常状態において，負荷トルクの変動によって電機子抵抗による電圧降下分だけの速度変動を生じる。

誘導電動機の速度制御には，電源が商用電源である場合は滑りを広く利用する方法がある。その方法は　(ウ)　や，巻線形誘導電動機の二次抵抗による比例推移を利用する制御である。しかし，滑りを利用する方法は，速度が定格速度に比べて低くなるほど二次効率が　(エ)　する。これを改善する巻線形誘導電動機の二次励磁という制御は，二次回路に電力変換器を接続して二次抵抗損に相当する電力を交流電源　(オ)　する方法である。

上記の記述中の空白箇所(ア)，(イ)，(ウ)，(エ)及び(オ)に当てはまる組合せとして，正しいものを次の(1)〜(5)のうちから一つ選べ。

	(ア)	(イ)	(ウ)	(エ)	(オ)
(1)	直流電圧	速　度	一次電圧制御	低　下	に返還
(2)	直流電流	速　度	極数変換	増　加	から供給
(3)	直流電圧	電機子電流	極数変換	低　下	に返還
(4)	直流電圧	電機子電流	一次電圧制御	増　加	に返還
(5)	直流電流	電機子電流	一次電圧制御	低　下	から供給

問9の解答　出題項目＜直流機と誘導機＞　　答え　(1)

直流機の電機子誘導起電力 $E_a = k_e\phi N [\text{V}]$ の式を変形して，回転速度 N を表すと，

$$N = \frac{E_a}{k_e\phi} [\text{min}^{-1}] \qquad ①$$

となる。回転速度の制御には，界磁回路の直流電流を調整し，①式の磁束 ϕ を変化させる方法のほか，電機子回路の**直流電圧**の調整により E_a を変化させる方法がある。この方法は磁束が一定であれば，誘導起電力 E_a が回転**速度** N に比例している特性を利用したものである。

一方，電源が商用電源である場合の誘導電動機の速度制御として，**一次電圧制御**がある。**図 9-1**のように一次電圧を $V \to kV (0 < k < 1)$ に変化させることで，滑りを $s_n \to s_2$ として回転速度を変化させる。

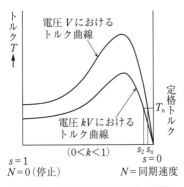

図9-1　一次電圧による速度制御

また，巻線形誘導電動機の二次抵抗による比例推移を利用する方法がある。

二次効率（機械的出力 P_o／二次入力 P_2）を表すと，$P_2 : P_o = 1 : (1-s)$ であるから，

$$\frac{P_o}{P_2} = \frac{1-s}{1} = 1-s \qquad ②$$

となり，滑り s が大きい（速度が低い）ほど，二次効率が**低下**する。

巻線形誘導電動機の二次回路に電力変換器を接続して二次抵抗損に相当する電力を交流側に**返還**する方法があり，これをセルビウス方式という。また，二次回路の電力を整流して誘導電動機と直結した直流電動機を駆動する方法をクレーマ方式という。

解説

静止セルビウス方式とクレーマ方式は，双方ともに二次抵抗損に相当する電力 $sP_2 = p_{c2}$ をスリップリングにより取り出し，整流器により直流に変換するまでは同じである。

静止セルビウス方式は，**図 9-2** のように sP_2 相当の電力をインバータにより交流電源へ返還する。クレーマ方式は，**図 9-3** のように sP_2 相当の直流を誘導電動機の軸と直結した直流電動機へ供給して，直流電動機の機械的出力として負荷へ供給する。

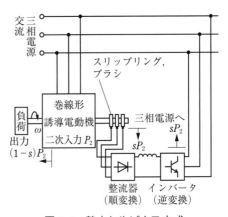

図 9-2　静止セルビウス方式

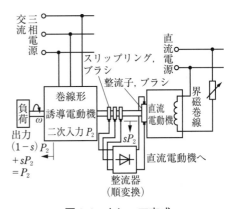

図 9-3　クレーマ方式

問 10 出題分野＜パワーエレクトロニクス＞ | 難易度 ★★★ | 重要度 ★★★

次の文章は，単相半波ダイオード整流回路に関する記述である。

抵抗とリアクトルとを直列接続した負荷に電力を供給する単相半波ダイオード整流回路を図1に示す。スイッチSを開いて運転したときに，負荷力率に応じて負荷電圧 e_d の波形は図2の ［（ア）］ となり，負荷電流 i_d の波形は図2の ［（イ）］ となった。次にスイッチSを閉じ，環流ダイオードを接続して運転したときには，負荷電圧 e_d の波形は図2の ［（ウ）］ となり，負荷電流の流れる期間は，スイッチSを開いて運転したときよりも ［（エ）］ 。

上記の記述中の空白箇所（ア），（イ），（ウ）及び（エ）に当てはまる組合せとして，正しいものを次の（1）～（5）のうちから一つ選べ。

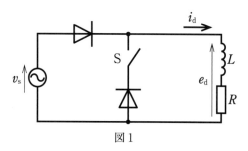

図1

	（ア）	（イ）	（ウ）	（エ）
（1）	波形2	波形4	波形3	長くなる
（2）	波形1	波形5	波形2	長くなる
（3）	波形1	波形5	波形3	短くなる
（4）	波形1	波形4	波形2	長くなる
（5）	波形2	波形5	波形3	短くなる

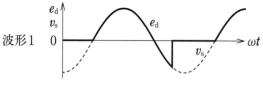

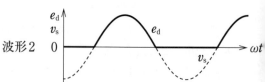

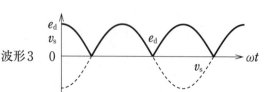

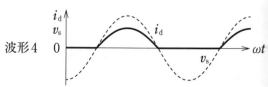

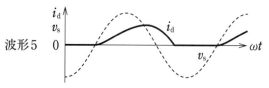

図2

問 10 の解答　出題項目<単相ダイオード整流回路>　　答え　（2）

スイッチ S を開いた状態における電圧 e_d と電流 i_d の関係を**図 10-1** に示す。e_d に対して i_d は，インダクタンス L 分によって少し遅れ，$i_d=0$ になる時間も遅れる。そのため，i_d が正の値から 0 の間，整流ダイオードが ON となるから，負荷に加わる電圧 e_d は問題図 2 の**波形 1** となる。

電流 i_d は**波形 5** となる。

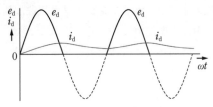

図 10-2　電圧・電流波形（S 閉）

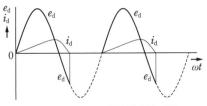

図 10-1　電圧・電流波形（S 開）

一方，問題図 1 でスイッチ S を閉じた場合，電源電圧が負の値になると，整流ダイオードによって電源から負の電流が流れないため，負荷に加わる電圧 e_d は**図 10-2** に示すような半波整流波形（問題図 2 の**波形 2**）となる。

電流 i_d は，環流ダイオードにより電源電圧の正負に関わらず，問題図 1 に示す方向に流れ続ける。インダクタンス L が十分大きく，また抵抗 R が小さい場合，電流 i_d は波形 5 に比べて流れる期間が**長く**なる。

解説

回路上における「S を開いた場合」および「S を閉じた場合」の動作状況を示す。

（1）　S を開いた場合

正の半周期（**図 10-3**）：電圧降下を無視すると，e_d は電源電圧 v_s と同じ波形となる。i_d は図中の点線で示す方向に流れる。

負の半周期（**図 10-4**）：e_d は電源電圧 v_s と同じ（負方向の）波形となる。i_d は電源電圧と向きが反対のため，減少しながら正の半周期と同じ方向に継続して流れる。その後，i_d は 0 になるが，負方向へはダイオードの反対方向となるため流れることはできず，e_d も 0 となる。

（2）　S を閉じた場合

正の半周期（**図 10-5**）：電圧降下を無視すると，e_d は電源電圧 v_s と同じ波形となる。i_d は図中の点線で示す方向に流れる。

負の半周期（**図 10-6**）：e_d は電源電圧 v_s が加わらず 0 となる。i_d は減少しながら正の半周期と同じ方向に継続して流れる。そして，インダクタンス L が十分大きい場合，i_d は負の半周期の間で 0 にならない。電源電圧による電流は，ダイオードの反対方向となるため流れることはできない。

Point ダイオードによる電流の向き，インダクタンスは電流の急変ができないことを理解する。

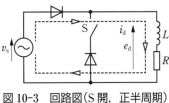

図 10-3　回路図（S 開，正半周期）

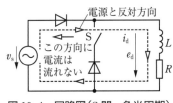

図 10-4　回路図（S 開，負半周期）

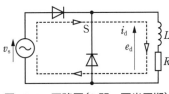

図 10-5　回路図（S 閉，正半周期）

図 10-6　回路図（S 閉，負半周期）

令和4（2022）
令和3（2021）
令和2（2020）
令和元（2019）
平成30（2018）
平成29（2017）
平成28（2016）
平成27（2015）
平成26（2014）
平成25（2013）
平成24（2012）
平成23（2011）
平成22（2010）
平成21（2009）
平成20（2008）

問11　出題分野＜電熱＞　　　難易度 ★★★　重要度 ★★★

　次の文章は，電子レンジ及び電磁波加熱に関する記述である。

　一般に市販されている電子レンジには，主に　(ア)　の電磁波が使われている。この電磁波が電子レンジの加熱室に入れた被加熱物に照射されると，被加熱物は主に電磁波の交番電界によって被加熱物自体に生じる　(イ)　によって被加熱物自体が発熱し，加熱される。被加熱物が効率よく発熱するためには，被加熱物は水などの　(ウ)　分子を含む必要がある。また，一般に，　(イ)　は電磁波の周波数に　(エ)　，被加熱物への電磁波の浸透深さは電磁波の周波数が高いほど　(オ)　。

　上記の記述中の空白箇所(ア)，(イ)，(ウ)，(エ)及び(オ)に当てはまる組合せとして，正しいものを次の(1)〜(5)のうちから一つ選べ。

	(ア)	(イ)	(ウ)	(エ)	(オ)
(1)	数 GHz	誘電損	有極性	無関係で	小さい
(2)	数 GHz	誘電損	有極性	比例し	小さい
(3)	数 MHz	ジュール損	無極性	無関係で	大きい
(4)	数 MHz	誘電損	無極性	比例し	大きい
(5)	数 GHz	ジュール損	有極性	比例し	大きい

問12　出題分野＜電気化学＞　　　難易度 ★★★　重要度 ★★★

　次の文章は，燃料電池に関する記述である。

　(ア)　燃料電池は 80〜100 ℃程度で動作し，家庭用などに使われている。燃料には都市ガスなどが使われ，　(イ)　を通して水素を発生させ，水素は燃料極へと導かれる。燃料極において水素は電子を　(ウ)　水素イオンとなり，電解質の中へ浸透し，空気極において電子を　(エ)　酸素と結合し，水が生成される。放出された電子が電流として負荷に流れることで直流電源として動作する。また，発電時には　(オ)　反応が起きる。

　上記の記述中の空白箇所(ア)，(イ)，(ウ)，(エ)及び(オ)に当てはまる組合せとして，正しいものを次の(1)〜(5)のうちから一つ選べ。

	(ア)	(イ)	(ウ)	(エ)	(オ)
(1)	固体高分子形	改質器	放出して	受け取って	発熱
(2)	りん酸形	燃焼器	受け取って	放出して	吸熱
(3)	固体高分子形	改質器	放出して	受け取って	吸熱
(4)	りん酸形	改質器	放出して	受け取って	発熱
(5)	固体高分子形	燃焼器	受け取って	放出して	発熱

問 11 の解答　出題項目＜誘電加熱＞　　　　答え　(2)

　一般に市販されている電子レンジには，主に**数GHz**の電磁波が使われている。この電磁波が電子レンジの加熱室に入れた被加熱物に照射されると，被加熱物自体に生じる**誘電損**によって被加熱物自体が発熱し，加熱される。被加熱物が効率よく発熱するためには，被加熱物は水などの**有極性**分子を含む必要がある。一般に，誘電損は電磁波の周波数に**比例し**，また，電界の強さの 2 乗，$\tan\delta$（誘電正接）および誘電体の比誘電率にも比例する。被加熱物への電磁波の浸透深さは，電磁波の周波数が高いほど**小さい**。

解説

　電子レンジは，マグネトロンで発生する 2.45 GHz の電磁波を用いて加熱する。この電磁波はマイクロ波と呼ばれる周波数帯域にあるため，マイクロ波加熱とも呼ばれる。

　$\tan\delta$ は，**図 11-1** のように，コンデンサを流れる無効電流に対する有効電流の割合であり，誘電体内のエネルギー損失の程度を表す。

　水が有極性分子であるのは，**図 11-2** のように，二つの水素原子が片側に寄っている構造に原因がある。水素酸素間の共有結合において，正電荷の大きな酸素原子核が水素の電子を酸素側へ強く引き寄せるため，水分子は相対的に酸素側が負，水素側が正の電荷を帯びた有極性分子となる。

　また，電磁波の浸透深さは，周波数，$\tan\delta$，比誘電率の平方根に反比例する。

Point 誘電損 ∝ 電界^2・$\tan\delta$・周波数

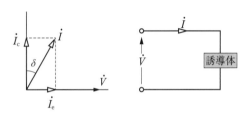

図 11-1　$\tan\delta$ と電流ベクトル

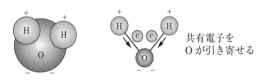

図 11-2　有極性分子（H_2O）の構造

問 12 の解答　出題項目＜燃料電池＞　　　　答え　(1)

　現在実用化されている主な燃料電池は，リン酸形と固体高分子形である。**固体高分子形**燃料電池は 80〜100 ℃ 程度の比較的低温で動作するため，家庭用などに使われている。燃料電池の燃料となる水素は，都市ガスなどの一般化石燃料を**改質器**を通して発生させ，水素は燃料極へと導かれる。燃料極（負極）において水素は電子を**放出**して水素イオンとなり，電解質の中へ浸透し，空気極（正極）において電子を**受け取って**酸素と結合し，水が生成される。放出された電子が電流として負荷に流れることで直流電源として動作する。また，発電時には**発熱**反応が起きる。

解説

　固体高分子形はイオン交換膜を挟んで，正極に酸素（酸化剤），負極に水素（燃料）を供給することで発電する。比較的低温で動作し起動も速いが，発電効率はリン酸形に比べ低く，家庭用など小形の用途に適する。

　水素（燃料）と酸素（酸化剤）の電極での反応を**図12-3** に示す。負極では水素が**電子を放出する反応 $H_2 \rightarrow 2H^+ + 2e^-$** が起こり，正極では**電子を受け取る反応 $(1/2)O_2 + 2H^+ + 2e^- \rightarrow H_2O$** が起こる。

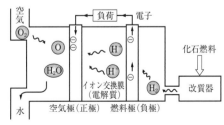

図 12-3　燃料電池の原理

令和 **4** (2022)
令和 **3** (2021)
令和 **2** (2020)
令和 **元** (2019)
平成 **30** (2018)
平成 **29** (2017)
平成 **28** (2016)
平成 **27** (2015)
平成 **26** (2014)
平成 **25** (2013)
平成 **24** (2012)
平成 **23** (2011)
平成 **22** (2010)
平成 **21** (2009)
平成 **20** (2008)

問 13　　出題分野＜自動制御＞　　難易度 ★★★　重要度 ★★★

シーケンス制御に関する記述として，誤っているものを次の（1）〜（5）のうちから一つ選べ。

（1）　前もって定められた工程や手順の各段階を，スイッチ，リレー，タイマなどで構成する制御はシーケンス制御である。

（2）　荷物の上げ下げをする装置において，扉の開閉から希望階への移動を行う制御では，シーケンス制御が用いられる。

（3）　測定した電気炉内の温度と設定温度とを比較し，ヒータの発熱量を電力制御回路で調節して，電気炉内の温度を一定に保つ制御はシーケンス制御である。

（4）　水位の上限を検出するレベルスイッチと下限を検出するレベルスイッチを取り付けた水のタンクがある。水位の上限から下限に至る容積の水を次段のプラントに自動的に送り出す装置はシーケンス制御で実現できる。

（5）　プログラマブルコントローラでは，スイッチ，リレー，タイマなどをソフトウェアで書くことで，変更が容易なシーケンス制御を実現できる。

問 14　　出題分野＜情報＞　　難易度 ★★★　重要度 ★★★

次のフローチャートに従って作成したプログラムを実行したとき，印字される A，B の値として，正しい組合せを次の（1）〜（5）のうちから一つ選べ。

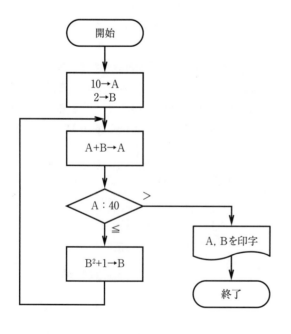

	A	B
（1）	43	288
（2）	43	677
（3）	43	26
（4）	720	26
（5）	720	677

問 13 の解答　出題項目＜シーケンス制御＞　　答え　（3）

（1）　正。シーケンス制御は，あらかじめ決められた手順，条件，論理に従って，制御の各段階を順次進めていく制御法である。手順や条件，論理は，各種スイッチやリレー，タイマー等の組み合わせにより実現する。

（2）　正。扉の開閉や希望階への移動停止などの不連続な状態変化を検出して，その際決められた手順に従う制御では，シーケンス制御が用いられる。

（3）　誤。炉内温度（制御対象）を設定温度（基準入力）と比較し，偏差が零となるように電力制御等を行う方法は**フィードバック**制御である。

（4）　正。水位の上限下限という不連続な状態変化を検出して，水を送り出すという定められた手順を実行する制御はシーケンス制御である。

（5）　正。プログラマブルコントローラは，実行手順をソフトウエア化できるため，制御手順の変更が容易であり汎用性が高い。

解 説

シーケンス制御の手順を実行する方式として，配線論理方式とプログラム内蔵方式がある。配線論理方式には，①制御のための機器にスイッチ，リレー，タイマーなどを用いた有接点式と，②接点の代わりに半導体素子を用いた無接点式がある。配線論理方式は制御動作がほぼ固定化されるため，一つの目的に限り用いられる。一方，プログラマブルコントローラなどのプログラム内蔵方式では，制御のための機器（スイッチ，リレー，タイマーなど）をソフトウエアで記述し，プログラムとして内蔵できるため，制御内容の変更に対して柔軟に対応できる。シーケンス制御の設計には，各機器の時間に伴う動作状態を確認するためにタイムチャートを用いる。

Point 不連続な状態変化はシーケンス制御。連続的な状態変化はフィードバック制御。

問 14 の解答　出題項目＜フローチャート＞　　答え　（3）

図 14-1 にフローチャート（流れ図）の一部を示す。「判断」処理の手前を点 J とする。

点 J での A, B の値を開始から順次追っていく。

①　開始から，最初の点 J

$B = 2$, $A = 10 + B = 10 + 2 = 12$

ここで「判断」，$A = 12 \leqq 40$ なので次のループへ進む。

②　2 度目の点 J

$B = 2^2 + 1 = 5$, $A = 12 + 5 = 17$

ここで「判断」，$A = 17 \leqq 40$ なので次のループへ進む。

③　3 度目の点 J

$B = 5^2 + 1 = 26$, $A = 17 + 26 = 43$

ここで「判断」，$A = 43 > 40$ なので印字へ進む。A, B を印字して終了。

したがって，A は 43，B は 26 が印字される。

解 説

単純なフローチャートなので，「開始」から順を追って A, B の値の変化を見ていくのがベストである。ポイントは「判断」にあるので，「判断」の手前における値に注目した。

補 足　「判断」の他に「**繰り返し処理**」も重要である。この処理を用いたデータの並べ替えや，最大値，最小値を求める問題が過去にも出題されている。

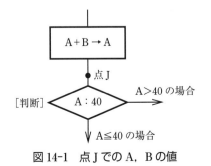

図 14-1　点 J での A, B の値

令和4 (2022)　令和3 (2021)　令和2 (2020)　令和元 (2019)　平成30 (2018)　平成29 (2017)　平成28 (2016)　平成27 (2015)　平成26 (2014)　平成25 (2013)　平成24 (2012)　平成23 (2011)　平成22 (2010)　平成21 (2009)　平成20 (2008)

B 問題 (配点は1問題当たり(a)5点,(b)5点,計10点)

問 15 出題分野＜同期機＞ 難易度 ★★☆ 重要度 ★★★

周波数が60 Hzの電源で駆動されている4極の三相同期電動機(星形結線)があり,端子の相電圧 V [V]は $\dfrac{400}{\sqrt{3}}$ V,電機子電流 I_M[A]は200 A,力率1で運転している。1相の同期リアクタンス x_s[Ω]は1.00 Ωであり,電機子の巻線抵抗,及び機械損などの損失は無視できるものとして,次の(a)及び(b)の問に答えよ。

(a) 上記の同期電動機のトルクの値[N·m]として最も近いものを,次の(1)～(5)のうちから一つ選べ。

(1) 12.3 (2) 368 (3) 735 (4) 1 270 (5) 1 470

(b) 上記の同期電動機の端子電圧及び出力を一定にしたまま界磁電流を増やしたところ,電機子電流が I_{M1}[A]に変化し,力率 $\cos\theta$ が $\dfrac{\sqrt{3}}{2}$ ($\theta=30°$)の進み負荷となった。出力が一定なので入力電力は変わらない。図はこのときの状態を説明するための1相の概略のベクトル図である。このときの1相の誘導起電力 E[V]として,最も近い E の値を次の(1)～(5)のうちから一つ選べ。

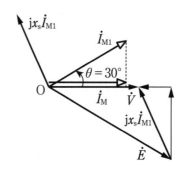

(1) 374 (2) 387 (3) 400 (4) 446 (5) 475

問15 （a）の解答　　出題項目＜電動機のトルク＞　　答え　（3）

トルク T を求めるため，三相同期電動機の同期回転角速度 ω_s および出力 P を計算する。

同期電動機の同期回転速度 N_s は，周波数を f [Hz]，極数を p とすると，

$$N_s = \frac{120f}{p} = \frac{120 \times 60}{4} = 1\,800\,[\text{min}^{-1}]$$

であるから，同期回転角速度 ω_s は，

$$\omega_s = 2\pi \frac{N_s}{60} = 2\pi \times \frac{1\,800}{60} = 60\pi\,[\text{rad/s}]$$

三相同期電動機の出力 P は，端子の相電圧を V，電機子電流を I_M，力率を $\cos\theta$ とし，機械損を無視した場合，

$$P = 3VI_M \cos\theta = 3 \times \frac{400}{\sqrt{3}} \times 200 \times 1$$
$$\fallingdotseq 138.56 \times 10^3\,[\text{W}]$$

である。よって，三相同期電動機のトルク T は，

$$T = \frac{P}{\omega_s} = \frac{138.56 \times 10^3}{60\pi} \fallingdotseq 735\,[\text{N·m}]$$

問15 （b）の解答　　出題項目＜電動機の誘導起電力＞　　答え　（3）

題意の等価回路を**図 15-1** に示す。

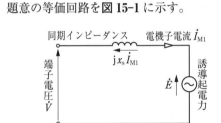

図 15-1　等価回路（1相）

端子電圧（相電圧）$\dot{V}$ は，誘導起電力を $\dot{E}\,[\text{V}]$，電機子電流を $\dot{I}_{M1}\,[\text{A}]$，同期インピーダンス（同期リアクタンス）を $x_s\,[\Omega]$ とすると，

$$\dot{V} = \dot{E} + \mathrm{j}x_s\dot{I}_{M1}\,[\text{V}] \qquad ①$$

となる。①式の関係を**図 15-2** に示す。図から，誘導起電力の大きさ $|\dot{E}| = E$ は，

$$E = \sqrt{(V + x_s I_{M1}\sin 30°)^2 + (x_s I_{M1}\cos 30°)^2} \qquad ②$$

となる。また，電流 I_{M1} は $I_M = I_{M1}\cos 30°$ より，

$$I_{M1} = \frac{I_M}{\cos 30°} = \frac{200}{\cos 30°}\,[\text{A}]$$

となる。上記の式，および題意の数値 $|\dot{V}| = V = \frac{400}{\sqrt{3}}\,[\text{V}]$，$x_s = 1.0\,[\Omega]$ を②式に代入すると，

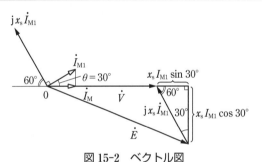

図 15-2　ベクトル図

$$E = \sqrt{\left(\frac{400}{\sqrt{3}} + 1.0 \times \frac{200}{\cos 30°} \times \sin 30°\right)^2 + \left(1.0 \times \frac{200}{\cos 30°} \times \cos 30°\right)^2}$$
$$= \sqrt{\left(\frac{400}{\sqrt{3}} + 1.0 \times \frac{200}{\frac{\sqrt{3}}{2}} \times \frac{1}{2}\right)^2 + (1.0 \times 200)^2}$$
$$= \sqrt{\left(\frac{400}{\sqrt{3}} + \frac{200}{\sqrt{3}}\right)^2 + 200^2}$$
$$= \sqrt{\frac{600^2}{3} + 200^2} = \sqrt{160\,000} = 400\,[\text{V}]$$

である。

Point 同期電動機の出力，トルク，ベクトル図を理解すること。

問 16　出題分野＜直流機，パワエレ＞　　難易度 ★★★　重要度 ★★★

　図のように他励直流機を直流チョッパで駆動する。電源電圧は $E = 200\,\mathrm{V}$ で一定とし，直流機の電機子電圧を V とする。IGBT Q_1 及び Q_2 をオンオフ動作させるときのスイッチング周波数は $500\,\mathrm{Hz}$ であるとする。なお，本問では直流機の定常状態だけを扱うものとする。次の（a）及び（b）の問に答えよ。

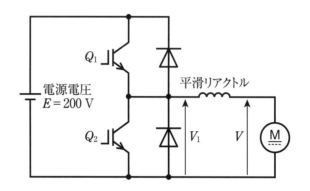

（a）　この直流機を電動機として駆動する場合，Q_2 をオフとし，Q_1 をオンオフ制御することで，V を調整することができる。電圧 V_1 の平均値が $150\,\mathrm{V}$ のとき，1 周期の中で Q_1 がオンになっている時間の値[ms]として，最も近いものを次の（1）～（5）のうちから一つ選べ。

（1）　0.75　　　　（2）　1.00　　　　（3）　1.25　　　　（4）　1.50　　　　（5）　1.75

（b）　Q_1 をオフして Q_2 をオンオフ制御することで，電機子電流の向きを（a）の場合と反対にし，直流機に発電動作（回生制動）をさせることができる。

　　この制御において，スイッチングの 1 周期の間で Q_2 がオンになっている時間が $0.4\,\mathrm{ms}$ のとき，この直流機の電機子電圧 $V[\mathrm{V}]$ として，最も近い V の値を次の（1）～（5）のうちから一つ選べ。

（1）　40　　　　（2）　160　　　　（3）　200　　　　（4）　250　　　　（5）　1 000

問16（a）の解答　出題項目＜電動機の制御，チョッパ＞　　答え（4）

IGBT Q_1 がオンのとき，電流 I は**図16-1**（a）の向きに流れる。このときの電圧 V_1 は電源電圧 E と等しい。Q_1 がオフのとき，電流 I は図16-1（b）の向きに流れる。このときの電圧 V_1 は零である。

V_1 の平均値は，**図16-2** のように1周期 T[s] の時間に加わる電圧の平均値で，網掛け部分の面積（E[V]$\times T_{ON}$[s]）$\div T$[s] となる。1周期 T[s] は，スイッチング周波数の逆数で，$T=1/500=2.0\times10^{-3}$[s]$=2.0$[ms] となる。よって，電圧 V_1 は，

$$V_1=\frac{E\cdot T_{ON}}{T}\,[\text{V}]$$

$$\therefore\ T_{ON}=T\times\frac{150}{E}=2.0\times\frac{150}{200}=1.5\,[\text{ms}]$$

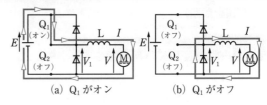

(a) Q_1 がオン　　　　(b) Q_1 がオフ

図16-1　Q_1 のオンオフ（Q_2 オフ）

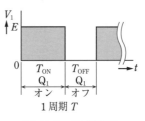

図16-2　V_1 の波形

問16（b）の解答　出題項目＜電動機の制御，チョッパ＞　　答え（2）

IGBT Q_2 がオンのとき，電流 i は図**16-3**（a）の向きに流れる。回路が短絡状態のため，オン期間中，電流が増加する。L の両端の電圧はこの電流の増加を妨げる方向に発生する。

Q_2 がオフのとき，電流 i は図16-3（b）の向きに流れる。オフ期間中，発電制動により直流機の回転エネルギーが減少するため電流が減少する。L の両端の電圧はこの電流の減少を妨げる方向に発生する。

L に流れる電流の変化を表したものが**図16-4** である。よって，L の両端に加わる平均電圧 V_{L1}，V_{L2} は次式で表せる。定常状態のため I_1，I_2 および V_{L1}，V_{L2} は一定値とする。

$$V_{L1}=L\cdot\frac{I_1-I_2}{T_{ON}}\,(\text{Q_2 が ON})\qquad①$$

$$V_{L2}=L\cdot\frac{I_1-I_2}{T_{OFF}}\,(\text{Q_2 が OFF})\qquad②$$

①，②式を使い，図16-3 にキルヒホッフの電圧則（第2法則）を適用すると，

$$V=V_{L1}=L\cdot\frac{I_1-I_2}{T_{ON}}\,(\text{Q_2 が ON})\qquad③$$

$$V=E-V_{L2}=E-L\frac{I_1-I_2}{T_{OFF}}\,(\text{Q_2 が OFF})\ ④$$

④式に③式を代入し，V の式に変形すると，

$$V=E-L\cdot\frac{I_1-I_2}{T_{ON}}\cdot\frac{T_{ON}}{T_{OFF}}=E-V\cdot\frac{T_{ON}}{T_{OFF}}$$

$$V+V\cdot\frac{T_{ON}}{T_{OFF}}=\left(1+\frac{T_{ON}}{T_{OFF}}\right)V=E$$

$$V=\frac{E}{1+\dfrac{T_{ON}}{T_{OFF}}}=\frac{E}{\dfrac{T_{OFF}+T_{ON}}{T_{OFF}}}=\frac{E\cdot T_{OFF}}{T}$$

$T_{OFF}=T-T_{ON}=2.0-0.4=1.6$[ms] より，

$$V=\frac{E\cdot T_{OFF}}{T}=\frac{200\times1.6\times10^{-3}}{2.0\times10^{-3}}=160\,[\text{V}]$$

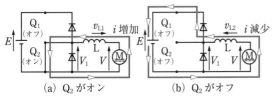

(a) Q_2 がオン　　　　(b) Q_2 がオフ

図16-3　Q_2 のオンオフ（Q_1 オフ）

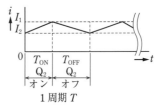

図16-4　i の波形

令和 4 (2022)　令和 3 (2021)　令和 2 (2020)　令和 元 (2019)　平成 30 (2018)　平成 29 (2017)　平成 28 (2016)　平成 27 (2015)　平成 26 (2014)　平成 25 (2013)　平成 24 (2012)　平成 23 (2011)　平成 22 (2010)　平成 21 (2009)　平成 20 (2008)

　問 17 及び問 18 は選択問題であり，問 17 又は問 18 のどちらかを選んで解答すること。なお，両方解答すると採点されません。

　（選択問題）

| 問 **17**　　出題分野＜照明＞ | 難易度 ★★★ | 重要度 ★★★ |

　均等放射の球形光源(球の直径は 30 cm)がある。床からこの球形光源の中心までの高さは 3 m である。また，球形光源から放射される全光束は 12 000 lm である。次の(a)及び(b)の間に答えよ。

（a）　球形光源直下の床の水平面照度の値[lx]として，最も近いものを次の(1)～(5)のうちから一つ選べ。ただし，天井や壁など，周囲からの反射光の影響はないものとする。

　　（1）　35　　　　（2）　106　　　（3）　142　　　（4）　212　　　（5）　425

（b）　球形光源の光度の値[cd]と輝度の値[cd/m²]との組合せとして，最も近いものを次の(1)～(5)のうちから一つ選べ。

	光度	輝度
（1）	1 910	1 010
（2）	955	3 380
（3）	955	13 500
（4）	1 910	27 000
（5）	3 820	13 500

問17（a）の解答　　出題項目<水平面照度>　　　　　　答え　（2）

図 17-1 のように，球形光源の中心から半径 3 m の球を考える。

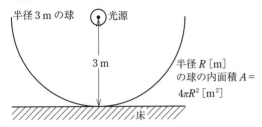

図 17-1　均等放射光源による照度

光源は光束を均等放射して，この球の内面を一様に照らす。また，天井や壁からの反射光束の影響はないので，球内面積を $A[\mathrm{m}^2]$，光源の光束を $F[\mathrm{lm}]$ とすると，球内面照度 E は，

$$E=\frac{F}{A}=\frac{12\,000}{4\pi\times3^2}\fallingdotseq106.1\,[\mathrm{lx}]\quad\rightarrow\quad106\,\mathrm{lx}$$

光源直下の床の水平面照度は，球と床面との接点の球内面照度と同じなので 106 lx となる。

【別解】　光源の床面方向の光度 $I[\mathrm{cd}]$ と距離の逆二乗の法則から，照度を求める。光度 I は設問（b）の解答の値から $I=955[\mathrm{cd}]$ なので，

$$E=\frac{I}{R^2}=\frac{955}{3^2}\fallingdotseq106.1\,[\mathrm{lx}]$$

解説

照度の定義は，単位面積当たりに照射される光束である。均等放射光源からの照度を求めるためには，光源中心から照射面（入射光束に対して垂直な面）までの距離を半径とする球を仮定する。球の内面照度は，光源直下における光源方向の床面照度（水平面照度）と等しい。

補足　図 17-2 のように，均等放射光源直下から $d[\mathrm{m}]$ 離れた地点 P の水平面照度 E_P を求める場合には，さらに入射角余弦の法則を用いる。

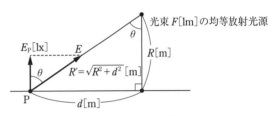

図 17-2　入射角がある場合の照度

光源方向の照度 E は，

$$E=\frac{F}{4\pi R'^2}=\frac{F}{4\pi(R^2+d^2)}\,[\mathrm{lx}]$$

$$E_\mathrm{P}=E\cos\theta=\frac{F}{4\pi(R^2+d^2)}\frac{R}{R'}$$

$$=\frac{FR}{4\pi(R^2+d^2)^{\frac{3}{2}}}\,[\mathrm{lx}]$$

問17（b）の解答　　出題項目<光度，輝度>　　　　　　答え　（3）

光度は放射光束をその方向の立体角で割ったものである。均等放射光源は光束を全空間に均一に放射しているので，光源の光度も均一である。全空間の立体角 ω は $4\pi[\mathrm{sr}]$ なので，光度 I は，

$$I=\frac{F}{\omega}=\frac{12\,000}{4\pi}\fallingdotseq955\,[\mathrm{cd}]$$

輝度は，光度をその方向の光源の見かけの面積で割ったものである。球光源の直径は 0.3 m なので，この球の見かけの面積 A は $0.15^2\pi[\mathrm{m}^2]$ となるので，輝度 B は，

$$B=\frac{I}{A}=\frac{955}{0.15^2\pi}$$

$$\fallingdotseq13\,509\,[\mathrm{cd/m}^2]\quad\rightarrow\quad13\,500\,\mathrm{cd/m}^2$$

解説

問題の光源のような光度が全方向で均一な光源の他に，方向により光度が異なる光源もある。光源が持つ光度の方向依存を配光という。また大きさを持つ光源のうち，どの方向から見ても輝度が一定であるものを完全拡散性の光源という。球グローブに包まれた光源や，円筒形蛍光灯などはこれに近い配光を持つ。

令和 4 (2022)／令和 3 (2021)／令和 2 (2020)／令和元 (2019)／平成 30 (2018)／平成 29 (2017)／平成 28 (2016)／平成 27 (2015)／平成 26 (2014)／平成 25 (2013)／平成 24 (2012)／平成 23 (2011)／平成 22 (2010)／平成 21 (2009)／平成 20 (2008)

（選択問題）

問 18　出題分野＜情報＞　　難易度 ★★★　重要度 ★★★

　図は JK-フリップフロップ(FFl，FF2，FF3)と論理回路 D を用いた非同期式カウンタ回路とそのタイムチャートである。次の（a）及び（b）の問に答えよ。

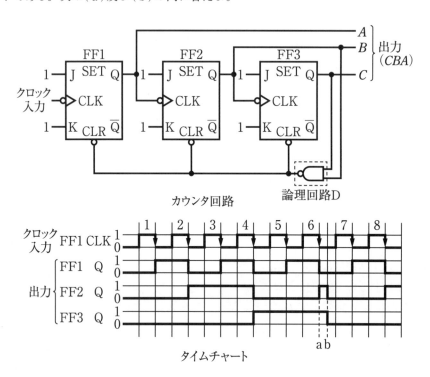

（a）　カウンタ回路における論理回路 D は，　(ア)　回路で，その役割は出力（CBA）が2進数でカウンタの最大数　(イ)　になった後，次のクロック入力の立ち下がりによって出力（CBA）を2進数で　(ウ)　にすることである。

　上記の記述中の空白箇所(ア)，(イ)及び(ウ)に当てはまる組合せとして，正しいものを次の（1）～（5）のうちから一つ選べ。

	(ア)	(イ)	(ウ)
（1）	NOR	101	000
（2）	NOR	110	111
（3）	NAND	110	111
（4）	NAND	110	000
（5）	NAND	101	000

（次々頁に続く）

令和
4
(2022)

令和
3
(2021)

令和
2
(2020)

令和
元
(2019)

平成
30
(2018)

平成
29
(2017)

平成
28
(2016)

平成
27
(2015)

平成
26
(2014)

平成
25
(2013)

平成
24
(2012)

平成
23
(2011)

平成
22
(2010)

平成
21
(2009)

平成
20
(2008)

問18（a）の解答　　出題項目＜フリップフロップ＞　　　　答え　（5）

カウンタ回路における論理回路 D は，**NAND** 回路である。この NAND 回路は，出力 B，C がともに 1 であるときのみ，出力が 0 となる。NAND 回路の出力は，各フリップフロップの CLR（0 が入力されると Q を強制的に 0 にクリアする）端子に接続されているため，このカウンタの出力は，B，C がともに 1 となる最小の出力 (CBA) ＝ 110 になった時点でクリアされる。したがって，この数から 1 を引いた 2 進数がこのカウンタの最大数 **101** である。その後，次のクロック入力の立ち下がりによって出力 (CBA) はクリアされ，2 進数で **000** になる。

解説

　この回路は非同期式 6 進カウンタであり，10 進数で 0 から 5 までカウントできる。フリップフロップ（以下 FF）の出力 Q が次の FF の CLK 入力となるようにカスケードに接続することで非同期式カウンタを作ることができる。問題のような FF が 3 個からなる非同期式カウンタは出力が 3 ビットなので，$2^3 ＝ 8$ クロック目で出力は自動的にリセットされる。しかし，6 進カウンタとして

動作させるには 6 クロック目で強制的にリセット (CLR) するための論理回路 D が必要になる。

補足　JK-FF の出力 Q は，クロックが入力されたときの J，K の真理値の組合せで決まり，次のクロックが入力されるまでその出力値を保持する（**図 18-1** 参照）。

　問題文中に J，K の働きに関する説明はないが，回路図より J，K がともに 1 なので，Q はクロック入力ごとに反転する。これはタイムチャートの FF1 の出力からも明らかである。

　別のタイプの D-FF を**図 18-2** に示す。この動作は，クロックが入力されたときの D の真理値を出力し，次のクロックが入力されるまでその出力値を保持する。

J	K	Q
0	0	保持
0	1	0
1	0	1
1	1	反転

図 18-1　JK の働き

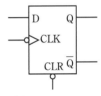

図 18-2　D-FF

（続き）

（b） タイムチャートにおいて，クロック入力のパルス 6 の立ち下がりで FF1 の Q 出力は 1 から 0 へ変化する。FF1 の立ち下がりは FF2 を動作させ，0 から 1 に変化させる。図の a 時点で FF2 及び FF3 の Q 出力はともに ▢ （ア） ▢ である。これら二つの ▢ （ア） ▢ は論理回路 D に入力され，その出力は ▢ （イ） ▢ となる。この ▢ （イ） ▢ は三つの JK-フリップフロップの CLR 入力端子に入って，b 時点において，クリアされている。a 時点から b 時点までの FF2 の Q に現われるパルスは，パルス幅が非常に狭いため，カウンタの出力 ▢ （ア） ▢ としてはカウントされない。カウンタは再びカウントを開始する。クロック入力のパルス 6 が 1 から 0 に変化する時刻と，FF2 及び FF3 が最終的に b 時点でクリアされる時刻とには時間遅れが生じている。これは論理回路 D とフリップフロップの入出力における信号の ▢ （ウ） ▢ 遅れに起因している。

上記の記述中の空白箇所(ア)，(イ)及び(ウ)に当てはまる組合せとして，正しいものを次の(1)〜(5)のうちから一つ選べ。

	（ア）	（イ）	（ウ）
（1）	1	0	伝　搬
（2）	0	1	伝　搬
（3）	1	1	伝　搬
（4）	0	1	同　期
（5）	1	0	同　期

問 18 （b）の解答　出題項目<フリップフロップ>　　答え　（1）

タイムチャートにおいて，クロック入力のパルス 6 の立ち下がりで，FF1 の Q 出力は 1 から 0 に変化し，それに伴い FF2 の出力は 0 から 1 に変化する。a 時点で FF2 及び FF3 の Q 出力はともに **1** である。これらは論理回路 D に入力され，その出力は **0** となる。この出力は三つの JK-フリップフロップの CLR 入力端子に入って，b 時点において，クリアされている。a 時点から b 時点までの FF2 の Q に現れるパルスは，パルス幅が非常に狭いため，カウンタの出力 1 としてはカウントされない。クロック入力のパルス 6 が 1 から 0 に変化する時刻（a 時点）と，FF2，FF3 が最終的に b 時点でクリアされる時刻とには時間遅れが生じている。これは論理回路 D とフリップフロップの入出力における信号の**伝搬**遅れに起因している。

解説

伝搬遅れとは，入力に対する出力応答の時間的な遅れをいう。また，非同期式とは，各段の FF の出力がクロック入力に合わせて同時に定まらないものをいう。問題図のような非同期式カウンタ回路では，後段に行くほど各 FF の伝搬遅れによる出力の遅れが現れる。このため，高速で動作させる場合，瞬時に出力が定まらないことに起因して誤動作を起こす恐れがある。これに対して同期式では各段の FF に並列にクロック入力が入るため，各 FF の出力は同時に定まる。

令和 4 (2022)
令和 3 (2021)
令和 2 (2020)
令和 元 (2019)
平成 30 (2018)
平成 29 (2017)
平成 28 (2016)
平成 27 (2015)
平成 26 (2014)
平成 25 (2013)
平成 24 (2012)
平成 23 (2011)
平成 22 (2010)
平成 21 (2009)
平成 20 (2008)

機械 平成25年度(2013年度)

問1 出題分野＜直流機＞　難易度 ★★★　重要度 ★★★

直流電動機に関する記述として，誤っているものを次の(1)～(5)のうちから一つ選べ。

（1） 分巻電動機は，端子電圧を一定として機械的な負荷を増加したとき，電機子電流が増加し，回転速度は，わずかに減少するがほぼ一定である。このため，定速度電動機と呼ばれる。

（2） 分巻電動機の速度制御の方法の一つとして界磁制御法がある。これは，界磁巻線に直列に接続した界磁抵抗器によって界磁電流を調整して界磁磁束の大きさを変え，速度を制御する方法である。

（3） 直巻電動機は，界磁電流が負荷電流(電動機に流れる電流)と同じである。このため，未飽和領域では界磁磁束が負荷電流に比例し，トルクも負荷電流に比例する。

（4） 直巻電動機は，負荷電流の増減によって回転速度が大きく変わる。トルクは，回転速度が小さいときに大きくなるので，始動時のトルクが大きいという特徴があり，クレーン，巻上機などの電動機として適している。

（5） 複巻電動機には，直巻界磁巻線及び分巻界磁巻線が施され，合成界磁磁束が直巻界磁磁束と分巻界磁磁束との和になっている構造の和動複巻電動機と，差になっている構造の差動複巻電動機とがある。

問2 出題分野＜直流機＞　難易度 ★★★　重要度 ★★★

図は，磁極数が2の直流発電機を模式的に表したものである。電機子巻線については，1巻き分のコイルを示している。電機子の直径 D は 0.5[m]，電機子導体の有効長 l は 0.3[m]，ギャップの磁束密度 B は，図の状態のように電機子導体が磁極の中心付近にあるとき一定で 0.4[T]，回転速度 n は 1 200[min^{-1}]である。図の状態におけるこの1巻きのコイルに誘導される起電力 e[V]の値として，最も近いものを次の(1)～(5)のうちから一つ選べ。

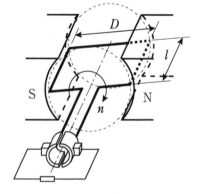

（1） 2.40　　（2） 3.77　　（3） 7.54

（4） 15.1　　（5） 452

問1の解答　出題項目＜電動機の特性＞　　答え（3）

（1）　正。直流分巻電動機の回転速度 N は，電機子誘導起電力を E_a[V]，界磁磁束を ϕ[Wb]，電源電圧を V[V]，電機子（負荷）電流を I_a[A]，電機子抵抗を r_a[Ω]とすると，

$$N=\frac{E_a}{k_e\phi}=\frac{V-r_aI_a}{k_e\phi}[\mathrm{min^{-1}}] \qquad ①$$

ただし，$k_e=\dfrac{pZ}{60a}$（比例定数），

　　　　　p：極数，Z：総導体数，a：並列回路数

電機子抵抗 r_a が小さいため，①式により電機子電流 I_a が増加しても E_a の減少はわずかであり，E_a に比例する N の減少もわずかでほぼ一定となる。

（2）　正。①式により，界磁磁束 ϕ を変えることで回転速度 N の制御ができる。ϕ を変えるため，界磁巻線と直列に界磁抵抗器を接続し，その抵抗値を変化させて界磁電流の大きさを調整する。

（3）　誤。直流直巻電動機のトルク T は，

$$T=k_T\phi I_a[\mathrm{N\cdot m}] \qquad ②$$

ただし，$k_T=\dfrac{pZ}{2\pi a}$（比例定数）

　直巻電動機は（電機子電流）＝（負荷電流）＝（界磁電流）となり，界磁磁束は界磁電流にほぼ比例する（$\phi=kI_a$，k：比例定数）ため，②式に界磁磁束 ϕ の式を代入すると，

$$T=k_T(kI_a)I_a=k_Tk{I_a}^2$$

となり，トルクは負荷電流の**2乗に比例**する。

（4）　正。直巻電動機のトルクを大きくするには②式により界磁磁束 ϕ を大きくする。一方，ϕ を大きくすると，①式により回転速度 N が低下する。よって，回転速度が小さいとトルクは大きい。

（5）　正。複巻電動機は直巻と分巻界磁巻線の二つを持ち，この二つの界磁磁束が和となる構造を和動，差となる構造を差動複巻電動機という。

Point 電動機の基本となる①，②式を覚えておくこと。

問2の解答　出題項目＜誘導起電力＞　　答え（3）

問図の長さ l[m]のコイル辺に誘導される起電力 e_1[V]は，磁束密度を B[T]，コイル辺の速度を v[m/s]とすると，次式で表される。

$$e_1=Blv[\mathrm{V}] \qquad ①$$

速度 v は，（移動距離）/（移動に要した時間）である。直径 $D=0.5$[m]のコイル辺が1回転すると，$\pi D=0.5\pi$[m]移動する。よって，コイル辺は1分間（60 s）当たり1 200回転するため，速度 v は，

$$v=\frac{0.5\pi\times1\,200}{60}=10\pi[\mathrm{m/s}]$$

コイル辺は反対方向にもう1辺あるため，求める1巻きコイルの誘導起電力 e は，

$$e=2e_1=2Blv=2\times0.4\times0.3\times10\pi$$
$$≒7.54[\mathrm{V}]$$

解説

図2-1は直流発電機の1巻き分をモデル化したもので，矢印は磁束密度 B，コイル移動方向 $F(v)$ および電流 I の方向（e）を示す。

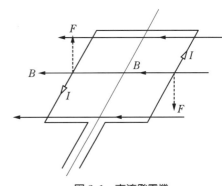

図2-1　直流発電機

矢印の方向はフレミングの右手の法則により，各々垂直に立てた親指が F，人差し指が B，中指が $e(I)$ に対応している。起電力の大きさは①式により計算する。

Point ①式によりコイルの誘導起電力を計算する。

問3　　出題分野＜誘導機＞　　難易度 ★★★　重要度 ★★★

三相誘導電動機の回転磁界に関する記述として，誤っているものを次の(1)～(5)のうちから一つ選べ。

(1)　三相誘導電動機の一次巻線による励磁と，三相同期電動機の電機子反作用とは，それぞれの機種固有の表現になっているが，三相巻線に電流が流れて生じる回転磁界という点では同じ現象である。

(2)　3組のコイルを互いに電気角で120[°]ずらして配置し，三相電源から三相交流を流せば回転磁界ができる。磁界の回転方向を逆転させるには，三相電源の3線のうち，いずれかの2線を入れ換える。

(3)　交番磁界は正転と逆転の回転磁界を合成したものである。三相電源の3線のうち1線が断線した三相誘導電動機の回転磁界は単相の交番磁界であるが，正転の回転磁界が残っているので，静止時に負荷が軽い場合は正回転を始める。

(4)　回転磁界の隣り合う磁極間(N極とS極間)の幾何学的角度は，2極機は180[°]，4極機は90[°]，6極機は60[°]，8極機は45[°]であるが，電気角は全て180[°]である。

(5)　三相交流の1周期の間に，回転磁界は電気角で360[°]回転する。幾何学的角度では，2極機は360[°]，4極機では180[°]，6極機では120[°]，8極機では90[°]回転するので，極数を多くすると，回転速度を小さくすることができる。

問4　　出題分野＜誘導機＞　　難易度 ★★★　重要度 ★★★

二次電流一定(トルクがほぼ一定の負荷条件)で運転している三相巻線形誘導電動機がある。滑り0.01で定格運転しているときに，二次回路の抵抗を大きくしたところ，二次回路の損失は30倍に増加した。電動機の出力は定格出力の何[%]になったか，最も近いものを次の(1)～(5)のうちから一つ選べ。

(1)　10　　　(2)　30　　　(3)　50　　　(4)　70　　　(5)　90

令和
4
(2022)

令和
3
(2021)

令和
2
(2020)

令和
元
(2019)

平成
30
(2018)

平成
29
(2017)

平成
28
(2016)

平成
27
(2015)

平成
26
(2014)

平成
25
(2013)

平成
24
(2012)

平成
23
(2011)

平成
22
(2010)

平成
21
(2009)

平成
20
(2008)

問3の解答　　出題項目＜回転磁界＞　　　　　　　　答え　（3）

（1）　正。三相誘導電動機の一次巻線による励磁も三相同期電動機の電機子反作用による励磁も回転磁界という点では同じである。

（2）　正。配置を120°ずらしたa，b，cの3組のコイルに三相電流を流す（**図3-1**）。

図3-2は，時間によりコイルが作る磁界の向きが変化し，回転磁界となる様子である。配線を入れ替えるということは，a，b，cの回転方向が反対となり電動機は逆回転する。

（3）　誤。三相電源の3線のうち1線が断線す

ると単相の交番磁界が生じる。交番磁界は始動トルクが無いため，**静止し続ける**。手などで回転させると回転トルクを生じて回転する。この回転トルクは正逆どちらの回転でも発生する。

（4）　正。図3-2は2極機（180°）の場合を示している。4極機の場合，幾何学的中間位置にコイルを配置するため，90°となる。

（5）　正。上記（4）で述べたように，極数を多くすると幾何学的配置は2極機に対して4極機では半分になることから，極数を増やすと回転速度を小さくすることができる。

Point 三相巻線により回転磁界が発生する。断線した場合，始動トルクは発生しない。

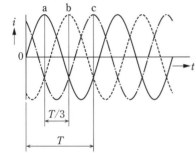

図3-1　三相誘導電動機の一次巻線電流

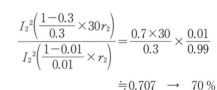

（a）aコイル＋最大時　（b）bコイル＋最大時　（c）cコイル＋最大時
図3-2　一次巻線電流による回転磁界

問4の解答　　出題項目＜二次回路・同期ワット＞　　　　答え　（4）

二次抵抗とトルク-滑りの関係を示す特性を図4-1に示す。

二次電流（I_2）が一定だから，二次回路の損失（$I_2{}^2 r_2$）が30倍になることは，二次抵抗（r_2）が30倍になることを示す。トルクの比例推移より，定格運転時の滑りを$s_\mathrm{n}=0.01$，二次抵抗増加後の滑りをs_2とすると，

$$\frac{r_2}{s_\mathrm{n}}=\frac{30r_2}{s_2}$$

$$\therefore\ s_2=\frac{30r_2}{r_2}s_\mathrm{n}=30\times0.01=0.3$$

1相分の定格出力は$I_2{}^2\left(\dfrac{1-s}{s}r_2\right)$だから，変化後の出力の変化前の出力に対する比は，次のように求められる。

$$\frac{I_2{}^2\left(\dfrac{1-0.3}{0.3}\times30r_2\right)}{I_2{}^2\left(\dfrac{1-0.01}{0.01}\times r_2\right)}=\frac{0.7\times30}{0.3}\times\frac{0.01}{0.99}$$

$$\fallingdotseq0.707\ \rightarrow\ 70\,\%$$

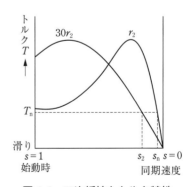

図4-1　二次抵抗とトルク特性

問 5 　出題分野＜同期機＞ 　難易度 ★★★ 　重要度 ★★★

次の文章は，一般的な三相同期電動機の始動方法に関する記述である。

同期電動機は始動のときに回転子を同期速度付近まで回転させる必要がある。

一つの方法として，回転子の磁極面に施した　(ア)　を利用して，始動トルクを発生させる方法があり，　(ア)　は誘導電動機のかご形　(イ)　と同じ働きをする。この方法を　(ウ)　法という。

この場合，　(エ)　に全電圧を直接加えると大きな始動電流が流れるので，始動補償器，直列リアクトル，始動用変圧器などを用い，低い電圧にして始動する。

他の方法には，誘導電動機や直流電動機を用い，これに直結した三相同期電動機を回転させ，回転子が同期速度付近になったとき同期電動機の界磁巻線を励磁し電源に接続する方法があり，これを　(オ)　法という。この方法は主に大容量機に採用されている。

上記の記述中の空白箇所(ア)，(イ)，(ウ)，(エ)及び(オ)に当てはまる組合せとして，正しいものを次の(1)～(5)のうちから一つ選べ。

	(ア)	(イ)	(ウ)	(エ)	(オ)
(1)	制動巻線	回転子導体	自己始動	固定子巻線	始動電動機
(2)	界磁巻線	回転子導体	Y－Δ始動	固定子巻線	始動電動機
(3)	制動巻線	固定子巻線	Y－Δ始動	回転子導体	自己始動
(4)	界磁巻線	固定子巻線	自己始動	回転子導体	始動電動機
(5)	制動巻線	回転子導体	Y－Δ始動	固定子巻線	自己始動

問 6 　出題分野＜同期機＞ 　難易度 ★★★ 　重要度 ★★★

定格電圧 6.6[kV]，定格電流 1 050[A]の三相同期発電機がある。この発電機の短絡比は 1.25 である。この発電機の同期インピーダンス[Ω]の値として，最も近いものを次の(1)～(5)のうちから一つ選べ。

(1) 0.80 　　(2) 2.90 　　(3) 4.54 　　(4) 5.03 　　(5) 7.86

問5の解答　出題項目＜始動方法＞

同期電動機は始動トルクが発生しないため，静止状態から同期速度(付近)まで加速させる必要がある。

その方法として，回転子の磁極面に施した**制動巻線**を利用して始動トルクを発生させる方法がある。制動巻線は誘導電動機のかご形**回転子導体**と同じ働きをする。この方法を**自己始動法**という。

自己始動法は，誘導電動機と同様に**固定子巻線**へ電圧を加える。全電圧始動を行うと大きな始動電流が流れるため，電圧を低減して始動する。

始動電動機法は，同期電動機の回転軸に直結した誘導電動機や直流電動機を始動時の加速に用いる方法である。始動電動機によって回転子が同期速度付近になったとき，同期電動機を励磁して電源に接続する。主に大容量機，例として揚水発電電動機の始動に用いられている。

Point 同期電動機は，制動巻線により始動トルクを発生させ始動する。

問6の解答　出題項目＜同期インピーダンス＞

三相同期発電機の短絡比 $K_s = 1.25$，定格電流 $I_n = 1\,050$[A]より，短絡電流 I_s は，

$$I_s = K_s I_n = 1.25 \times 1\,050 = 1\,312.5 \text{[A]} \qquad ①$$

となる。一方，同期インピーダンス Z_s[Ω]と定格端子間電圧 V_n[V]から，次のように I_s を計算できる。

$$I_s = \frac{V_n}{\sqrt{3}\,Z_s} = 1312.5 \text{[A]} \qquad ②$$

②式から Z_s は，

$$Z_s = \frac{V_n}{\sqrt{3}\,I_s} = \frac{6\,600}{\sqrt{3} \times 1\,312.5} = 2.903 \fallingdotseq 2.90 \text{[Ω]}$$

解説

図 6-1 は，短絡比の定義を示す曲線である。

無負荷飽和曲線は，無負荷，同期速度で回転する同期発電機の界磁電流を零から増加させて発生する起電力をプロットしたものである。

短絡特性曲線は，三相短絡，同期速度で回転する同期発電機の界磁電流を零から増加させて短絡電流をプロットしたものである。

短絡比は図 6-1 より，

$$K_s = \frac{I_{f1}}{I_{f2}} = \frac{I_s}{I_n} \qquad ③$$

と表すことができる。

また，Z_s より百分率インピーダンス %Z_s は，

$$\%Z_s = \frac{I_n Z_s}{V_n/\sqrt{3}} \times 100 \text{[\%]} \qquad ④$$

と表すことができる。

この %Z_s を用いて短絡比を計算することができる。④式の逆数をとって式を変形すると，

$$\frac{1}{\%Z_s} = \frac{V_n/\sqrt{3}}{I_n Z_s \times 100}$$

両辺に 100 を掛け，③式と比較すると，

$$\frac{100}{\%Z_s} = \frac{V_n/\sqrt{3}}{I_n Z_s} = \frac{\dfrac{V_n/\sqrt{3}}{Z_s}}{I_n} = \frac{I_s}{I_n} = K_s$$

となり，単位法で表した %Z_s の逆数が短絡比である。

Point 短絡比の定義を表す③式を覚えておくこと。

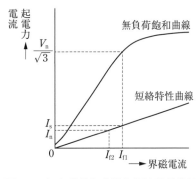

図 6-1　無負荷飽和曲線と短絡特性曲線

令和
4
(2022)

令和
3
(2021)

令和
2
(2020)

令和
元
(2019)

平成
30
(2018)

平成
29
(2017)

平成
28
(2016)

平成
27
(2015)

平成
26
(2014)

平成
25
(2013)

平成
24
(2012)

平成
23
(2011)

平成
22
(2010)

平成
21
(2009)

平成
20
(2008)

問7　出題分野＜機器全般＞　難易度 ★★★　重要度 ★★★

次のaからdの電動機を用いた駆動システムがある。

a. 電機子用，界磁用の二つの直流電源で駆動される他励直流電動機

b. 電機子及び界磁共用の一つの直流電源で駆動される直流直巻電動機

c. 定格の電圧と定格の周波数との比を保って，電圧と周波数とを制御する交流電源で駆動され，一次抵抗及び漏れインダクタンスを無視できる三相誘導電動機

d. 定格の0.9倍の電圧と定格の周波数との比を保って，電圧と周波数とを制御する交流電源で駆動され，一次抵抗及び漏れインダクタンスを無視できる三相誘導電動機

これらの駆動システムにおいて，ある速度で運転している電動機の負荷トルクが増加した場合に以下の運転をするとき，トルクの発生に寄与する電動機内の磁束の変動について考える。

a，bのシステムでは，直流電源で電機子電流を増加して，電動機の速度を一定に保つ。

c，dのシステムでは，交流電源の電圧と周波数を維持すると，滑りと一次電流は増加するが，滑りが小さいとすれば電動機の速度はほぼ一定に保たれる。

この運転において，a，bのシステムでは電機子電流に対して，また，c，dのシステムでは一次電流に対して，電動機内の磁束がほぼ比例して変化するのはどの駆動システムであるか。正しいものを次の（1）～（5）のうちから一つ選べ。

（1）　a　　　（2）　b　　　（3）　cとd　　　（4）　d　　　（5）　bとd

問8　出題分野＜変圧器＞　難易度 ★★★　重要度 ★★★

次の文章は，単相単巻変圧器に関する記述である。

巻線の一部が一次と二次との回路に共通になっている変圧器を単巻変圧器という。巻線の共通部分を　（ア）　，共通でない部分を　（イ）　という。

単巻変圧器では，　（ア）　の端子を一次側に接続し，　（イ）　の端子を二次側に接続して使用すると通常の変圧器と同じように動作する。単巻変圧器の　（ウ）　は，二次端子電圧と二次電流との積である。

単巻変圧器は，巻線の一部が共通であるため，漏れ磁束が　（エ）　，電圧変動率が　（オ）　。

上記の記述中の空白箇所（ア），（イ），（ウ），（エ）及び（オ）に当てはまる組合せとして，正しいものを次の（1）～（5）のうちから一つ選べ。

	（ア）	（イ）	（ウ）	（エ）	（オ）
（1）	分路巻線	直列巻線	負荷容量	多 く	小さい
（2）	直列巻線	分路巻線	自己容量	少なく	小さい
（3）	分路巻線	直列巻線	定格容量	多 く	大きい
（4）	分路巻線	直列巻線	負荷容量	少なく	小さい
（5）	直列巻線	分路巻線	定格容量	多 く	大きい

問7の解答　　出題項目＜直流機と誘導機＞　　答え（2）

題意 a.～d. の電動機を等価回路で表したものが図 7-1，図 7-2，図 7-3 である。

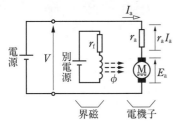

図 7-1　a. 他励直流電動機

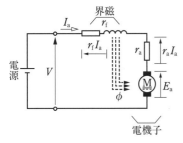

図 7-2　b. 直流直巻電動機

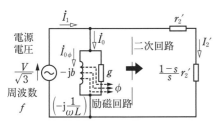

図 7-3　c. d. 三相誘導電動機（一次換算）

問題の条件「電機子電流，一次電流に比例して電動機内の磁束が変化する」ものを見つければよい。

a.　図 7-1 により，他励直流電動機の磁束 ϕ は電機子電流 I_a に対して**変化しない**。

b.　図 7-2 により，直流直巻電動機の磁束 ϕ は界磁巻線に流れる電機子電流 I_a に対して**比例して変化する**。

c.　図 7-3 により，定格電圧と定格周波数との比を保って電圧と周波数を制御する三相誘導電動機の磁束 ϕ は，励磁回路の励磁サセプタンス $-jb$ に流れる電流 $\dot{I}_{0\phi}$ の大きさ $I_{0\phi}$ に比例する。$I_{0\phi}$ は，

$$I_{0\phi} = b\frac{V}{\sqrt{3}} = \frac{1}{\omega L}\frac{V}{\sqrt{3}} = \frac{1}{2\pi\sqrt{3}\cdot L}\cdot\frac{V}{f} \qquad ①$$

ただし，L：励磁サセプタンスのインダクタンス

①式より，一次電流の変化（電源電圧の変化）に対して電動機内の磁束 ϕ（励磁電流 $I_{0\phi}$）は，V/f が一定のため**変化しない**。

d.　①式より，定格の 0.9 倍の電圧と定格周波数との比を保って，電圧と周波数を制御する三相誘導電動機の $I_{0\phi}$ は，

$$I_{0\phi} = \frac{1}{0.9\cdot 2\pi\sqrt{3}\cdot L}\cdot\frac{0.9V}{f} \qquad ②$$

②式より，一次電流の変化（電源電圧の変化）に対して電動機内の磁束 ϕ（励磁電流 $I_{0\phi}$）は，$0.9V/f$ が一定のため**変化しない**。

問8の解答　　出題項目＜単巻変圧器＞　　答え（4）

単相単巻変圧器の等価回路を図 8-1 に示す。

図 8-1 から一次と二次の回路の共通部分の巻線を**分路巻線**，共通でない部分を**直列巻線**という。

単巻変圧器の**負荷容量**は二次端子電圧 V_2 と二次電流 I_2 の積である。

単巻変圧器は漏れ磁束が**少なく**，電圧変動率が小さい。

解説

単巻変圧器の自己容量は直列巻線に加わる電圧（$V_2 - V_1$）と二次電流 I_2 の積である。

単巻変圧器は構造が簡単で軽量のため，長距離配電線の昇圧用として用いられる。

電圧変動率が小さいため，短絡電流が大きい，一次，二次巻線が共用のため，地絡事故の場合の波及が大きい等の欠点もある。

Point　単巻変圧器の特徴を理解すること。

図 8-1　単相単巻変圧器

問9 出題分野＜パワーエレクトロニクス＞　　難易度 ★★★　重要度 ★★★

次の文章は，下図に示すような平滑コンデンサをもつ単相ダイオードブリッジ整流回路に関する記述である。

図の回路において，平滑コンデンサの電流 i_C は，交流電流 i_s を整流した電流と負荷に供給する電流 i_d との差となり，電圧 v_d は （ア） 波形となる。この平滑コンデンサをもつ整流回路は，負荷側からみると直流の （イ） として動作する。

交流電源は，負荷インピーダンスに比べ電源インピーダンスが非常に小さいことが一般的であるので，通常の用途では交流の （ウ） として扱われる。この回路の交流電流 i_s は，正負の （エ） 波形となる。これに対して，図には示していないが，リアクトルを交流電源と整流回路との間に挿入するなどして，波形を改善することが多い。

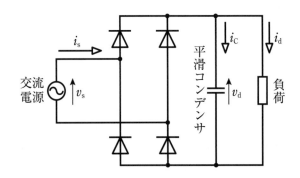

上記の記述中の空白箇所(ア)，(イ)，(ウ)及び(エ)に当てはまる組合せとして，正しいものを次の(1)〜(5)のうちから一つ選べ。

	(ア)	(イ)	(ウ)	(エ)
(1)	脈動する	電圧源	電圧源	パルス状の
(2)	正負に反転する	電流源	電圧源	パルス状の
(3)	脈動する	電圧源	電圧源	ほぼ方形波の
(4)	正負に反転する	電圧源	電流源	パルス状の
(5)	正負に反転する	電流源	電流源	ほぼ方形波の

令和
4
(2022)

令和
3
(2021)

令和
2
(2020)

令和
元
(2019)

平成
30
(2018)

平成
29
(2017)

平成
28
(2016)

平成
27
(2015)

平成
26
(2014)

平成
25
(2013)

平成
24
(2012)

平成
23
(2011)

平成
22
(2010)

平成
21
(2009)

平成
20
(2008)

問9の解答　出題項目＜単相ダイオード整流回路＞　　　　答え（1）

図9-1の単相ダイオードブリッジ整流回路は，交流電圧を入力すると平滑コンデンサ端子電圧 v_d は**脈動する**波形となる（図9-2）。また，平滑コンデンサをもつ整流回路は，負荷側からみると直流の**電圧源**として動作する。図9-1の負荷は抵抗負荷とする。

交流電源のインピーダンスは通常，負荷インピーダンスに比べて非常に小さい。よって，負荷電流に対して，電圧降下も小さいため交流の**電圧源**として考えることができる。

v_s が正の波形時：ダイオード D_1，D_4 は v_d に対して電源電圧 v_s が大きいピーク付近のみ ON する。平滑コンデンサの充電電流 i_C はダイオード ON 時のみ流れる。ダイオード OFF 時は，平滑コンデンサからの放電により負荷電流を供給するため，図9-1の i_C の矢印向きとは逆方向になる。

v_s が負の波形時：ダイオード D_2，D_3 の動作も上記と同様であり，充電電流 i_C の波形も正の場合と同様になる。

交流電流 i_s は，図9-2のような正負の**パルス状**の波形となる。

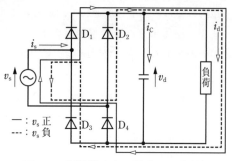

図9-1　単相ダイオードブリッジ回路

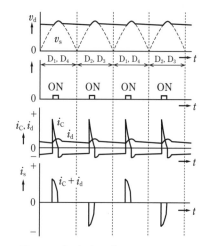

図9-2　各波形とダイオードの状態

問 10　　出題分野＜電動機応用＞　　　難易度 ★★★　　重要度 ★★★

　電動機ではずみ車を加速して，運動エネルギーを蓄えることを考える。

　まず，加速するための電動機のトルクを考える。加速途中の電動機の回転速度を $N[\text{min}^{-1}]$ とすると，そのときの毎秒の回転速度 $n[\text{s}^{-1}]$ は①式で表される。

$$\boxed{\quad（ア）\quad} \quad \cdots\cdots\cdots\cdots\cdots\cdots①$$

　この回転速度 $n[\text{s}^{-1}]$ から②式で角速度[rad/s]を求めることができる。

$$\boxed{\quad（イ）\quad} \quad \cdots\cdots\cdots\cdots\cdots\cdots②$$

　このときの電動機が 1 秒間にする仕事，すなわち出力を $P[\text{W}]$ とすると，トルク $T[\text{N·m}]$ は③式となる。

$$\boxed{\quad（ウ）\quad} \quad \cdots\cdots\cdots\cdots\cdots\cdots③$$

　③式のトルクによってはずみ車を加速する。電動機が出力し続けて加速している間，この分のエネルギーがはずみ車に注入される。電動機に直結するはずみ車の慣性モーメントを $I[\text{kg·m}^2]$ として，加速が完了したときの電動機の角速度を $\omega_0[\text{rad/s}]$ とすると，このはずみ車に蓄えられている運動エネルギー $E[\text{J}]$ は④式となる。

$$\boxed{\quad（エ）\quad} \quad \cdots\cdots\cdots\cdots\cdots\cdots④$$

　上記の記述中の空白箇所(ア)，(イ)，(ウ)及び(エ)に当てはまる組合せとして，正しいものを次の(1)～(5)のうちから一つ選べ。

	（ア）	（イ）	（ウ）	（エ）
(1)	$n=\dfrac{N}{60}$	$\omega=2\pi\times n$	$T=\dfrac{P}{\omega}$	$E=\dfrac{1}{2}I^2\omega_0$
(2)	$n=60N$	$\omega=\dfrac{n}{2\pi}$	$T=P\omega$	$E=\dfrac{1}{2}I^2\omega_0$
(3)	$n=\dfrac{N}{60}$	$\omega=2\pi\times n$	$T=P\omega$	$E=\dfrac{1}{2}I\omega_0^2$
(4)	$n=60N$	$\omega=\dfrac{n}{2\pi}$	$T=\dfrac{P}{\omega}$	$E=\dfrac{1}{2}I^2\omega_0$
(5)	$n=\dfrac{N}{60}$	$\omega=2\pi\times n$	$T=\dfrac{P}{\omega}$	$E=\dfrac{1}{2}I\omega_0^2$

問 10 の解答　　出題項目＜回転体のエネルギー＞

1 分間の回転速度 $N[\text{min}^{-1}]$ から 1 秒間の回転速度 n を求めると，

$$n = \frac{N}{60}[\text{s}^{-1}] \qquad ①$$

角速度 ω は 1 秒間に回転する角度[rad/s]で，1 回転分の角度は $2\pi[\text{rad}]$ より，

$$\omega = 2\pi \times n[\text{rad/s}] \qquad ②$$

電動機のトルク T は，角速度 ω および電動機出力 $P[\text{W}]$ より，

$$T = \frac{P}{\omega}[\text{N·m}] \qquad ③$$

加速が完了した角速度 ω_0 のはずみ車に蓄えられた運動エネルギー E は，はずみ車の慣性モーメントを $I[\text{kg·m}^2]$ とすると，

$$E = \frac{1}{2}I\omega_0^2[\text{J}] \qquad ④$$

解説

慣性モーメント I(J とも表す)は，

$$I = GR^2[\text{kg·m}^2] \qquad ⑤$$

と表され，回転体の全質量 $G[\text{kg}]$ が半径 $R[\text{m}]$ の円周上の 1 点に存在すると仮定した慣性の性質を表すものである。

一方，慣性モーメントの代わりにはずみ車効果 GD^2(ジーディースクエアード)を用いることがあり，直径 $D[\text{m}]$ により慣性の性質を表すものである。慣性モーメントに対して，

$$GD^2 = G(2R)^2 = 4GR^2 = 4I \qquad ⑥$$

の関係がある。

Point 回転体のもつエネルギーを計算するため，①～④式を理解すること。

令和4(2022) 令和3(2021) 令和2(2020) 令和元(2019) 平成30(2018) 平成29(2017) 平成28(2016) 平成27(2015) 平成26(2014) 平成25(2013) 平成24(2012) 平成23(2011) 平成22(2010) 平成21(2009) 平成20(2008)

問 11	出題分野＜照明＞	難易度 ★★★	重要度 ★★★

次の文章は，照明用 LED（発光ダイオード）に関する記述である。

効率の良い照明用光源として LED が普及してきた。LED に順電流を流すと，LED の pn 接合部において電子とホールの　（ア）　が起こり，光が発生する。LED からの光は基本的に単色光なので，LED を使って照明用の白色光をつくるにはいくつかの方法が用いられている。代表的な方法として，　（イ）　色 LED からの　（イ）　色光の一部を　（ウ）　色を発光する蛍光体に照射し，そこから得られる　（ウ）　色光に LED からの　（イ）　色光が混ざることによって疑似白色光を発生させる方法がある。この疑似白色光のスペクトルのイメージをよく表しているのは図　（エ）　である。

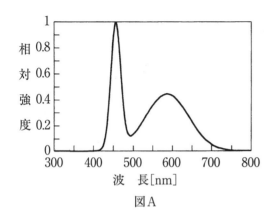

図A

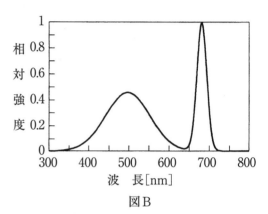

図B

上記の記述中の空白箇所(ア)，(イ)，(ウ)及び(エ)に当てはまる組合せとして，正しいものを次の（1）～（5）のうちから一つ選べ。

	（ア）	（イ）	（ウ）	（エ）
（1）	分　離	青	青　緑	A
（2）	再結合	赤	黄	A
（3）	分　離	青	黄	B
（4）	再結合	青	黄	A
（5）	分　離	赤	青　緑	B

令和
4
(2022)

令和
3
(2021)

令和
2
(2020)

令和
元
(2019)

平成
30
(2018)

平成
29
(2017)

平成
28
(2016)

平成
27
(2015)

平成
26
(2014)

平成
25
(2013)

平成
24
(2012)

平成
23
(2011)

平成
22
(2010)

平成
21
(2009)

平成
20
(2008)

問11の解答　　出題項目＜LEDランプ＞　　　　　　　　　答え　（4）

LEDに順電流を流すと，LEDのpn接合部において電子とホールの**再結合**が起こり，光が発生する。LEDからの光は基本的に単色光なので，照明用の白色光をつくるには，代表的な方法として，**青色**LEDからの青色光の一部を黄色を発光する蛍光体に照射し，そこから得られる黄色光にLEDからの青色光が混ざることで疑似白色光を発生させる方法がある。このスペクトルのイメージをよく表しているのは図**A**である。

解説••••••••••••••••••••••••

図11-1はLEDのpn接合部近傍のキャリアのエネルギー状態を示す。図の縦軸はエネルギーを表す。下方に正電荷の原子核があり，負電荷の電子はクーロン力（静電力）のため下に行くほどエネルギーが低く安定する。正電荷のホールは反対に上に行くほど安定になる。結晶内部にはキャリアが存在できる場所（エネルギー帯）があり，伝導帯や価電子帯と呼ばれる。一方，キャリアがまったく存在できない禁制帯も存在する。

　順方向電圧が加わると，図のように電子，ホールが移動して，pn接合部において電子が禁制帯を飛び越えてエネルギーの低い状態に遷移し，再結合が起こる。

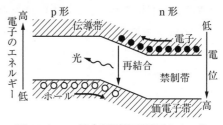

図11-1　pn接合部近傍の電子とホール

　このとき禁制帯のエネルギー幅に相当する光を放出する。このためLEDの光は基本的に単色光であり，再結合時のエネルギー差が大きいほど放出光の波長は短い。照明用の白色光を得るには，①青色または紫外線LEDと蛍光物質を組み合わせる。②赤，緑，青の3色LEDを組み合わせるなどの方法がある。①の方法でのスペクトルは，図Aのように青色LEDの鋭いスペクトルが450nm付近の短波長域に現れる。

Point　青色は振動数が高く，波長が短い。赤色は振動数が低く，波長が長い。

問 12　出題分野＜電気化学＞

難易度 ★★★　重要度 ★★★

次の文章は，電気めっきに関する記述である。

金属塩の溶液を電気分解すると （ア） に純度の高い金属が析出する。この現象を電着と呼び，めっきなどに利用されている。ニッケルめっきでは硫酸ニッケルの溶液にニッケル板（ （イ） ）とめっきを施す金属板（ （ア） ）とを入れて通電する。硫酸ニッケルの溶液は，ニッケルイオン（ （ウ） ）と硫酸イオン（ （エ） ）とに電離し，ニッケルイオンがめっきを施す金属板表面で電子を （オ） 金属ニッケルとなり，金属板表面に析出する。めっきは金属製品の装飾のほか，金属材料の耐食性や耐摩耗性を高める目的で利用されている。

上記の記述中の空白箇所(ア)，(イ)，(ウ)，(エ)及び(オ)に当てはまる組合せとして，正しいものを次の(1)～(5)のうちから一つ選べ。

	（ア）	（イ）	（ウ）	（エ）	（オ）
（1）	陽　極	陰　極	負イオン	正イオン	放出して
（2）	陰　極	陽　極	正イオン	負イオン	受け取って
（3）	陽　極	陰　極	正イオン	負イオン	受け取って
（4）	陰　極	陽　極	負イオン	正イオン	受け取って
（5）	陽　極	陰　極	正イオン	負イオン	放出して

問 13　出題分野＜自動制御＞

難易度 ★★★　重要度 ★★★

図は，フィードバック制御におけるブロック線図を示している。この線図において，出力 V_2 を，入力 V_1 及び外乱 D を使って表現した場合，正しいものを次の(1)～(5)のうちから一つ選べ。

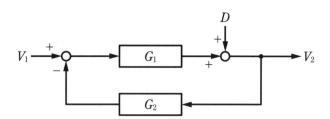

（1）　$V_2 = \dfrac{1}{1+G_1G_2}V_1 + \dfrac{G_2}{1+G_1G_2}D$　　　（2）　$V_2 = \dfrac{G_2}{1+G_1G_2}V_1 + \dfrac{1}{1+G_1G_2}D$

（3）　$V_2 = \dfrac{G_2}{1+G_1G_2}V_1 - \dfrac{1}{1+G_1G_2}D$　　　（4）　$V_2 = \dfrac{G_1}{1+G_1G_2}V_1 - \dfrac{1}{1+G_1G_2}D$

（5）　$V_2 = \dfrac{G_1}{1+G_1G_2}V_1 + \dfrac{1}{1+G_1G_2}D$

問 12 の解答　　出題項目＜電気めっき＞

　金属塩の溶液を電気分解すると**陰極**に純度の高い金属が析出する。この現象を電着と呼び，めっきなどに利用されている。ニッケルめっきでは硫酸ニッケルの溶液にニッケル板(**陽極**)とめっきを施す金属板(陰極)とを入れて通電する。硫酸ニッケルの溶液は，ニッケルイオン(**正イオン**)と硫酸イオン(**負イオン**)とに電離し，ニッケルイオンがめっきを施す金属板表面で電子を**受け取って**金属ニッケルとなり，金属板表面に析出する。

解説 ・・・・・・・・・・・・・・・・・・・・・・・・・・・・

　金属塩溶液中において，金属イオンは陽イオンとして存在している(一般に金属は陽イオンになる性質がある)。この溶液を電気分解すると，陽イオンの金属イオンは陰極に移動し，陰極表面で電子を受け取り還元されて金属に戻る。**図 12-1**

に示すニッケルめっきでは，陰極において $Ni^{2+} + 2e^- \rightarrow Ni$ の還元反応が起き，陰極表面に析出する。陽極にニッケル板を用いることで陽極では $Ni \rightarrow Ni^{2+} + 2e^-$ の酸化反応が起こり，溶液中にニッケルイオンを供給する。また，陰極に析出する金属の量はファラデーの法則に従う。

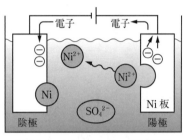

図 12-1　ニッケルめっきの原理

問 13 の解答　　出題項目＜ブロック線図＞

　ブロック線図の各信号を**図 13-1** に示す。

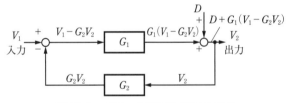

図 13-1　ブロック線図と信号の流れ

　G_2 の入力は V_2 なので出力は G_2V_2 となる。この出力(フィードバック信号)と入力 V_1 の減算値が G_1 の入力 $V_1 - G_2V_2$ となるので，G_1 の出力は $G_1(V_1 - G_2V_2)$ となる。さらに外乱 D を加算したものが V_2 であるから，

$$V_2 = D + G_1(V_1 - G_2V_2)$$

　式を整理して，

$$V_2 = \frac{G_1}{1+G_1G_2}V_1 + \frac{1}{1+G_1G_2}D$$

解説 ・・・・・・・・・・・・・・・・・・・・・・・・・・・・

　フィードバック制御では，出力から出発して伝達要素を一巡した数式を整理することで，入出力

間の総合の伝達関数を求められる。

補足　ブロック線図の等価変換で使う計算。

① 分岐点，加算点(**図 13-2** 参照)

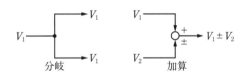

図 13-2　信号の分岐，加算

② G_1，G_2 の並列接続(**図 13-3** 参照)

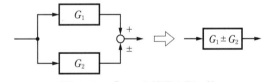

図 13-3　ブロック線図の和，差

③ G_1，G_2 の直列接続(**図 13-4** 参照)

図 13-4　ブロック線図の積

Point　外乱は制御量(出力)を乱す悪玉。

問 14　　出題分野＜情報＞　　　難易度 ★★★　　重要度 ★★★

　図の論理回路に，図に示す入力 A，B 及び C を加えたとき，出力 X として正しいものを次の（1）〜（5）のうちから一つ選べ

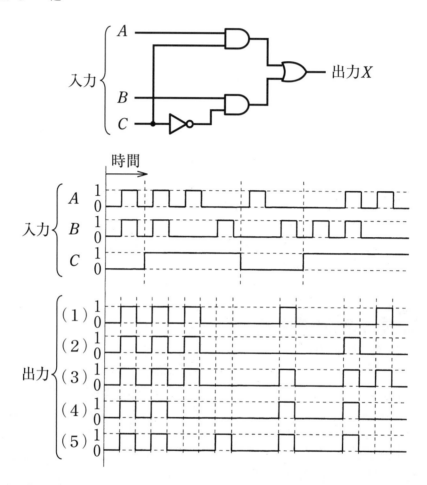

問14の解答　出題項目＜論理回路＞

図 **14-1** のタイムチャートにおいて，①時点の入力 $A=1$，$B=0$，$C=1$ の出力は**図 14-2** より $X=1$ なので，出力の選択肢（4）（5）は誤り。

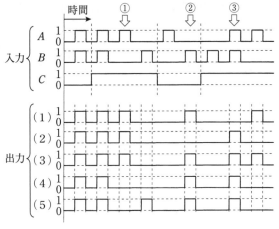

図 14-1　①，②，③時点の入出力

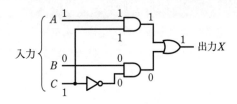

図 14-2　①における論理回路の出力

次に，②時点の入力 $A=0$，$B=1$，$C=0$ の出力は $X=1$ なので，出力の選択肢（2）は誤り。

次に，③時点の入力 $A=1$，$B=1$，$C=1$ の出力は $X=1$ なので，出力の選択肢（1）は誤り。したがって，正解は（3）となる。

解 説

解答で用いた以外の時点を利用してもよい。誤りを消去して行けば正解が残る。

B 問 題 （配点は 1 問題当たり(a)5 点,（b)5 点,計 10 点）

問 15　　出題分野＜変圧器＞　　難易度 ★★★　重要度 ★★★

　定格容量 10[kV・A],定格一次電圧 1 000[V],定格二次電圧 100[V]の単相変圧器で無負荷試験及び短絡試験を実施した。高圧側の回路を開放して低圧側の回路に定格電圧を加えたところ,電力計の指示は 80[W]であった。次に,低圧側の回路を短絡して高圧側の回路にインピーダンス電圧を加えて定格電流を流したところ,電力計の指示は 120[W]であった。

（a）　巻線の高圧側換算抵抗[Ω]の値として,最も近いものを次の(1)～(5)のうちから一つ選べ。

　　（1）　1.0　　　（2）　1.2　　　（3）　1.4　　　（4）　1.6　　　（5）　2.0

（b）　力率 $\cos\phi=1$ の定格運転時の効率[%]の値として,最も近いものを次の(1)～(5)のうちから一つ選べ。

　　（1）　95　　　（2）　96　　　（3）　97　　　（4）　98　　　（5）　99

問15（a）の解答　出題項目＜試験＞　　答え（2）

単相変圧器の無負荷試験および短絡試験の回路を図15-1，図15-2に示す。また，定格負荷電流が流れているときの一次，二次巻線の等価回路を図15-3に示す。

一次と二次の巻数比 $n = N_1 / N_2$ は，電圧比と同じである。したがって，定格の一次，二次の電圧を V_1，V_2，電流を I_1，I_2 とすると，

$$n = N_1 / N_2 = V_1 / V_2$$

$$V_1 \cdot I_1 = V_2 \cdot I_2 \qquad \therefore I_2 / I_1 = V_1 / V_2 = n$$

短絡試験時の電力計指示値 120 W を図15-3の巻線抵抗値と巻数比で表すと，

$$r_1 I_1{}^2 + r_2 I_2{}^2 = I_1{}^2 \left(r_1 + r_2 \frac{I_2{}^2}{I_1{}^2} \right)$$

$$= I_1{}^2 (r_1 + n^2 r_2) = I_1{}^2 r_1{}' = 120 [\text{W}]$$

となる。上式および題意から，一次・二次巻線を合成した高圧側換算抵抗 $r_1{}'$ を計算する。

$$I_1 = \frac{\text{定格容量} S_k}{\text{定格一次電圧} V_1} = \frac{10 \times 10^3}{1\,000} = 10 [\text{A}]$$

$$r_1{}' = \frac{120}{I_1{}^2} = \frac{120}{10^2} = 1.2 [\Omega]$$

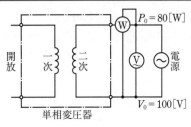

図 15-1　無負荷試験

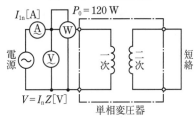

図 15-2　短絡試験

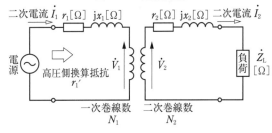

図 15-3　単相変圧器等価回路

問15（b）の解答　出題項目＜試験＞　　答え（4）

変圧器の効率 η は，出力を $P[\text{W}]$，無負荷損を $p_i[\text{W}]$，負荷損を $p_c[\text{W}]$ とすると，

$$\eta = \frac{P}{P + p_i + p_c} \times 100 [\%] \qquad ①$$

ここで出力 P は，定格容量 $S[\text{V·A}]$ ×力率 $\cos\phi$ で表される。また，無負荷損 p_i は無負荷試験，負荷損 p_c は短絡試験で得られた電力値である。

①式に題意の値を代入すると，

$$\eta = \frac{10 \times 10^3 \times 1.0}{10 \times 10^3 \times 1.0 + 80 + 120} \times 100$$

$$= 98.04 \fallingdotseq 98.0 [\%]$$

解説

問題文の中で「高圧側の回路にインピーダンス電圧を加えて」とあり，これを示したものが**図15-4**である。

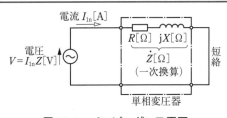

図 15-4　インピーダンス電圧

$\dot{Z}$ は一次側に換算した巻線のインピーダンスである。二次側を短絡して一次側に電圧 V を加えて電流 I_1 を流す。このときの電圧をインピーダンス電圧 $V = I_{1n} Z$ と等しくすると，I_1 は，

$$I_1 = \frac{V}{Z} = \frac{I_{1n} Z}{Z} = I_{1n} [\text{A}]$$

となり，定格電流 I_{1n} に等しいことがわかる。

Point 無負荷試験および短絡試験の結果から，巻線抵抗，効率が計算できるようにすること。

令和4 (2022)
令和3 (2021)
令和2 (2020)
令和元 (2019)
平成30 (2018)
平成29 (2017)
平成28 (2016)
平成27 (2015)
平成26 (2014)
平成25 (2013)
平成24 (2012)
平成23 (2011)
平成22 (2010)
平成21 (2009)
平成20 (2008)

問16　出題分野＜パワーエレクトロニクス＞　難易度 ★★★　重要度 ★★★

　図は，パルス幅変調制御（PWM制御）によって50[Hz]の交流電圧を出力するインバータの回路及びその各部電圧波形である。直流の中点Mからみて端子A及びBに発生する瞬時電圧をそれぞれv_A[V]及びv_B[V]とする。端子AとBとの間の電圧$v_{A-B}=v_A-v_B$[V]に関する次の（a）及び（b）の問に答えよ。

（a）　v_A[V]及びv_B[V]の50[Hz]の基本波成分の振幅V_A[V]及びV_B[V]は，それぞれ$\dfrac{V_s}{V_c}\times\dfrac{V_d}{2}$[V]で求められる。ここで，$V_c$[V]は搬送波（三角波）$v_c$[V]の振幅で10[V]，$V_s$[V]は信号波（正弦波）$v_{sA}$[V]及び$v_{sB}$[V]の振幅で9[V]，$V_d$[V]は直流電圧200[V]である。$v_{A-B}$[V]の50[Hz]基本波成分の振幅は$V_{A-B}=V_A+V_B$[V]となる。$v_{A-B}$[V]の基本波成分の実効値[V]の値として，最も近いものを次の（1）～（5）のうちから一つ選べ。

（1）　64　　　（2）　90　　　（3）　127　　　（4）　141　　　（5）　156

（b）　v_{A-B}[V]は，高調波を含んでいるため，高調波も含めた実効値V_{rms}[V]は，小問（a）で求めた基本波成分の実効値よりも大きい。波形が5[ms]ごとに対称なので，実効値は最初の5[ms]の区間で求めればよい。5[ms]の区間で電圧を出力している時間の合計値をT_s[ms]とすると実効値V_{rms}[V]は次の式で求められる。

$$V_{rms}=\sqrt{\frac{T_s}{5}\times V_d{}^2}=\sqrt{\frac{T_s}{5}}\times V_d\,[\text{V}]$$

　実効値V_{rms}[V]の値として，最も近いものを次の（1）～（5）のうちから一つ選べ。

（1）　88　　　（2）　127　　　（3）　141
（4）　151　　　（5）　163

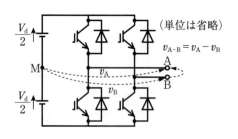
（単位は省略）
$v_{A-B}=v_A-v_B$

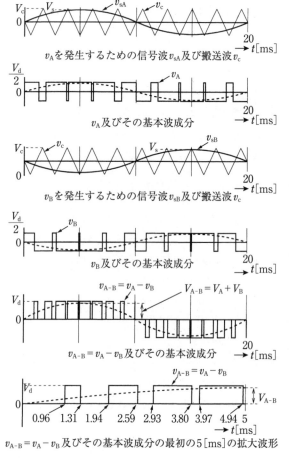

v_Aを発生するための信号波v_{sA}及び搬送波v_c

v_A及びその基本波成分

v_Bを発生するための信号波v_{sB}及び搬送波v_c

v_B及びその基本波成分

$v_{A-B}=v_A-v_B$及びその基本波成分

$v_{A-B}=v_A-v_B$及びその基本波成分の最初の5[ms]の拡大波形

問16（a）の解答　出題項目＜インバータ＞　　答え　（3）

v_{A-B} の 50 Hz の基本波成分の振幅 $V_{A-B}=V_A+V_B$ は，**図 16-1** の太線（破線）で示した正弦波の振幅である。

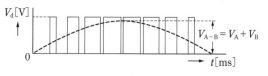

図 16-1　$\dfrac{1}{2}$ 周期波形

V_A，V_B を計算する。題意より $V_c=10$ [V]，

$V_s=9$[V] および $V_d=200$[V] であり，問題文で与えられた計算式により，

$$V_A=V_B=\frac{V_s}{V_c}\times\frac{V_d}{2}=\frac{9}{10}\times\frac{200}{2}=90[\text{V}]$$

基本波成分の振幅 V_{A-B} は，

$$V_{A-B}=V_A+V_B=90+90=180[\text{V}]$$

よって，この正弦波の実効値 V_1 は，

$$V_1=\frac{V_{A-B}}{\sqrt{2}}=\frac{180}{\sqrt{2}}=127.28\fallingdotseq127[\text{V}]$$

問16（b）の解答　出題項目＜インバータ＞　　答え　（4）

v_{A-B} の高調波を含む実効値 V_{rms} を計算する。

v_{A-B} の方形波は 1/4 周期で対称なため，50 Hz の 1/4 周期，すなわち 0～5 ms 分を計算すれば実効値を計算できる（**図 16-2**）。

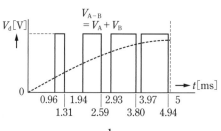

図 16-2　$\dfrac{1}{4}$ 周期波形

題意から $V_d=200$[V] である。また，0～5 ms 区間で電圧を出力している時間 T_s[ms] を計算すると，

$$T_s=(1.31-0.96)+(2.59-1.94)+(3.80-2.93)$$
$$+(4.94-3.97)=2.84[\text{ms}]$$

実効値 V_{rms} は，問題の計算式に数値を代入すると，

$$V_{\text{rms}}=\sqrt{\frac{T_s}{5}}\times V_d=\sqrt{\frac{2.84}{5}}\times200\fallingdotseq151[\text{V}]$$

解説 ┈┈┈┈┈┈┈┈┈┈┈┈┈┈┈

PWM インバータに関する問題である。問題図のとおり，発生する電圧波形は正弦波ではなく，振幅が同じでパルス幅の違う方形波である。

信号波と搬送波の大きさを比較して IGBT を ON-OFF 制御することで，図 16-1 のような正弦波の大きさに対応する周波数 50 Hz のパルス波形を得られる。

図 16-3 は，問題図に IGBT の制御回路を追記したものである。

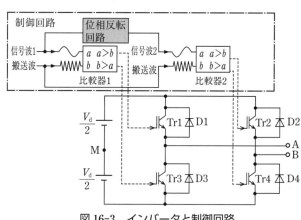

図 16-3　インバータと制御回路

比較器 1 に信号波と搬送波が入力され，信号波が搬送波より大きい場合，Tr1 を ON，Tr3 を OFF させ，信号波が小さい場合 Tr1，Tr3 の動作は逆となる。これが問題中の波形図の上から 1，2 番目の図に相当する。

比較器 2 は反転した信号波と搬送波が入力され，信号波が搬送波より大きい場合，Tr2 を ON，Tr4 を OFF させ，信号波が小さい場合 Tr2，Tr4 の動作は逆となる。これが問題中の波形図の上から 3，4 番目の図に相当する。

Point 本問では，問題に対する計算式および数値はすべて問題文の中にあるため，注意深く文章を読んでいくと正解にたどり着くことができる。

問17及び問18は選択問題です。問17又は問18のどちらかを選んで解答してください。（両方解答すると採点されませんので注意してください。）

（選択問題）

問 17　出題分野＜電熱＞　　　難易度 ★★★　重要度 ★★★

伝熱に関する次の（a）及び（b）の問に答えよ。

（a）　直径1[m]，高さ0.5[m]の円柱がある。円柱の下面温度が600[K]，上面温度が330[K]に保たれているとき，伝導によって円柱の高さ方向に流れる熱流[W]の値として，最も近いものを次の（1）～（5）のうちから一つ選べ。

　　　ただし，円柱の熱伝導率は0.26[W/(m·K)]とする。また，円柱側面からの放射及び対流による熱損失はないものとする。

　　（1）　45　　　　（2）　110　　　　（3）　441

　　（4）　661　　　（5）　1 630

（b）　次の文章は，放射伝熱に関する記述である。

　　　すべての物体はその物体の温度に応じた強さのエネルギーを　(ア)　として放出している。その量は物体表面の温度と放射率とから求めることができる。

　　　いま，図に示すように，面積A_1[m²]，温度T_1[　(イ)　]の面S_1と，面積A_2[m²]，温度T_2[　(イ)　]の面S_2とが向き合っている。両面の温度に$T_1 > T_2$の関係があるとき，エネルギーは面S_1から面S_2に放射によって伝わる。そのエネルギー流量（1秒当たりに面S_1から面S_2に伝わるエネルギー）$\varPhi$[W]は$\varPhi = \varepsilon \sigma A_1 F_{12} \times$　(ウ)　で与えられる。

　　　ここで，εは放射率，σは　(エ)　，及びF_{12}は形態係数である。ただし，εに波長依存性はなく，両面において等しいとする。また，F_{12}は面S_1，面S_2の大きさ，形状，相対位置などの幾何学的な関係で決まる値である。

　　　上記の記述中の空白箇所(ア)，(イ)，(ウ)，及び(エ)に当てはまる組合せとして，正しいものを次の（1）～（5）のうちから一つ選べ。

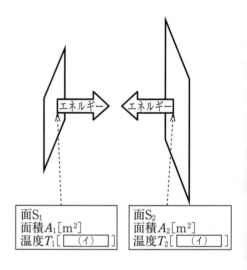

	(ア)	(イ)	(ウ)	(エ)
（1）	電磁波	K	$(T_1 - T_2)$	プランク定数
（2）	熱	K	$(T_1{}^4 - T_2{}^4)$	ステファン・ボルツマン定数
（3）	電磁波	K	$(T_1{}^4 - T_2{}^4)$	ステファン・ボルツマン定数
（4）	熱	℃	$(T_1 - T_2)$	ステファン・ボルツマン定数
（5）	電磁波	℃	$(T_1{}^4 - T_2{}^4)$	プランク定数

令和4(2022)
令和3(2021)
令和2(2020)
令和元(2019)
平成30(2018)
平成29(2017)
平成28(2016)
平成27(2015)
平成26(2014)
平成25(2013)
平成24(2012)
平成23(2011)
平成22(2010)
平成21(2009)
平成20(2008)

問17（a）の解答　出題項目＜熱伝導＞　答え（2）

円柱の断面積を $A[\mathrm{m}^2]$，長さを $l[\mathrm{m}]$，熱伝導率を $\lambda[\mathrm{W/(m \cdot K)}]$ とすれば，円柱の熱抵抗 R は，

$$R = \frac{l}{\lambda A} = \frac{0.5}{0.26 \times 0.5^2 \pi} \fallingdotseq 2.448\,5\,[\mathrm{K/W}]$$

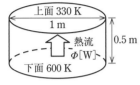

図17-1　円柱内部の熱流

円柱側面からの熱損失はないので，熱流 Φ は図17-1のように高温部（下面）から低温部（上面）に向かって流れる。熱源の温度差を $\Delta T[\mathrm{K}]$ とすれば，熱流は熱回路のオームの法則により，

$$\Phi = \frac{\Delta T}{R} = \frac{600 - 330}{2.448\,5} \fallingdotseq 110\,[\mathrm{W}]$$

解説

熱回路の温度差 $\Delta T[\mathrm{K}]$，熱流 $\Phi[\mathrm{W}]$，熱抵抗 $R[\mathrm{K/W}]$ の間には $\Delta T = \Phi R$ が成り立つ。

これを熱回路のオームの法則という。熱抵抗の式は，電気抵抗の導電率を熱伝導率に置き換えたもので表される。

補足

熱流は伝導の他に，放射，対流によっても生じる。熱の放射や対流は熱源の表面で起こり，これも一種の熱抵抗と考えることができる。この熱抵抗 R_S は表面熱抵抗とも呼ばれ，表面積を $A[\mathrm{m}^2]$，熱伝達率を $\alpha[\mathrm{W/(m^2 \cdot K)}]$ とすると，

$$R_\mathrm{S} = \frac{l}{\alpha A}\,[\mathrm{K/W}] \qquad ①$$

＊注意：放射による熱伝達にはステファン・ボルツマンの法則に従う放射熱伝達率が，対流による熱伝達には対流熱伝達率がそれぞれ定義される。①式の熱伝達率 α は，両者の合成である。

問17（b）の解答　出題項目＜放射伝熱＞　答え（3）

すべての物体は，その物体の温度に応じた強さのエネルギーを**電磁波**として放出している。その量は物体表面の温度と放射率とから求めることができる。面積 $A_1[\mathrm{m}^2]$，温度 $T_1[\underline{\mathrm{K}}]$ の面 S_1 と，面積 $A_2[\mathrm{m}^2]$，温度 $T_2[\mathrm{K}]$ の面 S_2 とが向き合っている。両面の温度に $T_1 > T_2$ の関係があるとき，エネルギーは面 S_1 から面 S_2 に放射によって伝わる。そのエネルギー流量 $\Phi[\mathrm{W}]$ は，

$$\Phi = \varepsilon \sigma A_1 F_{12} \times (\boldsymbol{T_1^4 - T_2^4}) \qquad ①$$

ここで，ε は放射率，σ は**ステファン・ボルツマン定数**，および F_{12} は形態係数である。ただし，ε に波長依存性はなく，両面において等しいとする。また，F_{12} は面 S_1，面 S_2 の大きさ，形状，相対位置などの幾何学的な関係で決まる値である。

解説

黒体の放射エネルギーは絶対温度の4乗に比例する。これをステファン・ボルツマンの法則という。絶対温度 $T[\mathrm{K}]$ の黒体（あらゆる波長の電磁波をすべて吸収・放射できる仮想的な物体）から単位面積・単位時間当たり放射されるエネルギー Φ は，

$$\Phi = \sigma T^4\,[\mathrm{W/m^2}] \qquad ②$$

単体の黒体放射では，放射率 $\varepsilon = 1$，単位面積では $A_1 = 1$，形態係数 $F_{12} = 1$，T_2 は不要なので，これを①式に代入すると②式を得る。

補足

プランク定数とは，光を電磁波のような波と捉えるのではなく，光子（光量子）という粒のようなものと考える物理学（量子論）に登場する定数である。振動数 $\nu[\mathrm{s}^{-1}]$ の光子のエネルギー $E[\mathrm{J}]$ はプランク定数 $h[\mathrm{J \cdot s}]$ を使うと，

$$E = h\nu$$

この式は，振動数の大きな光ほどエネルギーが大きいことを意味し，赤色よりも青色の方がエネルギーが高い。さらに高い振動数の電磁波を昇順に，紫外線，X線，ガンマ線などと呼ぶ。

（選択問題）

問 18　　出題分野＜情報＞　　　　　　　　　　　　　難易度 ★★★　　重要度 ★★★

論理関数に関する次の（a）及び（b）の問に答えよ。

（a）　論理式 $X \cdot Y \cdot \bar{Z} + X \cdot Y \cdot Z + \bar{X} \cdot Y \cdot Z + \bar{X} \cdot \bar{Y} \cdot Z$ を積和形式で簡単化したものを次の（1）〜（5）のうちから一つ選べ。

（1）　$X \cdot Y + X \cdot Z$　　　　（2）　$X \cdot \bar{Y} + Y \cdot Z$　　　　（3）　$\bar{X} \cdot Y + X \cdot Z$

（4）　$X \cdot Y + \bar{Y} \cdot Z$　　　　（5）　$X \cdot Y + \bar{X} \cdot Z$

（b）　論理式 $(X + Y + Z) \cdot (X + \bar{Y} + Z) \cdot (\bar{X} + Y + Z)$ を和積形式で簡単化したものを次の（1）〜（5）のうちから一つ選べ。

（1）　$(X + Z) \cdot (\bar{Y} + Z)$　　　　（2）　$(\bar{X} + Y) \cdot (X + Z)$　　　　（3）　$(X + Y) \cdot (Y + Z)$

（4）　$(X + Z) \cdot (Y + Z)$　　　　（5）　$(X + Y) \cdot (\bar{X} + Z)$

問18（a）の解答　　出題項目＜論理式＞　　　　　答え（5）

$X \cdot Y \cdot \bar{Z} + X \cdot Y \cdot Z + \bar{X} \cdot Y \cdot Z + \bar{X} \cdot \bar{Y} \cdot Z$

第1項と第2項の共通項を分配則でくくり出す。

$= X \cdot Y \cdot (\bar{Z} + Z) + \bar{X} \cdot Y \cdot Z + \bar{X} \cdot \bar{Y} \cdot Z$

　第2項の $Y \cdot Z$ を交換則で入れ換える，第3項の $\bar{Y} \cdot Z$ を交換則で入れ換える。

$= X \cdot Y \cdot (\bar{Z} + Z) + \bar{X} \cdot Z \cdot Y + \bar{X} \cdot Z \cdot \bar{Y}$

　第2項と第3項の共通項を分配則でくくり出す。

$= X \cdot Y \cdot (\bar{Z} + Z) + \bar{X} \cdot Z \cdot (Y + \bar{Y})$

$\bar{Z} + Z = 1$，$Y + \bar{Y} = 1$ なので，

$= X \cdot Y \cdot 1 + \bar{X} \cdot Z \cdot 1$

　一般に，$A \cdot 1 = A$ なので，

$= X \cdot Y + \bar{X} \cdot Z$

解説

　ブール代数の基本公式（論理和，論理積，否定を式で表したもの）は次の通り。

① 論理積

$A \cdot 0 = 0$，　$A \cdot 1 = A$，　$A \cdot A = A$，　$A \cdot \bar{A} = 0$

② 論理和

$A + 1 = 1$，　$A + 0 = A$，　$A + A = A$，

$A + \bar{A} = 1$

③ 演算の定理

$A \cdot B = B \cdot A$，　$A + B = B + A$（交換の定理）

$(A \cdot B) \cdot C = A \cdot (B \cdot C)$（結合の定理）

$(A + B) + C = A + (B + C)$

$A \cdot (B + C) = A \cdot B + A \cdot C$（分配の定理）

④ ド・モルガンの定理

$\overline{A + B} = \bar{A} \cdot \bar{B}$，　$\overline{A \cdot B} = \bar{A} + \bar{B}$

⑤ 復元の定理（二重否定）

$\bar{\bar{A}} = A$

問18（b）の解答　　出題項目＜論理式＞　　　　　答え（4）

$(X + Y + Z) \cdot (X + \bar{Y} + Z) \cdot (\bar{X} + Y + Z)$ の一番目の（　）と二番目の（　）を展開する。

$(X + (Y + Z)) \cdot (X + (\bar{Y} + Z))$

$= X \cdot X + X \cdot (\bar{Y} + Z + Y + Z)$
$\quad + (Y + Z) \cdot (\bar{Y} + Z)$

$= X + X \cdot (\bar{Y} + Z + Y + Z)$
$\quad + (Y + Z) \cdot (\bar{Y} + Z)$

$= X \cdot (1 + \bar{Y} + Z + Y + Z) + Y \cdot \bar{Y}$
$\quad + Z \cdot (\bar{Y} + Y) + Z \cdot Z$

$= X \cdot 1 + 0 + Z \cdot 1 + Z = X + Z$

この式と三番目の（　）との論理積を計算する。

$(X + Z) \cdot (\bar{X} + (Y + Z))$

$= X \cdot \bar{X} + X \cdot (Y + Z) + Z \cdot \bar{X} + Z \cdot (Y + Z)$

$= 0 + X \cdot Y + X \cdot Z + Z \cdot \bar{X} + Z \cdot Y + Z \cdot Z$

$= X \cdot Y + X \cdot Z + Z \cdot \bar{X} + Z \cdot Y + Z$

$= X \cdot Y + Z \cdot (X + \bar{X} + Y + 1)$

$= X \cdot Y + Z \cdot 1 = X \cdot Y + Z$

　選択肢のうち，展開してこの式と一致するのは（4）である。確認のため以下に展開すると，

$(X + Z) \cdot (Y + Z) = X \cdot Y + X \cdot Z + Z \cdot Y + Z \cdot Z$

$= X \cdot Y + X \cdot Z + Z \cdot Y + Z$

$= X \cdot Y + Z \cdot (X + Y + 1) = X \cdot Y + Z$

　【別解】　問題の論理式の真理値が0になるのは，いずれかの（　）の真理値が0，つまり $(XYZ) = 000$ または 010 または 100 のときである。$(XYZ) = 010$ のとき，選択肢（3），（5）は真理値が1なので誤り。$(XYZ) = 100$ のとき，選択肢（1）は真理値が1なので誤り。次に，問題の論理式の真理値が1になるのは $Z = 1$（X，Y は任意）の場合なので，$(XYZ) = 101$ を代入すると，選択肢（2）は真理値が0となるので誤り。以上から選択肢（4）が正解。

解説

　簡単化した論理式を和積形式に変形するのは手間がかかるので選択肢を展開した方が早い。一方，別解は誤りを消去する方法である。入力値は8通りあるが，問題の論理式は三つの論理積なので，別解で選んだような明らかに真理値が0または1になる入力値を選ぶと，選択肢の真理値を求めることで誤答を見つけられる。

Point 簡単化は紙とペンで練習すべし。

機 械 | 平成24年度（2012年度）

Ａ 問 題 （配点は1問題当たり5点）

問 1 出題分野＜直流機＞ 難易度 ★★★ 重要度 ★★★

次の文章は，直流機の構造に関する記述である。

直流機の構造は，固定子と回転子とからなる。固定子は，　(ア)　，継鉄などによって，また，回転子は，　(イ)　，整流子などによって構成されている。

電機子鉄心は，　(ウ)　磁束が通るため，　(エ)　が用いられている。また，電機子巻線を収めるための多数のスロットが設けられている。

六角形(亀甲形)の形状の電機子巻線は，そのコイル辺を電機子鉄心のスロットに挿入する。各コイル相互のつなぎ方には，　(オ)　と波巻とがある。直流機では，同じスロットにコイル辺を上下に重ねて2個ずつ入れた二層巻としている。

上記の記述中の空白箇所(ア)，(イ)，(ウ)，(エ)及び(オ)に当てはまる組合せとして，正しいものを次の(1)～(5)のうちから一つ選べ。

	(ア)	(イ)	(ウ)	(エ)	(オ)
(1)	界 磁	電機子	交 番	積層鉄心	重ね巻
(2)	界 磁	電機子	一 定	積層鉄心	直列巻
(3)	界 磁	電機子	一 定	鋳 鉄	直列巻
(4)	電機子	界 磁	交 番	鋳 鉄	重ね巻
(5)	電機子	界 磁	一 定	積層鉄心	直列巻

問 2 出題分野＜直流機＞ 難易度 ★★★ 重要度 ★★★

直流他励電動機の電機子回路に直列抵抗0.8[Ω]を接続して電圧120[V]の直流電源で始動したところ，始動直後の電機子電流は120[A]であった。電機子電流が40[A]になったところで直列抵抗を0.3[Ω]に切り換えた。インダクタンスが無視でき，電流が瞬時に変化するものとして，切換え直後の電機子電流[A]の値として，最も近いものを次の(1)～(5)のうちから一つ選べ。

ただし，切換え時に電動機の回転速度は変化しないものとする。また，ブラシによる電圧降下及び電機子反作用はないものとし，電源電圧及び界磁電流は一定とする。

(1) 60　　　(2) 80　　　(3) 107　　　(4) 133　　　(5) 240

問 1 の解答　出題項目＜構造＞

直流機のモデル（他励直流発電機）を**図 1-1** に示す。

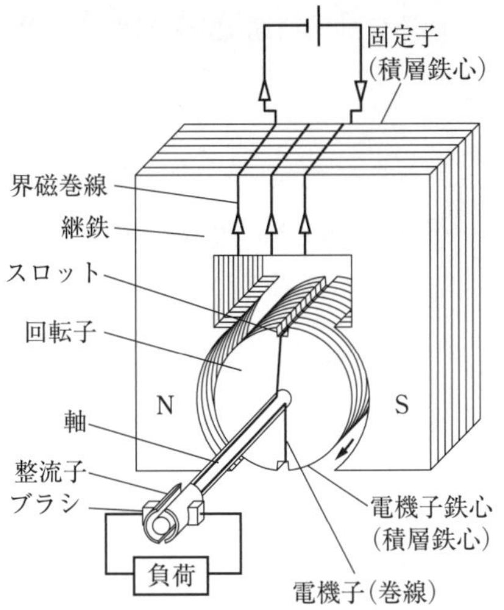

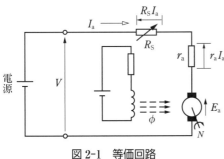

図 1-1　直流機モデル（他励直流発電機）

直流機は固定子と回転子の二つの要素からなる。

固定子は，**界磁**（巻線）と界磁巻線の作る N 極，S 極を磁気的につなげる継鉄からなる。

回転子は，**電機子**（巻線）と整流子，ブラシ，電機子鉄心などにより構成される。

電機子鉄心は運転中，固定子の作る磁界に対して回転しているため，**交番**磁束が通る。電機子鉄心は鉄損を小さくするため**積層鉄心**が用いられる。固定子鉄心も同様な理由から積層鉄心が用いられることが多い。

電機子巻線は鉄心に設けた溝（スロット）に収めて巻いていく。実際には，多数の巻線（コイル）があり，コイル同士のつなぎ方には**重ね巻**と波巻の 2 種類がある。

Point 直流機の構造を理解しておくこと。

問 2 の解答　出題項目＜電機子電流・電圧＞

直流他励電動機の等価回路を**図 2-1** に示す。

図 2-1　等価回路

始動直後は回転速度 N が零であり，電機子誘導起電力 $E_a=0$ である。

電機子抵抗 $r_a[\Omega]$ を求める。題意より，直列抵抗 $R_S=0.8[\Omega]$，電源電圧 $V=120[V]$，電機子電流 $I_a=120[A]$ である。また，図 2-1 より次式が成り立つ。

$$(R_S+r_a)I_a=V[V] \qquad ①$$

上式を変形して r_a を計算すると，

$$r_a=\frac{V}{I_a}-R_S=\frac{120}{120}-0.8=0.2[\Omega] \qquad ②$$

電機子電流 I_a は，始動直後の 120 A から回転速度 N の上昇に伴い低下していく。電機子電流 $I_a=40$ A のときの電機子誘導起電力を E_{a40} とすると，図 2-1 より次式が成り立つ。

$$E_{a40}+(R_S+r_a)I_a=V[V] \qquad ③$$

上式を変形して E_{a40} を計算すると，

$$E_{a40}=V-(R_S+r_a)I_a=120-(0.8+0.2)\times 40$$
$$=120-40=80[V]$$

E_{a40} のときに直列抵抗 $R_S=0.3\,\Omega$ に切り換えた直後の電機子電流 I_a は，③式を変形して，

$$I_a=\frac{V-E_{a40}}{R_S+r_a}=\frac{120-80}{0.3+0.2}=80[A]$$

Point 直流電動機の等価回路から，電機子電流が計算できること。

令和4 (2022)
令和3 (2021)
令和2 (2020)
令和元 (2019)
平成30 (2018)
平成29 (2017)
平成28 (2016)
平成27 (2015)
平成26 (2014)
平成25 (2013)
平成24 (2012)
平成23 (2011)
平成22 (2010)
平成21 (2009)
平成20 (2008)

問3　出題分野＜誘導機＞　難易度 ★★★　重要度 ★★★

誘導電動機に関する記述として，誤っているものを次の（1）〜（5）のうちから一つ選べ。

ただし，誘導電動機の滑りを s とする。

（1）　誘導電動機の一次回路には同期速度の回転磁界，二次回路には同期速度の s 倍の回転磁界が加わる。したがって，一次回路と二次回路の巻数比を1とした場合，二次誘導起電力の周波数及び電圧は一次誘導起電力の s 倍になる。

（2）　s が小さくなると，二次誘導起電力の周波数及び電圧が小さくなるので，二次回路に流れる電流が小さくなる。この変化を電気回路に表現するため，誘導電動機の等価回路では，二次回路の抵抗の値を $\dfrac{1}{s}$ 倍にして表現する。

（3）　誘導電動機の等価回路では，一次巻線の漏れリアクタンス，一次巻線の抵抗，二次巻線の漏れリアクタンス，二次巻線の抵抗，及び電動機出力を示す抵抗が直列回路で表されるので，電動機の力率は1にはならない。

（4）　誘導電動機の等価回路を構成するリアクタンス値及び抵抗値は，電圧が変化しても s が一定ならば変わらない。s 一定で駆動電圧を半分にすれば，等価回路に流れる電流が半分になり，電動機トルクは半分になる。

（5）　同期速度と電動機トルクとで計算される同期ワット（二次入力）は，二次銅損と電動機出力との和となる。

問4　出題分野＜誘導機＞　難易度 ★★★　重要度 ★★★

三相誘導電動機があり，一次巻線抵抗が 15[Ω]，一次側に換算した二次巻線抵抗が 9[Ω]，滑りが 0.1 のとき，効率[%]の値として，最も近いものを次の（1）〜（5）のうちから一つ選べ。

ただし，励磁電流は無視できるものとし，損失は，一次巻線による銅損と二次巻線による銅損しか存在しないものとする。

（1）　75　　　　（2）　77　　　　（3）　79　　　　（4）　82　　　　（5）　85

問3の解答　出題項目＜等価回路，二次回路・同期ワット＞　答え　（4）

（1）　正。誘導電動機の一次・二次等価回路を図3-1に示す。二次誘導起電力の大きさと周波数は一次誘導起電力の s 倍となる。

（2）　正。図3-1で二次電流 $\dot{I}_2$ を計算すると，

$$\dot{I}_2 = \frac{s\dot{E}}{r_2 + \mathrm{j}sx_2} = \frac{\dot{E}}{\dfrac{r_2}{s} + \mathrm{j}x_2}$$

となり，二次抵抗の値を $\dfrac{1}{s}$ 倍して表す。

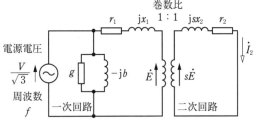

図3-1　三相誘導電動機の一次・二次等価回路

（3）　正。図3-1の等価回路のように，誘導電動機には巻線抵抗と漏れリアクタンスが存在するため，遅れ力率となり力率は1にはならない。

（4）　誤。誘導電動機の電流は駆動電圧に比例するので，電圧0.5倍で電流0.5倍となり正しい。しかし，トルクは駆動電圧の2乗に比例するから，電圧0.5倍で**電動機トルク0.25倍**となり，誤りである。

（5）　正。同期ワット（二次入力）P_2，二次銅損 p_{c2} および電動機出力 P_o の関係は，

$$P_2 = I_2^2\left(\frac{r_2}{s}\right) = I_2^2\left(1 + \frac{1-s}{s}\right)r_2$$

$$= I_2^2 r_2 + I_2^2\left(\frac{1-s}{s}\right)r_2 = p_{c2} + P_o \qquad ①$$

となり，正しい。

Point 誘導電動機の等価回路をよく理解すること。

問4の解答　出題項目＜効率＞　答え　（2）

一次抵抗 $r_1[\Omega]$ および二次抵抗 $r_2'[\Omega]$（一次換算）と一次・二次合成リアクタンス $x_1 + x_2'[\Omega]$（一次換算）による三相誘導電動機1相分の等価回路を図4-1に示す。

r_1, r_2' から電動機の出力および損失を表すことができる。滑り $s = 0.1$ で運転しているとき，出力に相当する抵抗分は，図4-1より，

$$\frac{1-s}{s}r_2' = \frac{1-0.1}{0.1} \times 9 = 81[\Omega]$$

一次・二次損失（銅損）に相当する抵抗分は，図4-1より，

$$r_1 + r_2' = 15 + 9 = 24[\Omega]$$

となる。二次電流 I_2' のときの出力 P_o および損失 p_c は，

$$P_o = 3I_2'^2 \times 81[\mathrm{W}]$$

$$p_c = 3I_2'^2 \times 24[\mathrm{W}]$$

となる。上式より効率 η を求めると，

$$\eta = \frac{P_o}{P_o + p_c} \times 100$$

$$= \frac{3I_2'^2 \times 81}{3I_2'^2 \times 81 + 3I_2'^2 \times 24} \times 100$$

$$= \frac{81}{81 + 24} \times 100 = 77.143 \fallingdotseq 77[\%]$$

Point 等価回路から出力と損失を計算する。

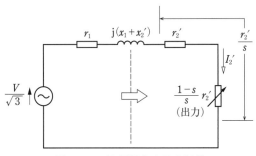

図4-1　二次抵抗とトルク特性

問 5 出題分野＜電動機応用＞　　難易度 ★★★　重要度 ★★☆

次の文章は，電動機と負荷のトルク特性の関係について述べたものである。

横軸が回転速度，縦軸がトルクを示す図において 2 本の曲線 A，B は，一方が電動機トルク特性，他方が負荷トルク特性を示している。

いま，曲線 A が 　(ア)　 特性，曲線 B が 　(イ)　 特性のときは，2 本の曲線の交点 C は不安定な運転点である。これは，何らかの原因で電動機の回転速度がこの点から下降すると，電動機トルクと負荷トルクとの差により電動機が 　(ウ)　 されるためである。具体的に，電動機が誘導電動機であり，回転速度に対してトルクが変化しない定トルク特性の負荷のトルクの大きさが，誘導電動機の始動トルクと最大トルクとの間にある場合を考える。このとき，電動機トルクと負荷トルクとの交点は，回転速度零と最大トルクの回転速度との間，及び最大トルクの回転速度と同期速度との間の 2 箇所にある。交点 C は，　(エ)　 との間の交点に相当する。

上記の記述中の空白箇所(ア)，(イ)，(ウ)及び(エ)に当てはまる組合せとして，正しいものを次の(1)～(5)のうちから一つ選べ。

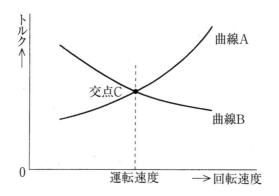

	(ア)	(イ)	(ウ)	(エ)
(1)	電動機トルク	負荷トルク	減　速	回転速度零と最大トルクの回転速度
(2)	電動機トルク	負荷トルク	減　速	最大トルクの回転速度と同期速度
(3)	負荷トルク	電動機トルク	減　速	回転速度零と最大トルクの回転速度
(4)	負荷トルク	電動機トルク	加　速	回転速度零と最大トルクの回転速度
(5)	負荷トルク	電動機トルク	加　速	最大トルクの回転速度と同期速度

問5の解答　　出題項目＜安定運転条件＞　　　答え　(1)

　電動機と負荷のトルクと速度特性について考える。回転速度零のとき，電動機トルクが負荷トルクよりも大きいと電動機(負荷)は加速する。機械損を無視すると，(電動機トルク)−(負荷トルク)＝(加速トルク)となる。ある点で電動機トルクと負荷トルクが等しくなったとき，(加速トルク)＝0となり，一定速度で回転する。

　問題図の交点Cが不安定な場合，回転速度が上昇すると電動機トルクは負荷トルクより大きくなるため，加速トルクが正の値となり，回転速度はさらに上昇する。

　したがって，曲線Aが**電動機トルク**特性，曲線Bが**負荷トルク**曲線のとき不安定である。

　また，回転速度が低下すると電動機トルクは負荷トルクよりも小さくなるため，加速トルクが負の値となり，速度はさらに**減速**する。

　運転速度に対する誘導電動機のトルク特性と負荷の定トルク特性の例を**図5-1**に示す。

　交点Cより左側の領域では電動機トルク＞負荷トルクのため加速できない。

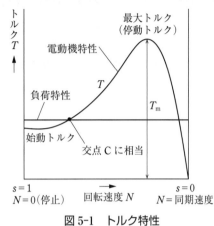

図5-1　トルク特性

　問題図の交点Cに該当するのは**回転速度零と最大トルクの回転速度**との間の交点に相当する。

　Point　電動機トルク−負荷トルク＝加速トルクである。

問6 出題分野＜同期機＞ | 難易度 ★★★ | 重要度 ★★★

次の文章は，同期発電機の自己励磁現象に関する記述である。

同期発電機は励磁電流が零の場合でも残留磁気によってわずかな電圧を発生し，発電機に (ア) 力率の負荷をかけると，その (ア) 電流による電機子反作用は (イ) 作用をするので，発電機の端子電圧は (ウ) する。端子電圧が (ウ) すれば負荷電流は更に (エ) する。このような現象を繰り返すと，発電機の端子電圧は (オ) 負荷に流れる電流と負荷の端子電圧との関係を示す直線と発電機の無負荷飽和曲線との交点まで (ウ) する。このように無励磁の同期発電機に (ア) 電流が流れ，電圧が (ウ) する現象を同期発電機の自己励磁という。

上記の記述中の空白箇所(ア)，(イ)，(ウ)，(エ)及び(オ)に当てはまる組合せとして，正しいものを次の(1)～(5)のうちから一つ選べ。

	(ア)	(イ)	(ウ)	(エ)	(オ)
(1)	進み	増磁	低下	増加	容量性
(2)	進み	減磁	低下	減少	誘導性
(3)	遅れ	減磁	低下	減少	誘導性
(4)	遅れ	増磁	上昇	増加	誘導性
(5)	進み	増磁	上昇	増加	容量性

問 6 の解答　　出題項目＜自己励磁現象＞

　励磁電流零で進み力率 0 の負荷に接続した三相同期発電機の進み電流-電圧飽和曲線を**図 6-1** に示す。

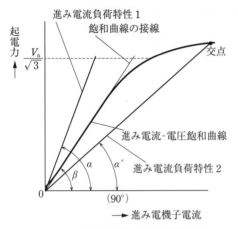

図 6-1　同期発電機の自己励磁現象

　発電機(電機子)に**進み**電流が流れると，進み電流による電機子反作用は**増磁**作用のため発電機の端子電圧は**上昇**する。

　発電機の端子電圧の上昇により，負荷電流はさらに**増加**する。図 6-1 に示すように，**容量性**(進み)電流負荷特性 2 と進み電流-電圧飽和曲線の交点まで電圧が上昇する。

解 説

　問題文の「容量性(進み)負荷に流れる電流と端子電圧との関係を示す直線」は，図 6-1 の進み電流負荷特性 2 のことである。また，「発電機の無負荷飽和曲線」は，図 6-1 の進み電流-電圧飽和曲線のことである。

　自己励磁現象は，進み電機子電流により電圧が上昇していき，最悪の場合，電路の絶縁破壊を起こしてしまう。自己励磁現象を防ぐには，進み電流負荷特性，すなわち容量性インピーダンス $(1/\omega C[\Omega])$ を大きく静電容量を小さくして，飽和曲線との交点を作らない負荷(図 6-1 の進み電流負荷特性 1)とする。

Point　自己励磁現象は，静電容量が大きくなると，より電圧が上昇する。

令和
4
(2022)

令和
3
(2021)

令和
2
(2020)

令和
元
(2019)

平成
30
(2018)

平成
29
(2017)

平成
28
(2016)

平成
27
(2015)

平成
26
(2014)

平成
25
(2013)

平成
24
(2012)

平成
23
(2011)

平成
22
(2010)

平成
21
(2009)

平成
20
(2008)

問 7　出題分野＜変圧器＞　難易度 ★★☆　重要度 ★★★

単相変圧器があり，二次側を開放して電流を流さない場合の二次電圧の大きさを 100[%]とする。二次側にリアクトルを接続して力率 0 の電流を流した場合，二次電圧は 5[%]下がって 95[%]であった。二次側に抵抗器を接続して，前述と同じ大きさの力率 1 の電流を流した場合，二次電圧は 2[%]下がって 98[%]であった。一次巻線抵抗と一次換算した二次巻線抵抗との和は 10[Ω]である。鉄損及び励磁電流は小さく，無視できるものとする。ベクトル図を用いた電圧変動率の計算によく用いられる近似計算を利用して，一次漏れリアクタンスと一次換算した二次漏れリアクタンスとの和[Ω]の値を求めた。その値として，最も近いものを次の(1)〜(5)のうちから一つ選べ。

（1）　5　　　　（2）　10　　　　（3）　15　　　　（4）　20　　　　（5）　25

問 8　出題分野＜変圧器＞　難易度 ★★★　重要度 ★★☆

三相変圧器の並行運転に関する記述として，誤っているものを次の(1)〜(5)のうちから一つ選べ。

（1）　各変圧器の極性が一致していないと，大きな循環電流が流れて巻線の焼損を引き起こす。

（2）　各変圧器の変圧比が一致していないと，負荷の有無にかかわらず循環電流が流れて巻線の過熱を引き起こす。

（3）　一次側と二次側との誘導起電力の位相変位（角変位）が各変圧器で等しくないと，その程度によっては，大きな循環電流が流れて巻線の焼損を引き起こす。したがって，Δ–Y と Y–Y との並行運転はできるが，Δ–Δ と Δ–Y との並行運転はできない。

（4）　各変圧器の巻線抵抗と漏れリアクタンスとの比が等しくないと，各変圧器の二次側に流れる電流に位相差が生じ取り出せる電力は各変圧器の出力の和より小さくなり，出力に対する銅損の割合が大きくなって利用率が悪くなる。

（5）　各変圧器の百分率インピーダンス降下が等しくないと，各変圧器が定格容量に応じた負荷を分担することができない。

問7の解答　出題項目＜電圧変動率＞　答え（5）

単相変圧器の等価回路を**図7-1**に示す。

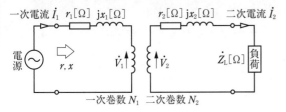

図7-1　単相変圧器等価回路

一次巻線抵抗 r_1 と一次換算した二次巻線抵抗 $r_2'=(N_1/N_2)^2 r_2$ との和は，$r=r_1+r_2'=10\,[\Omega]$，一次漏れリアクタンス x_1 と一次換算した二次漏れリアクタンス $x_2'=(N_1/N_2)^2 x_2$ との和は，$x=x_1+x_2'\,[\Omega]$である。題意の近似計算により，電圧変動率 $\varepsilon\,[\%]$ は次式で表される。

$$\varepsilon=p\cos\theta+q\sin\theta\,[\%] \qquad ①$$

ただし，$p=\dfrac{rI}{V_n}\times100$：百分率抵抗降下 [%]，

$q=\dfrac{xI}{V_n}\times100$：百分率リアクタンス降下 [%]，

I：一次電流[A]，V_n：定格一次電圧[V]

力率0の電流 I を流したとき，二次電圧が5%下がったとすると，①式により，

$$\varepsilon=p\times0+q\times1=q=5\,[\%] \qquad ②$$

同じ電流で力率1の電流 I を流したとき，二次電圧が2%下がったとすると，②式により，

$$\varepsilon=p\times1+q\times0=p=2\,[\%] \qquad ③$$

となる。③式を p の式に代入すると，

$$p=\frac{10\times I}{V_n}\times100=2$$

$$\frac{I}{V_n}=\frac{2}{10\times100}=0.002 \qquad ④$$

となる。④式を q の式に代入して x を求めると，

$$q=\frac{Ix}{V_n}\times100=5$$

$$x=\frac{V_n}{I}\frac{5}{100}=\frac{1}{0.002}\times\frac{5}{100}=25\,[\Omega]$$

Point 電圧変動率 ε を表す①式を覚えておくこと。

問8の解答　出題項目＜並行運転＞　答え（3）

（1）正。並行運転をする各変圧器の極性が一致していないと，二次電圧の位相が180°違うため大きな循環電流が流れる。

（2）正。並行運転をする各変圧器の変圧比が一致していないと，二次巻線の電圧の大きさが違うため循環電流が流れる。

（3）誤。Δ-Y と Y-Δ 結線の場合，一次と二次の位相変位が発生する。問題文の後半「Δ-Y と Y-Y の並行運転はできる」は誤りである。

（4）正。各変圧器の巻線抵抗と漏れリアクタンスの比が等しくない場合，各変圧器の二次電流に位相差が生じる。取り出せる電流は位相差により減少してしまい，利用率が低下する。

（5）正。各変圧器の百分率インピーダンス降下が等しくないと，各変圧器に流れる電流は定格容量に応じた負荷の分担ができない。

解説

図8-1は，変圧器の並行運転時の二次側等価回路である。電圧 $\dot{V}_{21}$ と $\dot{V}_{22}$ の大きさと位相が等しくない場合，循環電流が流れる。

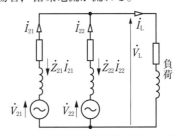

図8-1　変圧器並行運転の等価回路

また，各変圧器の分担する電流 $\dot{I}_{21}$，$\dot{I}_{22}$ は，それぞれの巻線抵抗と漏れリアクタンスのインピーダンス $\dot{Z}_{21}$，$\dot{Z}_{22}$ により，

$$\dot{I}_{21}=\frac{\dot{Z}_{22}}{\dot{Z}_{21}+\dot{Z}_{22}}\times\dot{I}_L,\quad \dot{I}_{22}=\frac{\dot{Z}_{21}}{\dot{Z}_{21}+\dot{Z}_{22}}\times\dot{I}_L$$

となる。上式から，各インピーダンスの位相（巻線抵抗と漏れリアクタンスの比）が等しい場合のみ各電流には位相差が生じない。

Point 変圧器を並行運転する場合，電圧の大きさだけでなく，位相も合わせる必要がある。

問9 出題分野＜パワーエレクトロニクス＞ 難易度 ★★★ 重要度 ★★★

次の文章は，太陽光発電設備におけるパワーコンディショナに関する記述である。

近年，住宅に太陽光発電設備が設置され，低圧配電線に連系されることが増えてきた。連系のためには，太陽電池と配電線との間にパワーコンディショナが設置される。パワーコンディショナは 　(ア)　 と系統連系用保護装置とが一体になった装置である。パワーコンディショナは，連系中の配電線で事故が生じた場合に，太陽光発電設備が 　(イ)　 状態を継続しないように，これを検出して太陽光発電設備を系統から切り離す機能をもっている。パワーコンディショナには， 　(イ)　 の検出のために，電圧位相や 　(ウ)　 の急変などを常時監視する機能が組み込まれている。ただし，配電線側で発生する 　(エ)　 に対しては，系統からの不要な切り離しをしないよう対策がとられている。

上記の記述中の空白箇所(ア)，(イ)，(ウ)及び(エ)に当てはまる組合せとして，正しいものを次の(1)～(5)のうちから一つ選べ。

	（ア）	（イ）	（ウ）	（エ）
（1）	逆変換装置	単独運転	周波数	瞬時電圧低下
（2）	逆変換装置	単独運転	発電電力	瞬時電圧低下
（3）	逆変換装置	自立運転	発電電力	停　電
（4）	整流装置	自立運転	発電電力	停　電
（5）	整流装置	単独運転	周波数	停　電

問9の解答　　出題項目＜太陽光発電システム＞　　　　　　答え　（1）

太陽電池で発生する直流電力を交流の低圧配電線へ送るため，太陽電池と配電線の間にパワーコンディショナ(PCS)が設置される。

PCS は，直流を交流に変換する**逆変換装置**(インバータ)と系統連系保護装置が一体となった装置である(**図 9-1**)。

太陽光発電設備において発生した電力を配電線へ送電中(連系中)に，配電線で事故が発生した場合を考える。事故配電線は，電源元の配電用変電所の遮断器を「開」して停電させる。しかし，配電線に発電中の太陽光発電設備が接続されていると，事故配電線が停電できないため問題となる。この状態を**単独運転**と呼ぶ。よって PCS には，電圧位相や**周波数**の急変などにより単独運転を検出し，太陽光発電設備の遮断器で系統から切り離す単独運転防止装置が設けられる。

ただし，配電線側で発生する**瞬時電圧低下**に対しては，単独運転防止装置が動作しないよう対策がとられている。

解説

太陽光発電の概念を示したものが図 9-1 で，PCS の主な役目は，

① 太陽光の直流を交流に変換

② 単独運転を防止するなどの保護機能

③ 直流回路を接続する機能

である。

Point パワーコンディショナの役割を理解すること。

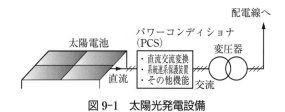

図 9-1　太陽光発電設備

令和
4
(2022)

令和
3
(2021)

令和
2
(2020)

令和
元
(2019)

平成
30
(2018)

平成
29
(2017)

平成
28
(2016)

平成
27
(2015)

平成
26
(2014)

平成
25
(2013)

平成
24
(2012)

平成
23
(2011)

平成
22
(2010)

平成
21
(2009)

平成
20
(2008)

問 10　出題分野＜パワーエレクトロニクス＞　　難易度 ★★☆　重要度 ★★★

　交流電圧 v_a[V] の実効値 V_a[V] が 100[V] で，抵抗負荷が接続された図 1 に示す半導体電力変換装置において，図 2 に示すようにラジアンで表した制御遅れ角 α[rad] を変えて出力直流電圧 v_d[V] の平均値 V_d[V] を制御する。

　度数で表した制御遅れ角 α[°] に対する V_d[V] の関係として，適切なものを次の（1）～（5）のうちから一つ選べ。

　ただし，サイリスタの電圧降下は，無視する。

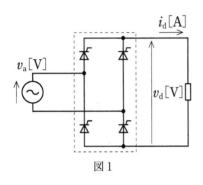

図 1

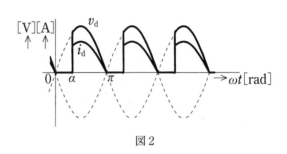

図 2

（1）
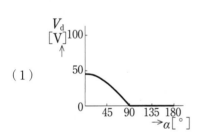

（2）
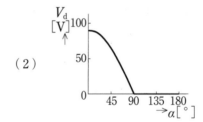

（3）
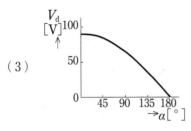

（4）
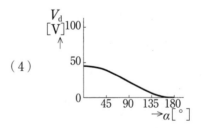

（5）
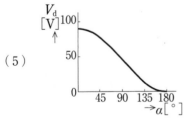

問 10 の解答　　出題項目＜単相サイリスタ整流回路＞　　答え　（5）

問題の位相制御付き単相ブリッジの出力電圧 V_d は，次式で表される。

$$V_d = \frac{2\sqrt{2}\,V}{\pi}\frac{1+\cos\alpha}{2}$$

$$= 0.9\,V\frac{1+\cos\alpha}{2}\,[\text{V}] \qquad ①$$

ただし，$\alpha[\text{rad}]$：制御遅れ角，

$\qquad\qquad V[\text{V}]$：交流電圧 v_a の実効値

度数の α を $0°$，$90°$ および $180°$ とした V_d は，①式により，

$$V_{d0} = 0.9\,V\frac{1+\cos 0°}{2}$$

$$= 0.9\times100\times1 = 90\,[\text{V}]$$

$$V_{d90} = 0.9\,V\frac{1+\cos 90°}{2}$$

$$= 0.9\times100\times\frac{1}{2} = 45\,[\text{V}]$$

$$V_{d180} = 0.9\,V\frac{1+\cos 180°}{2}$$

$$= 0.9\times100\times0 = 0\,[\text{V}]$$

となる。上記の値が重なる波形を比較すると，（5）が正しい波形となる。

解説

①式の波形を**図 10-1** に示す。0 および 180° の V_d から，答となる波形は（3）または（5）のいずれかに絞られる。

90° の V_d は 45 V となるので，（3）の波形は 50 V 以上，（5）の波形は 50 V 以下であることから，正解が導ける。

Point 位相制御付き単相ブリッジ出力電圧を表す①式を覚えておくこと。

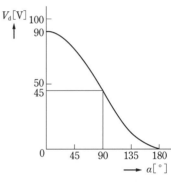

図 10-1　①式の波形

令和
4
(2022)

令和
3
(2021)

令和
2
(2020)

令和
元
(2019)

平成
30
(2018)

平成
29
(2017)

平成
28
(2016)

平成
27
(2015)

平成
26
(2014)

平成
25
(2013)

平成
24
(2012)

平成
23
(2011)

平成
22
(2010)

平成
21
(2009)

平成
20
(2008)

次の文章は，電動機の運転に関する記述である。

交流電源—整流器—平滑用コンデンサ—インバータで構成される回路によって電動機を駆動する場合，　(ア)　の大きな負荷を減速するときには，電動機からインバータに電力が流れ込む。

このとき直流電圧が上昇するので，　(イ)　とパワー半導体デバイスとの直列回路を平滑用コンデンサと並列に設け，パワー半導体デバイスをスイッチングして電流を調整することによって，電動機からの電力を消費させることができる。この方法を一般に　(ウ)　制動と呼んでいる。

一方，電力を消費するのではなく，逆変換できる整流器を介して交流電源に電力を戻し，他の用途などに有効に使うこともできる。この方法を一般に　(エ)　制動と呼んでいる。

上記の記述中の空白箇所(ア)，(イ)，(ウ)及び(エ)に当てはまる組合せとして，正しいものを次の(1)～(5)のうちから一つ選べ。

	(ア)	(イ)	(ウ)	(エ)
(1)	慣性モーメント	抵　抗	発　電	回　生
(2)	慣性モーメント	抵　抗	降　圧	発　電
(3)	摩擦係数	抵　抗	降　圧	発　電
(4)	慣性モーメント	リアクトル	発　電	回　生
(5)	摩擦係数	リアクトル	降　圧	回　生

次の文章は，電気加熱に関する記述である。

導電性の被加熱物を交番磁束内におくと，被加熱物内に起電力が生じ，渦電流が流れる。　(ア)　加熱はこの渦電流によって生じるジュール熱によって被加熱物自体が昇温する加熱方式である。抵抗率の　(イ)　被加熱物は相対的に加熱されにくい。

また，交番磁束は　(ウ)　効果によって被加熱物の表面近くに集まるため，渦電流も被加熱物の表面付近に集中する。この電流の表面集中度を示す指標として電流浸透深さが用いられる。電流浸透深さは，交番磁束の周波数が　(エ)　ほど浅くなる。したがって，被加熱物の深部まで加熱したい場合には，交番磁束の周波数は　(オ)　方が適している。

上記の記述中の空白箇所(ア)，(イ)，(ウ)，(エ)及び(オ)に当てはまる組合せとして，正しいものを次の(1)～(5)のうちから一つ選べ。

	(ア)	(イ)	(ウ)	(エ)	(オ)
(1)	誘　導	低　い	表　皮	低　い	高　い
(2)	誘　電	高　い	近　接	低　い	高　い
(3)	誘　導	低　い	表　皮	高　い	低　い
(4)	誘　電	高　い	表　皮	低　い	高　い
(5)	誘　導	高　い	近　接	高　い	低　い

令和
4
(2022)

令和
3
(2021)

令和
2
(2020)

令和
元
(2019)

平成
30
(2018)

平成
29
(2017)

平成
28
(2016)

平成
27
(2015)

平成
26
(2014)

平成
25
(2013)

平成
24
(2012)

平成
23
(2011)

平成
22
(2010)

平成
21
(2009)

平成
20
(2008)

問 11 の解答　　出題項目＜インバータ＞　　　　　　　　答え　（1）

インバータは，商用交流を変換して負荷へ可変電圧，周波数の交流を供給する。

インバータを三つの要素に分解すると，交流を直流に変換するコンバータ部，直流を平滑する平滑部，および直流を交流に変換するインバータ部からなる（図 11-1）。

慣性モーメントの大きな負荷を減速する場合，減速エネルギーは電源に流れ直流電圧を上昇させる。そのため，**抵抗**とパワー半導体デバイスを直列に接続した回路を平滑用コンデンサと並列に取り付ける。この抵抗に減速エネルギーを消費させる方法を**発電**制動と呼んでいる。

減速エネルギーを抵抗で消費させるのではなく，コンバータ部に直流→交流変換装置（インバータ）を設置して交流電源に電力を戻す方法があり，これを**回生**制動と呼んでいる。

問題は，電圧形インバータの説明であり，図 11-1 の雲マークが問題の空白箇所の部分に該当する。

Point インバータ内の抵抗で負荷の減速エネルギーを消費させることを「発電制動」，電源へ戻すことを「回生制動」という。

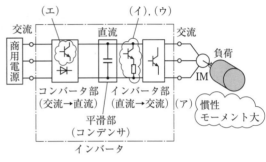

図 11-1　インバータ（電圧形）

問 12 の解答　　出題項目＜誘導加熱＞　　　　　　　　答え　（3）

導電性の被加熱物を交番磁界内におくと，被加熱物内に起電力が生じ，渦電流が流れる。**誘導**加熱はこの渦電流によって生じるジュール熱によって被加熱物自体が昇温する加熱方式である。抵抗率の**低い**被加熱物は相対的に加熱されにくい。

また，交番磁束は**表皮**効果によって被加熱物の表面近くに集まるため，渦電流も被加熱物の表面付近に集中する。この電流の表面集中度を示す指標として電流浸透深さが用いられる。電流浸透深さは，交番磁束の周波数が**高い**ほど浅くなる。したがって，被加熱物の深部まで加熱したい場合には，交番磁束の周波数は**低い**方が適している。

解説 ▶▶▶▶▶▶▶▶▶▶▶▶▶▶▶▶▶▶▶▶

加熱コイルの中に導電性の被加熱物を入れ，コイルに交流を流すとコイル内には交番磁界が発生する。この磁界によって，被加熱物中に生じる渦電流損による発熱で加熱する。

① **低周波誘導加熱**　交流に商用周波数程度

（50，60 Hz）の周波数を使用するもので，渦電流は導体内部まで浸透し一様な内部加熱ができる。

② **高周波誘導加熱**　商用周波数より高く 500 kHz 程度までの周波数を使用する。渦電流は表皮効果のために表面付近に集中するので，表面のみの局部加熱ができる。

補足　被加熱物内を流れる渦電流の分布は，物質の抵抗率 ρ や透磁率 μ，電流の周波数 f により変化する。一般に，電流分布は導体表面からの距離を x とすると，x/δ に対して指数関数的（$e^{-x/\delta}$）に減少する。δ は電流浸透深さと呼ばれ，

$$\delta = k\sqrt{\frac{\rho}{\mu f}}, \ k \text{ は係数}$$

この式から周波数，透磁率が高いほど $1/\delta$ は大きくなり，渦電流は表面からの距離に対して急激に減少する。反対に，抵抗率が大きいほ $1/\delta$ は小さくなり，渦電流は内部まで浸透できる。

Point 周波数により渦電流分布が変わる。

問 13　　出題分野＜自動制御＞　　　　難易度 ★★★　　重要度 ★★★

　図は演算増幅器を使った回路である。入力電圧 $\dot{V}_1[V]$ に対する出力電圧 $\dot{V}_2[V]$ の比の値として，正しいものを次の（1）～（5）のうちから一つ選べ。

　ただし，演算増幅器は理想的（入力インピーダンスは無限大，増幅度は無限大，出力インピーダンスは零）であるとし，入力電圧，出力電圧ともに演算増幅器の動作範囲内であるとする。

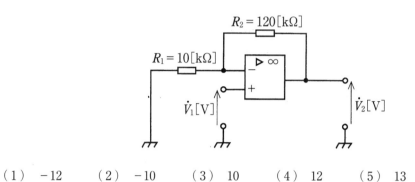

（1）　−12　　　　（2）　−10　　　　（3）　10　　　　（4）　12　　　　（5）　13

令和 4 (2022)
令和 3 (2021)
令和 2 (2020)
令和 元 (2019)
平成 30 (2018)
平成 29 (2017)
平成 28 (2016)
平成 27 (2015)
平成 26 (2014)
平成 25 (2013)
平成 24 (2012)
平成 23 (2011)
平成 22 (2010)
平成 21 (2009)
平成 20 (2008)

問 13 の解答　出題項目＜オペアンプ＞　答え（5）

図 13-1 において，演算増幅器のマイナス端子を P 点とする。出力 $\dot{V}_2$ から P 点に流れる電流 I は，演算増幅器の入力インピーダンスが無限大であるため，すべて R_1 を流れる。したがって，P 点の電圧 V_P は，

$$V_P = \frac{R_1 \dot{V}_2}{R_1 + R_2}$$

$$= \frac{10[\mathrm{k\Omega}] \dot{V}_2}{10[\mathrm{k\Omega}] + 120[\mathrm{k\Omega}]} = \frac{\dot{V}_2}{13}[\mathrm{V}]$$

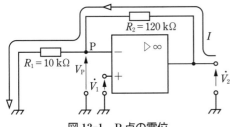

図 13-1　P 点の電位

イマジナルショートにより，二つの入力端子間の電位差は零になるので，

$$\dot{V}_1 = V_P = \frac{\dot{V}_2}{13}$$

$$\therefore \ \frac{\dot{V}_2}{\dot{V}_1} = 13$$

【別解】　演算増幅器は二つの入力の差を増幅する差動増幅器でもある。仮に差動増幅器の増幅度を A とすると，

$$\dot{V}_2 = A(\dot{V}_1 - V_P)$$

$$\dot{V}_2\left(1 + \frac{A}{13}\right) = A\dot{V}_1$$

$$\frac{\dot{V}_2}{\dot{V}_1} = \frac{A}{1 + \dfrac{A}{13}} = \frac{13A}{13 + A} = \frac{13}{\dfrac{13}{A} + 1}$$

A は無限大なので，比は 13 となる。

解説

演算増幅器の計算にはイマジナルショート（バーチャルショート）を用いる。

演算増幅器自体の増幅度は非常に大きいが，図の回路の増幅度は R_1，R_2 の値で決まる有限値である。これは，出力の一部が R_2 を通してマイナスの入力端子にフィードバック（負帰還）されるため，出力が抑制されるからである。

（類題：平成 26 年度「理論」問 13）

問 14 出題分野＜情報＞ 難易度 ★★★ 重要度 ★★★

図のような論理回路において，入力 A，B 及び C に対する出力 X の論理式，並びに入力を $A=0$，$B=1$，$C=1$ としたときの出力 Y の値として，正しい組合せを次の（1）～（5）のうちから一つ選べ。

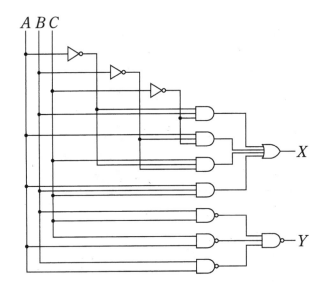

（1）	$X=\bar{A}\cdot B\cdot\bar{C}+A\cdot\bar{B}\cdot\bar{C}+\bar{A}\cdot\bar{B}\cdot C+A\cdot B\cdot C$	$Y=1$
（2）	$X=\bar{A}\cdot B\cdot C+A\cdot\bar{B}\cdot\bar{C}+\bar{A}\cdot\bar{B}\cdot C+A\cdot B\cdot C$	$Y=0$
（3）	$X=\bar{A}\cdot B\cdot C+A\cdot\bar{B}\cdot\bar{C}+\bar{A}\cdot\bar{B}\cdot C+A\cdot B\cdot\bar{C}$	$Y=1$
（4）	$X=\bar{A}\cdot B\cdot\bar{C}+A\cdot\bar{B}\cdot\bar{C}+\bar{A}\cdot\bar{B}\cdot C+A\cdot B\cdot C$	$Y=0$
（5）	$X=\bar{A}\cdot B\cdot C+\bar{A}\cdot B\cdot C+\bar{A}\cdot\bar{B}\cdot\bar{C}+A\cdot B\cdot C$	$Y=1$

問 14 の解答　　出題項目＜論理式＞　　　　　答え　（1）

令和
4
(2022)

令和
3
(2021)

令和
2
(2020)

令和
元
(2019)

平成
30
(2018)

平成
29
(2017)

平成
28
(2016)

平成
27
(2015)

平成
26
(2014)

平成
25
(2013)

平成
24
(2012)

平成
23
(2011)

平成
22
(2010)

平成
21
(2009)

平成
20
(2008)

　図 14-1 は，出力 Y に関係する回路である。入力が $A=0$, $B=1$, $C=1$ なので図より，$Y=1$。したがって，選択肢（2），（4）は誤り。

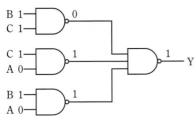

図 14-1　Y の論理回路と真理値

　問題図において，OR 回路の前段の四つの AND 回路の出力を上から順に X_1, X_2, X_3, X_4 とする。それぞれの回路の入出力を論理式で表すと次式になる。

$$X_1=\overline{A}\cdot B\cdot\overline{C}, \quad X_2=A\cdot\overline{B}\cdot\overline{C}$$
$$X_3=\overline{A}\cdot\overline{B}\cdot C, \quad X_4=A\cdot B\cdot C$$

　四つの AND 回路の出力が OR 回路の入力になっているので，X の論理式は，

$$X=X_1+X_2+X_3+X_4$$
$$=\overline{A}\cdot B\cdot\overline{C}+A\cdot\overline{B}\cdot\overline{C}+\overline{A}\cdot\overline{B}\cdot C+A\cdot B\cdot C$$

解 説 ‥‥‥‥‥‥‥‥‥‥‥‥‥‥‥‥

　論理回路からその論理式を導く方法および論理式を満たす論理回路を設計する方法は，比較的容易にできる。反面，真理値表どおり動作する最も単純な論理回路を設計するのは比較的難しい。加法標準型設計法を用いて論理式は容易に作れるが，それが最も簡単な論理式とは限らない。論理式の簡単化は実際の回路の論理素子数の減少につながるので，カルノー図やブール代数を用いて論理式を簡単化する意味がある。

Point 論理回路→論理式・真理値は易しい。

B 問 題 （配点は1問題当たり（a）5点，（b）5点，計10点）

問15　出題分野＜パワーエレクトロニクス＞　難易度 ★☆★　重要度 ★★★

　図1は，単相インバータで誘導性負荷に給電する基本回路を示す。負荷電流 i_0 と直流電流 i_d は図示する矢印の向きを正の方向として，次の（a）及び（b）の問に答えよ。

（a）　出力交流電圧の1周期に各パワートランジスタが1回オンオフする運転において，図2に示すように，パワートランジスタ $S_1 \sim S_4$ のオンオフ信号波形に対して，負荷電流 i_0 の正しい波形が（ア）～（ウ），直流電流 i_d の正しい波形が（エ），（オ）のいずれかに示されている。その正しい波形の組合せを次の（1）～（5）のうちから一つ選べ。

（1）　（ア）と（エ）　　（2）　（イ）と（エ）　　（3）　（ウ）と（オ）
（4）　（ア）と（オ）　　（5）　（イ）と（オ）

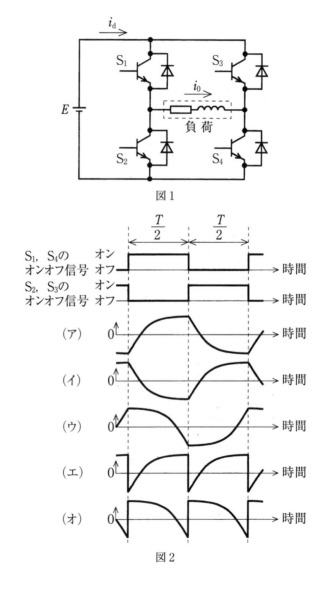

図1

図2

（次々頁に続く）

問 15（a）の解答　出題項目＜インバータ＞　　　　答え　（1）

単相インバータで誘導性負荷へ電力供給する回路を図 15-1 に示す。負荷電流 i_0，電源電流 i_d の変化は①〜④のとおりとなる（**図 15-2**）。

① S_1，S_4 オン直後の期間

i_0 は，誘導性負荷のため急変することができず，S_1，S_4 オン直前からの継続で電源の向きと逆である「負荷→D_1→電源→D_4→負荷」の経路で流れる。この電流は電源の向きと逆のため，大きさが減少していき，やがて零になる。

i_d は，S_1，S_4 オン直前は電源から正方向に流れており，オン直後，前記のとおり逆方向となり，その大きさが減少していき，やがて零になる。

② S_1，S_4 オン（①以降）

i_0 は，「電源→S_1→負荷→S_4→電源」の経路で零から正方向に大きさが増加していき，最大値になる。

i_d は，零から正方向に大きさが増加していき，最大値になる。

③ S_2，S_3 オン直後の期間

i_0 は，S_2，S_3 オン直前の向きと大きさ（最大値）が同じで「負荷→D_3→電源→D_2→負荷」の経路で流れる。この電流は，電源の向きと逆のため大きさが減少していき，やがて零になる。

i_d は，S_2，S_3 オン直前は電源から正方向に流れており，S_2，S_3 オン直後，前記より逆方向となり，大きさが減少していき，やがて零になる。

④ S_2，S_3 オン（③以降）

i_0 は，「電源→S_3→負荷→S_2→電源」の経路で零から逆方向に大きさが増加していき，マイナスの最大値になる。

i_d は，零から正方向に大きさが増加していき，最大値になる。

よって，i_0 と i_d の波形は図 15-2 となり，選択肢（ア）と（エ）の波形が正しい。

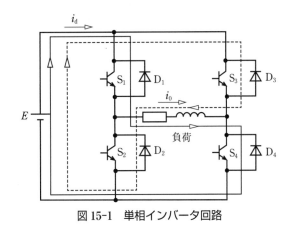

図 15-1　単相インバータ回路

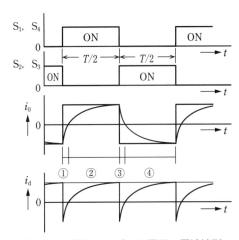

図 15-2　単相インバータ電圧，電流波形

（続き）

（b）　単相インバータの特徴に関する記述として，誤っているものを次の（1）〜（5）のうちから一つ選べ。

（1）　図1は電圧形インバータであり，直流電源 E の高周波インピーダンスが低いことが要求される。

（2）　交流出力の調整は，S_1〜S_4 に与えるオンオフ信号の幅 $\dfrac{T}{2}$ を短くすることによって交流周波数を上げることができる。または，E の直流電圧を高くすることによって交流電圧を高くすることができる。

（3）　図1に示されたパワートランジスタを，IGBT 又はパワー MOSFET に置換えてもインバータを実現できる。

（4）　ダイオードが接続されているのは負荷のインダクタンスに蓄えられたエネルギーを直流電源に戻すためであり，さらにダイオードが導通することによって得られる逆電圧でパワートランジスタを転流させている。

（5）　インダクタンスを含む負荷としては誘導電動機も駆動できる。運転中に負荷の力率が悪くなると，電流がダイオードに流れる時間が長くなる。

問15（b）の解答　出題項目＜インバータ＞　　　答え　（4）

（1）　正。電圧形インバータの直流電源は低インピーダンスで大きな平滑コンデンサが必要である。平滑コンデンサにより高周波インピーダンスも低い。

（2）　正。図15-2により，i_0は交流電流で，その周期はパワートランジスタのオンオフ周期である。また，直流電圧 E を高くすれば交流電圧も高くできる。

（3）　正。スイッチング可能なトランジスタ素子であればインバータを実現できる。

（4）　誤。文章の前半は正しい。しかし後半の「ダイオードが導通することによって得られる逆電圧でパワートランジスタを転流させている」は誤りである。

（5）　正。誘導電動機はインダクタンスを含む負荷であり，インバータで駆動可能である。インバータの運転中に力率が悪くなると，図15-2の①，③の区間，すなわち電流がダイオードに流れる時間が長くなる。

Point　インバータのオン，オフにより電流の経路が変わることと，インダクタンスを含んだ回路電流は急変できないことを理解する。

問 16 　出題分野＜同期機＞　　　　　難易度 ★★★　　重要度 ★★★

三相同期電動機が定格電圧 3.3[kV] で運転している。

ただし，三相同期電動機は星形結線で 1 相当たりの同期リアクタンスは 10[Ω] であり，電機子抵抗，損失及び磁気飽和は無視できるものとする。

次の（a）及び（b）の問に答えよ。

（a）　負荷電流（電機子電流）110[A]，力率 $\cos\varphi = 1$ で運転しているときの 1 相当たりの内部誘導起電力[V]の値として，最も近いものを次の（1）～（5）のうちから一つ選べ。

　　　（1）　1 100　　　（2）　1 600　　　（3）　1 900　　　（4）　2 200　　　（5）　3 300

（b）　上記（a）の場合と電圧及び出力は同一で，界磁電流を 1.5 倍に増加したときの負荷角（電動機端子電圧と内部誘導起電力との位相差）を δ' とするとき，$\sin\delta'$ の値として，最も近いものを次の（1）～（5）のうちから一つ選べ。

　　　（1）　0.250　　　（2）　0.333　　　（3）　0.500　　　（4）　0.707　　　（5）　0.866

令和4(2022)
令和3(2021)
令和2(2020)
令和元(2019)
平成30(2018)
平成29(2017)
平成28(2016)
平成27(2015)
平成26(2014)
平成25(2013)
平成24(2012)
平成23(2011)
平成22(2010)
平成21(2009)
平成20(2008)

問16（a）の解答　出題項目＜電動機の誘導起電力＞　　答え　（4）

問題の三相同期電動機の等価回路（1相分）を**図16-1**に示す。

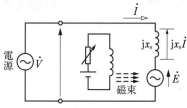

図 16-1　同期電動機等価回路（1相分）

電源電圧（相電圧）$V=3.3/\sqrt{3}$[kV]，同期リアクタンス $x_s=10$[Ω]，電機子電流 $I=110$[A]，力率 $\cos\varphi=1$ より，1相当たりの内部誘導起電力 E[V]を表すと，**図16-2**のベクトル図となる。

図 16-2 より，E を計算すると，

$$E=\sqrt{V^2+(x_s I)^2}$$
$$=\sqrt{\left(\frac{3\,300}{\sqrt{3}}\right)^2+(10\times110)^2}=2\,200\,[\mathrm{V}]$$

となる。

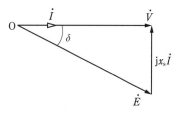

図 16-2　同期電動機のベクトル図（1）

問16（b）の解答　出題項目＜電動機の負荷角＞　　答え　（2）

磁気飽和を無視できる場合，界磁電流を 1.5 倍とすれば，内部誘導起電力は 1.5 倍となる。このときの内部誘導起電力 E'（1相分）は，

$$E'=1.5\times2\,200=3\,300\,[\mathrm{V}]$$

である。三相同期電動機の出力 P（1相分）は，次式で表される。

$$P=\frac{EV}{x_s}\sin\delta\,[\mathrm{W}] \qquad ①$$

界磁電流増加前の $\sin\delta$ は，図 16-2 より，

$$\sin\delta=\frac{x_s I}{E}=\frac{10\times110}{2\,200}=0.5$$

また，界磁電流増加後の出力 P' を $\sin\delta'$ で表すと，

$$P'=\frac{1.5EV}{x_s}\sin\delta'\,[\mathrm{W}] \qquad ②$$

となる。題意から出力同一で $P'=P$ のため，

$$\frac{1.5EV}{x_s}\times\sin\delta'=\frac{EV}{x_s}\times\sin\delta\,[\mathrm{W}]$$

上式の両辺の E, V, x_s を消去して整理すると，

$$1.5\times\sin\delta'=\sin\delta$$

$$\therefore\ \sin\delta'=\frac{\sin\delta}{1.5}=\frac{0.5}{1.5}=0.333$$

解説 ....

磁気飽和を無視すれば，同期電動機（発電機）の内部誘導起電力は界磁電流に比例する。界磁電流増加後のベクトル図を**図16-3**に示す。

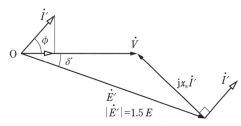

図 16-3　同期電動機のベクトル図（2）

内部誘導起電力 E' が $1.5E$ となり，電源電圧 V および出力 P は（a）と同じである。よって，電流 $\dot{I'}$ は位相と無効成分が変化し，出力 P に相当する電源電圧 V と同相の電流成分は変化していないことにも注目されたい。

Point 同期電動機のベクトル図および出力を表す①式を覚えておくこと。

問 17 及び問 18 は選択問題です。問 17 又は問 18 のどちらかを選んで解答してください。（両方解答すると採点されませんので注意してください。）

（選択問題）

問 17 出題分野＜照明＞ 　　　　　　　　　　難易度 ★★★ 　重要度 ★★★

　間口 10[m]，奥行き 40[m]のオフィスがある。夏季の節電のため，天井の照明を間引き点灯することにした。また，間引くことによる冷房電力の削減効果も併せて見積もりたい。節電電力（節電による消費電力の減少分）について，次の（a）及び（b）の問に答えよ。

（a）　このオフィスの天井照明を間引く前の作業面平均照度は 1 000[lx]（設計照度）である。間引いた後は 750[lx]（設計照度）としたい。天井に設置してある照明器具は 2 灯用蛍光灯器具（蛍光ランプ 2 本と安定器）で，消費電力は 70[W]である。また，蛍光ランプ 1 本当たりのランプ光束は 3 520[lm]である。照明率 0.65，保守率 0.7 としたとき，天井照明の間引きによって期待される節電電力[W]の値として，最も近いものを次の（1）〜（5）のうちから一つ選べ。

（1）　420　　　　（2）　980　　　　（3）　1 540　　　　（4）　2 170　　　　（5）　4 340

（b）　この照明の節電によって照明器具から発生する熱が減るためオフィスの空調機の熱負荷（冷房負荷）も減る。このため，冷房電力の減少が期待される。空調機の成績係数（COP）を 3 とすると，照明の節電によって減る空調機の消費電力は照明の節電電力の何倍か。最も近いものを次の（1）〜（5）のうちから一つ選べ。

（1）　0.3　　　　（2）　0.33　　　　（3）　0.63　　　　（4）　1.3　　　　（5）　1.33

問 17 （a）の解答　出題項目＜照明設計＞　答え （4）

照明率 U，保守率 M，床面積 $A\,[\mathrm{m}^2]$，照明器具1台当たりの光束 $F\,[\mathrm{lm}]$，器具の台数を N 台とした場合の照度 E は，

$$E=\frac{UMFN}{A}\,[\mathrm{lx}] \qquad ①$$

間引くことで減少する照度を ΔE，間引く照明器具数を ΔN とすると上式は，

$$\Delta E=\frac{UMF\Delta N}{A}\,[\mathrm{lx}]$$

$\Delta E=1000-750=250\,[\mathrm{lx}]$ なので ΔN は，

$$\Delta N=\frac{\Delta EA}{UMF}$$

$$=\frac{250\times10\times40}{0.65\times0.7\times3\,520\times2}\fallingdotseq31.2$$

ΔN は整数であるが，$\Delta N=32$ では間引き後に設計照度を下回ってしまうので，$\Delta N=31$ 台でな

ければならない。照明器具1台当たりの消費電力は70Wなので，間引きによる節電電力 P は，

$$P=31\times70=2\,170\,[\mathrm{W}]$$

解説 ▶

蛍光ランプ1本当たりの光束は3520lmなので，器具1台当たり（蛍光ランプ2本）では7040lmとなるので要注意。また，間引きは蛍光ランプ1本単位でも現実的には可能と思われるが，照明器具の種類によってはランプ単位の間引きにより電流増加等の不都合が生じるおそれがあるので，間引き点灯を行う場合は基本的に照明器具単位で考えるのが妥当である。

①式は照度の定義式であり，UFN は全光束を表している。保守率は，経年変化による光束の減少分を設計段階で補うための係数である。

Point ΔN の整数化では四捨五入は御法度！

問 17 （b）の解答　出題項目＜照明設計＞　答え （2）

図 17-1 のように，消費電力 $P\,[\mathrm{W}]$ の空調機が室内から $Q\,[\mathrm{W}]$ の熱流を排出している場合（冷房能力が Q），空調機の成績係数（COP）は，

$$\mathrm{COP}=\frac{Q}{P}=3$$

図 17-1　空調機（冷房時）の COP

照明器具の節電に伴い発生熱量が減少するので，空調機の排出熱量も減少し，その減少分を $\Delta Q\,[\mathrm{W}]$ とする。排出熱量の減少に伴う空調機の消費電力の減少分を $\Delta P\,[\mathrm{W}]$ とすると，

$$\frac{\Delta Q}{\Delta P}=\frac{Q}{P}=3$$

ΔQ は照明の節電電力と等しいので，

$$\frac{\Delta P}{\Delta Q}=\frac{1}{\mathrm{COP}}=\frac{1}{3}\fallingdotseq0.33$$

解説 ▶

空調機では，冷暖房能力 $Q\,[\mathrm{kW}]$／消費電力 $[\mathrm{kW}]$ を成績係数（COP）と呼ぶ。冷暖房能力とは，室内から排出または室内に排出される熱流（単位時間当たりの熱量）である。なお成績係数はエネルギー $[\mathrm{J}]$ の比で表すこともできる。

補足 ▶ 熱サイクルの理論成績係数 COP は次のように定義されている。作動媒体（冷媒）に加える機械エネルギーを $W\,[\mathrm{J}]$，作動媒体（冷媒）が低温熱源から高温熱源に運んだ熱量を $Q\,[\mathrm{J}]$ としたとき，冷房時は，

$$\mathrm{COP}=\frac{Q}{W}$$

また，定常状態においてエネルギー保存則から $Q+W$ が排出されるので暖房時は，

$$\mathrm{COP}=\frac{Q+W}{W}=\frac{Q}{W}+1$$

（選択問題）

問18 出題分野＜情報＞ 難易度 ★★★ 重要度 ★★★

図は，マイクロプロセッサの動作クロックを示す。マイクロプロセッサは動作クロックと呼ばれるパルス信号に同期して処理を行う。また，マイクロプロセッサが1命令当たりに使用する平均クロック数をCPIと呼ぶ。1クロックの周期 T[s]をサイクルタイム，1秒当たりの動作クロック数 f を動作周波数と呼ぶ。

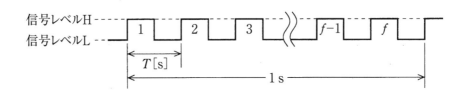

次の（a）及び（b）の問に答えよ。

（a） 2.5[GHz]の動作クロックを使用するマイクロプロセッサのサイクルタイム[ns]の値として，正しいものを次の（1）～（5）のうちから一つ選べ。

（1） 0.0004　　（2） 0.25　　（3） 0.4　　（4） 250　　（5） 400

（b） CPI＝4のマイクロプロセッサにおいて，1命令当たりの平均実行時間が0.02[μs]であった。このマイクロプロセッサの動作周波数[MHz]の値として，正しいものを次の（1）～（5）のうちから一つ選べ。

（1） 0.0125　　（2） 0.2　　（3） 12.5　　（4） 200　　（5） 12 500

令和
4
(2022)

令和
3
(2021)

令和
2
(2020)

令和
元
(2019)

平成
30
(2018)

平成
29
(2017)

平成
28
(2016)

平成
27
(2015)

平成
26
(2014)

平成
25
(2013)

平成
24
(2012)

平成
23
(2011)

平成
22
(2010)

平成
21
(2009)

平成
20
(2008)

問 18（a）の解答　　出題項目＜マイクロプロセッサ＞　　答え　（3）

サイクルタイム T は1クロックの周期なので，動作クロックの周波数 2.5 GHz の逆数である。

$$T=\frac{1}{2.5\times10^9}=0.4\times10^{-9}[\mathrm{s}]=0.4[\mathrm{ns}]$$

解説 ‥‥‥‥‥‥‥‥‥‥‥‥‥‥‥‥

サイクルタイムと動作周波数の説明文から，容易に解答が得られる。

補足 コンピュータの概要は，マイクロプロセッサを中心に入出力装置とメインメモリから成り立っている。各装置間は，バスと呼ばれるデータを伝送する信号線の集合体で接続されている。メインメモリにはマクロプロセッサを動作させる命令と，処理を行う各種データが2進数で格納されている。

図 18-1 はマイクロプロセッサの動作の概略図である。マイクロプロセッサの標準的な一連の動作は次のような流れで行われる。

① 制御装置の指令により，メインメモリから制御装置に命令が読み込まれる（フェッチ）。

② 命令が解読（デコード）され，演算装置や入出力装置に処理内容が伝えられる。

③ 演算装置や入出力装置は，指示された処理内容に従い，メインメモリ，演算装置，入出力装置相互間でデータの交換や演算を行う。

これで一つの命令が終わり，再び①から③の動作が繰り返される。このような動作はクロックパルスに同期して行われ，1命令を処理するためには複数クロックが必要になる。その平均値を CPI という。なお，クロックパルスはクロックジェネレータで作られる。

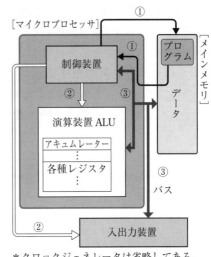

*クロックジェネレータは省略してある。

図 18-1　動作の概略図

演算装置は情報処理の中心部分であり，ALU（算術論理演算装置）と呼ばれる。演算装置にはアキュムレータと呼ばれる論理演算・加算減算を専門で行うレジスタと，データの一時保管用（汎用レジスタ），また特殊な機能用途に使われるレジスタがある。なお，レジスタとは動作が極めて高速な小容量の記憶素子（メモリ）である。

問 18（b）の解答　　出題項目＜マイクロプロセッサ＞　　答え　（4）

CPI＝4 より，1命令当たりのクロック数は4。

4クロックの平均実効時間が 0.02 μs なので，1クロック当たりの時間 T は，

$$T=\frac{0.02[\mu\mathrm{s}]}{4}=5\times10^{-3}[\mu\mathrm{s}]=5\times10^{-9}[\mathrm{s}]$$

これはサイクルタイムのことなので，動作周波数 f は，

$$f=\frac{1}{T}=\frac{1}{5\times10^{-9}}=2\times10^8[\mathrm{Hz}]=200[\mathrm{MHz}]$$

解説 ‥‥‥‥‥‥‥‥‥‥‥‥‥‥‥‥

CPI（Cycle Per Instruction）の説明が問題文中にあるので，それに従い計算する。1クロック当たりの時間を求め，周期と周波数の関係から動作周波数を計算する。

Point 問題文中のヒントを生かす。長文問題や新傾向問題ほど，解答の手がかりとなるヒントが多く含まれている。

機　械 | 平成 23 年度（2011 年度）

A 問 題 （配点は 1 問題当たり 5 点）

問 1　出題分野＜直流機＞

難易度 ★★★　重要度 ★★★

次の文章は，直流発電機の電機子反作用とその影響に関する記述である。

直流発電機の電機子反作用とは，発電機に負荷を接続したとき ［ (ア) ］ 巻線に流れる電流によって作られる磁束が ［ (イ) ］ 巻線による磁束に影響を与える作用のことである。電機子反作用はギャップの主磁束を ［ (ウ) ］ させて発電機の端子電圧を低下させたり，ギャップの磁束分布に偏りを生じさせてブラシの位置と電気的中性軸とのずれを生じさせる。このずれがブラシがある位置の導体に ［ (エ) ］ を発生させ，ブラシによる短絡等の障害の要因となる。ブラシの位置と電気的中性軸とのずれを抑制する方法の一つとして，補極を設けギャップの磁束分布の偏りを補正する方法が採用されている。

上記の記述中の空白箇所(ア)，(イ)，(ウ)及び(エ)に当てはまる組合せとして，正しいものを次の(1)～(5)のうちから一つ選べ。

	(ア)	(イ)	(ウ)	(エ)
(1)	界 磁	電機子	減 少	接触抵抗
(2)	電機子	界 磁	増 加	起電力
(3)	界 磁	電機子	減 少	起電力
(4)	電機子	界 磁	減 少	起電力
(5)	界 磁	電機子	増 加	接触抵抗

問 1 の解答　出題項目＜電機子反作用＞　　　答え　（4）

直流発電機の界磁磁極と補極を**図 1-1** に示す。電機子巻線には，負荷に応じた電機子電流が，紙面に垂直の方向（$\otimes$，$\odot$）に流れる。図中において，電機子電流による磁界（磁束）を破線，界磁巻線による磁束を太線で示している。

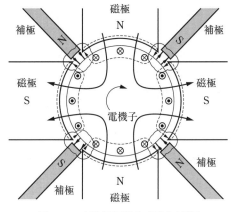

図 1-1　直流発電機（4 極）と補極

電機子反作用とは，図 1-1 のように，**電機子**電流によって作られる磁束が**界磁**巻線による磁束に影響を与える作用のことで，ギャップの主磁束を**減少**させると誘導起電力は低下し，発電機の端子電圧を低下させる。

図 1-1 のように，磁極 N，S の間に磁束が存在すると，この位置にあるブラシが**起電力**の発生した状態で整流するため，短絡などの問題が発生する。

解　説

電機子反作用による磁束の影響を減少させる方法として，図 1-1 のように電機子反作用の磁束を打ち消す方向に配置した補極を設ける方法がある。補極の位置は発電機の場合，界磁磁極と同じ極性の補極を回転方向と反対の位置に置く。

Point 電機子巻線による磁束の向きを右ねじの法則で求められるようにする。

令和 4 (2022)
令和 3 (2021)
令和 2 (2020)
令和 元 (2019)
平成 30 (2018)
平成 29 (2017)
平成 28 (2016)
平成 27 (2015)
平成 26 (2014)
平成 25 (2013)
平成 24 (2012)
平成 23 (2011)
平成 22 (2010)
平成 21 (2009)
平成 20 (2008)

| 問2 | 出題分野＜誘導機＞ | 難易度 ★★★ | 重要度 ★★★ |

次の文章は，誘導電動機の始動に関する記述である。

a. 三相巻線形誘導電動機は，二次回路を調整して始動する。トルクの比例推移特性を利用して，トルクが最大値となる滑りを　(ア)　付近になるようにする。具体的には，二次回路を　(イ)　で引き出して抵抗を接続し，二次抵抗値を定格運転時よりも大きな値に調整する。

b. 三相かご形誘導電動機は，一次回路を調整して始動する。具体的には，始動時はY結線，通常運転時はΔ結線にコイルの接続を切り替えてコイルに加わる電圧を下げて始動する方法，　(ウ)　を電源と電動機の間に挿入して始動時の端子電圧を下げる方法，及び　(エ)　を用いて電圧と周波数の両者を下げる方法がある。

c. 三相誘導電動機では，三相コイルが作る磁界は回転磁界である。一方，単相誘導電動機では，単相コイルが作る磁界は交番磁界であり，主コイルだけでは始動しない。そこで，主コイルとは　(オ)　が異なる電流が流れる補助コイルやくま取りコイルを固定子に設けて，回転磁界や移動磁界を作って始動する。

上記の記述中の空白箇所(ア)，(イ)，(ウ)，(エ)及び(オ)に当てはまる組合せとして，正しいものを次の(1)～(5)のうちから一つ選べ。

	(ア)	(イ)	(ウ)	(エ)	(オ)
(1)	1	スリップリング	始動補償器	インバータ	位　相
(2)	0	整流子	始動コンデンサ	始動補償器	位　相
(3)	1	スリップリング	始動抵抗器	始動コンデンサ	周波数
(4)	0	整流子	始動コンデンサ	始動抵抗器	位　相
(5)	1	スリップリング	始動補償器	インバータ	周波数

問2の解答　　出題項目＜始動＞　　　　　　　　　　　　答え　（1）

図2-1 に三相巻線形誘導電動機の概要図を示す。二次回路に接続された可変抵抗器により始動時の滑り $s=1$ でトルクを最大にする。この可変抵抗器はブラシと**スリップリング**を介して回転する巻線形回転子導体に接続する。

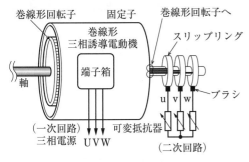

図 2-1　三相巻線形誘導電動機

三相かご形誘導電動機の始動法としては，単巻変圧器の一種である**始動補償器**を接続して始動時の電圧を下げる方法や，**インバータ**を用いて電圧と周波数を下げる方法がある。

単相電源が作る磁界は交番磁界であり，単相誘導電動機の始動トルクを発生させるためには回転磁界を作り出す必要がある。**図 2-2** は単相誘導電動機の分相始動を示す。

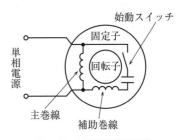

図 2-2　単相誘導電動機

図 2-2 の補助巻線は，主巻線よりも電気抵抗を大きく，リアクタンスを小さくすることで，主巻線が作る磁界に対して**位相**が異なるようにしている。始動時のみ補助巻線に電流を流し，始動後はスイッチを切る。

Point 各種始動法について理解すること。

令和4 (2022)
令和3 (2021)
令和2 (2020)
令和元 (2019)
平成30 (2018)
平成29 (2017)
平成28 (2016)
平成27 (2015)
平成26 (2014)
平成25 (2013)
平成24 (2012)
平成23 (2011)
平成22 (2010)
平成21 (2009)
平成20 (2008)

問 3　　出題分野＜誘導機＞　　難易度 ★★★　重要度 ★★★

次の文章は，巻線形誘導電動機に関する記述である。

三相巻線形誘導電動機の二次側に外部抵抗を接続して，誘導電動機を運転することを考える。ただし，外部抵抗は誘導電動機内の二次回路にある抵抗に比べて十分大きく，誘導電動機内部の鉄損，銅損及び一次，二次のインダクタンスなどは無視できるものとする。

いま，回転子を拘束して，一次電圧 V_1 として 200[V]を印加したときに二次側の外部抵抗を接続した端子に現れる電圧 V_{2s} は 140[V]であった。拘束を外して始動した後に回転速度が上昇し，同期速度 $1\,500[\mathrm{min}^{-1}]$ に対して $1\,200[\mathrm{min}^{-1}]$ に到達して，負荷と釣り合ったとする。

このときの一次電圧 V_1 は 200[V]のままであると，二次側の端子に現れる電圧 V_2 は │　(ア)　│[V]となる。

また，機械負荷に P_m[W]が伝達されるとすると，一次側から供給する電力 P_1[W]，外部抵抗で消費される電力 P_{2c}[W]との関係は次式となる。

$P_1 = P_m + \boxed{\ (イ)\ } \times P_{2c}$

$P_{2c} = \boxed{\ (ウ)\ } \times P_1$

したがって，P_{2c} と P_m の関係は次式となる。

$P_{2c} = \boxed{\ (エ)\ } \times P_m$

接続する外部抵抗には，このような運転に使える電圧・容量の抵抗器を選択しなければならない。

上記の記述中の空白箇所(ア)，(イ)，(ウ)及び(エ)に当てはまる組合せとして，正しいものを次の(1)～(5)のうちから一つ選べ。

	(ア)	(イ)	(ウ)	(エ)
(1)	112	0.8	0.8	0.25
(2)	28	1	0.2	4
(3)	28	1	0.2	0.25
(4)	112	0.8	0.8	4
(5)	112	1	0.2	0.25

問 4　　出題分野＜同期機＞　　難易度 ★★★　重要度 ★★★

次の文章は，同期発電機に関する記述である。

Y 結線の非突極形三相同期発電機があり，各相の同期リアクタンスが 3[Ω]，無負荷時の出力端子と中性点間の電圧が 424.2[V]である。この発電機に 1 相当たり $R + jX_L$[Ω]の三相平衡 Y 結線の負荷を接続したところ各相に 50[A]の電流が流れた。接続した負荷は誘導性でそのリアクタンス分は 3[Ω]である。ただし，励磁の強さは一定で変化しないものとし，電機子巻線抵抗は無視するものとする。

このときの発電機の出力端子間電圧[V]の値として，最も近いものを次の(1)～(5)のうちから一つ選べ。

(1)　300　　　(2)　335　　　(3)　475　　　(4)　581　　　(5)　735

問3の解答　出題項目＜二次回路・同期ワット＞　　答え（3）

題意の条件の等価回路（1相分）を**図3-1**に示す。回転子を拘束（滑り$s=1$）したときの二次側誘導起電力（線間）をE_2とすると，

$$\frac{E_2}{\sqrt{3}}=\frac{V_{2s}}{\sqrt{3}}[\text{V}]$$

$$\therefore\ E_2=V_{2s}=140[\text{V}]$$

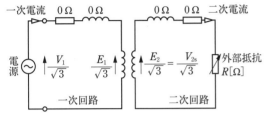

図3-1　三相巻線形誘導電動機

回転速度$N=1200[\text{min}^{-1}]$で運転している場合の滑りsは，同期速度を$N_s[\text{min}^{-1}]$とすると，

$$s=\frac{N_s-N}{N_s}=\frac{1\,500-1\,200}{1\,500}=0.2$$

二次側端子電圧V_2は，E_2のs倍となるから，

$$V_2=sE_2=0.2\times140=\underline{\textbf{28}}[\text{V}]$$

題意から，電動機の内部損失を無視すると，一次側からの供給電力$P_1[\text{W}]$は，機械負荷$P_m[\text{W}]$と外部抵抗で消費される電力$P_{2c}[\text{W}]$の和となる。

$$P_1=P_m+\underline{\textbf{1}}\times P_{2c}[\text{W}]$$

二次入力$P_2=P_1$，二次銅損P_{2c}および機械負荷P_mの関係式は，

$$P_1:P_{2c}:P_m=1:s:1-s \qquad ①$$

である。①式のP_1とP_{2c}の関係により，

$$P_{2c}=\frac{s}{1}P_1=\underline{\textbf{0.2}}\times P_1$$

①式のP_mとP_{2c}の関係により，

$$P_{2c}=\frac{s}{1-s}P_m=\frac{0.2}{1-0.2}P_m=\underline{\textbf{0.25}}\times P_m$$

Point　誘導電動機の等価回路および①式により問題を解く。

問4の解答　出題項目＜端子電圧＞　　答え（4）

本問の非突極形三相同期発電機の等価回路（1相分）を**図4-1**に示す。誘導起電力（線間）をEとすると，

誘導起電力（相）$E/\sqrt{3}=424.2[\text{V}]$

負荷電流$I_L=50[\text{A}]$

負荷の抵抗R，誘導性リアクタンスX_L，同期リアクタンスX_sを合成した1相分のインピーダンスZは，

$$Z=\sqrt{R^2+(X_s+X_L)^2}=\sqrt{R^2+(3+3)^2}$$
$$=\sqrt{R^2+36}[\Omega]$$

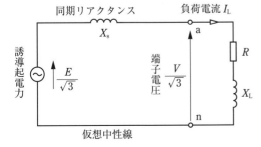

図4-1　同期発電機1相分等価回路

インピーダンスZは，オームの法則より，

$$Z=\frac{E/\sqrt{3}}{I_L}=\frac{424.2}{50}=8.484[\Omega]$$

よって，抵抗Rは，

$$\sqrt{R^2+36}=8.484[\Omega]$$

$$R^2+36=8.484^2$$

$$R=\sqrt{8.484^2-36}=5.998[\Omega]$$

上式より，端子（相）電圧$V/\sqrt{3}$を求めると，

$$V/\sqrt{3}=I_L\sqrt{R^2+X_L{}^2}=50\sqrt{5.998^2+3^2}$$
$$=335.32[\text{V}]$$

出力端子間電圧Vは，上の値を$\sqrt{3}$倍して，

$$V=\sqrt{3}\times335.32=580.79\fallingdotseq581[\text{V}]$$

Point　等価回路から端子（相）電圧＝電流×インピーダンスで求める。線間値（$\times\sqrt{3}$）の換算を忘れずに行うこと。

問5 　出題分野＜機器全般＞　　難易度 ★★★　重要度 ★★★

交流電動機に関する記述として，誤っているものを次の(1)～(5)のうちから一つ選べ。

(1)　同期機と誘導機は，どちらも三相電源に接続された固定子巻線(同期機の場合は電機子巻線，誘導機の場合は一次側巻線)が，同期速度の回転磁界を発生している。発生するトルクが回転磁界と回転子との相対位置の関数であれば同期電動機であり，回転磁界と回転子との相対速度の関数であれば誘導電動機である。

(2)　同期電動機の電機子端子電圧を V[V](相電圧実効値)，この電圧から電機子電流の影響を除いた電圧(内部誘導起電力)を E_0[V](相電圧実効値)，V と E_0 との位相角を δ[rad]，同期リアクタンスを X[Ω]とすれば，三相同期電動機の出力は，$3 \times \left(E_0 \cdot \dfrac{V}{X} \right) \sin \delta$[W]となる。

(3)　同期電動機では，界磁電流を増減することによって，入力電力の力率を変えることができる。電圧一定の電源に接続した出力一定の同期電動機の界磁電流を減少していくと，V曲線に沿って電機子電流が増大し，力率100[%]で電機子電流が最大になる。

(4)　同期調相機は無負荷運転の同期電動機であり，界磁電流が作る磁束に対する電機子反作用による増磁作用や減磁作用を積極的に活用するものである。

(5)　同期電動機では，回転子の磁極面に設けた制動巻線を利用して停止状態からの始動ができる。

問6 　出題分野＜機器全般＞　　難易度 ★★★　重要度 ★★★

次の文章は，交流電気機器の損失に関する記述である。

a.　磁束が作用して鉄心の電気抵抗に発生する　(ア)　は，鉄心に電流が流れにくいように薄い鉄板を積層して低減する。

b.　コイルの電気抵抗に電流が作用して発生する　(イ)　は，コイルに電流が流れやすいように導体の断面積を大きくして低減する。

c.　磁性材料を通る磁束が変動すると発生する　(ウ)　，及び変圧器には存在しない　(エ)　は，機器に負荷をかけなくても存在するので無負荷損と称する。

d.　最大磁束密度一定の条件で　(オ)　は周波数に比例する。

上記の記述中の空白箇所(ア)，(イ)，(ウ)，(エ)及び(オ)に当てはまる組合せとして，正しいものを次の(1)～(5)のうちから一つ選べ。

	(ア)	(イ)	(ウ)	(エ)	(オ)
(1)	渦電流損	銅損	鉄損	機械損	ヒステリシス損
(2)	ヒステリシス損	渦電流損	鉄損	機械損	励磁損
(3)	渦電流損	銅損	機械損	鉄損	ヒステリシス損
(4)	ヒステリシス損	渦電流損	機械損	鉄損	励磁損
(5)	渦電流損	銅損	機械損	鉄損	励磁損

令和
4
(2022)

令和
3
(2021)

令和
2
(2020)

令和元
(2019)

平成
30
(2018)

平成
29
(2017)

平成
28
(2016)

平成
27
(2015)

平成
26
(2014)

平成
25
(2013)

平成
24
(2012)

平成
23
(2011)

平成
22
(2010)

平成
21
(2009)

平成
20
(2008)

問5の解答　出題項目＜同期機と誘導機＞　答え　(3)

（1）　正。同期機と誘導機の固定子巻線は，三相電源を接続すると同期速度の回転磁界を発生する。同期機の発生トルクは，回転磁界と回転子の位置関係で決まる。また，誘導機の発生トルク T は，次式となり，相対速度 $N_s(1-s)$ の関数である。

$$T=\frac{P_o}{\omega}=\frac{P_o}{\frac{2\pi}{60}N_s(1-s)}$$

ただし，P_o：回転子出力，ω：角速度，
　　　　N_s：同期速度，s：滑り

（2）　正。三相同期電動機の出力 P の式は，問題文のとおりである。なお，電圧 E_0，V を線間電圧として表すと，

$$P=\frac{E_0 V}{X}\sin\delta[\text{W}]$$

となり，出力の式から "3×" が消える。

（3）　誤。同期電動機では，界磁電流の増減により入力(電機子)電流の力率を変えることができる。界磁電流と電機子電流の関係を V 曲線といい，図 5-1 のようになる。図の曲線により，界磁

電流を調整して力率 1.0 の位置にすると，電機子電流は**最小**となる。

（4）　正。図 5-1 の無負荷の V 特性において，界磁電流を減少させると減磁作用の遅れ運転，界磁電流を増加させると増磁作用の進み運転となることがわかる。なお，界磁電流の増減により変化するのは無効電力で，有効電力は電動機の軸に接続された機械的負荷により変化する。

（5）　正。同期電動機は，回転子に設けた制動巻線により始動トルクを発生させ，始動できる。

Point 同期機と誘導機それぞれの特徴を理解する。

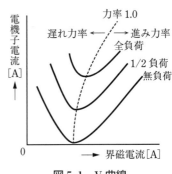

図 5-1　V 曲線

問6の解答　出題項目＜損失＞　答え　(1)

a.　電気機器はコイル（巻線）に電流が流れるだけでなく，鉄心中を磁束が通る。磁束が時間に対して変化すると，鉄心に渦電流が流れることで**渦電流損**が発生する。

b.　コイルの電気抵抗に電流が流れることにより発生するジュール熱は，**銅損**という。

c.　磁性材料である鉄心を通る磁束の変化によりヒステリシス損も発生する。渦電流損＋ヒステリシス損を**鉄損**という。また，電動機などの回転機は，無負荷時の回転において必要なエネルギーとして**機械損**が発生する。鉄損＋機械損を無負荷損ともいう。変圧器は回転部分が無いため，機械

損は発生しない。

d.　**ヒステリシス損**は，最大磁束が一定であれば周波数に比例する。

解説

ヒステリシス損 P_h，渦電流損 P_e は，それぞれ次式で表される。

$$P_h=k_h f B_m^{1.6}[\text{W/m}^3]$$
$$P_e=k_e(tfB_m)^2[\text{W/m}^3]$$

ただし，k_h，k_e：材料，磁束によって定まる定数，f：周波数，B_m：最大磁束密度，t：材料板厚

また，鉄損 $=P_h+P_e[\text{W/m}^3]$ である。

Point 電気機器の損失について理解する。

問7　出題分野＜変圧器＞　　難易度 ★★★　重要度 ★★★

次の文章は，変圧器の損失と効率に関する記述である。

電圧一定で出力を変化させても，出力一定で電圧を変化させても，変圧器の効率の最大は鉄損と銅損とが等しいときに生じる。ただし，変圧器の損失は鉄損と銅損だけとし，負荷の力率は一定とする。

a.　出力1 000[W]で運転している単相変圧器において鉄損が40.0[W]，銅損が40.0[W]発生している場合，変圧器の効率は　(ア)　[%]である。

b.　出力電圧一定で出力を500[W]に下げた場合の鉄損は40.0[W]，銅損は　(イ)　[W]，効率は　(ウ)　[%]となる。

c.　出力電圧が20[%]低下した状態で，出力1 000[W]の運転をしたとすると鉄損は25.6[W]，銅損は　(エ)　[W]，効率は　(オ)　[%]となる。ただし，鉄損は電圧の2乗に比例するものとする。

上記の記述中の空白箇所(ア)，(イ)，(ウ)，(エ)及び(オ)に当てはまる最も近い数値の組合せを，次の(1)～(5)のうちから一つ選べ。

	(ア)	(イ)	(ウ)	(エ)	(オ)
(1)	94	20.0	89	61.5	91
(2)	93	10.0	91	62.5	92
(3)	94	20.0	89	63.5	91
(4)	93	10.0	91	50.0	93
(5)	92	20.0	89	61.5	91

問7の解答　出題項目<損失・効率>　　　　　　　　　答え（2）

a.　変圧器の効率 η は，出力を P[W]，鉄損を p_i[W]，銅損を p_c[W] とすると，

$$\eta = \frac{P}{P+p_i+p_c} \times 100 [\%]$$

$$= \frac{1\,000}{1\,000+40.0+40.0} \times 100$$

$$= 92.59 \fallingdotseq \underline{\textbf{93}} [\%]$$

b.　出力 P[W]，電圧 V[V] および力率 $\cos\theta$ のときの電流 I は，$P = \sqrt{3}\,VI\cos\theta$ より，

$$I = \frac{P}{\sqrt{3}\,V\cos\theta} [\text{A}] \qquad\qquad ①$$

a.　の場合の電流 I_a は，①式より，

$$I_a = \frac{1\,000}{\sqrt{3}\,V\cos\theta} [\text{A}]$$

電圧，力率が一定で出力を 500 W に下げた b. の場合の電流 I_b は，①式より，

$$I_b = \frac{500}{\sqrt{3}\,V\cos\theta} [\text{A}]$$

となり，I_a の 1/2 である。

銅損はジュール熱であり，巻線抵抗値の変化がないため，電流の2乗に比例する。よって，このときの銅損 p_{cb} は，

$$p_{cb} = p_c \left(\frac{I_b}{I_a}\right)^2 = 40.0 \times \left(\frac{1}{2}\right)^2 = \underline{\textbf{10.0}} [\text{W}]$$

変圧器の効率 η_b は，

$$\eta_b = \frac{500}{500+40.0+10.0} \times 100$$

$$= 90.91 \fallingdotseq \underline{\textbf{91}} [\%]$$

c.　電圧が 20 % 低下した場合の電流 I_c は，

$$I_c = \frac{1\,000}{\sqrt{3} \times 0.8\,V\cos\theta} = 1.25 \times \frac{1\,000}{\sqrt{3}\,V\cos\theta} [\text{A}]$$

となり，I_a の 1.25 倍である。このときの銅損 p_{cc} は，

$$p_{cc} = p_c \left(\frac{I_b}{I_a}\right)^2 = 40.0 \times (1.25)^2 = \underline{\textbf{62.5}} [\text{W}]$$

変圧器の効率 η_c は，鉄損が 25.6 W より，

$$\eta_c = \frac{1\,000}{1\,000+25.6+62.5} \times 100$$

$$= 91.90 \fallingdotseq \underline{\textbf{92}} [\%]$$

解説　

c.　の鉄損は，電圧の2乗に比例することから，$40 \times 0.8^2 = 25.6$[W] と計算できる。

Point　銅損は電流の2乗，鉄損は電圧の2乗に比例する。

問 8 出題分野＜変圧器＞ 難易度 ★★★ 重要度 ★★★

下図は，三相変圧器の結線図である。

一次電圧に対して二次電圧の位相が30[°]遅れとなる結線を次の（1）～（5）のうちから一つ選べ。

ただし，各一次・二次巻線間の極性は減極性であり，一次電圧の相順はU，V，Wとする。

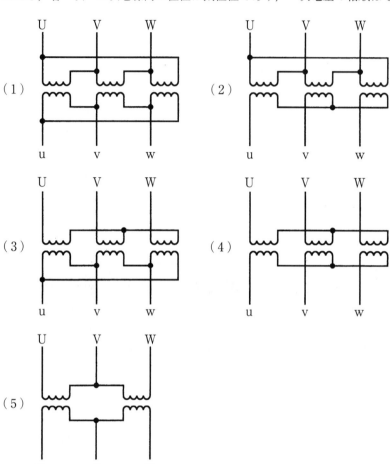

問 8 の解答　　出題項目＜三相変圧器＞　　　　　　　答え　（3）

（1）　誤。図は Δ-Δ 結線である。一次電圧と二次電圧との位相差は 0° である。

（2）　誤。図は Δ-Y 結線である。Δ 側の電圧，すなわち一次電圧の位相は，二次電圧に対して 30° 遅れる。

（3）　正。図は Y-Δ 結線である。Δ 側の電圧，すなわち二次電圧の位相は，一次電圧に対して 30° 遅れる。

（4）　誤。図は Y-Y 結線である。一次電圧と二次電圧との位相差は 0° である。

（5）　誤。図は V-V 結線である。一次電圧と二次電圧との位相差は，Δ-Δ 結線と同様，0° である。

解説

図 8-1 は，変圧器の Y-Δ 結線の一次，二次電圧の結線およびベクトル図を表している。ただし，相順は U，V，W である。

一次側の端子 U-V 間の電圧 $\dot{V}_{UV}$ は，巻線 1 と 2 に加わる電圧を合成したものである。一方，二次側の端子 u-v 間の電圧 $\dot{V}_{uv}$ は，巻線 1′ に加わる電圧である。$\dot{V}_{UV}$ と $\dot{V}_{uv}$ を比較すると，$\dot{V}_{uv}$ の方が 30° 遅れている。このことは，Y-Δ 結線の場合，Δ 側の電圧が 30° 遅れることを意味している。

Point 三相変圧器の Δ および Y 結線の電圧位相を理解する。

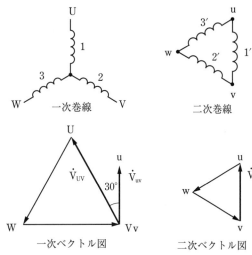

図 8-1　Y-Δ 結線（Δ が 30° 遅れ）

問 9　　出題分野＜パワーエレクトロニクス＞　　　難易度 ★★★　　重要度 ★★★

　次の文章は，単相双方向サイリスタスイッチに関する記述である。

　図1は，交流電源と抵抗負荷との間にサイリスタ S_1，S_2 で構成された単相双方向スイッチを挿入した回路を示す。図示する電圧の方向を正とし，サイリスタの両端にかかる電圧 v_{th} が図2（下）の波形であった。

　サイリスタ S_1，S_2 の運転として，このような波形となりえるものを次の（1）～（5）のうちから一つ選べ。

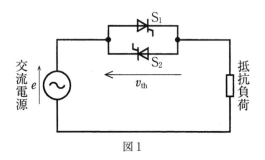

図 1

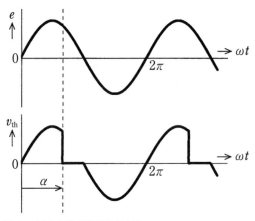

図 2　（上）交流電源電圧波形
　　　（下）サイリスタ S_1，S_2 の両端電圧 v_{th} の波形

（1）	S_1，S_2 とも制御遅れ角 α で運転
（2）	S_1 は制御遅れ角 α，S_2 は制御遅れ角 0 で運転
（3）	S_1 は制御遅れ角 α，S_2 はサイリスタをトリガ（点弧）しないで運転
（4）	S_1 は制御遅れ角 0，S_2 は制御遅れ角 α で運転
（5）	S_1 はサイリスタをトリガ（点弧）しないで，S_2 は制御遅れ角 α で運転

問 9 の解答　出題項目＜トライアック＞　　　答え　（3）

　問題図の抵抗負荷に加わる電圧 v_R は，交流電源電圧を e，サイリスタ S_1，S_2 に加わる電圧を v_{th} とすると，

$$v_R = e - v_{th}$$

　よって，本問の条件における v_R の波形は**図 9-1**となる。v_R の波形に着目すると，e が正の半周期（$0 \sim \pi$）では，S_1 が制御遅れ角 α で ON（点弧またはトリガ）し，e が負の半周期（$\pi \sim 2\pi$）では，S_2 はずっと OFF のままである。したがって，（3）が正解である。

Point 抵抗負荷に加わる電圧は $e - v_{th}$ である。

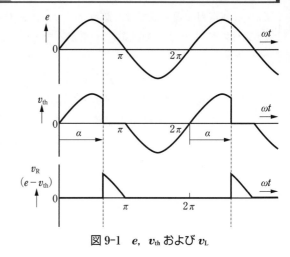

図 9-1　e，v_{th} および v_L

令和
4
(2022)

令和
3
(2021)

令和
2
(2020)

令和
元
(2019)

平成
30
(2018)

平成
29
(2017)

平成
28
(2016)

平成
27
(2015)

平成
26
(2014)

平成
25
(2013)

平成
24
(2012)

平成
23
(2011)

平成
22
(2010)

平成
21
(2009)

平成
20
(2008)

問 10　出題分野＜パワーエレクトロニクス＞　難易度 ★★★　重要度 ★★★

　半導体電力変換装置では，整流ダイオード，サイリスタ，パワートランジスタ（バイポーラパワートランジスタ），パワー MOSFET，IGBT などのパワー半導体デバイスがバルブデバイスとして用いられている。

　バルブデバイスに関する記述として，誤っているものを次の（1）～（5）のうちから一つ選べ。

（1）　整流ダイオードは，n 形半導体と p 形半導体とによる pn 接合で整流を行う。

（2）　逆阻止三端子サイリスタは，ターンオンだけが制御可能なバルブデバイスである。

（3）　パワートランジスタは，遮断領域と能動領域とを切り換えて電力スイッチとして使用する。

（4）　パワー MOSFET は，主に電圧が低い変換装置において高い周波数でスイッチングする用途に用いられる。

（5）　IGBT は，バイポーラと MOSFET との複合機能デバイスであり，それぞれの長所を併せもつ。

令和 4 (2022)
令和 3 (2021)
令和 2 (2020)
令和 元 (2019)
平成 30 (2018)
平成 29 (2017)
平成 28 (2016)
平成 27 (2015)
平成 26 (2014)
平成 25 (2013)
平成 24 (2012)
平成 23 (2011)
平成 22 (2010)
平成 21 (2009)
平成 20 (2008)

問 10 の解答　　出題項目＜半導体デバイス＞　　　　　答え　（3）

（1）　正。記述のとおり。

（2）　正。逆素子三端子サイリスタはターンオンだけが可能である。ターンオフさせるには逆方向に電圧を加える必要がある。

（3）　誤。パワートランジスタは，遮断領域と**飽和領域**とを切り換えて電力スイッチとして使用する。能動領域(活性領域)は，増幅器の場合に使用する。

（4）　正。パワー MOSFET は，比較的低い電圧，高い周波数で使用される。

（5）　正。IGBT はスイッチング部を MOSFET，パワー部分をパワートランジスタが受け持つことで両者の長所を併せ持つものである。

解 説

バブルデバイスとして用いられる主な素子を表したものが**表 10-1** である。表中の図記号の矢印(←)が，電流の方向である。

キャリヤとは，素子の正孔，電子のうち伝導に寄与するものが両方の場合を「バイポーラ」，どちらか一方の場合を「モノポーラ」という。

ON 制御とは，ゲートまたはベースに電流を流すことで素子を ON(ターンオン)させる。

自己消弧とは，ゲートまたはベースに逆電流を流すことで素子を OFF(ターンオフ)させる。

Point 各種半導体電力変換装置の特徴を理解すること。

表 10-1　各種バブルデバイス

バルブ デバイス	図記号	キャリヤ	ON 制御	自己消弧	スイッチ 周波数	容量
ダイオード	K ─◁─ A	バイポーラ	不可	不可	―	大
サイリスタ	K ─◁─ A	バイポーラ	可	不可※	低	大
パワートランジスタ	B C E	バイポーラ	可	可	中	中
パワー MOSFET	G D S p チャネル型 エンハンスメント型	モノポーラ	可	可	高	小
GTO	K A	バイポーラ	可	可	中	大
IGBT	G C E	バイポーラ	可	可	高	大

※逆方向電圧を印可すれば OFF

問11　　出題分野＜照明＞　　　　　　　　　　難易度 ★★★　重要度 ★★★

　照明用光源の性能評価と照明施設に関する記述として，誤っているものを次の（1）～（5）のうちから一つ選べ。

（1）　ランプ効率は，ランプの消費電力に対する光束の比で表され，その単位は[lm/W]である。

（2）　演色性は，物体の色の見え方を決める光源の性質をいう。光源の演色性は平均演色評価数（Ra）で表される。

（3）　ランプ寿命は，ランプが点灯不能になるまでの点灯時間と光束維持率が基準値以下になるまでの点灯時間とのうち短い方の時間で決まる。

（4）　色温度は，光源の光色を表す指標で，これと同一の光色を示す黒体の温度[K]で示される。色温度が高いほど赤みを帯び，暖かく感じる。

（5）　保守率は，照明施設を一定期間使用した後の作業面上の平均照度の，新設時の平均照度に対する比である。なお，照明器具と室の表面の汚れやランプの光束減退によって照度が低下する。

問11の解答　出題項目＜光源＞　　答え　（4）

（1）　正。記述のとおり。光束は，人間が光と感じる 380～780 nm の波長の電磁波に目の視感度（波長による感度の違い）を考慮した単位時間当たりのエネルギー量である。

（2）　正。自然光と人工光源とで物体の色を見たとき，色の見え方の違いを演色性という。人工光源で見た色が自然光による色に近いほど演色性は高い。演色性の評価として用いられる平均演色評価指数は，光源の演色性の程度を表す数値であり，0 から 100 の範囲で評価を行う。数値が高いほど，光源の光が自然光に近い。

（3）　正。記述のとおり。光束維持率（現在の光束/光束の初期値）が基準値を下回った場合もランプの寿命としている。

（4）　誤。黒体から放射される光の色と黒体温度は一意的な関係にある。この性質を利用して光源の光色を，同一の光色を示す黒体の温度［K］で表したものを色温度という。色温度の上昇に伴い赤外線（可視外）から赤，オレンジ，白色と変化する。**赤みを帯び暖かく感じる色温度は比較的低い**場合である。

（5）　正。記述のとおり。保守率の逆数を減光補償率という。保守率は照明設計の計算に必要な数値の一つである。

解説

平均演色評価指数の評価方法は，15 色（R1 から R15）の試験色を光源の光のもとで基準光源と比較して，見え方の善し悪しを 0 から 100 の数値で表し，このうち R1 から R8 までの評価数の平均値を平均演色評価指数（Ra）としている。

人間の色に対する感覚は，赤（暖色系）は暖かく感じ，青（寒色系）は寒く感じるが，実際は暖色系は色温度が低く，寒色系は高い。

令和 4 (2022)
令和 3 (2021)
令和 2 (2020)
令和元 (2019)
平成 30 (2018)
平成 29 (2017)
平成 28 (2016)
平成 27 (2015)
平成 26 (2014)
平成 25 (2013)
平成 24 (2012)
平成 23 (2011)
平成 22 (2010)
平成 21 (2009)
平成 20 (2008)

問 12 出題分野＜電熱＞ 難易度 ★★★ 重要度 ★★★

次の文章は，ヒートポンプに関する記述である。

ヒートポンプはエアコンや冷蔵庫，給湯器などに広く使われている。図はエアコン（冷房時）の動作概念図である。 (ア) 温の冷媒は圧縮機に吸引され，室内機にある熱交換器において，室内の熱を吸収しながら (イ) する。次に，冷媒は圧縮機で圧縮されて (ウ) 温になり，室外機にある熱交換器において，外気へ熱を放出しながら (エ) する。その後，膨張弁を通って (ア) 温となり，再び室内機に送られる。

暖房時には，室外機の四方弁が切り替わって，冷媒の流れる方向が逆になり，室外機で吸収された外気の熱が室内機から室内に放出される。ヒートポンプの効率（成績係数）は，熱交換器で吸収した熱量を $Q[\mathrm{J}]$，ヒートポンプの消費電力量を $W[\mathrm{J}]$ とし，熱損失などを無視すると，冷房時は $\dfrac{Q}{W}$，暖房時は $1+\dfrac{Q}{W}$ で与えられる。これらの値は外気温度によって変化 (オ) 。

上記の記述中の空白箇所（ア），（イ），（ウ），（エ）及び（オ）に当てはまる組合せとして，正しいものを次の（1）～（5）のうちから一つ選べ。

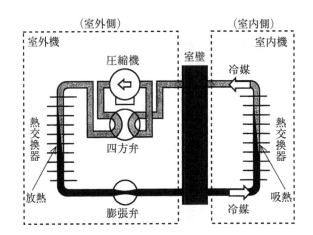

	（ア）	（イ）	（ウ）	（エ）	（オ）
（1）	低	気化	高	液化	しない
（2）	高	液化	低	気化	しない
（3）	低	液化	高	気化	する
（4）	高	気化	低	液化	する
（5）	低	気化	高	液化	する

問 12 の解答　　出題項目＜ヒートポンプ＞

答え　（5）

問題図はエアコン（冷房時）の動作概念図である。低温の冷媒は圧縮機に吸引され，室内機にある熱交換器において，室内の熱を吸収しながら<u>気化</u>する。次に，冷媒は圧縮機で圧縮されて外気温度よりも<u>高温</u>になり，室外機にある熱交換器において，外気へ熱を放出しながら<u>液化</u>する。その後膨張弁を通って急膨張して低温となり，再び室内機に送られる。

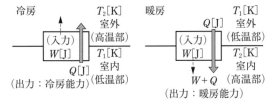

図 12-1　ヒートポンプの COP

ヒートポンプの効率を成績係数（COP）といい，熱交換器で吸収した熱量を $Q[\mathrm{J}]$，ヒートポンプの消費電力量を $W[\mathrm{J}]$ として熱損失などを無視した場合，**図 12-1** のように，冷房時は消費電力量（入力）に対する冷房熱量（冷房能力）の比で表される。冷房熱量は吸収熱量のことなので，

$$\mathrm{COP} = \frac{Q}{W} = \frac{T_1}{T_2 - T_1}$$

式中の $T_1[\mathrm{K}]$ は低温部の温度，$T_2[\mathrm{K}]$ は高温部の温度である。

暖房時は消費電力量（入力）に対する排出熱量（暖房能力）の比で表される。排出熱量は吸収熱量と消費電力量の和 $W + Q$ なので，

$$\mathrm{COP} = \frac{W + Q}{W} = 1 + \frac{Q}{W} = \frac{T_2}{T_2 - T_1}$$

外気温度は，冷房時が T_2，暖房時が T_1 なので，COP の値は外気温度によって変化する。

解　説 ････････････････････････････････････

熱ポンプでは消費電力量は冷媒の圧縮に用いられるが，冷媒に加えられたエネルギーはエネルギー保存則より最終的に排出熱量の一部となるため，排出熱量は $W + Q$ となる。

問 13　　出題分野＜自動制御＞　　　難易度 ★★★　重要度 ★★★

次の文章は，自動制御に関する記述である。

機械，装置及び製造ラインの運転や調整などを制御装置によって行うことを自動制御という。自動制御は，シーケンス制御と　(ア)　制御とに大別される。

シーケンス制御は，あらかじめ定められた手順や判断によって制御の各段階を順に進めていく制御である。この制御を行うための機器として電磁リレーがある。電磁リレーを用いた　(イ)　シーケンス制御をリレーシーケンスという。

リレーシーケンスにおいて，2個の電磁リレーのそれぞれのコイルに，相手のb接点を直列に接続して，両者が決して同時に働かないようにすることを　(ウ)　という。

シーケンス制御の動作内容の確認や，制御回路設計の手助けのために，横軸に時間を表し，縦軸にコイルや接点の動作状態を表したものを　(エ)　という。

上記の記述中の空白箇所(ア)，(イ)，(ウ)及び(エ)に当てはまる組合せとして，正しいものを次の(1)～(5)のうちから一つ選べ。

	(ア)	(イ)	(ウ)	(エ)
(1)	フィードバック	有接点	インタロック	タイムチャート
(2)	フィードフォワード	無接点	ブロック	フローチャート
(3)	フィードバック	有接点	ブロック	フローチャート
(4)	フィードフォワード	有接点	インタロック	タイムチャート
(5)	フィードバック	無接点	ブロック	タイムチャート

問 13 の解答　出題項目＜シーケンス制御＞　　　　答え　（1）

令和
4
(2022)

令和
3
(2021)

令和
2
(2020)

令和
元
(2019)

平成
30
(2018)

平成
29
(2017)

平成
28
(2016)

平成
27
(2015)

平成
26
(2014)

平成
25
(2013)

平成
24
(2012)

平成
23
(2011)

平成
22
(2010)

平成
21
(2009)

平成
20
(2008)

　自動制御は，シーケンス制御と**フィードバック**制御とに大別される。**図 13-1** のように，フィードバック制御は制御量を入力側に負帰還（フィードバック）することで，外乱によって制御量が目標値からずれた場合，その差を検出し差が零になるように制御対象に作用することで，制御量を目標値に一致させる制御である。

　シーケンス制御は，あらかじめ定められた手順や判断によって，制御の各段階を順に進めていく制御である。例えば，エレベータの扉の開閉や希望階への移動・停止，誘導電動機の Y-Δ 始動など不連続な状態変化を検出して定められた動作を行う制御に用いられる。この制御を行うための機器として電磁リレーがある。電磁リレーを用いた**有接点**シーケンスをリレーシーケンスという。有接点電磁リレー等を用いる代わりに，接点のない半導体素子を用いた無接点式もある。有接点，無接点式いずれも手順や判断の制御回路を機器の配線によって実現するので，配線論理方式という。

　リレーシーケンスにおいて，2 個の電磁リレーのそれぞれのコイルに，相手の b 接点を直列に接続して，両者が決して同時に働かないようにすることを**インタロック**という。

　シーケンス制御の動作内容の確認や制御回路設計の手助けのために，横軸に時間を表し，縦軸にコイルや接点の動作状態を表したものを，**タイムチャート**という。

解説

　選択肢中のフィードフォワード制御とは，**図13-1** のように，外乱検出時にその外乱を打ち消すような操作を制御対象に行うもので，フィードバック制御の弱点を補うことができる。フィードフォワード制御は開ループ制御なのでフィードバック制御と併用される。

　インタロックの例として，**図 13-2** の先行優先回路の動作を考えてみよう。

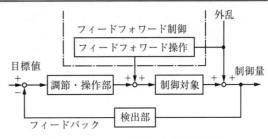

図 13-1　フィードバック制御の構成

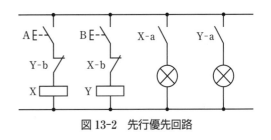

図 13-2　先行優先回路

　スイッチ A と B のうち先に押された方のリレーが動作し，相手方のリレーと直列に接続された b 接点を開く。これで相手方のスイッチが後で押されても相手方のリレーは動作しない。図中のランプ回路は，動作したリレーの a 接点が閉じ点灯する。

　補足　次に，**図 13-3** の自己保持回路の動作を考えてみよう。

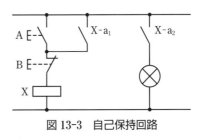

図 13-3　自己保持回路

　スイッチ A を押すとリレー X が動作し，A と並列に接続された a 接点 X-a₁ が閉じ，A を放してもリレー X が動作し続ける。同時にランプ回路の a 接点 X-a₂ も閉じランプが点灯する。スイッチ B を押すと，リレー X の回路が開くと同時に X-a₁，X-a₂ が開き自己保持は解除される。

問 14　　出題分野＜情報＞　　　　難易度 ★★☆　　重要度 ★★★

図のように，入力信号 A, B 及び C, 出力信号 Z の論理回路がある。

この論理回路の真理値表として，正しいものを次の（1）～（5）のうちから一つ選べ。

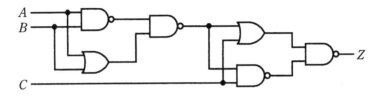

（1）

入力信号			出力信号
A	B	C	Z
0	0	0	0
0	0	1	1
0	1	0	1
0	1	1	0
1	0	0	1
1	0	1	0
1	1	0	0
1	1	1	1

（2）

入力信号			出力信号
A	B	C	Z
0	0	0	1
0	0	1	1
0	1	0	0
0	1	1	0
1	0	0	1
1	0	1	0
1	1	0	1
1	1	1	0

（3）

入力信号			出力信号
A	B	C	Z
0	0	0	1
0	0	1	1
0	1	0	1
0	1	1	0
1	0	0	1
1	0	1	0
1	1	0	1
1	1	1	0

（4）

入力信号			出力信号
A	B	C	Z
0	0	0	1
0	0	1	0
0	1	0	1
0	1	1	1
1	0	0	0
1	0	1	1
1	1	0	1
1	1	1	1

（5）

入力信号			出力信号
A	B	C	Z
0	0	0	0
0	0	1	0
0	1	0	1
0	1	1	1
1	0	0	0
1	0	1	1
1	1	0	0
1	1	1	1

問 14 の解答　　出題項目＜論理回路＞　　　　　　　　　　答え　（1）

図 14-1 のように，問題図の論理回路に $A=0$，$B=0$，$C=0$ を入力した場合の各論理素子の出力を求める。

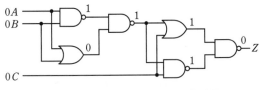

図 14-1　$A=0$，$B=0$，$C=0$ における Z

結果として $Z=0$ を得るので，解答の選択肢（2），（3），（4）は誤り。次に**図 14-2** のように，$A=0$，$B=0$，$C=1$ を入力した場合の各論理素子の出力を求める。

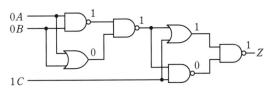

図 14-2　$A=0$，$B=0$，$C=1$ における Z

結果として $Z=1$ を得るので，選択肢（5）は誤り。したがって，選択肢（1）が正解となる。

解説

解答では，選択肢の真理値表の上位二つの入力信号について，出力信号 Z の真理値を調べることで正解を求めた。しかし，出力信号の結果で正誤が判別できるものであれば，入力信号 8 通りの中のどれを選んでもよい。この方法で誤りを消去すれば残った選択肢が正解となる。ただし，正解が選択肢の中に含まれていることが前提となる。例えば，選択肢中に「この選択肢中に正解はない」のような選択肢が含まれている出題形式の問題（未だ出題されていない）の場合は，すべての入力信号について出力信号の真理値を確認しなければならない。残りの入力信号についての出力は**図 14-3～図 14-8** を参照。

（類題：平成 22 年度問 14）

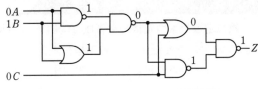

図 14-3　$A=0$，$B=1$，$C=0$ における Z

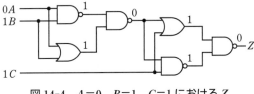

図 14-4　$A=0$，$B=1$，$C=1$ における Z

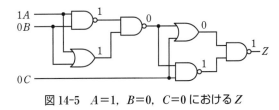

図 14-5　$A=1$，$B=0$，$C=0$ における Z

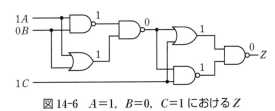

図 14-6　$A=1$，$B=0$，$C=1$ における Z

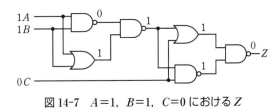

図 14-7　$A=1$，$B=1$，$C=0$ における Z

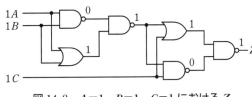

図 14-8　$A=1$，$B=1$，$C=1$ における Z

令和 **4** (2022)

令和 **3** (2021)

令和 **2** (2020)

令和 **元** (2019)

平成 **30** (2018)

平成 **29** (2017)

平成 **28** (2016)

平成 **27** (2015)

平成 **26** (2014)

平成 **25** (2013)

平成 **24** (2012)

平成 **23** (2011)

平成 **22** (2010)

平成 **21** (2009)

平成 **20** (2008)

B　問　題　(配点は1問題当たり(a)5点，(b)5点，計10点)

問15　出題分野＜変圧器＞　難易度 ★★★　重要度 ★★☆

　次の定数をもつ定格一次電圧2 000[V]，定格二次電圧100[V]，定格二次電流1 000[A]の単相変圧器について，(a)及び(b)の問に答えよ。

　ただし，励磁アドミタンスは無視するものとする。

　一次巻線抵抗 r_1＝0.2[Ω]，一次漏れリアクタンス x_1＝0.6[Ω]，

　二次巻線抵抗 r_2＝0.0005[Ω]，二次漏れリアクタンス x_2＝0.0015[Ω]

(a)　この変圧器の百分率インピーダンス降下[%]の値として，最も近いものを次の(1)～(5)のうちから一つ選べ。

(1)　2.00　　(2)　3.16　　(3)　4.00　　(4)　33.2　　(5)　664

(b)　この変圧器の二次側に力率0.8(遅れ)の定格負荷を接続して運転しているときの電圧変動率[%]の値として，最も近いものを次の(1)～(5)のうちから一つ選べ。

(1)　2.60　　(2)　3.00　　(3)　27.3　　(4)　31.5　　(5)　521

問 15 （a）の解答　出題項目＜百分率インピーダンス＞　　答え　（2）

単相変圧器の定格一次電圧を $V_1=2\,000[\mathrm{V}]$, 定格二次電圧を $V_2=100[\mathrm{V}]$ とすると，変圧比は $a=V_1/V_2=2\,000/100=20$ である。

単相変圧器の二次換算抵抗 r', 二次換算漏れリアクタンス x' は，

$$r'=\frac{r_1}{a^2}+r_2=\frac{0.2}{20^2}+0.000\,5=0.001[\Omega]$$

$$x'=\frac{x_1}{a^2}+x_2=\frac{0.6}{20^2}+0.001\,5=0.003[\Omega]$$

となるから，百分率抵抗降下 p, 百分率リアクタンス降下 q は，定格二次電流を $I_2=1\,000[\mathrm{A}]$ とすると，

$$p=\frac{r'I_2}{V_2}\times100=\frac{0.001\times1\,000}{100}\times100=1[\%]$$

$$q=\frac{x'I_2}{V_2}\times100=\frac{0.003\times1\,000}{100}\times100=3[\%]$$

よって，百分率インピーダンス降下 z は，
$$z=\sqrt{p^2+q^2}=\sqrt{1^2+3^2}=3.16[\%]$$

問 15 （b）の解答　出題項目＜電圧変動率＞　　答え　（1）

力率 $\cos\theta$, 定格電流，定格電圧で運転しているときの電圧変動率 ε は，

$$\varepsilon=p\cos\theta+q\sin\theta[\%]$$

上記の式に題意の数値を代入すると，

$$\varepsilon=1.0\times0.8+3.0\times\sqrt{1-0.8^2}=2.6[\%]$$

解説 ……………………………………………

一次側のインピーダンス Z_1 を二次側に換算する式 $Z_1'=Z_1/a^2$ を用いて，抵抗，リアクタンスの換算ができる。

Point インピーダンス（抵抗，リアクタンス）の二次側換算を覚えておくこと。

令和
4
(2022)

令和
3
(2021)

令和
2
(2020)

令和
元
(2019)

平成
30
(2018)

平成
29
(2017)

平成
28
(2016)

平成
27
(2015)

平成
26
(2014)

平成
25
(2013)

平成
24
(2012)

平成
23
(2011)

平成
22
(2010)

平成
21
(2009)

平成
20
(2008)

問 16 出題分野＜直流機＞   難易度 ★★★   重要度 ★★★

　負荷に直結された他励直流電動機を，電機子電圧を変化させることによって速度制御することを考える。

　電機子抵抗が $0.4[\Omega]$，界磁磁束は界磁電流に比例するものとして，次の(a)及び(b)の問に答えよ。

（a）　界磁電流を $I_{f1}[A]$ とし，電動機が $600[\text{min}^{-1}]$ で回転しているときの誘導起電力は $200[V]$ であった。このとき電機子電流が $20[A]$ 一定で負荷と釣り合った状態にするには，電機子電圧を何[V]に制御しなければならないか，最も近いものを次の(1)～(5)のうちから一つ選べ。

　（1）　8　　　　（2）　80　　　　（3）　192　　　　（4）　200　　　　（5）　208

（b）　負荷は，トルクが一定で回転速度に対して機械出力が比例して上昇する特性であるとして，磁気飽和，電機子反作用，機械系の損失などは無視できるものとする。

　　電動機の回転速度を $1\,320[\text{min}^{-1}]$ にしたときに，界磁電流を $I_{f1}[A]$ の $\dfrac{1}{2}$ にして，電機子電流がある一定の値で負荷と釣り合った状態にするには，電機子電圧を何[V]に制御しなければならないか，最も近いものを次の(1)～(5)のうちから一つ選べ。

　（1）　216　　　　（2）　228　　　　（3）　236　　　　（4）　448　　　　（5）　456

問16（a）の解答   出題項目＜電機子電流・電圧＞   答え　（5）

問題の他励直流電動機の等価回路を**図16-1**に示す。端子電圧（電機子電圧）Vは，誘導起電力をE_a，電機子電流をI_a，電機子抵抗をr_aとすると，

$$V = E_a + r_a I_a \, [\text{V}] \qquad ①$$

電動機が$600\,\text{mm}^{-1}$で回転しているときの端子電圧V_1は，誘導起電力$E_{a1} = 200\,[\text{V}]$，電機子電流$I_{a1} = 20\,[\text{A}]$，電機子抵抗$r_a = 0.4\,[\Omega]$であるので，

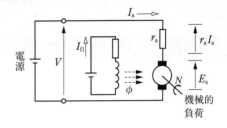

図16-1　他励直流電動機等価回路

$$V_1 = E_{a1} + r_a I_{a1} \, [\text{V}]$$
$$= 200 + 0.4 \times 20 = 208 \, [\text{V}]$$

問16（b）の解答   出題項目＜電機子電流・電圧＞   答え　（3）

回転速度$N_1 = 600\,[\text{min}^{-1}]$時の誘導起電力$E_{a1}$は，界磁磁束$\phi$（$I_{f1}$に比例）より，

$$E_{a1} = k_e \phi N_1 = k_{ei} I_{f1} N_1$$
$$200 = k_{ei} I_{f1} \times 600 \, [\text{V}] \qquad ②$$

と表される（k_e，k_{ei}：比例定数）。

回転速度$N_2 = 1\,320\,[\text{min}^{-1}]$時の誘導起電力$E_{a2}$は，界磁磁束は$\phi$の$1/2$より，

$$E_{a2} = k_{ei} \times 0.5 I_{f1} N_2 \, [\text{V}]$$
$$= k_{ei} \times 0.5 I_{f1} \times 1\,320 \, [\text{V}] \qquad ③$$

E_{a2}は，③式/②式によって，

$$\frac{E_{a2}}{200} = \frac{k_{ei} \times 0.5 I_{f1} \times 1\,320}{k_{ei} I_{f1} \times 600} = 1.1$$

$$E_{a2} = 1.1 \times 200 = 220 \, [\text{V}]$$

直流電動機の出力Pは，E_aとI_aの積であり，

$$P = E_a I_a \, [\text{W}]$$

（a）および（b）の場合の出力をそれぞれP_1，P_2として，I_{a2}を計算すると，

$$P_1 = E_{a1} I_{a1} = 200 \times 20 = 4\,000 \, [\text{W}]$$

$$P_2 = \frac{N_2}{N_1} P_1 = \frac{1\,320}{600} \times 4\,000 = E_{a2} I_{a2} = 220 \times I_{a2}$$

$$I_{a2} = \frac{1}{220} \times \frac{1\,320}{600} \times 4\,000 = 40 \, [\text{A}]$$

よって端子電圧V_2は，①式に数値を代入して，

$$V_2 = E_{a2} + r_a I_{a2} = 220 + 0.4 \times 40 = 236 \, [\text{V}]$$

解説

直流電動機の出力Pは，E_aとI_aの積，および電動機の回転角速度ωと電動機トルクTの積として表される。関係式で表すと，

$$P = E_a I_a \, [\text{W}] \qquad ④$$
$$P = \omega T \, [\text{W}] \qquad ⑤$$

また，回転速度$N\,[\text{min}^{-1}]$と$\omega\,[\text{rad/s}]$の関係は，次式で表される。

$$\omega = \frac{2\pi}{60} N \qquad ⑥$$

よって出力Pは，⑤式に⑥式を代入して，

$$P = \frac{2\pi}{60} NT \, [\text{W}] \qquad ⑦$$

誘導起電力E_aは，回転速度N，界磁磁束ϕを用いて，

$$E_a = k_e \phi N \qquad ⑧$$

と表される（k_e：比例定数）。

解答では，④式，⑧式と負荷トルク一定（T一定）の条件により答を導いた。

Point 等価回路により端子電圧を計算する。

令和
4
(2022)

令和
3
(2021)

令和
2
(2020)

令和
元
(2019)

平成
30
(2018)

平成
29
(2017)

平成
28
(2016)

平成
27
(2015)

平成
26
(2014)

平成
25
(2013)

平成
24
(2012)

平成
23
(2011)

平成
22
(2010)

平成
21
(2009)

平成
20
(2008)

問 17 及び問 18 は選択問題です。問 17 又は問 18 のどちらかを選んで解答してください。（両方解答すると採点されませんので注意してください。）

（選択問題）

問 17　出題分野＜パワーエレクトロニクス＞　　難易度 ★★★　　重要度 ★★★

次の図は，バルブデバイスとしてダイオードを用いた三相整流装置の回路を示す。

平滑リアクトルのインダクタンス L_d[H]は十分に大きく，直流電流 I_d[A]は一定になっているものとする。

交流側にリアクタンス X[Ω]のリアクトルがあると転流時に重なり角が生じ，直流電圧が降下する。また，ダイオードの順電圧降下 V_F[V]によっても直流電圧が降下する。これら以外の電圧降下は無視する。入力交流電圧が V_L[V]のときのこの整流装置の出力電圧 V_d[V]は次式で求められる。

$$V_d = \frac{3\sqrt{2}}{\pi} V_L - \frac{3}{\pi} X \cdot I_d - 2V_F$$

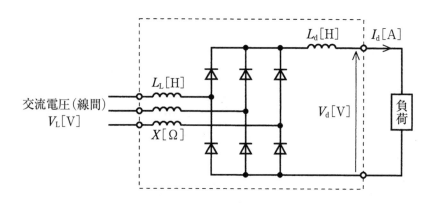

この整流装置の入力交流電圧は $V_L = 200$[V]，周波数は $f = 50$[Hz]で，直流電流は $I_d = 36$[A]である。交流側のリアクトルのインダクタンスは $L_L = 5.56 \times 10^{-4}$[H]で，その抵抗値は平滑リアクトルの抵抗値とともに無視できるものとする。また，各ダイオードの順電圧降下は $V_F = 1.0$[V]で一定とする。次の（ a ）及び（ b ）の問に答えよ。

（ a ）　ダイオードでは，電流の通電によって損失が発生する。一つのダイオードの損失の平均値は，通電する期間が 1 サイクルの $\frac{1}{3}$ であるとして計算できる。

一つのダイオードで発生する損失[W]の平均値に最も近いものを次の（ 1 ）～（ 5 ）のうちから一つ選べ。

（ 1 ）　12　　　（ 2 ）　18　　　（ 3 ）　24　　　（ 4 ）　36　　　（ 5 ）　72

（ b ）　出力電圧 V_d[V]の値として，最も近いものを次の（ 1 ）～（ 5 ）のうちから一つ選べ。

（ 1 ）　251　　　（ 2 ）　262　　　（ 3 ）　263　　　（ 4 ）　264　　　（ 5 ）　270

問17（a）の解答　出題項目＜三相ダイオード整流回路＞　　答え　（1）

一つのダイオードの損失 p は，次式で表される。

$$p = V_F I_d \, [\mathrm{W}]$$

題意より，計算に必要な数値は $V_F = 1.0\,[\mathrm{V}]$，$I_d = 36\,[\mathrm{A}]$ である。

このダイオードの損失の平均値 p_a は，通電する期間が1サイクルの1/3であるため，

$$p_a = \frac{1}{3} p = \frac{1}{3} V_F I_d = \frac{1}{3} \times 1.0 \times 36 = 12.0\,[\mathrm{W}]$$

問17（b）の解答　出題項目＜三相ダイオード整流回路＞　　答え　（2）

出力電圧 V_D の値は，問題文より，

$$V_d = \frac{3\sqrt{2}}{\pi} V_L - \frac{3}{\pi} X \cdot I_d - 2 V_F \, [\mathrm{V}]$$

と表される。

題意より，計算に必要な数値は $V_L = 200\,[\mathrm{V}]$，$L_L = 5.56 \times 10^{-4}\,[\mathrm{H}]$，$f = 50\,[\mathrm{Hz}]$，$X = 2\pi f L_L = 2\pi \times 50 \times 5.56 \times 10^{-4} = 0.174\,67\,[\Omega]$，$I_d = 36\,[\mathrm{A}]$，$V_F = 1.0\,[\mathrm{V}]$ である。これらの数値を上記の式に代入すると，

$$V_d = \frac{3\sqrt{2}}{\pi} \times 200 - \frac{3}{\pi} \times 0.174\,67 \times 36 - 2 \times 1.0$$
$$= 270.09 - 6.004\,7 - 2.0 = 262.09 \fallingdotseq 262\,[\mathrm{V}]$$

解説

問題のダイオードを用いた三相ブリッジ整流回路を **図17-1** に示す。また，三相交流波形と対応するダイオードの動作を **図17-2** に示す。

電流の経路（ダイオードの動作）は，転流重なり角を無視した場合，以下のようになる。

（1）　v_a のプラス電圧が大きい期間（①）

前半：端子a→L_L→D_1→L_d→負荷
$$\to D_5 \to L_L \to b\,(①')$$

後半：端子a→L_L→D_1→L_d→負荷
$$\to D_6 \to L_L \to c\,(②')$$

（2）　v_b のプラス電圧が大きい期間（②）

前半：端子b→L_L→D_2→L_d→負荷
$$\to D_6 \to L_L \to c\,(②')$$

後半：端子b→L_L→D_2→L_d→負荷
$$\to D_4 \to L_L \to a\,(③')$$

（3）　v_c のプラス電圧が大きい期間（③）

前半：端子c→L_L→D_3→L_d→負荷
$$\to D_4 \to L_L \to a\,(③')$$

後半：端子c→L_L→D_3→L_d→負荷
$$\to D_5 \to L_L \to b\,(①')$$

実際にはリアクタンスの影響により，ダイオードが同時に導通する期間がある。図17-2において，ダイオード動作波形の点線部分の時間が転流重なり角 U である。電圧波形において転流重なり角により，電圧が減少する部分を斜線部に示す。

Point 問題文に条件と計算式が与えられており，よく読んで答えを導き出す。

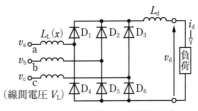

図17-1　三相ブリッジ整流回路

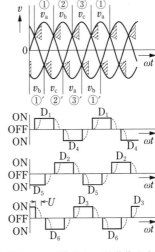

図17-2　ダイオード動作と転流重なり角

（選択問題）

問 18 出題分野＜情報＞   難易度 ★★☆ 重要度 ★★★

次のカルノー図から得られた結果 X は次式の論理式で示される。

$$X = \overline{A} \cdot \overline{B} + \overline{B} \cdot D + \overline{A} \cdot C \cdot D + A \cdot B \cdot \overline{C} \cdot \overline{D}$$

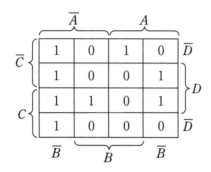

次の（a）及び（b）の問に答えよ。

（a）　X の式を NAND 回路及び NOT 回路で実現する論理式として，正しいものを次の（1）～（5）のうちから一つ選べ。

（1）　$X = \overline{(\overline{A} \cdot \overline{B}) \cdot (\overline{B} \cdot D) \cdot (\overline{A} \cdot C \cdot D) \cdot (A \cdot B \cdot \overline{C} \cdot \overline{D})}$

（2）　$X = \overline{\overline{(\overline{A} \cdot \overline{B})} \cdot \overline{(\overline{B} \cdot D)} \cdot (\overline{A} \cdot C \cdot D) \cdot (A \cdot B \cdot \overline{C} \cdot \overline{D})}$

（3）　$X = \overline{\overline{(\overline{A} \cdot \overline{B})} \cdot (\overline{B} \cdot D) \cdot \overline{(\overline{A} \cdot C \cdot D)} \cdot (A \cdot B \cdot \overline{C} \cdot \overline{D})}$

（4）　$X = \overline{\overline{(\overline{A} \cdot \overline{B})} \cdot \overline{(\overline{B} \cdot D)} \cdot \overline{(\overline{A} \cdot C \cdot D)} \cdot (A \cdot B \cdot \overline{C} \cdot D)}$

（5）　$X = \overline{\overline{(\overline{A} \cdot \overline{B})} \cdot \overline{(\overline{B} \cdot D)} \cdot \overline{(\overline{A} \cdot C \cdot D)} \cdot (A \cdot B \cdot \overline{C} \cdot \overline{D})}$

（b）　X の式を NOR 回路及び NOT 回路で実現する論理式として，正しいものを次の（1）～（5）のうちから一つ選べ。

（1）　$X = \overline{\overline{\overline{A + B} + \overline{B + \overline{D}} + \overline{A + \overline{C} + \overline{D}} + \overline{\overline{A} + B + C + D}}}$

（2）　$X = \overline{\overline{\overline{A + B}} + \overline{B + \overline{D}} + \overline{A + \overline{C} + D} + \overline{\overline{A} + \overline{B} + C + D}}$

（3）　$X = \overline{\overline{\overline{A + B} + \overline{B + \overline{D}} + \overline{A + \overline{C} + \overline{D}} + \overline{\overline{A} + \overline{B} + C + D}}}$

（4）　$X = \overline{\overline{A + B} + \overline{B + \overline{D}} + \overline{\overline{A} + \overline{C} + \overline{D}} + \overline{\overline{A} + \overline{B} + C + D}}$

（5）　$X = \overline{\overline{\overline{A + B} + \overline{\overline{B} + \overline{D}} + \overline{A + \overline{C} + \overline{D}} + \overline{\overline{A} + \overline{B} + C + D}}}$

令和
4
(2022)

令和
3
(2021)

令和
2
(2020)

令和
元
(2019)

平成
30
(2018)

平成
29
(2017)

平成
28
(2016)

平成
27
(2015)

平成
26
(2014)

平成
25
(2013)

平成
24
(2012)

平成
23
(2011)

平成
22
(2010)

平成
21
(2009)

平成
20
(2008)

問18（a）の解答　出題項目＜論理式＞　　答え　(5)

すでにカルノー図から X の論理式が得られているので，カルノー図には特に意味はない。

X の論理式は，論理積4項の論理和になっている。NAND で表すためには論理和を論理積に変換する。そのためには，この論理式全体を二重否定してド・モルガンの定理を用いる。

$$X=\overline{\overline{X}}$$
$$=\overline{\overline{(\overline{A}\cdot\overline{B})+(\overline{B}\cdot D)+(\overline{A}\cdot C\cdot D)+(A\cdot B\cdot\overline{C}\cdot D)}}$$
$$=\overline{\overline{(\overline{A}\cdot\overline{B})}\cdot\overline{(\overline{B}\cdot D)}\cdot\overline{(\overline{A}\cdot C\cdot D)}\cdot\overline{(A\cdot B\cdot\overline{C}\cdot D)}}$$

解説

次の公式をド・モルガンの定理という。

$$\overline{A+B}=\overline{A}\cdot\overline{B},\quad \overline{A\cdot B}=\overline{A}+\overline{B}$$

この定理は，論理和を論理積または論理積を論理和の式に変換する際に役立つ。ただ，ド・モルガンの定理を用いるには「否定」が必要になるので，最初に二重否定を作り，このうちの一つの否定をド・モルガンの定理に用いる。ド・モルガンの定理は3項以上でも成り立つ。例えば3項では，

$$\overline{A+B+C}=\overline{A}\cdot\overline{B}\cdot\overline{C},\quad \overline{A\cdot B\cdot C}=\overline{A}+\overline{B}+\overline{C}$$

補足　カルノー図とは，論理式を最も簡単な形にするための方法の一つである。真理値表の動作をする論理回路を設計する場合，その論理式を求める必要があるが，その論理式は一通りではなく複数の表し方が可能である。実際に論理回路を設計する場合，論理式中の論理演算の数だけ論理回路が必要になるため，できるだけ使用する論理素子を減らすためには，論理式が最も簡単な形式で表されることが望ましい。簡単化の方法としてはカルノー図やブール代数が用いられる。

次にブール代数を用いた論理式の簡単化の例を示す。

$$X=\overline{A}\cdot B\cdot\overline{C}+\overline{A}\cdot B\cdot C+A\cdot\overline{B}\cdot\overline{C}+A\cdot B\cdot\overline{C}+A\cdot B\cdot C$$
$$=\overline{A}\cdot B\cdot(\overline{C}+C)+A\cdot\overline{C}\cdot(\overline{B}+B)+A\cdot B\cdot C$$
$$=\overline{A}\cdot B\cdot(1)+A\cdot\overline{C}(1)+A\cdot B\cdot C$$
$$=\overline{A}\cdot B+A\cdot\overline{C}+A\cdot B\cdot C$$
$$=\overline{A}\cdot B+(A\cdot\overline{C}+A\cdot B\cdot C)$$
$$=\overline{A}\cdot B+A\cdot(\overline{C}+B\cdot C)\quad \text{＊参考を参照}$$
$$=\overline{A}\cdot B+A\cdot(\overline{C}+B)$$
$$=\overline{A}\cdot B+A\cdot\overline{C}+A\cdot B$$
$$=(\overline{A}+A)\cdot B+A\cdot\overline{C}$$
$$=(1)\cdot B+A\cdot\overline{C}$$
$$=B+A\cdot\overline{C}$$

このように，複雑な論理式が簡単な2項の論理和で表せる。なお，ブール代数基本公式は，「平成25年度機械問18（a）**解説**」を参照。

＊**参考**：上式中 $(\overline{C}+B\cdot C)=(\overline{C}+B)$ の式変形
$\overline{C}+\overline{C}\cdot B=\overline{C}(1+B)=\overline{C}\cdot1=\overline{C}$ なので，
$$\overline{C}+B\cdot C=(\overline{C}+\overline{C}\cdot B)+B\cdot C$$
$$=\overline{C}+B\cdot(\overline{C}+C)$$
$$=\overline{C}+B\cdot1$$
$$=\overline{C}+B$$

問18（b）の解答　出題項目＜論理式＞　　答え　(3)

NOR で表すためには，式中の論理積を論理和に変換する。そのためには，論理積の各項にド・モルガンの定理を用いる。

$$X=(\overline{A}\cdot\overline{B})+(\overline{B}\cdot D)+(\overline{A}\cdot C\cdot D)+(A\cdot B\cdot\overline{C}\cdot D)$$

否定のない入力に二重否定を付ける。

$$=(\overline{A}\cdot\overline{B})+(\overline{B}\cdot\overline{\overline{D}})+(\overline{A}\cdot\overline{\overline{C}}\cdot\overline{\overline{D}})+(\overline{\overline{A}}\cdot\overline{\overline{B}}\cdot\overline{C}\cdot\overline{\overline{D}})$$

各項ごとにド・モルガンの定理を用いる。

$$=\overline{(A+B)}+\overline{(B+\overline{D})}+\overline{(A+\overline{C}+\overline{D})}+\overline{(\overline{A}+\overline{B}+C+\overline{D})}$$

全体を二重否定すると選択肢の形になる。

$$=\overline{\overline{\overline{(A+B)}+\overline{(B+\overline{D})}+\overline{(A+\overline{C}+\overline{D})}+\overline{(\overline{A}+\overline{B}+C+\overline{D})}}}$$

解説

最後の式で全体に二重否定を付けた理由は，4項の論理和（OR）を NOR と NOT 回路で実現するために必要となるからである。

Point　論理式の積⇔和の変換にはド・モルガンの定理を活用する。二重否定とは，例えるなら「表は裏の裏，味方は敵の敵」。

機械 平成22年度(2010年度)

A問題 （配点は1問題当たり5点）

問1 出題分野＜直流機＞ 難易度 ★★★ 重要度 ★★★

直流電動機の速度とトルクを次のように制御することを考える。

損失と電機子反作用を無視した場合，直流電動機では電機子巻線に発生する起電力は，界磁磁束と電機子巻線との相対速度に比例するので，　(ア)　では，界磁電流一定，すなわち磁束一定条件下で電機子電圧を増減し，電機子電圧に回転速度が　(イ)　するように回転速度を制御する。この電動機では界磁磁束一定条件下で電機子電流を増減し，電機子電流とトルクとが　(ウ)　するようにトルクを制御する。この電動機の高速運転では電機子電圧一定の条件下で界磁電流を増減し，界磁磁束に回転速度が　(エ)　するように回転速度を制御する。このように広い速度範囲で速度とトルクを制御できるので，　(ア)　は圧延機の駆動などに広く使われてきた。

上記の記述中の空白箇所(ア)，(イ)，(ウ)及び(エ)に当てはまる語句として，正しいものを組み合わせたのは次のうちどれか。

	(ア)	(イ)	(ウ)	(エ)
(1)	直巻電動機	反比例	比例	比例
(2)	直巻電動機	比例	比例	反比例
(3)	他励電動機	反比例	反比例	比例
(4)	他励電動機	比例	比例	反比例
(5)	他励電動機	比例	反比例	比例

問2 出題分野＜直流機＞ 難易度 ★★★ 重要度 ★★★

直流発電機の損失は，固定損，直接負荷損，界磁回路損及び漂遊負荷損に分類される。

定格出力50[kW]，定格電圧200[V]の直流分巻発電機がある。この発電機の定格負荷時の効率は94[%]である。このときの発電機の固定損[kW]の値として，最も近いのは次のうちどれか。

ただし，ブラシの電圧降下と漂遊負荷損は無視するものとする。また，電機子回路及び界磁回路の抵抗はそれぞれ0.03[Ω]及び200[Ω]とする。

(1) 1.10 　　(2) 1.12 　　(3) 1.13 　　(4) 1.30 　　(5) 1.32

令和
4
(2022)

令和
3
(2021)

令和
2
(2020)

令和
元
(2019)

平成
30
(2018)

平成
29
(2017)

平成
28
(2016)

平成
27
(2015)

平成
26
(2014)

平成
25
(2013)

平成
24
(2012)

平成
23
(2011)

平成
22
(2010)

平成
21
(2009)

平成
20
(2008)

問1の解答　出題項目＜電動機の制御＞　　答え（4）

直流電動機の自励直巻と他励のうち，負荷電流に関係なく界磁電流を一定とすることが可能なものは**他励電動機**であり，その等価回路を**図1-1**に示す。

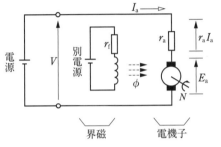

図1-1　直流他励電動機

誘導起電力 E_a は，界磁磁束を $\phi[\mathrm{Wb}]$，回転速度を $N[\mathrm{min^{-1}}]$ とすると，次式で表される。

$$E_a = \frac{pZ}{60a}\phi N = k_e \phi N [\mathrm{V}] \qquad ①$$

ただし，$k_e = \dfrac{pZ}{60a}$（比例定数），p：極数，

Z：総導体数，a：並列回路数

①式により，界磁磁束 ϕ が一定であれば，E_a は N に**比例**する。

直流電動機のトルク T は，次式で表される。

$$T = \frac{pZ}{2\pi a}\phi I_a = k_T \phi I_a [\mathrm{N \cdot m}] \qquad ②$$

ただし，$k_T = \dfrac{pZ}{2\pi a}$（比例定数）

②式より，界磁磁束 ϕ が一定であれば，電機子電流 I_a と T は**比例**する。

①式を変形すると，

$$N = \frac{E_a}{k_e \phi} \qquad ③$$

となり，高速運転時において，E_a 一定の条件で界磁電流 ϕ を増減すると，N は ϕ に**反比例**することがわかる。

Point 直流電動機の速度とトルクを表す①式および②式を覚えておくこと。

問2の解答　出題項目＜損失・効率＞　　答え（1）

効率 η は，次式で表される。

$$\eta = \frac{出力\ P_o}{出力\ P_o + 全損失\ P_l} \times 100 [\%] \qquad ①$$

ここで全損失 P_l は，電機子電流を I_a，電機子抵抗を r_a，定格電圧を V，界磁抵抗を R_f とすると，$P_l =$ 固定損 $p_o +$ 直接負荷損 $I_a{}^2 r_a +$（ブラシ損$=0$）$+$ 界磁回路損 $\dfrac{V^2}{R_f} +$（漂遊負荷損$=0$）である。

①式を変形し，$\eta = 94[\%]$ を代入して全損失 P_l を求めると，

$$P_l = P_o \frac{100}{\eta} - P_o = P_o \left(\frac{100}{\eta} - 1\right) \qquad ②$$

$$= 50 \times 10^3 \times \left(\frac{100}{94} - 1\right) \fallingdotseq 3\,191.5 [\mathrm{W}]$$

次に，各損失を計算する。

電機子電流 I_a は，

$$I_a = 負荷電流 + 界磁電流$$
$$= \frac{50 \times 10^3}{V} + \frac{V}{R_f} = \frac{50 \times 10^3}{200} + \frac{200}{200} = 251 [\mathrm{A}]$$

であるので，直接負荷損は，

$$I_a{}^2 r_a = 251^2 \times 0.03 = 1890 [\mathrm{W}]$$

界磁回路損は，

$$\frac{V^2}{R_f} = \frac{200^2}{200} = 200 [\mathrm{W}]$$

固定損 p_o は，前記の全損失 P_l の式より，

$$p_o = P_l - I_a{}^2 r_a - \frac{V^2}{R_f} = 3\,191.5 - 1\,890 - 200$$
$$= 1\,101.5 [\mathrm{W}] \fallingdotseq 1.10 [\mathrm{kW}]$$

Point 効率を表す①式を理解するとともに，題意から固定損を算出する。

問3 出題分野＜誘導機＞ 難易度 ★★★ 重要度 ★★★

次の文章は，三相の誘導機に関する記述である。

固定子の励磁電流による同期速度の ___(ア)___ と回転子との速度の差（相対速度）によって回転子に電圧が発生し，その電圧によって回転子に電流が流れる。トルクは回転子の電流と磁束とで発生するので，トルク特性を制御するため，巻線形誘導機では回転子巻線の回路をブラシと ___(イ)___ で外部に引き出して二次抵抗値を調整する方式が用いられる。回転子の回転速度が停止（滑り $s=1$）から同期速度（滑り $s=0$）の間，すなわち，$1>s>0$ の運転状態では，磁束を介して回転子の回転方向にトルクが発生するので誘導機は ___(ウ)___ となる。回転子の速度が同期速度より高速の場合，磁束を介して回転子の回転方向とは逆の方向にトルクが発生し，誘導機は ___(エ)___ となる。

上記の記述中の空白箇所(ア)，(イ)，(ウ)及び(エ)に当てはまる語句として，正しいものを組み合わせたのは次のうちどれか。

	(ア)	(イ)	(ウ)	(エ)
（1）	交番磁界	スリップリング	電動機	発電機
（2）	回転磁界	スリップリング	電動機	発電機
（3）	交番磁界	整流子	発電機	電動機
（4）	回転磁界	スリップリング	発電機	電動機
（5）	交番磁界	整流子	電動機	発電機

問4 出題分野＜誘導機＞ 難易度 ★★★ 重要度 ★★★

極数4で50[Hz]用の巻線形三相誘導電動機があり，全負荷時の滑りは4[%]である。全負荷トルクのまま，この電動機の回転速度を $1\,200$[min^{-1}]にするために，二次回路に挿入する1相当たりの抵抗[Ω]の値として，最も近いのは次のうちどれか。

ただし，巻線形三相誘導電動機の二次巻線は星形（Y）結線であり，各相の抵抗値は0.5[Ω]とする。

（1） 2.0　　　（2） 2.5　　　（3） 3.0　　　（4） 7.0　　　（5） 7.5

令和
4
(2022)

令和
3
(2021)

令和
2
(2020)

令和
元
(2019)

平成
30
(2018)

平成
29
(2017)

平成
28
(2016)

平成
27
(2015)

平成
26
(2014)

平成
25
(2013)

平成
24
(2012)

平成
23
(2011)

平成
22
(2010)

平成
21
(2009)

平成
20
(2008)

問3の解答　　出題項目＜滑り＞　　　　答え　(2)

三相巻線形誘導機を**図3-1**に示す。

固定子の励磁電流により同期速度の**回転磁界**が発生する。回転磁界と回転子との速度の差により回転子に誘導起電力が発生し，この起電力により回転子(二次回路)に電流が流れる。

巻線形誘導機は図3-1のように回転子の回路をブラシと**スリップリング**により外部へ引き出し，外部の可変抵抗器により二次抵抗値を調整する。

回転子の回転速度が停止($s=1$)から同期速度($s=0$)の間($1>s>0$)は軸へ動力を与え，誘導機は**電動機**である。回転子の回転速度が同期速度以上($s<0$)になると軸から動力を受けることにな

り，誘導機は**発電機**となる。

Point 誘導機は同期速度より速く回転すると発電機になる。

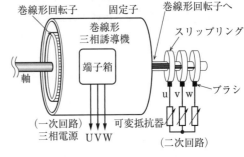

図3-1　三相巻線形誘導機

問4の解答　　出題項目＜速度制御＞　　　　答え　(1)

極数$p=4$，周波数$f=50[\mathrm{Hz}]$の誘導電動機の同期速度N_sは，

$$N_\mathrm{s}=\frac{120f}{p}=\frac{120\times50}{4}=1\,500[\mathrm{min^{-1}}]$$

全負荷時の滑り$s_\mathrm{n}=\underline{0.04(4\,\%)}$のときの全負荷トルクを$T_\mathrm{n}$，二次回路抵抗を$r_2'=0.5[\Omega]$(1相当たり)とする。

二次回路に抵抗Rを挿入して回転速度を$N_2=1\,200[\mathrm{min^{-1}}]$に変化させたときの滑り$s_2$は，

$$s_2=\frac{N_\mathrm{s}-N_2}{N_\mathrm{s}}=\frac{1\,500-1\,200}{1\,500}=0.2(20\,\%)$$

回転速度の変化前後のトルクが同じであれば，**図4-1**の比例推移の関係によりs_n，r_2'，s_2および$r_2'+R$との間には，次式が成立する。

$$\frac{r_2'}{s_\mathrm{n}}=\frac{r_2'+R}{s_2}$$

$$\therefore\quad\frac{s_2}{s_\mathrm{n}}=\frac{r_2'+R}{r_2'}\qquad\qquad①$$

①式に数値を代入してRを求める。

$$\frac{20}{4}=\frac{0.5+R}{0.5}\quad\rightarrow\quad0.5+R=5\times0.5$$

$$\therefore\quad R=5\times0.5-0.5=2.0[\Omega]$$

Point 誘導電動機の滑りとトルクおよび二次抵抗の関係を理解すること。

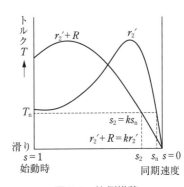

図4-1　比例推移

問5 出題分野＜機器全般＞ 難易度 ★★★ 重要度 ★★★

三相同期電動機は，50[Hz]又は60[Hz]の商用交流電源で駆動されることが一般的であった。電動機としては，極数と商用交流電源の周波数によって決まる一定速度の運転となること，（ア）電流を調整することで力率を調整することができ，三相誘導電動機に比べて高い力率の運転ができることなどに特徴がある。さらに，誘導電動機に比べて（イ）を大きくできるという構造的な特徴などがあることから，回転子に強い衝撃が加わる鉄鋼圧延機などに用いられている。

しかし，商用交流電源で三相同期電動機を駆動する場合，（ウ）トルクを確保する必要がある。近年，インバータなどパワーエレクトロニクス装置の利用拡大によって可変電圧可変周波数の電源が容易に得られるようになった。出力の電圧と周波数がほぼ比例するパワーエレクトロニクス装置を使用すれば，（エ）を変えると（オ）が変わり，このときのトルクを確保することができる。

さらに，回転子の位置を検出して電機子電流と界磁電流をあわせて制御することによって幅広い速度範囲でトルク応答性の優れた運転も可能となり，応用範囲を拡大させている。

上記の記述中の空白箇所(ア)，(イ)，(ウ)，(エ)及び(オ)に当てはまる語句として，正しいものを組み合わせたのは次のうちどれか。

	(ア)	(イ)	(ウ)	(エ)	(オ)
(1)	励　磁	固定子	過負荷	周波数	定格速度
(2)	励　磁	固定子	始　動	電　圧	定格速度
(3)	電機子	空げき	過負荷	電　圧	定格速度
(4)	電機子	固定子	始　動	周波数	同期速度
(5)	励　磁	空げき	始　動	周波数	同期速度

問6 出題分野＜同期機，変圧器，機器全般＞ 難易度 ★★★ 重要度 ★★★

電気機器は磁束を利用する観点から，次のように分類して考えることができる。

a. 交流で励磁する（ア）と（イ）は，負荷電流を流す巻線が磁束を発生する巻線を兼用するなどの共通点があるので，基本的に同じ形の等価回路を用いて特性計算を行う。

b. 直流で励磁する（ウ）と（エ）は，負荷電流を流す電機子巻線と，磁束を発生する界磁巻線を分けて設ける。

c. （エ）を自己始動電動機として用いる場合，その磁極表面にかご形導体を設け，（イ）と同様の始動トルクを発生させる。

上記の記述中の空白箇所(ア)，(イ)，(ウ)及び(エ)に当てはまる語句として，正しいものを組み合わせたのは次のうちどれか。

	(ア)	(イ)	(ウ)	(エ)
(1)	誘導機	変圧器	直流機	同期機
(2)	変圧器	誘導機	同期機	直流機
(3)	誘導機	変圧器	同期機	直流機
(4)	変圧器	誘導機	直流機	同期機
(5)	変圧器	同期機	直流機	誘導機

令和4 (2022)
令和3 (2021)
令和2 (2020)
令和元 (2019)
平成30 (2018)
平成29 (2017)
平成28 (2016)
平成27 (2015)
平成26 (2014)
平成25 (2013)
平成24 (2012)
平成23 (2011)
平成22 (2010)
平成21 (2009)
平成20 (2008)

問5の解答　出題項目＜同期機と誘導機＞　答え（5）

　三相同期電動機は**励磁**電流を調整することで力率を調整することができる。

　三相誘導電動機と比べて高い力率で運転可能であり，また固定子と回転子間の**空げき**（ギャップ）を大きくできるため，回転子に衝撃が加わる鉄鋼圧延機などに使用されている。

　同期電動機は，その構造から同期速度でのトルクは発生するが，速度零から同期速度までの間の

トルクは発生しない。そのため，商用周波数で起動する場合，**始動**トルクを確保する必要がある。

　そこで，インバータ等の可変電圧可変周波数の電源装置により**周波数**を変えることで，**同期速度**を変えて，低い周波数（低い回転速度）でのトルクを確保して始動する。

Point 同期電動機の特徴を理解すること。

問6の解答　出題項目＜種類と構造，直流機と誘導機＞　答え（4）

　a.　交流で励磁する（ア）**変圧器**と（イ）**誘導機**は，負荷電流を流す巻線と磁束（∝ 電圧）を発生させる巻線とが兼用である。基本的に同様な等価回路を用いて特性計算をする。

　b.　直流で励磁する（ウ）**直流機**と（エ）**同期機**は，負荷電流を流す電機子巻線と磁束を発生する界磁巻線を分けて設ける。

　c.　（エ）**同期機**を自己始動電動機として用いる場合，磁極の表面に設けた制動巻線と呼ばれるかご形導体により，（イ）**誘導機**と同様に始動トルクを発生させる。

解説・・・・・・・・・・・・・・・・・・・・・・・・・・・・・・・

　解答文中に（ア）～（エ）の記号を付した。各機器の等価回路は**図6-1**～**図6-4**を参照。

Point 電気機器の励磁の方法，同期電動機の自己始動法を理解すること。

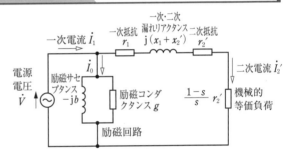

図6-2　誘導電動機（一次換算）

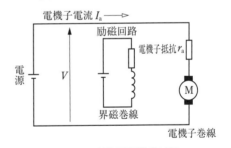

図6-3　直流電動機（他励）

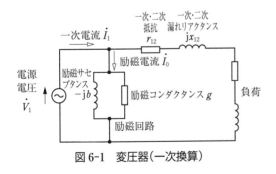

図6-1　変圧器（一次換算）

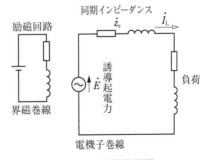

図6-4　同期発電機

問7 出題分野＜機械全般＞

難易度 ★★★　重要度 ★★★

　力率改善の目的で用いる低圧進相コンデンサは，図のように直列に6[%]のリアクトルを接続することを標準としている。このため，回路電圧 V_L[V]の設備に用いる進相コンデンサの定格電圧 V_N[V]は，次の式で与えられる値となる。

$$V_N = \frac{V_L}{1 - \dfrac{L}{100}}$$

　ここで，L は，組み合わせて用いる直列リアクトルの%リアクタンスであり，$L=6$ である。

　これから，回路電圧220[V]（相電圧127.0[V]）の三相受電設備に用いる進相コンデンサでは，コンデンサの定格電圧を234[V]（相電圧135.1[V]）とする。

　定格設備容量50[kvar]，定格周波数50[Hz]の進相コンデンサ設備を考える。その定格電流は，131[A]となる。この進相コンデンサ設備に直列に接続するリアクトルのインダクタンス[mH]（1相分）の値として，最も近いのは次のうちどれか。

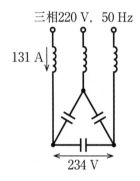

三相220 V，50 Hz

131 A

234 V

（1）　0.20　　　（2）　0.34　　　（3）　3.09　　　（4）　3.28　　　（5）　5.35

問7の解答　　出題項目＜コンデンサ＞

題意より，定格設備容量 $Q_C = 50[\text{kvar}]$，定格周波数 $f = 50[\text{Hz}]$ の進相コンデンサ設備の定格電流は，$I_n = 131[\text{A}]$ である。

この進相コンデンサ設備の％リアクタンス（$\%X_C$）は，定格（相）電圧 $E_C = 135.1[\text{V}]$ がすべて加わるので 100 ％ である。コンデンサのリアクタンス $X_C[\Omega]$ を用いて，％ インピーダンスの定義式から $\%X_C$ を表すと，

$$\%X_C = 100 = \frac{X_C I_n}{E_C} \times 100[\%] \qquad ①$$

となる。①式より，

$$X_C = \frac{E_C}{I_n} = \frac{135.1}{131} = 1.0313[\Omega] \qquad ②$$

直列リアクトル X_L が 6 ％ の意味は，②式で求めた X_C の 6 ％ ということである。

$$X_L = 0.06 \cdot X_C = 0.06 \times 1.031\ 3$$
$$= 0.061\ 88[\Omega]$$

X_L をインダクタンス L で表すと，

$$X_L = 2\pi f L = 0.061\ 88$$

上式を変形して L を求めると，

$$L = \frac{X_L}{2\pi f} = \frac{0.061\ 88}{2\pi \times 50}$$
$$= 1.969\ 7 \times 10^{-4}[\text{H}] \fallingdotseq 0.20[\text{mH}]$$

Point ％ インピーダンスの定義式からコンデンサのリアクタンスを求め，直列リアクトルのリアクタンスを計算する。

問8　出題分野＜変圧器＞　　　難易度 ★★★　重要度 ★★★

　単相変圧器 3 台が図に示すように 6.6[kV]電路に接続されている。一次側は星形(Y)結線，二次側は開放三角結線とし，一次側中性点は大地に接続され，二次側開放端子には図のように抵抗 R_0 が負荷として接続されている。三相電圧が平衡している通常の状態では，各相が打ち消しあうため二次側開放端子には電圧は現れないが，電路のバランスが崩れ不平衡になった場合や電路に地絡事故などが発生した場合には，二次側開放端子に電圧が現れる。このとき，二次側の抵抗負荷 R_0 は各相が均等に負担することになる。

　いま，各単相変圧器の定格一次電圧が $\dfrac{6.6}{\sqrt{3}}$[kV]，定格二次電圧が $\dfrac{110}{\sqrt{3}}$[V]で，二次接続抵抗 $R_0 = 10$[Ω]の場合，一次側に換算した 1 相当たりの二次抵抗[kΩ]の値として，最も近いのは次のうちどれか。

　ただし，変圧器は理想変圧器であり，一次巻線，二次巻線の抵抗及び損失は無視するものとする。

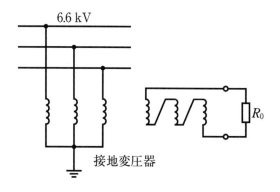

6.6 kV

接地変圧器

（1）　4.00　　　（2）　6.93　　　（3）　12.0　　　（4）　20.8　　　（5）　36.0

令和
4
(2022)

令和
3
(2021)

令和
2
(2020)

令和
元
(2019)

平成
30
(2018)

平成
29
(2017)

平成
28
(2016)

平成
27
(2015)

平成
26
(2014)

平成
25
(2013)

平成
24
(2012)

平成
23
(2011)

平成
22
(2010)

平成
21
(2009)

平成
20
(2008)

問8の解答　出題項目＜各種変圧器＞　　答え　(3)

題意より，接地変圧器の変圧比 n は，

$$n = \frac{\dfrac{6.6 \times 10^3}{\sqrt{3}}}{\dfrac{110}{\sqrt{3}}} = \frac{6\,600}{110} = 60$$

二次側の抵抗 R_0 を3相均等に分担した値は $R_0/3\,[\Omega]$ となる。よって，変圧比 n の変圧器の二次側抵抗を一次側に換算した値は，

$$n^2 \frac{R_0}{3} = 60^2 \cdot \frac{10}{3} = 12\,000\,[\Omega] = 12.0\,[\text{k}\Omega]$$

補足 接地変圧器の一次側接地点を3相に分け，また二次側抵抗を各相に分けたものを**図 8-1** に示す。

問題文のとおり，接地変圧器は3相のバランスがとれていれば，電圧も加わらず，電流も流れない。地絡事故などでバランスが崩れ不平衡になった場合を考える。

接地変圧器の二次側において，オームの法則により二次側の抵抗 R_0 を表す。R_0 全体に加わる電圧は，各相電圧と中性点電圧 V_N の和を変圧比 n で割った値である。

$$\frac{E + V_N}{n} + \frac{a^2 E + V_N}{n} + \frac{a E + V_N}{n} = \frac{3 V_N}{n}$$

ただし，$\dfrac{E + a^2 E + a E}{n} = \dfrac{0}{n} = 0$

R_0（二次巻線）に流れる電流は，I_0 の変圧比 n

倍（$= n I_0$）である。二次側の抵抗 R_0 は，

$$R_0 = \frac{\dfrac{3 V_N}{n}}{n I_0} = \frac{3 V_N}{n^2 I_0}$$

であり，一次側に換算して3相均等に分担した値は，上式を変形して，

$$\frac{V_N}{I_0} = n^2 \cdot \frac{R_0}{3}\,[\Omega]$$

Point R_0 を各相巻線に均等分担して計算する。

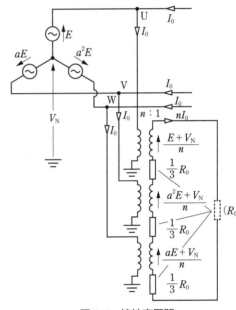

図 8-1　接地変圧器

問 9　　出題分野＜機器全般＞　　難易度 ★★★　　重要度 ★★★

　真空遮断器（VCB）は 10^{-5}［MPa］以下の高真空中での高い ［（ア）］ と強力な拡散作用による ［（イ）］ を利用した遮断器である。遮断電流を増大させるために適切な電極材料を使用するとともに，アークを制御することで電極の局部過熱と溶融を防いでいる。電極部は ［（ウ）］ と呼ばれる容器に収められており，接触子の周囲に円筒状の金属製シールドを設置することで，電流遮断時のアーク（電極から蒸発した金属と電子によって構成される）が真空中に拡散し絶縁筒内面に付着して絶縁が低下しないようにしている。真空遮断器は，アーク電圧が低く電極の消耗が少ないので長寿命であり，多頻度の開閉用途に適していることと，小形で簡素な構造，保守が容易などの特徴があり，24［kV］以下の電路において広く使用されている。一方で他の遮断器に比べ電流遮断時に発生するサージ電圧が高いため，電路に接続された機器を保護する目的でコンデンサと抵抗を直列に接続したもの又は ［（エ）］ を遮断器前後の線路導体と大地との間に設置する場合が多い。

　上記の記述中の空白箇所（ア），（イ），（ウ）及び（エ）に当てはまる語句として，正しいものを組み合わせたのは次のうちどれか。

	（ア）	（イ）	（ウ）	（エ）
（1）	冷却能力	消弧能力	空気容器	リアクトル
（2）	絶縁耐力	消弧能力	真空容器	リアクトル
（3）	消弧能力	絶縁耐力	空気容器	避雷器
（4）	絶縁耐力	消弧能力	真空容器	避雷器
（5）	消弧能力	絶縁耐力	真空容器	避雷器

問9の解答　出題項目＜各種電気機器＞　　　　　　　答え　(4)

真空遮断器は，真空が持つ高い**絶縁耐力**と強力な拡散作用による**消弧能力**を利用した遮断器である。

電極部は**真空容器**に収められている。

他の遮断器に比べ，アークの消弧能力が高く電流遮断時のサージ電圧が高い。このサージ電圧から電路に接続された機器を保護するため，**避雷器**を遮断器前後に設置する。

解説

真空遮断器(真空容器)の構造を**図9-1**に示す。真空容器は真空バルブともいい，内部は真空である。電極には固定電極と可動電極とがあり，遮断時は可動電極が高速で固定電極から離れて電流を遮断する。

可動電極の動作による真空度の低下を防ぐため，可動電極と真空容器の貫通部にメタルベロー

ズが用いられる。

真空容器の真空度が低下すると電流が遮断不能となる場合もあるため，保守点検の際，真空チェッカーという装置を使って真空度の確認を行う。

Point 真空遮断器の構造について理解すること。

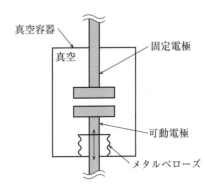

図9-1　真空遮断器

問10　出題分野＜パワーエレクトロニクス＞　　難易度 ★★★　　重要度 ★★★

　図1は，降圧チョッパの基本回路である。オンオフ制御バルブデバイスQは，IGBTを用いており，$\dfrac{T}{2}$[s]の期間はオン，残りの$\dfrac{T}{2}$[s]の期間はオフで，周期T[s]でスイッチングし，負荷抵抗Rには図2に示す波形の電流i_R[A]が流れているものとする。

　このとき，ダイオードDに流れる電流i_D[A]の波形に最も近い波形は，図2の（1）から（5）のうちどれか。

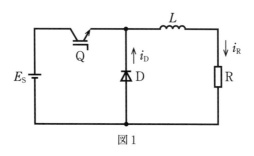

図1

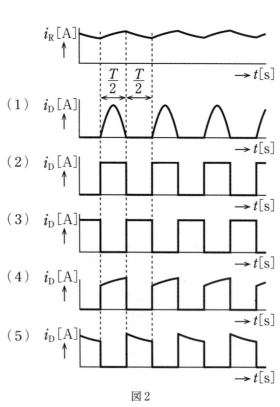

図2

問 10 の解答　出題項目＜チョッパ＞　　　　答え　(5)

図 **10-1** の回路において，IGBT Q を周期 T で ON-OFF させる。

電流 i_R：Q が ON の半周期は，電源 E_S→Q→L →R→E_S の経路で図 10-1 の向きに電流が流れる。電源とつながっているため，電流は増加する。Q が OFF の半周期は，D→L→R→D の経路で図 10-1 の向きに電流が流れる。電源がつながっていないため，電流は減少する。

電流 i_D：Q が ON の半周期は，電源E_Sによって D には逆方向電圧が加わるため電流は流れない。Q が OFF の半周期は，D→L→R→D の経路で図 10-1 の向きに電流が流れる（$= i_R$）。電源がつながっていないため，電流は減少する。

上記によって得られた**図 10-2** の i_D と比較して，選択肢の中で波形が合致しているのは(5)である。

解説

回路上では R と E_S との間に L が存在するため Q の OFF によっても i_R は零にならず，継続して電流が流れようとする。この期間は $i_R = i_D$ である。しかし，電源がないため，i_R は負荷抵抗 R により徐々に減少する。

Point Q が ON している間 i_D は零，Q が OFF すると $i_D = i_R$ となる。

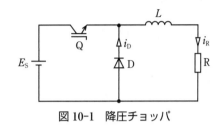

図 10-1　降圧チョッパ

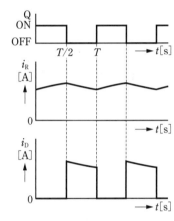

図 10-2　デバイス動作と電流

エレベータの昇降に使用する電動機の出力 P を求めるためには,昇降する実質の質量を M[kg],一定の昇降速度を v[m/min],機械効率を η[%]とすると,

$$P = 9.8 \times M \times \frac{v}{60} \times \boxed{\text{(ア)}} \times 10^{-3}$$

となる。ただし,出力 P の単位は[$\boxed{\text{(イ)}}$]であり,加速に要する動力及びロープの質量は無視している。

昇降する実質の質量 M[kg]は,かご質量 M_C[kg]と積載質量 M_L[kg]とのかご側合計質量と,釣合いおもり質量 M_B[kg]との $\boxed{\text{(ウ)}}$ から決まる。定格積載質量を M_n[kg]とすると,平均的に電動機の必要トルクが $\boxed{\text{(エ)}}$ なるように,釣合いおもり質量 M_B[kg]は,

$$M_\text{B} = M_\text{C} + \alpha \times M_\text{n}$$

とする。ただし,α は $\frac{1}{3} \sim \frac{1}{2}$ 程度に設計されることが多い。

電動機は,負荷となる質量 M[kg]を上昇させるときは力行運転,下降させるときは回生運転となる。したがって,乗客がいない(積載質量がない)かごを上昇させるときは $\boxed{\text{(オ)}}$ 運転となる。

上記の記述中の空白箇所(ア),(イ),(ウ),(エ)及び(オ)に当てはまる語句,式又は単位として,正しいものを組み合わせたのは次のうちどれか。

	(ア)	(イ)	(ウ)	(エ)	(オ)
(1)	$\frac{100}{\eta}$	kW	差	小さく	力 行
(2)	$\frac{\eta}{100}$	kW	和	大きく	力 行
(3)	$\frac{100}{\eta}$	kW	差	小さく	回 生
(4)	$\frac{\eta}{100}$	W	差	小さく	力 行
(5)	$\frac{100}{\eta}$	W	和	大きく	回 生

令和
4
(2022)

令和
3
(2021)

令和
2
(2020)

令和
元
(2019)

平成
30
(2018)

平成
29
(2017)

平成
28
(2016)

平成
27
(2015)

平成
26
(2014)

平成
25
(2013)

平成
24
(2012)

平成
23
(2011)

平成
22
(2010)

平成
21
(2009)

平成
20
(2008)

問 11 の解答　　出題項目＜エレベータ・巻上機＞　　　　　　答え（3）

エレベータの昇降に使用する電動機の出力 P は，

$$P = 9.8 \times M \times \frac{v}{60} \times \frac{100}{\eta} \times 10^{-3}$$

となる。また，単位は[**kW**]である。

昇降する質量 M[kg]は，$M_C + M_L$ と釣合いおもり質量 M_B との**差**から決まる（**図 11-1**）。

M_B は，平均的に電動機の必要トルクが**小さく**なるように設計される。

図 11-1 で乗客がおり，$M_B < (M_C + M_L)$ となる場合は，かごを上昇させるときは「力行運転」，下降させるときは「回生運転」となる。

乗客がおらず（$M_L = 0$），$M_B > M_C$ となる場合は，かごを上昇させるときは「**回生**運転」，下降させるときは「力行運転」となり，乗客がいる場合と逆の動作となる。

解 説

電動機の出力は理論上の所要動力に対して，電動機効率の分，大きい値となる。

Point エレベータ電動機の釣合いおもりの働きを理解すること。

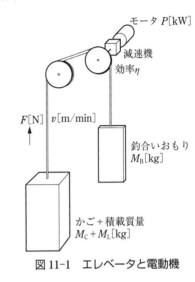

モータ P[kW]
減速機
効率 η
F[N]　v[m/min]
釣合いおもり
M_B[kg]
かご＋積載質量
$M_C + M_L$[kg]

図 11-1　エレベータと電動機

問 12　　出題分野＜電熱＞　　　　　難易度 ★★★　　重要度 ★★★

マイクロ波加熱の特徴に関する記述として，誤っているのは次のうちどれか。

（1）　マイクロ波加熱は，被加熱物自体が発熱するので，被加熱物の温度上昇（昇温）に要する時間は熱伝導や対流にはほとんど無関係で，照射するマイクロ波電力で決定される。

（2）　マイクロ波出力は自由に制御できるので，温度調節が容易である。

（3）　マイクロ波加熱では，石英ガラスやポリエチレンなど誘電体損失係数の小さい物も加熱できる。

（4）　マイクロ波加熱は，被加熱物の内部でマイクロ波のエネルギーが熱になるため，加熱作業環境を悪化させることがない。

（5）　マイクロ波加熱は，電熱炉のようにあらかじめ所定温度に予熱しておく必要がなく熱効率も高い。

問 13　　出題分野＜自動制御＞　　　　難易度 ★★★　　重要度 ★★★

図は，負荷に流れる電流 i_L[A] を電流センサで検出して制御するフィードバック制御系である。

減算器では，目標値を設定する電圧 v_r[V] から電流センサの出力電圧 r_f[V] を減算して，誤差電圧 $v_e = v_r - v_f$ を出力する。

電源は，減算器から入力される入力電圧（誤差電圧）v_e[V] に比例して出力電圧 v_p[V] が変化し，入力信号 v_e[V] が 1[V] のときには出力電圧 v_p[V] が 90[V] となる。

負荷は，抵抗 R の値が 2[Ω] の抵抗器である。

電流センサは，検出電流（負荷に流れる電流）i_L[A] が 50[A] のときに出力電圧 v_f[V] が 10[V] となる。

この制御系において目標値設定電圧 v_r[V] を 8[V] としたときに負荷に流れる電流 i_L[A] の値として，最も近いのは次のうちどれか。

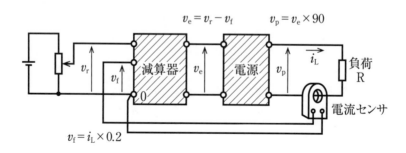

（1）　8.00　　　（2）　36.0　　　（3）　37.9　　　（4）　40.0　　　（5）　72.0

問 12 の解答　　出題項目＜マイクロ波加熱＞　　答え　(3)

（1）　正。マイクロ波エネルギーは電磁波の放射により伝わり，被加熱物自体が発熱する。被加熱物の温度上昇に必要なエネルギーは，マイクロ波電力量（エネルギー）により供給される。電力量は電力と時間の積なので，加熱時間は照射するマイクロ波電力で決定される。

（2）　正。マイクロ波電力は制御が容易なので加熱時間や温度調整も容易に行える。これは電気加熱全般についての特徴の一つでもある。

（3）　誤。マイクロ波加熱は誘電加熱を利用したもので，被加熱物の誘電体損失係数（比誘電率と誘電正接の積）の大きいものが加熱に適している。石英，ポリエチレンなどの**誘電体損失係数の小さいものはほとんど加熱されない**ので，マイクロ波加熱の加熱対象にはならない。

（4）　正。記述のとおり。

（5）　正。マイクロ波加熱は被加熱物自体が発熱するため，対流や伝導により加熱する電気炉のように予熱の必要がない。

解説

マイクロ波は，波長が 1 m から 1 mm 程度の波長の電磁波の総称である。この周波数帯の電磁波を加熱に用いるので，マイクロ波加熱と呼ばれる。電子レンジはその代表的な利用例である。

ポリ袋中や陶器の皿上の食品を電子レンジで加熱した場合，誘電体損失係数が大きい，特に水分を含んだ食品だけが加熱される。

ただし，氷はマイクロ波をほとんど吸収しないため，冷凍食品の解凍には適さない。

また，マイクロ波加熱の特徴は次のとおり。①被加熱物自体が発熱する内部加熱。②温度制御が容易で即応性が高い。③操作性や作業環境がよい。④予熱が不要で熱効率が高い。⑤物質による選択加熱が可能。

問 13 の解答　　出題項目＜フィードバック制御＞　　答え　(2)

このフィードバック制御の諸量の関係を，順に方程式で表すと，

$v_e = v_r - v_f$ 　　　　①

$v_p = 90\,v_e$ 　　　　②

$i_L = \dfrac{v_p}{R}$ 　　　　③

$v_f = 0.2\,i_L$ 　　　　④

①式を②式に代入して v_e を消去すると，

$v_p = 90\,v_e = 90(v_r - v_f)$

この式を③に代入して v_p を消去すると，

$i_L = \dfrac{v_p}{R} = \dfrac{90(v_r - v_f)}{R}$

この式に④式を代入して v_f を消去すると，v_r[V]と負荷電流 i_L[A]の関係式を得る。

$i_L = \dfrac{90(v_r - v_f)}{R} = \dfrac{90(v_r - 0.2 i_L)}{R}$

$R = 2$[Ω]を代入して整理すると，

$i_L = \dfrac{9 v_r}{2}$[A]

したがって，目標値設定電圧 $v_r = 8$[V]における負荷電流 i_L は，

$i_L = \dfrac{9 v_r}{2} = \dfrac{9 \times 8}{2} = 36$[A]　→　36.0 A

解説

問題図中の方程式と③式を含めた連立方程式より，目標値設定電圧 v_r[V]と負荷電流 i_L[A]の関係を求めることができる。

問題図の回路の動作を考えよう。外乱により i_L が増加した場合，帰還量 v_f が増加し偏差電圧 v_e が基準値より低下する。このため v_p が低下し電流の増加を抑える。i_L が減少した場合は上記と反対の動作が起こる。この動作により i_L は一定値を維持できる。

問 14　　出題分野＜情報＞　　　　　　　　　　　難易度 ★★★　重要度 ★★★

　入力信号が A, B 及び C, 出力信号が X の論理回路として，次の真理値表を満たす論理回路は次のうちどれか。

真理値表

入力信号			出力信号
A	B	C	X
0	0	0	1
0	0	1	0
0	1	0	1
0	1	1	0
1	0	0	1
1	0	1	1
1	1	0	0
1	1	1	0

（1）
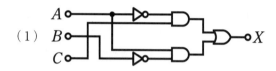

（2）
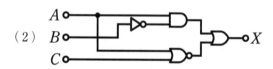

（3）
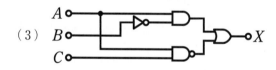

（4）
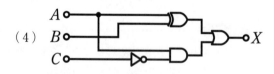

（5）
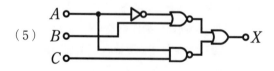

問 14 の解答　　出題項目＜論理回路＞
答え　（2）

真理値表の入力信号を上から順次，五つの選択肢の論理回路に加えて出力信号を調べる。

①　$A=0$, $B=0$, $C=0$ の場合，選択肢（1）（4）が $X=0$ となり誤り。

②　$A=0$, $B=0$, $C=1$ の場合，選択肢（3）（5）が $X=1$ となり誤り。

したがって，選択肢（2）が正解となる。

【別　解】　加法標準型設計法を用いる。真理値表の出力信号が 1 となる入力信号をすべて見つける。そのそれぞれについて，すべての入力の論理積を作る（入力が 0 の場合は否定の論理積）。それぞれの論理積すべての論理和を作る。この操作で作られた論理式が真理値表の論理式になる。

$$X=\bar{A}\cdot\bar{B}\cdot\bar{C}+\bar{A}\cdot B\cdot\bar{C}+A\cdot\bar{B}\cdot\bar{C}+A\cdot\bar{B}\cdot C$$

次に，この論理式を簡単化する。それには一般に，カルノー図またはブール代数を用いるが，紙面の関係でここではブール代数による式変形を行う。

$$
\begin{aligned}
X&=\bar{A}\cdot\bar{B}\cdot\bar{C}+\bar{A}\cdot B\cdot\bar{C}+A\cdot\bar{B}\cdot\bar{C}+A\cdot\bar{B}\cdot C\\
&=\bar{A}\cdot\bar{C}\cdot(\bar{B}+B) & +A\cdot\bar{B}\cdot(\bar{C}+C)\\
&=\bar{A}\cdot\bar{C}\cdot(1) & +A\cdot\bar{B}\cdot(1)\\
&=\bar{A}\cdot\bar{C} & +A\cdot\bar{B}\\
&=\overline{A+C} & +A\cdot\bar{B}
\end{aligned}
$$

上式第 1 項は A, C の NOR であり，第 2 項は A, $\bar{B}$ の AND で実現できる。したがって，X はこの 2 項の論理和 OR で実現できる。この論理式を論理回路で表すと**図 14-1** になる。

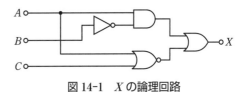

図 14-1　X の論理回路

解　説・・・・・・・・・・・・・・・・・・・・・・・・・・・・・

この種の問題は消去法が早い。入力信号はどれから始めてもよい。解答のように 2 回で正解が得られるとは限らないが，最後に一つの正解が残るまで誤答を消去していく。

Point　論理回路設計の要は論理式の簡単化。

令和 **4** (2022)

令和 **3** (2021)

令和 **2** (2020)

令和 **元** (2019)

平成 **30** (2018)

平成 **29** (2017)

平成 **28** (2016)

平成 **27** (2015)

平成 **26** (2014)

平成 **25** (2013)

平成 **24** (2012)

平成 **23** (2011)

平成 **22** (2010)

平成 **21** (2009)

平成 **20** (2008)

| **B 問 題** | （配点は 1 問題当たり（a）5 点，（b）5 点，計 10 点） |

問 15　　出題分野＜同期機＞　　　　　　　　　難易度 ★★★　　重要度 ★★★

　1 相当たりの同期リアクタンスが 1[Ω]の三相同期発電機が無負荷電圧 346[V]（相電圧 200[V]）を発生している。そこに抵抗器負荷を接続すると電圧が 300[V]（相電圧 173[V]）に低下した。次の（a）及び（b）に答えよ。

　ただし，三相同期発電機の回転速度は一定で，損失は無視するものとする。

（a）　電機子電流[A]の値として，最も近いのは次のうちどれか。
　　（1）　27　　　（2）　70　　　（3）　100　　　（4）　150　　　（5）　173

（b）　出力[kW]の値として，最も近いのは次のうちどれか。
　　（1）　24　　　（2）　30　　　（3）　52　　　（4）　60　　　（5）　156

令和
4
(2022)

令和
3
(2021)

令和
2
(2020)

令和
元
(2019)

平成
30
(2018)

平成
29
(2017)

平成
28
(2016)

平成
27
(2015)

平成
26
(2014)

平成
25
(2013)

平成
24
(2012)

平成
23
(2011)

平成
22
(2010)

平成
21
(2009)

平成
20
(2008)

問 15（a）の解答　　出題項目＜電機子電流＞　　答え（3）

題意の同期発電機の等価回路を**図 15-1** に示す。図において，

$$\dot{E}' = \dot{V}' + \mathrm{j}x_\mathrm{s}\dot{I}\,[\mathrm{V}] \qquad ①$$

ただし，題意から，

無負荷相電圧 $E' = \dfrac{E}{\sqrt{3}} = 200\,[\mathrm{V}]$

（負荷時）相電圧：$V' = \dfrac{V}{\sqrt{3}} = 173\,[\mathrm{V}]$

同期リアクタンス：$x_\mathrm{s} = 1\,[\Omega]$

電機子（負荷）電流：$I\,[\mathrm{A}]$

である。

①式をベクトル図で表すと，**図 15-2** となる。三平方の定理により，

$$E'^2 = V'^2 + (x_\mathrm{s}I)^2 \qquad ②$$

となる。②式を変形して，

$$x_\mathrm{s}I = \sqrt{E'^2 - V'^2}$$

$$I = \frac{\sqrt{E'^2 - V'^2}}{x_\mathrm{s}} = \frac{\sqrt{200^2 - 173^2}}{1}$$
$$= 100.35 \fallingdotseq 100\,[\mathrm{A}]$$

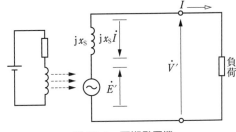

図 15-1　同期発電機

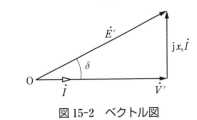

図 15-2　ベクトル図

問 15（b）の解答　　出題項目＜発電機の出力＞　　答え（3）

線間電圧 V，負荷電流 I，負荷力率 $\cos\theta$ の出力 P は，次式で表される。

$$P = \sqrt{3}\,VI\cos\theta\,[\mathrm{W}] \qquad ③$$

題意から負荷は抵抗のみなので，$\cos\theta = 1$ である。③式に数値を代入して P を求める。

$$P = \sqrt{3} \times 300 \times 100.35 \times 1$$
$$\fallingdotseq 52\,140\,[\mathrm{W}] \fallingdotseq 52\,[\mathrm{kW}]$$

【別 解】 同期発電機の出力 P の公式

$$P = \frac{EV}{X_\mathrm{s}}\sin\delta\,[\mathrm{W}] \qquad ④$$

ただし，$E = \sqrt{3} \times 200 = 346\,[\mathrm{V}]$
　　　　$V = \sqrt{3} \times 173 \fallingdotseq 300\,[\mathrm{V}]$

から計算する。$\sin\delta$ は**図 15-3** より，

$$\sin\delta = \frac{x_\mathrm{s}I}{E'} = \frac{1 \times 100}{200} = 0.5$$

④式に数値を代入して，

$$P = \frac{346 \times 300}{1} \times 0.5$$
$$= 51\,900\,[\mathrm{W}] \fallingdotseq 52\,[\mathrm{kW}]$$

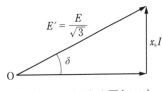

図 15-3　ベクトル図（$\sin\delta$）

Point 同期発電機の等価回路とベクトル図を理解すること。

問 16　　出題分野＜パワーエレクトロニクス＞　　難易度 ★★☆　　重要度 ★★★

図には，バルブデバイスとしてサイリスタを用いた単相全波整流回路を示す。交流電源電圧を $e = \sqrt{2}\,E \sin \omega t\,[\mathrm{V}]$，単相全波整流回路出力の直流電圧を $e_\mathrm{d}\,[\mathrm{V}]$，サイリスタの電流を $i_\mathrm{T}\,[\mathrm{A}]$ として，次の（ a ）及び（ b ）に答えよ。

ただし，重なり角などは無視し，平滑リアクトルにより直流電流は一定とする。

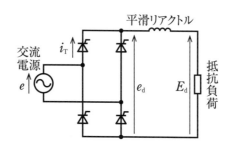

（ a ）　サイリスタの制御遅れ角 α が $\dfrac{\pi}{3}\,[\mathrm{rad}]$ のときに，e に対する，e_d，i_T の波形として，正しいのは次のうちどれか。

（1）　　　　　　　　　　　（2）　　　　　　　　　　　（3）

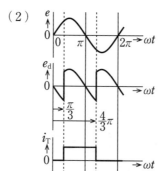

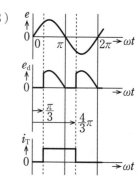

（4）　　　　　　　　　　　（5）

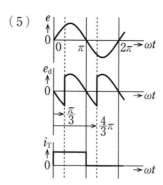

（ b ）　負荷抵抗にかかる出力の直流電圧 $E_\mathrm{d}\,[\mathrm{V}]$ は上記（ a ）に示された瞬時値波形の平均値となる。

制御遅れ角 α を $\dfrac{\pi}{2}\,[\mathrm{rad}]$ としたときの電圧 [V] の値として，正しいのは次のうちどれか。

（1）　0　　　　（2）　$\dfrac{2}{\pi}E$　　　　（3）　$\dfrac{1}{2}E$　　　　（4）　$\dfrac{\sqrt{2}}{2}E$　　　　（5）　$\dfrac{2\sqrt{2}}{\pi}E$

問 16（a）の解答 　出題項目＜単相サイリスタ整流回路＞ 　　　答え （2）

　問題の単相全波整流回路を**図 16-1** に示す。また，サイリスタの制御遅れ角 $\alpha = \pi/3$ とする。電源電圧 e，平滑リアクトルおよび負荷に加わる電圧 e_d，サイリスタ Th1 に流れる電流 i_T の波形を**図 16-2** に示す。

（1）$\omega t = 0 \sim \pi/3$ の間

　電源電圧 e は実線矢印の向きで，Th1，4 は制御遅れ角により OFF である。平滑リアクトル L を流れる負荷電流は，Th2，3 を経由して点線のループで継続して流れる。e_d は Th3 が矢印側（正）となるため e の波形が反転した負の波形である。また，電流は継続して Th2，3 に流れるため，$i_T = 0$ である。

（2）$\omega t = \pi/3 \sim \pi$ の間

　電源電圧 e は実線矢印の向きで，Th1，4 は ON，電流は Th1，4 を経由して実線のループで流れる。e_d は Th1 が矢印側（正）となるため e の波形と同じ正の波形である。また，負荷電流は Th1，4 に流れるため，i_T はある一定値である。

（3）$\omega t = \pi \sim 4\pi/3$ の間

　電源電圧 e は点線矢印の向きで，Th2，3 は制御遅れ角により OFF である。負荷電流は継続して Th1，4 を経由して実線のループで流れる。e_d は Th4 が矢印側（正）となるため e の波形の通り負の値である。また，負荷電流は Th1，4 に流れるため，i_T はある一定値である。

（4）$\omega t = 4\pi/3 \sim 2\pi$ の間

　電源電圧は点線矢印の向きで，Th2，3 は ON，

電流は Th2，3 を経由して実線のループで流れる。e_d は Th2 が矢印側（正）となるため e の波形が反転した正の波形である。また，負荷電流は Th2，3 に流れるため，$i_T = 0$ である。

　選択肢の中で正しいものは（2）である。

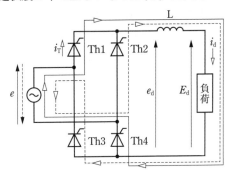

図 16-1　単相全波整流回路

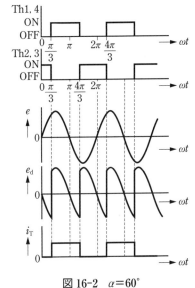

図 16-2　$\alpha = 60°$

問 16（b）の解答 　出題項目＜単相サイリスタ整流回路＞ 　　　答え （1）

　負荷抵抗にかかる出力の直流電圧 E_d は**図 16-3** に示す e_d の平均値である。

　図 16-3 をよく見ると，正負の波形と時間軸とが作る面積は同じであり，**0**[V] である。

Point サイリスタの動作と電圧，電流波形を理解すること。

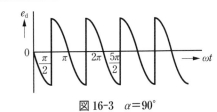

図 16-3　$\alpha = 90°$

問 17 及び問 18 は選択問題です。問 17 又は問 18 のどちらかを選んで解答してください。（両方解答すると採点されませんので注意してください。）

（選択問題）

問 17　出題分野＜照明＞　　難易度 ★★★　重要度 ★★★

　図に示すように，床面上の直線距離 3[m] 離れた点 O 及び点 Q それぞれの真上 2[m] のところに，配光特性の異なる 2 個の光源 A，B をそれぞれ取り付けたとき，$\overline{OQ}$ 線上の中点 P の水平面照度に関して，次の（a）及び（b）に答えよ。

　ただし，光源 A は床面に対し平行な方向に最大光度 I_0[cd] で，この I_0 の方向と角 θ をなす方向に $I_A(\theta) = 1\,000\cos\theta$[cd] の配光をもつ。光源 B は全光束 5 000[lm] で，どの方向にも光度が等しい均等放射光源である。

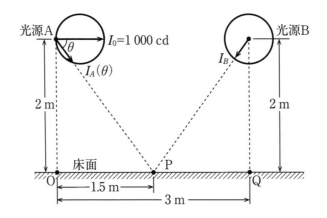

（a）　まず，光源 A だけを点灯したとき，点 P の水平面照度[lx] の値として，最も近いのは次のうちどれか。

（1）　57.6　　　（2）　76.8　　　（3）　96.0　　　（4）　102　　　（5）　192

（b）　次に，光源 A と光源 B の両方を点灯したとき，点 P の水平面照度[lx] の値として，最も近いのは次のうちどれか。

（1）　128　　　（2）　141　　　（3）　160　　　（4）　172　　　（5）　256

問 17（a）の解答　出題項目＜水平面照度＞　　　　答え（2）

図 **17-1** のように，点 P における光源 A 方向の照度を E_A[lx]，水平面照度を E_{Ah}[lx]，点 P での入射角を ϕ する。

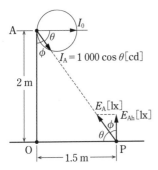

図 17-1　光源 A のみの照度計算

$\overline{AP}=\sqrt{2^2+1.5^2}=2.5$ なので光度 I_A は，

$$I_A=I_0\cos\theta=1\,000\times\frac{1.5}{2.5}=600[\text{cd}]$$

照度 E_A は距離の逆二乗の法則から，

$$E_A=\frac{I_A}{\overline{AP}^2}=\frac{600}{2.5^2}=96[\text{lx}]$$

水平面照度 E_{Ah} は入射角余弦の法則から，

$$E_{Ah}=E_A\cos\phi=96\times\frac{2}{2.5}=76.8[\text{lx}]$$

解説

θ と ϕ は平行線の錯角から △OAP の内角と等しいので，$\cos\theta$，$\cos\phi$ の値がわかる。

問 17（b）の解答　出題項目＜水平面照度＞　　　　答え（1）

図 **17-2** のように，点 P における光源 B 方向の照度を E_B[lx]，水平面照度を E_{Bh}[lx]，点 P での入射角を ϕ する。

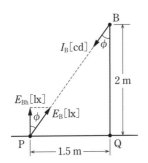

図 17-2　光源 B のみの照度計算

光源 B は均等放射光源なので，光度 I_B は全光束を全立体角 4π[sr]で割った値になる。

$$I_B=\frac{5\,000}{4\pi}[\text{cd}]$$

$\overline{BP}=\sqrt{2^2+1.5^2}=2.5$ なので水平面照度 E_{Bh} は，

$$E_{Bh}=E_B\cos\phi=\frac{I_B}{\overline{BP}^2}\cos\phi$$

$$=\frac{\left(\frac{5\,000}{4\pi}\right)}{2.5^2}\times\frac{2}{2.5}\fallingdotseq50.9[\text{lx}]$$

両方点灯した場合の点 P の水平面照度は個々の光源による水平面照度の和になるので，

$$E_{Ah}+E_{Bh}=76.8+50.9$$
$$=127.7[\text{lx}]\ \rightarrow\ 128\,\text{lx}$$

解説

解答のように距離の逆二乗の法則を用いる場合は，立体角より点 P 方向の光度を求める必要がある。また，E_B を点 B を中心とする半径 $\overline{BP}$ の球の内面照度から求めてもよい。

補足　図 **17-3** のように，円すいの中心軸から θ の広がりを持つ立体角 ω は次式で与えられる。

$$\omega=2\pi(1-\cos\theta)[\text{sr}]$$

例えば，全空間の立体角は $\theta=\pi$ を代入すると 4π を得る。また，全光束 F[lm]の均等放射光源では，ω に含まれる光束 F' は立体角の比から，

$$F'=\frac{\omega}{4\pi}F=\frac{(1-\cos\theta)F}{2}[\text{lm}]$$

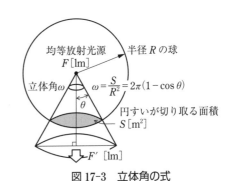

図 17-3　立体角の式

（選択問題）

問 18　出題分野＜情報＞　　難易度 ★★★　重要度 ★★☆

数の表現法について，次の（a）及び（b）に答えよ。

（a）　10進法で表される正の整数 N は，10進法の2以上の整数 r を用いて，次式のように表すことができる。

$$N = a_n r^n + a_{n-1} r^{n-1} + \cdots + a_1 r + a_0$$

ただし，a_i は整数であり，$0 \leqq a_i < r (i = 0, 1, \cdots, n)$である。

このとき，N を r 進法で次のように表現することとする。

$$(a_n a_{n-1} \cdots a_2 a_1 a_0)_r$$

この表現方法によって次の計算が成り立つとき，r の値として正しいのは次のうちどれか。

$$(122)_r - (42)_r = (40)_r$$

（1）　5　　　　（2）　6　　　　（3）　7　　　　（4）　8　　　　（5）　9

（b）　8ビットの固定長で，正負のある2進法の数値を表現する場合，次のような①及び②で示す方式がある。また，D–Aコンバータにおいては次の③で示す方式が用いられる。

①　最上位ビット（左端のビット，以下MSBという）を符号ビットとして，残りのビットでその数の絶対値を表す方式は，絶対値表示方式と呼ばれる。この場合，MSB＝0が正（＋），MSB＝1が負（−）と約束すると，10進数の−8は　　（ア）　　となる。

②　7ビット長で表された正の数 n に対して，$-n$ を8ビット長の n の2の補数で表す方式がある。この方式による場合，10進数の−8は　　（イ）　　となる。この方式においても，MSB＝1は負の整数，MSB＝0は正の整数を示すことになる。この方式は，2進数の減算に適している。

③　D–Aコンバータでは，ディジタル入力量とアナログ出力量が比例の関係にある。8ビットのD–Aコンバータではディジタル入力量として，$(1000\ 0000)_2$ を与えた場合に，0.0000[V]が出力されるようにしたオフセット・バイナリ・コードを用いることが多い。この場合，出力電圧が正のときは，MSB＝1となり，負のときは，MSB＝0となる。

　ディジタル入力値が $(0000\ 0000)_2$ のときのアナログ出力値が−5.0000[V]であるオフセット・バイナリ・コードのD–Aコンバータでは，ディジタル入力値が $(0111\ 1000)_2$ のときの出力電圧値は　　（ウ）　　[V]となる。

上記の記述中の空白箇所（ア），（イ）及び（ウ）に当てはまる数値として，正しいものを組み合わせたのは次のうちどれか

	（ア）	（イ）	（ウ）
（1）	$(1000\ 1000)_2$	$(1000\ 0111)_2$	−0.2734
（2）	$(1111\ 1000)_2$	$(1000\ 1000)_2$	−0.3125
（3）	$(1000\ 1000)_2$	$(1111\ 1000)_2$	−0.3125
（4）	$(1111\ 1000)_2$	$(1000\ 0111)_2$	−0.3125
（5）	$(1000\ 1000)_2$	$(1111\ 1000)_2$	−0.2734

問 18 （a）の解答　　出題項目＜基数変換＞　　　　　　答え　（2）

次の r 進数の数値を 10 進数で表すと，

$(122)_r = 1 \times r^2 + 2 \times r + 2 = r^2 + 2r + 2$

$(42)_r = 4 \times r + 2 = 4r + 2$

$(40)_r = 4 \times r + 0 = 4r$

計算式 $(122)_r - (42)_r = (40)_r$ は 10 進法では，

$(r^2 + 2r + 2) - (4r + 2) = (4r)$

r について整理すると，

$r^2 - 6r = 0 \;\rightarrow\; r(r-6) = 0 \;\rightarrow\; r = 0,\ 6$

r は 5 以上の整数なので，$r = 6$。

【別 解】　計算式 $(122)_r - (42)_r = (40)_r$ には 4 が含まれるので，r 進法の r は 5 以上の整数である。

① 　$r = 5$ の場合

$(122)_5 = 1 \times 5^2 + 2 \times 5 + 2 = 37$

$(42)_5 = 4 \times 5 + 2 = 22$

$(40)_5 = 4 \times 5 + 0 = 20$

$37 - 22 = 15 \neq 20$ なので成り立たない。

② 　$r = 6$ の場合

$(122)_6 = 1 \times 6^2 + 2 \times 6 + 2 = 50$

$(42)_6 = 4 \times 6 + 2 = 26$

$(40)_6 = 4 \times 6 + 0 = 24$

$50 - 26 = 24$ なので，成り立つ。ゆえに $r = 6$

解 説 ··

r 進法の計算は，10 進法に直して計算し，結果を r 進法に戻すとわかり易い。別解は具体的な計算を 10 進法で行い確認している。r は 5 から 9 までの整数のいずれかなので，このような方法も有効なアプローチになる。

問 18 （b）の解答　　出題項目＜2 進数＞　　　　　　答え　（3）

① 　-8 は負の整数なので，MSB $= 1$。10 進数の 8 は $8 = 1 \times 2^3 + 0 \times 2^2 + 0 \times 2^1 + 0$ なので，7 ビット長 2 進数では，$(000\ 1000)_2$ となる。したがって，10 進数の -8 は **$(1000\ 1000)_2$** となる。

② 　10 進数の 8 を 8 ビット長 2 進数で表すと，$(0000\ 1000)_2$ になる。ただし，数として意味のあるのは下位 7 ビットである。補数は各ビットを反転(0, 1 を入れ替える操作)後，1 を加えて作る。$(0000\ 1000)_2$ を反転して $(1111\ 0111)_2$，さらに $(0000\ 0001)_2$ を加えると $(1111\ 1000)_2$ を得る。このうち下位 7 ビットが数値を表し，MSB が符号を表すのでこの方式による場合，10 進数の -8 は **$(1111\ 1000)_2$** となる。

③ 　D-A コンバータの入力を 10 進数に変換して横軸にとり，出力電圧を縦軸で表したものを**図 18-1** に示す。$(1000\ 0000)_2 = 128$，$(0111\ 1000)_2 = 120$ である。ただし，グラフは点の集合であるが，直線で表してある。

図 18-1 より相似比を用いて，

$(-5 - y) : 120 = (-5) : 128$

$y = \dfrac{120 \times 5}{128} - 5 = -0.3125 [\text{V}]$

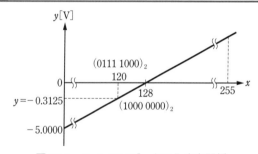

図 18-1　D-A コンバータの入出力関係

したがって，入力値が $(0111\ 1000)_2$ のときの出力電圧値は，**-0.3125** V となる。

解 説 ··

D-A コンバータの出力の計算は，グラフを描いて考えるとわかり易い。相似比の代わりに関数で考えてもよい。2 点 $(0,\ -5)$，$(128,\ 0)$ を通る直線を表す一次関数は，

$y = \dfrac{5}{128}(x - 128)$

入力が $x = 120$ のときの出力 y は，

$y = \dfrac{5}{128}(120 - 128) = -0.3125 [\text{V}]$

機 械 | 平成 21 年度（2009 年度）

A 問 題 （配点は 1 問題当たり 5 点）

問 1　出題分野＜直流機＞　　難易度 ★★★　重要度 ★☆☆

直流発電機に関する記述として，正しいのは次のうちどれか。

(1)　直巻発電機は，負荷を接続しなくても電圧の確立ができる。

(2)　平複巻発電機は，全負荷電圧が無負荷電圧と等しくなるように（電圧変動率が零になるように）直巻巻線の起磁力を調整した発電機である。

(3)　他励発電機は，界磁巻線の接続方向や電機子の回転方向によっては電圧の確立ができない場合がある。

(4)　分巻発電機は，負荷電流によって端子電圧が降下すると，界磁電流が増加するので，他励発電機より負荷による電圧変動が小さい。

(5)　分巻発電機は，残留磁気があれば分巻巻線の接続方向や電機子の回転方向に関係なく電圧の確立ができる。

問 2　出題分野＜直流機＞　　難易度 ★★☆　重要度 ★★★

電機子回路の抵抗が $0.20[\Omega]$ の直流他励電動機がある。励磁電流，電機子電流とも一定になるように制御されており，電機子電流は $50[A]$ である。回転速度が $1\,200[\mathrm{min}^{-1}]$ のとき，電機子回路への入力電圧は $110[V]$ であった。励磁電流，電機子電流を一定に保ったまま電動機の負荷を変化させたところ，入力電圧が $80[V]$ となった。このときの回転速度 $[\mathrm{min}^{-1}]$ の値として，最も近いのは次のうちどれか。

ただし，電機子反作用はなく，ブラシの抵抗は無視できるものとする。

(1)　764　　　(2)　840　　　(3)　873　　　(4)　900　　　(5)　960

問1の解答　出題項目＜発電機の特性＞

答え　（2）

（1）誤。直巻発電機は，界磁巻線と電機子巻線が直列に接続されているため，負荷電流＝界磁電流となる。したがって，負荷が接続されていない（負荷電流＝0）場合，界磁磁束が無いため回転しても**電圧の確立はできない**。

（2）正。複巻発電機とは，電機子巻線と直列に接続された界磁巻線（直巻）と並列に接続された界磁巻線（分巻）の二つの界磁巻線を持つ直流発電機をいう。直巻の起磁力（極性と巻数）を調整し，電圧降下分の誘導起電力を発生させて，無負荷電圧と全負荷電圧を等しくしたものを平復巻という。

（3）誤。他励発電機は，界磁巻線の接続方向や電機子の回転方向に関係なく，別電源により界磁磁束が発生しているため**電圧は確立する**。

（4）誤。分巻発電機は，界磁巻線が電機子巻線と並列に接続されている。負荷電流と電機子抵抗により電圧降下が発生すると，界磁巻線に加わる電圧が低下して**界磁電流も減少する**。

（5）誤。分巻発電機が回転して電圧を確立するには，残留磁気が存在することと，その残留磁気で生じた残留電圧による界磁電流（磁束）が電圧を上昇させる向きであることなどの条件が必要である。よって，電機子の回転方向や分巻巻線の接続方向に**関係する**。

Point 直流発電機の界磁について理解すること。

問2の解答　出題項目＜回転速度＞

答え　（2）

直流他励電動機の回路を**図2-1**に示す。電機子回路への入力電圧 $V=110[\text{V}]$ の場合の誘導起電力 E_{a1} と，$V=80[\text{V}]$ の場合の誘導起電力 E_{a2} を計算する。図2-1より，

$$V=E_a+r_aI_a$$

となる。よって，

$$E_{a1}=V-r_aI_a=110-0.20\times50=100[\text{V}]$$

$$E_{a2}=V-r_aI_a=80-0.20\times50=70[\text{V}]$$

直流機の電機子誘導起電力 E_a は，次式で表される。

$$E_a=k\phi N \qquad\qquad ①$$

（ϕ：磁束（一定），N：回転数，k：比例定数）
①式より，他励電動機の回転数は誘導起電力に比例するので $V=80\text{V}$ のときの回転速度 N_2 は，

$$N_2=1\,200\times\frac{70}{100}=840[\text{min}^{-1}]$$

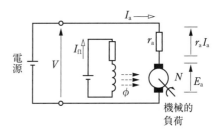

図2-1　直流他励電動機

Point 電源電圧と誘導起電力および回転速度の関係を理解すること。

令和4 (2022)
令和3 (2021)
令和2 (2020)
令和元 (2019)
平成30 (2018)
平成29 (2017)
平成28 (2016)
平成27 (2015)
平成26 (2014)
平成25 (2013)
平成24 (2012)
平成23 (2011)
平成22 (2010)
平成21 (2009)
平成20 (2008)

問3　出題分野＜誘導機＞　難易度 ★★☆　重要度 ★★★

三相誘導電動機は，　(ア)　磁界を作る固定子及び回転する回転子からなる。

回転子は，　(イ)　回転子と　(ウ)　回転子との2種類に分類される。

(イ)　回転子では，回転子溝に導体を納めてその両端が　(エ)　で接続される。

(ウ)　回転子では，回転子導体が　(オ)　，ブラシを通じて外部回路に接続される。

上記の記述中の空白箇所(ア)，(イ)，(ウ)，(エ)及び(オ)に当てはまる語句として，正しいものを組み合わせたのは次のうちどれか。

	(ア)	(イ)	(ウ)	(エ)	(オ)
(1)	回　転	円筒形	巻線形	スリップリング	整流子
(2)	固　定	かご形	円筒形	端絡環	スリップリング
(3)	回　転	巻線形	かご形	スリップリング	整流子
(4)	回　転	かご形	巻線形	端絡環	スリップリング
(5)	固　定	巻線形	かご形	スリップリング	整流子

問4　出題分野＜機器全般＞　難易度 ★★☆　重要度 ★★☆

同期発電機を商用電源（電力系統）に遮断器を介して接続するためには，同期発電機の　(ア)　の大きさ，　(イ)　及び位相が商用電源のそれらと一致していなければならない。同期発電機の商用電源への接続に際しては，これらの条件が一つでも満足されていなければ，遮断器を投入したときに過大な電流が流れることがあり，場合によっては同期発電機が損傷する。仮に，　(ア)　の大きさ，　(イ)　が一致したとしても，位相が異なる場合には位相差による電流が生じる。同期発電機が無負荷のとき，この電流が最大となるのは位相差が　(ウ)　［°］のときである。

同期発電機の　(ア)　の大きさ，　(イ)　及び位相を商用電源のそれらと一致させるには，　(エ)　及び調速装置を用いて調整する。

上記の記述中の空白箇所(ア)，(イ)，(ウ)及び(エ)に当てはまる語句又は数値として，正しいものを組み合わせたのは次のうちどれか。

	(ア)	(イ)	(ウ)	(エ)
(1)	インピーダンス	周波数	60	誘導電圧調整器
(2)	電　圧	回転速度	60	電圧調整装置
(3)	電　圧	周波数	60	誘導電圧調整器
(4)	インピーダンス	回転速度	180	電圧調整装置
(5)	電　圧	周波数	180	電圧調整装置

問3の解答　出題項目＜構造＞

三相かご形誘導電動機を**図3-1**に示す。

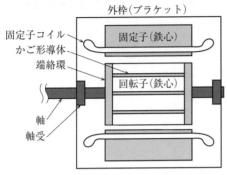

図 3-1　三相かご形誘導電動機(外形図)

誘導電動機では**回転**磁界を作る固定子と電力を機械負荷に伝える回転子からなる。回転子は，**かご形**回転子と**巻線形**回転子の2種類がある。

かご形回転子には，**図3-1**のようにかご形導体を両端で接続する**端絡環**がある。

巻線形誘導機は，**図3-2**のように回転子導体を**スリップリング**とブラシにより外部へ引き出して，可変抵抗器により二次抵抗値を調整する。

Point 誘導機のかご形，巻線形の特徴を理解すること。

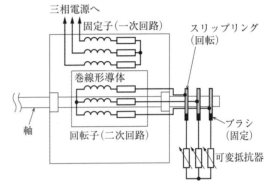

図 3-2　三相巻線形誘導機(配線図)

問4の解答　出題項目＜各種電気機器＞

同期発電機を電力系統に遮断器を介して接続する条件として，同期発電機電圧の

① **電圧**の大きさ，　② **周波数**

③ **位相**，　　　　　④ **相回転**

が商用電源のそれらと一致する必要がある。

位相が異なる場合，位相差による電流が生じ，この電流は位相差が**180**[°]のとき最大となる。

同期発電機の電圧の大きさ，周波数および位相を商用電源のそれらと一致させるには，**電圧調整装置**および調速装置を用いて調整する。

解説

図4-1は，同期発電機を電力系統(商用電源)へ連系する場合のモデル図である。遮断器を投入すると流れる電流 $\dot{I}_C$ は，電力系統電圧を $\dot{E}$，発電機電圧を $\dot{E}_G$，同期リアクタンスを jX_S とすると，

$$\dot{I}_C = \frac{\dot{E} - \dot{E}_G}{\dot{Z}_S} = \frac{\dot{E} - \dot{E}_G}{jX_S} [A] \qquad ①$$

である。①式から，$\dot{E}$ と $\dot{E}_G$ の大きさだけでなく，位相も同じでないと分子が零にならず，$\dot{I}_C$

が流れることが分かる。

電圧の位相が異なる場合，$\dot{I}_C$ はその位相を一致させるように働き，この電流を同期化電流という。

①式において $E = E_G$(大きさ一致)で位相差がある場合，$|\dot{I}_C|$ が最大になるのは位相差が180[°]=π[rad]のときである。

遮断器を投入する際は，同期検定器を用いて電圧の大きさと位相が一致した場合のみ投入する。

Point 同期発電機を電力系統に連系する条件を理解すること。

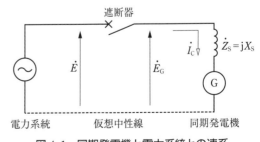

図 4-1　同期発電機と電力系統との連系

令和 4 (2022)
令和 3 (2021)
令和 2 (2020)
令和 元 (2019)
平成 30 (2018)
平成 29 (2017)
平成 28 (2016)
平成 27 (2015)
平成 26 (2014)
平成 25 (2013)
平成 24 (2012)
平成 23 (2011)
平成 22 (2010)
平成 21 (2009)
平成 20 (2008)

問5　出題分野＜同期機＞　難易度 ★★★　重要度 ★★★

　定格出力5 000[kV·A]，定格電圧6 600[V]の三相同期発電機がある。無負荷時に定格電圧となる励磁電流に対する三相短絡電流（持続短絡電流）は，500[A]であった。この同期発電機の短絡比の値として，最も近いのは次のうちどれか。

（1）　0.660　　　（2）　0.875　　　（3）　1.00　　　（4）　1.14　　　（5）　1.52

問6　出題分野＜パワーエレクトロニクス＞　難易度 ★★★　重要度 ★★★

　電気車を駆動する電動機として，直流電動機が広く使われてきた。近年，パワーエレクトロニクス技術の発展によって，電気車用駆動電動機の電源として，可変周波数・可変電圧の交流を発生することができるインバータを搭載する電気車が多くなった。そのシステムでは，構造が簡単で保守が容易な　(ア)　三相誘導電動機をインバータで駆動し，誘導電動機の制御方法として滑り周波数制御が広く採用されていた。電気車の速度を目標の速度にするためには，誘導電動機が発生するトルクを調節して電気車を加減速する必要がある。誘導電動機の回転周波数はセンサで検出されるので，回転周波数に滑り周波数を加算して得た　(イ)　周波数で誘導電動機を駆動することで，目標のトルクを得ることができる。電気車を始動・加速するときには　(ウ)　の滑りで運転し，回生制動によって減速するときには　(エ)　の滑りで運転する。最近はさらに電動機の制御技術が進展し，誘導電動機のトルクを直接制御することができる　(オ)　制御の採用が進んでいる。また，電気車用駆動電動機のさらなる小形・軽量化を目指して，永久磁石同期電動機を適用しようとする技術的動向がある。

　上記の記述中の空白箇所(ア)，(イ)，(ウ)，(エ)及び(オ)に当てはまる語句として，正しいものを組み合わせたのは次のうちどれか。

	(ア)	(イ)	(ウ)	(エ)	(オ)
（1）	かご形	一　次	正	負	ベクトル
（2）	かご形	一　次	負	正	スカラ
（3）	かご形	二　次	正	負	スカラ
（4）	巻線形	一　次	負	正	スカラ
（5）	巻線形	二　次	正	負	ベクトル

問5の解答　　出題項目<無負荷飽和曲線>　　　　答え（4）

三相同期電動機の定格電流 I_n は，題意の定格出力 $P_n=5\,000[\mathrm{kV\cdot A}]$，定格電圧 $V_n=6\,600[\mathrm{V}]$ より，

$$I_n=\frac{P_n}{\sqrt{3}\,V_n}=\frac{5\,000\times10^3}{\sqrt{3}\times6\,600}\fallingdotseq437.39[\mathrm{A}]$$

短絡比 K_s は，題意の三相短絡電流 $I_s=500[\mathrm{A}]$ から，

$$K_s=\frac{I_s}{I_n}=\frac{500}{437.39}=1.143\fallingdotseq1.14$$

解説

三相同期発電機の無負荷飽和曲線と短絡特性曲線を**図 5-1** に示す。短絡比 K_s は，無負荷飽和曲線の（無負荷）定格電圧となる励磁電流を I_{f1}，短絡特性曲線の定格電流となる励磁電流を I_{f2} とすると，次の定義式で表される。

$$K_s=\frac{I_{f1}}{I_{f2}}=\frac{I_s}{I_n}\qquad①$$

である。なお，短絡特性曲線は直線であるため，$\dfrac{I_{f1}}{I_{f2}}$ と $\dfrac{I_s}{I_n}$ は等しい。

解答では，①式の $\dfrac{I_s}{I_n}$ を使用して解いた。

Point 短絡比の定義として①式を覚えておくこと。

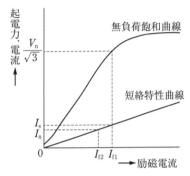

図 5-1　無負荷飽和曲線と短絡特性曲線

問6の解答　　出題項目<インバータ>　　　　答え（1）

電気車において，インバータによる可変周波数・可変電圧の交流で駆動する電動機は，**かご形三相誘導電動機**である。

誘導電動機に加える周波数（同期周波数）は，滑り周波数と電動機の回転周波数を加えた**一次**周波数である。

電気車を加速するときは**正**の滑りで運転し，回生制動によって減速するときは**負**の滑りで運転する。

最近では，誘導電動機のトルクを直接制御できる**ベクトル**制御の採用が進んでいる。

解説

電源の周波数 f を一次周波数ともいい，二次周波数 sf は滑り周波数ともいう。誘導電動機の回転速度に対応する周波数は $(1-s)f$ である。

誘導機では，**図 6-1** のように滑り $s=1\sim0$ の間

は電動機として運転する。滑りが負になると発電機として運転し，回生制動となる。

Point 誘導電動機の速度制御方法をよく理解すること。

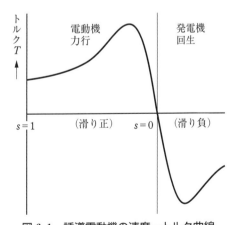

図 6-1　誘導電動機の速度—トルク曲線

問7 出題分野＜変圧器＞　難易度 ★★★　重要度 ★★★

同一仕様である3台の単相変圧器の一次側を星形結線，二次側を三角結線にして，三相変圧器として使用する。20[Ω]の抵抗器3個を星形に接続し，二次側に負荷として接続した。一次側を3 300[V]の三相高圧母線に接続したところ，二次側の負荷電流は12.7[A]であった。この単相変圧器の変圧比として，最も近いのは次のうちどれか。

ただし，変圧器の励磁電流，インピーダンス及び損失は無視するものとする。

（1） 4.33　　　（2） 7.50　　　（3） 13.0　　　（4） 22.5　　　（5） 39.0

問8 出題分野＜機器全般＞　難易度 ★★★　重要度 ★★★

高圧負荷の力率改善用として，その負荷が接続されている三相高圧母線回路に進相コンデンサが設置される。この進相コンデンサは，保護のためにリアクトルが （ア） に挿入されるが，その目的は，コンデンサの電圧波形の （イ） を軽減させ，かつ，進相コンデンサ投入時の突入電流を抑制するものである。したがって，進相コンデンサの定格設備容量は，コンデンサと （ア） リアクトルを組み合わせた設備の定格電圧及び定格周波数における無効電力を示す。この （ア） リアクトルの定格容量は，一般的には5次以上の高調波に対して，進相コンデンサ設備のインピーダンスを （ウ） にし，また，コンデンサの端子電圧の上昇を考慮して，コンデンサの定格容量の （エ） [%]としている。

上記の記述中の空白箇所(ア)，(イ)，(ウ)及び(エ)に当てはまる語句又は数値として，正しいものを組み合わせたのは次のうちどれか。

	（ア）	（イ）	（ウ）	（エ）
（1）	直　列	ひずみ	容量性	3
（2）	並　列	波高率	誘導性	6
（3）	直　列	波高率	容量性	3
（4）	並　列	ひずみ	容量性	6
（5）	直　列	ひずみ	誘導性	6

問7の解答　出題項目＜単相変圧器・変圧比＞　　答え（1）

3台の単相変圧器を題意の条件で結線した回路図を図7-1に示す。

単相変圧器の一次側の巻線(図中の┃)には，線間一次電圧$V_1=3\,300$[V]の相電圧$V_1/\sqrt{3}$[V]が加わる。二次側の巻線(図中の┃)には，巻数比を$a:1$とすると$V_1/\sqrt{3}a$の電圧となる。

抵抗負荷に加わる電圧をV_Rとすると，星形結線のため，

$$V_R=\frac{V_1}{\sqrt{3}a}\cdot\frac{1}{\sqrt{3}}=\frac{V_1}{3a}\text{[V]} \qquad ①$$

一方，題意から，

$$V_R=12.7\times20=254\text{[V]} \qquad ②$$

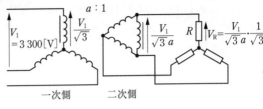

図7-1　回路図

①式＝②式より，巻数比aを計算すると，

$$\frac{V_1}{3a}=254$$

$$\therefore\ a=\frac{V_1}{3\times254}=\frac{3\,300}{3\times254}\fallingdotseq4.33$$

問8の解答　出題項目＜コンデンサ＞　　答え（5）

進相コンデンサには**直列**にリアクトルが設置される。リアクトル設置の目的は，電圧波形の**ひずみ**を軽減することと，進相コンデンサ投入時の突入電流を抑制することである。

直列リアクトルは，第5次以上の高調波に対して進相コンデンサを含めたインピーダンスを**誘導性**にする。その定格容量は，一般的にコンデンサの定格容量の**6**％である。

解説

進相コンデンサと直列リアクトルを図8-1に示す。図中の第n次高調波におけるインピーダンス$\dot{Z}_n$は，次式で表される。

$$\dot{Z}_n=\mathrm{j}\left(n\cdot\omega L-\frac{1}{n\cdot\omega C}\right)\text{[Ω]} \qquad ①$$

ただし，ω：基本波の角周波数

①式の(　)内が正であれば，第n次高調波におけるインピーダンスは誘導性である。この場合，負荷側に高調波発生源が存在しても，系統へ流出する高調波電流は抑制される。(　)内が負であると系統へ流出する高調波電流が増大する。

電力系統において基本波($n=1$)を超える次数の高調波を考える場合，交流電源は対称波(正の半周期と負の半周期の波形が対称)のため，偶数の次数は現れない。また，第3次高調波は変圧器

の△結線があると，結線内で環流して外側へ現れることがない。

第5高調波で誘導性であれば，それ以上の高調波では誘導性インピーダンスがより大きくなる。①式において$n=5$とした場合，インピーダンス$\dot{Z}_5$は，

$$\dot{Z}_5=\mathrm{j}\left(5\omega L-\frac{1}{5\omega C}\right)\text{[Ω]} \qquad ②$$

である。(　)内の値が正であればインピーダンスは誘導性になるため，その条件式は，

$$5\omega L-\frac{1}{5\omega C}>0$$

$$\omega L>\frac{1}{5\cdot5\omega C}=\frac{1}{25\omega C}=0.04\cdot\frac{1}{\omega C}\text{[Ω]}$$

となる。よって，リアクトルのインピーダンスは進相コンデンサのインピーダンスの4％(0.04)以上であれば誘導性となる。

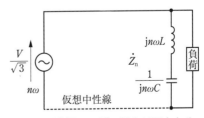

図8-1　進相コンデンサとリアクトル

問 9　　出題分野＜パワーエレクトロニクス＞　　難易度 ★★★　重要度 ★☆☆

パワーエレクトロニクス回路で使われる部品としてのリアクトルとコンデンサ，あるいは回路成分としてのインダクタンス成分，キャパシタンス成分と，バルブデバイスの働きに関する記述として，誤っているのは次のうちどれか。

(1) リアクトルは電流でエネルギーを蓄積し，コンデンサは電圧でエネルギーを蓄積する部品である。

(2) 交流電源の内部インピーダンスは，通常，インダクタンス成分を含むので，交流電源に流れている電流をバルブデバイスで遮断しても，遮断時に交流電源の端子電圧が上昇することはない。

(3) 交流電源を整流した直流回路に使われる平滑用コンデンサが交流電源電圧のピーク値近くまで充電されていないと，整流回路のバルブデバイスがオンしたときに，電源及び整流回路の低いインピーダンスによって平滑用コンデンサに大きな充電電流が流れる。

(4) リアクトルに直列に接続されるバルブデバイスの電流を遮断したとき，リアクトルの電流が環流する電流路ができるように，ダイオードを接続して使用することがある。その場合，リアクトルの電流は，リアクトルのインダクタンス値[H]とダイオードを通した回路内の抵抗値[Ω]とで決まる時定数で減少する。

(5) リアクトルとコンデンサは，バルブデバイスがオン，オフすることによって断続する瞬時電力を平滑化する部品である。

問 10　　出題分野＜電動機応用＞　　難易度 ★★☆　重要度 ★★☆

誘導電動機によって回転する送風機のシステムで消費される電力を考える。

誘導電動機が商用交流電源で駆動されているときに送風機の風量を下げようとする場合，通風路にダンパなどを追加して流路抵抗を上げる方法が一般的である。ダンパの種類などによって消費される電力の減少量は異なるが，流路抵抗を上げ風量を下げるに従って消費される電力は若干減少する。このとき，例えば風量を最初の 50[%]に下げた場合に，誘導電動機の回転速度は　(ア)　。

一方，商用交流電源で直接駆動するのではなく，出力する交流の電圧 V と周波数 f との比（V/f）をほぼ一定とするインバータを用いて，誘導電動機を駆動する周波数を変化させ風量を調整する方法もある。この方法では，ダンパなどの流路抵抗を調整する手段は用いないものとする。このとき，機械的・電気的な損失などが無視できるとすれば，風量は回転速度の　(イ)　乗に比例し，消費される電力は回転速度の　(ウ)　乗に比例する。したがって，周波数を変化させて風量を最初の 50[%]に下げた場合に消費される電力は，計算上で　(エ)　[%]まで減少する。

商用交流電源で駆動し，ダンパなどを追加して風量を下げた場合の消費される電力の減少量はこれほど大きくはなく，インバータを用いると大きな省エネルギー効果が得られる。

上記の記述中の空白箇所(ア)，(イ)，(ウ)及び(エ)に当てはまる語句又は数値として，正しいものを組み合わせたのは次のうちどれか。

	(ア)	(イ)	(ウ)	(エ)
(1)	トルク変動に相当する滑り周波数分だけ変動する	1	3	12.5
(2)	風量に比例して減少する	1/2	3	12.5
(3)	風量に比例して減少する	1	3	12.5
(4)	トルク変動に相当する滑り周波数分だけ変動する	1/2	2	25
(5)	風量に比例して減少する	1	2	25

問9の解答　出題項目＜半導体デバイス＞　　答え　(2)

（1）正。リアクトル L（インダクタンス）は電流 I でエネルギー W_L を蓄積し，コンデンサ C（静電容量）は電圧 V でエネルギー W_C を蓄積する素子である（①式，②式）。

$$W_L = \frac{1}{2}LI^2 \text{[J]} \qquad ①$$

$$W_C = \frac{1}{2}CV^2 \text{[J]} \qquad ②$$

（2）誤。インダクタンスは①式に示すとおり，エネルギー（電流）を蓄積している。このエネルギー（電流）は急に零となることができない。電流を遮断した瞬間，インダクタンスの両端電圧が上昇して電流を流し続け，エネルギー（電流）が減衰した後，電流が零になる。なお，このエネルギーを減衰させるには抵抗素子が必要となる。

（3）正。平滑用コンデンサは，その回路に加わる電圧のピーク値近くまで充電されていないとバルブデバイスが ON としたとき平滑コンデンサに充電電流が流れ，回路インピーダンスによっ

ては大きな値となる。

（4）正。リアクトルはバルブデバイスを「切」にしても電流が流れようとする。そこで，ダイオード D を接続して環流経路とする。この電流はリアクトルのインダクタンス L と回路抵抗 R とで決まる時定数で減衰する。

（5）正。**図9-1** に示すように，バルブデバイス（Th）の右側に設置した L は R に流れる電流を，C は R に加わる電圧をそれぞれ平滑化する。その結果，瞬時電力が平滑化される。

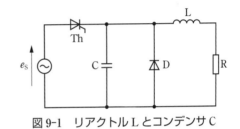

図9-1　リアクトル L とコンデンサ C

Point パワーエレクトロニクス回路に使われる各素子の働きを理解すること。

問10の解答　出題項目＜インバータ＞　　答え　(1)

流路抵抗を上げて風量を調整した場合，電動機の回転速度は<u>トルク変動に相当する滑り周波数分だけ変動する</u>（図10-1）。

一方，インバータにより一次周波数を変化させた場合を考える。風量は回転速度の **1** 乗に比例し，消費される電力は回転速度の **3** 乗に比例する（解説①式参照）。

回転速度を最初の 50% とした場合，消費される電力は計算上では $0.5^3 = 0.125 = $ **12.5**[%] である。

解説

図10-1 より，ダンパ等で負荷のトルクを変動させた場合，回転速度の変動は $s_2 - s_1$ 分である。

送風機の動力 P は，機械的・電気的な損失を無視した場合，回転速度 N と

$$P \propto N^3 \qquad ①$$

の関係がある。

従来，送風機等は流路抵抗を上げて風量制御を

することが一般的であった。この場合，多くの動力がダンパなどの機械抵抗に消費されていた。

最近，インバータの普及により回転速度そのものを調整して風量制御をすることが可能となった。解答に示すとおり，インバータによる制御は大きな省エネルギー効果が期待できる。

Point 逆風機の動力と回転速度の関係を覚えておくこと。

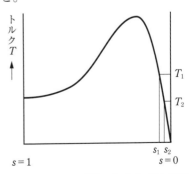

図10-1　誘導電動機のトルク-滑り特性

令和 **4** (2022)
令和 **3** (2021)
令和 **2** (2020)
令和 **元** (2019)
平成 **30** (2018)
平成 **29** (2017)
平成 **28** (2016)
平成 **27** (2015)
平成 **26** (2014)
平成 **25** (2013)
平成 **24** (2012)
平成 **23** (2011)
平成 **22** (2010)
平成 **21** (2009)
平成 **20** (2008)

問 11　出題分野＜電熱＞　難易度 ★★★　重要度 ★★☆

　ハロゲン電球では，[(ア)]バルブ内に不活性ガスとともに微量のハロゲンガスを封入してある。点灯中に高温のフィラメントから蒸発したタングステンは，対流によって管壁付近に移動するが，管壁付近の低温部でハロゲン元素と化合してハロゲン化物となる。管壁温度をある値以上に保っておくと，このハロゲン化物は管壁に付着することなく，対流などによってフィラメント近傍の高温部に戻り，そこでハロゲンと解離してタングステンはフィラメント表面に析出する。このように，蒸発したタングステンを低温部の管壁付近に析出することなく高温部のフィラメントへ移す循環反応を，[(イ)]サイクルと呼んでいる。このような化学反応を利用して管壁の[(ウ)]を防止し，電球の寿命や光束維持率を改善している。

　また，バルブ外表面に可視放射を透過し，[(エ)]を[(オ)]するような膜（多層干渉膜）を設け，これによって電球から放出される[(エ)]を低減し，小形化，高効率化を図ったハロゲン電球は，店舗や博物館などのスポット照明用や自動車前照灯用などに広く利用されている。

　上記の記述中の空白箇所（ア），（イ），（ウ），（エ）及び（オ）に当てはまる語句として，正しいものを組み合わせたのは次のうちどれか。

	（ア）	（イ）	（ウ）	（エ）	（オ）
（1）	石英ガラス	タングステン	白　濁	紫外放射	反　射
（2）	鉛ガラス	ハロゲン	黒　化	紫外放射	吸　収
（3）	石英ガラス	ハロゲン	黒　化	赤外放射	反　射
（4）	鉛ガラス	タングステン	黒　化	赤外放射	吸　収
（5）	石英ガラス	ハロゲン	白　濁	赤外放射	反　射

問 12　出題分野＜電気化学＞　難易度 ★★☆　重要度 ★★☆

　食塩水を電気分解して，水酸化ナトリウム（NaOH，か性ソーダ）と塩素（Cl_2）を得るプロセスは食塩電解と呼ばれる。食塩電解の工業プロセスとして，現在，わが国で採用されているものは，[(ア)]である。

　この食塩電解法では，陽極側と陰極側を仕切る膜に[(イ)]イオンだけを選択的に透過する密隔膜が用いられている。外部電源から電流を流すと，陽極側にある食塩水と陰極側にある水との間で電気分解が生じてイオンの移動が起こる。陽極側で生じた[(ウ)]イオンが密隔膜を通して陰極側に入り，[(エ)]となる。

　上記の記述中の空白箇所（ア），（イ），（ウ）及び（エ）に当てはまる語句として，正しいものを組み合わせたのは次のうちどれか。

	（ア）	（イ）	（ウ）	（エ）
（1）	隔膜法	陽	塩　素	Cl_2
（2）	イオン交換膜法	陽	ナトリウム	NaOH
（3）	イオン交換膜法	陰	塩　素	Cl_2
（4）	イオン交換膜法	陰	ナトリウム	NaOH
（5）	隔膜法	陰	水　酸	NaOH

問 11 の解答　出題項目＜白熱電球＞　　答え　(3)

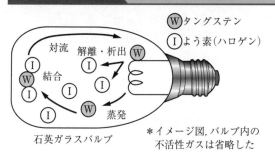

図 11-1　ハロゲンサイクルの原理

ハロゲン電球では，**石英ガラス**バルブ内に不活性ガスとともに微量のハロゲンガスを封入してある。**図 11-1** のように，点灯中に高温のフィラメントから蒸発したタングステンは，対流によって管壁付近に移動するが，管壁付近の低温部でハロゲン元素と化合してハロゲン化物となる。管壁温度をある値以上に保っておくと，このハロゲン化物は管壁に付着することなく，対流によってフィラメント近傍の高温部に戻り，ハロゲンと解離してフィラメント表面に析出する。このように，蒸発したタングステンを低温部の管壁付近に析出することなく高温部のフィラメントへ移す循環反応

を，**ハロゲンサイクル**と呼んでいる。このような化学反応を利用して管壁の**黒化**を防止し，電球の寿命や光束維持率を改善している。

また，バルブ外表面に可視放射を透過し，**赤外放射**を**反射**するような多層干渉膜を設け，これによって電球から放射される赤外放射を低減し小形化,高効率化を図った電球は広く利用されている。

解説

電球は，ジュール熱で高温となったフィラメントからの熱放射による光束を利用した照明器具である。高温のフィラメントは蒸発し，管壁に付着して黒化が起こり，光束の減少や細化したフィラメントの破断による寿命の低下を起こす。しかし，ハロゲン電球では，ハロゲンサイクルの効果でこのような現象を低減させることができるため，一般の電球よりもフィラメント温度を高くできる。このため，一般の電球(赤みのある色光)に比べ白色光で明るく長寿命になる。また，バルブ温度が高温になるため，耐熱性の石英ガラスが用いられる。

問 12 の解答　出題項目＜電池と電気分解＞　　答え　(2)

食塩電界において，現在わが国で採用されているものは，**イオン交換膜法**である。

図 12-1 のように，陽極側と陰極側を仕切る膜に**陽**イオン(ナトリウムイオン)だけを選択的に透過する密隔膜(イオン交換膜)を設ける。この電解槽に通電すると，陽極側では酸化反応が起こり，

塩素イオンが電子を放出して塩素が発生する。食塩の電離によって陽極側で生じた**ナトリウム**イオンはイオン交換膜を通して陰極側に入る。陰極側では還元反応が起こり，ナトリウムイオンよりイオン化傾向が小さい水素イオンが電子を受け取り水素が発生する。このため，陰極側では**水酸化ナトリウム NaOH** の濃度が高くなる。

解説

電気化学は，陽極および陰極での化学反応が重要である。食塩電解では通電して反応が進むと，陽極槽では食塩 NaCl が減少するので補充する。また，陰極槽では高濃度の水酸化ナトリウム溶液を取り出し，不足する水 H_2O を補充する。

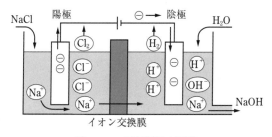

図 12-1　食塩電解の原理

令和 4 (2022)
令和 3 (2021)
令和 2 (2020)
令和 元 (2019)
平成 30 (2018)
平成 29 (2017)
平成 28 (2016)
平成 27 (2015)
平成 26 (2014)
平成 25 (2013)
平成 24 (2012)
平成 23 (2011)
平成 22 (2010)
平成 21 (2009)
平成 20 (2008)

問 13　　出題分野＜自動制御＞　　難易度 ★★★　重要度 ★★★

　自動制御系には，フィードフォワード制御系とフィードバック制御系がある。

　常に制御対象の　(ア)　に着目し，これを時々刻々検出し，　(イ)　との差を生じればその差を零にするような操作を制御対象に加える制御が　(ウ)　制御系である。外乱によって　(ア)　に変動が生じれば，これを検出し修正動作を行うことが可能である。この制御システムは　(エ)　を構成するが，一般には時間的な遅れを含む制御対象を　(エ)　内に含むため，安定性の面で問題を生じることもある。しかしながら，はん用性の面で優れているため，定値制御や追値制御を実現する場合，基本になる制御である。

　上記の記述中の空白箇所(ア)，(イ)，(ウ)及び(エ)に当てはまる語句として，正しいものを組み合わせたのは次のうちどれか。

	(ア)	(イ)	(ウ)	(エ)
（1）	操作量	入力信号	フィードフォワード	閉ループ
（2）	制御量	目標値	フィードフォワード	開ループ
（3）	操作量	目標値	フィードバック	開ループ
（4）	制御量	目標値	フィードバック	閉ループ
（5）	操作量	入力信号	フィードバック	閉ループ

問 14　　出題分野＜情報＞　　難易度 ★★★　重要度 ★★★

　2進数 A，B が，$A = (1100\ 0011)_2$，$B = (1010\ 0101)_2$ であるとき，A と B のビットごとの論理演算を考える。A と B の論理積（AND）を16進数で表すと　(ア)　，A と B の論理和（OR）を16進数で表すと　(イ)　，A と B の排他的論理和（EX-OR）を16進数で表すと　(ウ)　，A と B の否定的論理積（NAND）を16進数で表すと　(エ)　となる。

　上記の記述中の空白箇所(ア)，(イ)，(ウ)及び(エ)に当てはまる数値として，正しいものを組み合わせたのは次のうちどれか。

	(ア)	(イ)	(ウ)	(エ)
（1）	$(81)_{16}$	$(E7)_{16}$	$(66)_{16}$	$(18)_{16}$
（2）	$(81)_{16}$	$(E7)_{16}$	$(66)_{16}$	$(7E)_{16}$
（3）	$(81)_{16}$	$(E7)_{16}$	$(99)_{16}$	$(18)_{16}$
（4）	$(E7)_{16}$	$(81)_{16}$	$(66)_{16}$	$(7E)_{16}$
（5）	$(E7)_{16}$	$(81)_{16}$	$(99)_{16}$	$(18)_{16}$

問 13 の解答　出題項目＜フィードバック制御＞　答え　(4)

　図 13-1 のような自動制御系では，常に制御対象の**制御量**に着目し，これを時々刻々検出し，**目標値**との差を生じればその差を零にするような操作を制御対象に加える制御が**フィードバック**制御系である。この系の働きは主に外乱によって制御量に変動が生じたとき，再び制御量を目標値に迅速に収束安定させることを目的とする。この制御システムは，出力（制御量）を入力（目標値）に負帰還させるため**閉ループ**を構成する。

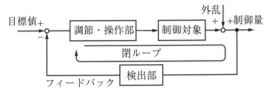

図 13-1　フィードバック制御の動作原理

解説

　フィードバック制御はその動作原理から，外乱により制御量が変動した後で初めて動作する。このため，外乱の影響が多少なりとも制御量に生じてしまう宿命を持つ。また，制御系を構成する各部伝達要素や制御対象等における応答の時間的遅れのため，安定性の面（制御量が収束し難くなること）で問題を生じることもある。

　一方，フィードフォワード制御系は開ループであるため，目標値との比較は行われず動作が不安定になる。このため，フィードフォワード制御はフィードバック制御と併用され，フィードバック制御の動作を補償する。

　フィードバック制御は目標値の特性により，次のように分類される。

①定値制御：制御量を定められた一定値に保つ制御。例は定電圧制御，定速度制御など。

②追値制御：目標値が変動し，それを追う形で制御量が変化する制御。このうち，ランダムに目標値が変化するものを追従制御，あらかじめ定められた変化をする制御をプログラム制御とよぶ。例はサーボ機構など。

Point フィードバック制御系は閉ループ，フィードフォワード制御系は開ループである。

問 14 の解答　出題項目＜基数変換＞　答え　(2)

　A と B のビットごとの論理積（AND）は，

　$A \cdot B = (1000\ 0001)_2$

　この 2 進数を 16 進数で表すには 4 ビットごとに一つの 16 進数で表す。したがって，8 ビットの 2 進数を上位 4 ビット，下位 4 ビットごとに 16 進数 2 桁で表すと **(81)**$_{16}$。

　A と B のビットごとの論理和（OR）は，

　$A + B = (1110\ 0111)_2$

　これを 16 進数で表すと **(E7)**$_{16}$。

　A と B のビットごとの排他的論理和は，

　$A \oplus B = (0110\ 0110)_2$

　これを 16 進数で表すと **(66)**$_{16}$。

　A と B のビットごとの否定的論理積（NAND）は，

　$\overline{A \cdot B} = (0111\ 1110)_2$

　これを 16 進数で表すと **(7E)**$_{16}$。

解説

　16 進数の 9 より大きな数は，A，B，C，D，E，F で表す。2 進数 4 ビットで表せる異なる数値は 16 通りあるため，4 ビット単位で 16 進数として表現できる。16 進数は 1 と 0 の羅列の 2 進数に比べ数値がコンパクトになるので，データの扱いが容易になる。

補足 上記以外の数値の表現方式に 2 進化 10 進数がある。これは 2 進数 4 ビットを用いて 0 から 9 までの 10 進数 1 桁を表す方法で，BCD ともいう。この場合は 16 進数の A から F までの数値は使用しない。

Point 2 進数，16 進数，2 進化 10 進数の演算は，10 進数で検算すること。

B 問 題 （配点は 1 問題当たり(a)5 点，(b)5 点，計 10 点）

問 15 出題分野＜誘導機＞ | 難易度 ★★★ | 重要度 ★★★

定格出力 15[kW]，定格電圧 220[V]，定格周波数 60[Hz]，6 極の三相誘導電動機がある。この電動機を定格電圧，定格周波数の三相電源に接続して定格出力で運転すると，滑りが 5[%]であった。機械損及び鉄損は無視できるものとして，次の(a)及び(b)に答えよ。

(a) このときの発生トルク[N·m]の値として，最も近いのは次のうちどれか。

    (1) 114   (2) 119   (3) 126   (4) 239   (5) 251

(b) この電動機の発生トルクが上記(a)の $\dfrac{1}{2}$ となったときに，一次銅損は 250[W]であった。このときの効率[%]の値として，最も近いのは次のうちどれか。

    ただし，発生トルクと滑りの関係は比例するものとする。

    (1) 92.1   (2) 94.0   (3) 94.5   (4) 95.5   (5) 96.9

令和4 (2022)
令和3 (2021)
令和2 (2020)
令和元 (2019)
平成30 (2018)
平成29 (2017)
平成28 (2016)
平成27 (2015)
平成26 (2014)
平成25 (2013)
平成24 (2012)
平成23 (2011)
平成22 (2010)
平成21 (2009)
平成20 (2008)

問15 (a) の解答　　出題項目＜出力・トルク＞　　答え　(3)

電動機の発生トルク T は，電動機出力を P_o，回転角速度を ω とすると，次式で表される。

$$T = \frac{P_o}{\omega}\,[\mathrm{N \cdot m}] \qquad ①$$

①式で発生トルク T を求めるため，角速度 ω を計算する。定格周波数を f，電動機の極数を p とすると，同期速度 N_s は題意の数値を代入して，

$$N_s = \frac{120f}{p} = \frac{120 \times 60}{6} = 1\,200\,[\mathrm{min^{-1}}]$$

次に，滑り $s = 5\,[\%]\,(=0.05)$ における回転速度 N は，

$$N = (1-s)N_s = (1-0.05) \times 1\,200 = 1\,140\,[\mathrm{min^{-1}}]$$

よって角速度 ω は，

$$\omega = \frac{2\pi}{60} \cdot N = \frac{2\pi}{60} \times 1\,140 = 38\pi\,[\mathrm{rad/s}] \qquad ②$$

①式に $P_o = 15 \times 10^3\,[\mathrm{W}]$ および②式の値を代入すると，発生トルク T は，

$$T = \frac{15 \times 10^3}{38\pi} = 125.65 \fallingdotseq 126\,[\mathrm{N \cdot m}]$$

問15 (b) の解答　　出題項目＜効率＞　　答え　(3)

発生トルクが上記 (a) の 1/2 となった場合を考える。トルク T_2 は，

$$T_2 = 0.5 \times 125.65 = 62.825\,[\mathrm{N \cdot m}]$$

である。このときの滑り s_2 は，題意の条件からトルクと滑りの関係は比例するため，

$$s_2 = \frac{T_2}{T} \cdot s = 0.5 \times 0.05 = 0.025$$

となる。回転速度 N_2 は，

$$N_2 = (1-0.025) \times 1\,200 = 1\,170\,[\mathrm{min^{-1}}]$$

となる。このときの角速度 ω_2 は，

$$\omega_2 = \frac{2\pi}{60} \times 1\,170 = 39\pi\,[\mathrm{rad/s}]$$

となるので，電動機の出力 P_{o2} は，

$$P_{o2} = \omega_2 T_2 = 39\pi \times 62.825 = 7\,697.5\,[\mathrm{W}]$$

二次銅損 p_{c22} は，出力 P_{o2} および滑り s_2 との関係

$$P_{o2} : p_{c22} = (1-s_2) : s_2, \quad \frac{p_{c22}}{P_{o2}} = \frac{s_2}{1-s_2}$$

から計算すると，

$$p_{c22} = \frac{s_2}{1-s_2} \cdot P_{o2} = \frac{0.025}{1-0.025} \times 7\,697.5$$
$$= 197.37\,[\mathrm{W}]$$

機械損，鉄損その他を無視できるものとし，一次銅損を $p_{c12} = 250\,[\mathrm{W}]$ として効率 η_2 を計算すると，

$$\eta_2 = \frac{出力}{出力 + 損失} \times 100$$

$$= \frac{P_{o2}}{P_{o2} + p_{c12} + p_{c22}} \times 100$$
$$= \frac{7\,696.8}{7\,696.8 + 250 + 197.37} \times 100 = 94.51$$
$$\fallingdotseq 94.5\,[\%]$$

解説　⋯⋯⋯⋯⋯⋯⋯⋯⋯⋯⋯⋯⋯⋯

図 15-1 のトルク-滑り曲線において，電動機が滑り s_1 で運転中に発生トルクが変動し，元のトルク T の 1/2 のトルク T_2 となると，変動後の滑り s_2 は，元の滑り s_1 の 1/2 となる。

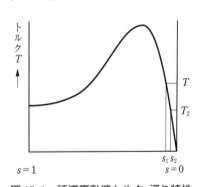

図 15-1　誘導電動機トルク-滑り特性

また，電動機の二次入力 P_2，出力 P_o および二次銅損 p_{c2} の関係は，滑り s により，

$$P_2 : P_o : p_{c2} = 1 : (1-s) : s \qquad ③$$

Point　①，②式および③式を覚えておくこと。

問 16　　出題分野＜パワーエレクトロニクス＞　　難易度 ★★☆　　重要度 ★★☆

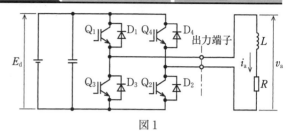

　図 1 は，IGBT を用いた単相ブリッジ接続の電圧形インバータを示す。直流電圧 E_d[V]は，一定値と見なせる。出力端子には，インダクタンス L[H]で抵抗値 R[Ω]の誘導性負荷が接続されている。

図 1

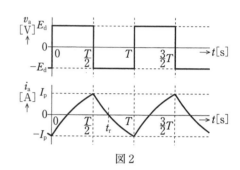

　図 2 は，このインバータの動作波形である。時刻 $t=0$[s]で IGBT Q_3 及び Q_4 のゲート信号をオフにするとともに Q_1 及び Q_2 のゲート信号をオンにすると，出力電圧 v_a[V]は E_d[V]となる。$t=T/2$[s]で Q_1 及び Q_2 のゲート信号をオフにするとともに Q_3 及び Q_4 のゲート信号をオンにすると，v_a[V]は $-E_d$[V]となる。これを周期 T[s]で繰り返して方形波電圧を出力する。

図 2

　出力電流 i_a[A]は，$t=0$[s]で $-I_p$[A]になっているものとする。負荷の時定数は $\tau=L/R$[s]である。$t=0\sim T/2$[s]では，時間の関数 $i_a(t)$ は次式となる。

$$i_a(t)=-I_p e^{-\frac{t}{\tau}}+\frac{E_d}{R}(1-e^{-\frac{t}{\tau}})$$

　定常的に動作しているときには，周期条件から $t=T/2$[s]で出力電流は I_p[A]となり，次式が成り立つ。

$$i_a\left(\frac{T}{2}\right)=-I_p e^{-\frac{T}{2\tau}}+\frac{E_d}{R}(1-e^{-\frac{T}{2\tau}})=I_p$$

　このとき，次の（a）及び（b）に答えよ。

　ただし，バルブデバイス（IGBT 及びダイオード）での電圧降下は無視するものとする。

（a）　時刻 $t=T/2$[s]の直前では Q_1 及び Q_2 がオンしており，出力電流は直流電源から Q_1→負荷→Q_2 の経路で流れている。$t=T/2$[s]で IGBT Q_1 及び Q_2 のゲート信号をオフにするとともに Q_3 及び Q_4 のゲート信号をオンにした。その直後（図 2 で，$t=T/2$[s]から，出力電流が 0[A]になる $t=t_r$[s]までの期間），出力電流が流れるバルブデバイスとして，正しいものを組み合わせたのは次のうちどれか。

　　（1）　Q_1，Q_2　　　（2）　Q_3，Q_4　　　（3）　D_1，D_2　　　（4）　D_3，D_4
　　（5）　Q_3，Q_4，D_1，D_2

（b）　$E_d=200$[V]，$L=10$[mH]，$R=2.0$[Ω]，$T=10$[ms]としたとき，I_p[A]の値として，最も近いのは次のうちどれか。ただし，e＝2.718 とする。

　　（1）　32　　　（2）　46　　　（3）　63　　　（4）　76　　　（5）　92

令和
4
(2022)

令和
3
(2021)

令和
2
(2020)

令和
元
(2019)

平成
30
(2018)

平成
29
(2017)

平成
28
(2016)

平成
27
(2015)

平成
26
(2014)

平成
25
(2013)

平成
24
(2012)

平成
23
(2011)

平成
22
(2010)

平成
21
(2009)

平成
20
(2006)

問 16（ a ）の解答　　出題項目＜インバータ＞　　　　答え（4）

　問題のインバータ回路を**図 16-1**に示す。$t=0$ の直後に i_a が 0 になる時間を t_1 とする。

（1）$t=0 \sim t_1$ の間（Q₃, Q₄ OFF）

　出力電流 i_a は，インダクタンス L の作用によってまだ点線矢印（↑）の向きで流れているため Q₁, Q₂ は ON できない。点線の電流は $L \to D_1 \to E_d \to D_2 \to R$ の経路で流れる。この電流は電源に対して反対方向のため，やがて零となる。

（2）$t=t_1 \sim \dfrac{T}{2}$ の間（Q₃, Q₄ OFF）

　この期間では Q₁, Q₂ が ON となり，電流 i_a は図 16-1 に示す実線経路 $E_d \to Q_1 \to L \to R \to Q_2 \to E_d$ で流れる。

（3）$t=\dfrac{T}{2} \sim \dfrac{T}{2}+t_1$ の間（Q₁, Q₂ OFF）

　出力電流 i_a は，インダクタンス L の作用によって，まだ実線矢印（↓）の向きで流れているため Q₃, Q₄ は ON できない。実線の電流は $R \to D_4 \to E_d \to D_3 \to L$ の経路で流れる。この電流は電源に対して反対方向のため，時間が経過（$t=\dfrac{T}{2}+$

t_1）すると零となる。

（4）$t=\dfrac{T}{2}+t_1 \sim T$ の間（Q₁, Q₂ OFF）

　この期間では Q₃, Q₄ が ON となり，電流 i_a は図 16-1 に示す点線経路 $E_d \to Q_4 \to R \to L \to Q_3 \to E_d$ で流れる。

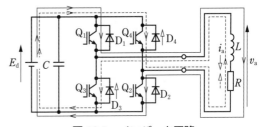

図 16-1　インバータ回路

解説

　本問は問題図 2 の i_a 波形で，$t=\dfrac{T}{2} \sim \dfrac{T}{2}+t_1$ の間における電流の経路を考える。Q₁, Q₂ が OFF となり，負荷に流れる電流はインダクタンス L により急変することができない。そこで D₄, D₃ のダイオードを通って電流が流れる。このダイオードを環流ダイオードと呼ぶ。

問 16（ b ）の解答　　出題項目＜インバータ＞　　　　答え（2）

　題意の式から I_p を計算するため必要な値は，
　　直流電圧：$E_d=200[\mathrm{V}]$
　　負荷インダクタンス：$L=10[\mathrm{mH}]$
　　負荷抵抗：$R=2.0[\Omega]$
　　デバイス周期：$T=10[\mathrm{ms}]$
である。また，時定数 τ は，

$$\tau=\frac{L}{R}=\frac{10}{2.0}=5[\mathrm{ms}]$$

である。題意で与えられた次の①式を変形して，

$$I_p=i_a\left(\frac{T}{2}\right)=-I_p e^{-\frac{T}{2\tau}}+\frac{E_d}{R}\left(1-e^{-\frac{T}{2\tau}}\right) \quad ①$$

$$I_p+I_p e^{-\frac{T}{2\tau}}=\frac{E_d}{R}\left(1-e^{-\frac{T}{2\tau}}\right)$$

$$I_p\left(I_p e^{-\frac{T}{2\tau}}\right)=\frac{E_d}{R}\left(1-e^{-\frac{T}{2\tau}}\right)$$

$$I_p=\frac{E_d}{R}\left(\frac{1-e^{-\frac{T}{2\tau}}}{1+e^{-\frac{T}{2\tau}}}\right) \quad ②$$

となる。②式に数値を代入すると，

$$I_p=\frac{200}{2.0}\times\left(\frac{1-2.718^{-\frac{10}{2\times5}}}{1+2.718^{-\frac{10}{2\times5}}}\right)=100\times\left(\frac{1-2.718^{-1}}{1+2.718^{-1}}\right)$$

$$=100\times\left(\frac{1-1/2.718}{1+1/2.718}\right)=46.208 \fallingdotseq 46[\mathrm{A}]$$

解説

　本問は問題文に式が与えられており，題意の数値を代入することで計算できる。ただし，与えられた式を変形することと，若干の指数関数の知識（$e^{-1}=1/e$）が必要となる。

Point 各時刻におけるデバイスの ON/OFF 電流の向きを考える。

問 17 及び問 18 は選択問題です。問 17 又は問 18 のどちらかを選んで解答してください。（両方解答すると採点されませんので注意してください。）

（選択問題）

問 17　　出題分野＜電熱＞　　　　難易度 ★★★　重要度 ★★★

温度 20.0[℃]，体積 0.370[m³] の水の温度を 90.0[℃] まで上昇させたい。次の（a）及び（b）に答えよ。

ただし，水の比熱（比熱容量）と密度はそれぞれ $4.18×10^3$[J/(kg・K)]，$1.00×10^3$[kg/m³] とし，水の温度に関係なく一定とする。

（a）　電熱器容量 4.44[kW] の電気温水器を使用する場合，これに必要な時間 t[h] の値として，最も近いのは次のうちどれか。

ただし，貯湯槽を含む電気温水器の総合効率は 90.0[%] とする。

（1）　3.15　　　（2）　6.10　　　（3）　7.53　　　（4）　8.00　　　（5）　9.68

（b）　上記（a）の電気温水器の代わりに，最近普及してきた自然冷媒(CO_2)ヒートポンプ式電気給湯器を使用した場合，これに必要な時間 t[h] は，消費電力 1.25[kW] で 6[h] であった。水が得たエネルギーと消費電力量とで表せるヒートポンプユニットの成績係数（COP）の値として，最も近いのは次のうちどれか。

ただし，ヒートポンプユニット及び貯湯槽の電力損，熱損失はないものとする。

（1）　0.25　　　（2）　0.33　　　（3）　3.01　　　（4）　4.01　　　（5）　4.19

令和
4
(2022)

令和
3
(2021)

令和
2
(2020)

令和
元
(2019)

平成
30
(2018)

平成
29
(2017)

平成
28
(2016)

平成
27
(2015)

平成
26
(2014)

平成
25
(2013)

平成
24
(2012)

平成
23
(2011)

平成
22
(2010)

平成
21
(2009)

平成
20
(2008)

問 17 （a）の解答　出題項目＜加熱エネルギー＞　　　答え　（3）

温度上昇に必要な熱量は，比熱×温度差×密度×体積で求められるので，温度 20.0℃，体積 0.370 m³ の水の温度を 90.0℃ まで加熱するのに必要な熱量 Q は，

$$Q = 4.18 \times 10^3 \times (90 - 20) \times 1.00 \times 10^3 \times 0.370$$
$$\fallingdotseq 1.083 \times 10^8 [\text{J}]$$

一方，4.44 kW の電気温水器を t[h]使用する場合の発生熱量 Q' は，

$$Q' = 4.44 \times 10^3 \times 3\,600\,t$$
$$\fallingdotseq 1.598 \times 10^7\,t\,[\text{J}]$$

Q と Q' の関係は総合効率により，

$$Q = 0.9\,Q'$$
$$1.083 \times 10^8 = 0.9 \times 1.598 \times 10^7\,t$$
$$\therefore\ t \fallingdotseq 7.53 [\text{h}]$$

解説

比熱 C は 1 kg（単位質量）の物質を 1 K（単位温度）温度上昇させるのに必要な熱量[J]である。また，密度 w は物質 1 m³（単位体積）当たりの質量

[kg]を表す。比熱，密度は物質固有の数値である。

比熱と密度を用いることで，体積 V[m³]の物質の温度を ΔT[K]上昇させるのに必要な熱エネルギー Q を計算できる。

$$Q = C\Delta TwV[\text{J}]$$

この式は一般の物質の温度上昇でも成り立つ。

なお，温度は絶対温度 K（ケルビン）を用いるのが一般的である。0℃ はおよそ 273 K に相当するが，温度差 1 K と温度差 1℃ は等しいので温度差では，摂氏[℃]も絶対温度[K]も等しくなり，温度差 70℃ ＝ 70 K である。

補足　熱容量も熱計算に登場する定数である。熱容量は，物質を 1 K 上昇させるのに必要な熱エネルギーを表す。熱容量 C_v は比熱 C[J/(kg·K)]と質量 M[kg]の積に等しく，

$$C_v = CM[\text{J/K}]$$

問 17 （b）の解答　出題項目＜ヒートポンプ，加熱エネルギー＞　　　答え　（4）

水が得たエネルギー Q は前問より，1.083×10^8 J なので，

$$\text{COP} = \frac{\text{水が得たエネルギー}}{\text{消費電力量}}$$
$$= \frac{1.083 \times 10^8}{1.25 \times 10^3 \times 3\,600 \times 6} \fallingdotseq 4.01$$

解説

COP はヒートポンプの性能を表す数値として広く用いられている。例えばエアコンなどの COP は，一般に冷暖房能力の消費電力に対する比で表される。

$$\text{COP} = \frac{\text{冷暖房能力}[\text{kW}]}{\text{消費電力量}[\text{kW}]}$$

また，COP はエネルギー[J]の比でも計算できる。

ヒートポンプは熱ポンプとも呼ばれ，その大きな特徴は，消費電力量より大きな熱エネルギーを得ることができることにある。入力を消費電力，

出力を冷暖房能力とすると，この装置の効率は一般に 1 を越える。熱ポンプの重要な点は，電気エネルギーは「発熱」として消費されるのではなく，圧縮機を駆動し冷媒の圧縮のために使われることにある。冷媒（気体）は圧縮により高温高圧状態になり，高温部熱交換器で熱を放出することで，気化熱を放出して高温高圧の液体となる。この冷媒は膨張弁を通して膨張減圧し低温低圧の液体となり，低温部熱交換器から気化熱を吸収して低温低圧の気体となる。この気体冷媒は再び圧縮機に送られる。この一連の冷媒の状態変化を通して，低温部熱交換器から高温部熱交換器へ熱エネルギーが運ばれる。このように，**熱ポンプは熱を発生しているのではなく，熱を低温部から高温部に運んでいる**のであり，運ばれる熱量が消費電力量に比べて一般に大きいため，入力以上の出力が得られたような感覚を抱かせる。

（選択問題）

問18　出題分野＜情報＞　難易度 ★★☆　重要度 ★☆☆

JK-FF（JK-フリップフロップ）の動作とそれを用いた回路について，次の（ a ）及び（ b ）に答えよ。

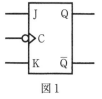

図1

（ a ）　図1のJK-FFの状態遷移について考える。JK-FFのJ, Kの入力時における出力をQ（現状態），J, Kの入力とクロックパルスの立下がりによって変化するQの変化後の状態（次状態）の出力をQ'として，その状態遷移を表1のようにまとめる。表1中の空白箇所（ア），（イ），（ウ），（エ）及び（オ）に当てはまる真理値として，正しいものを組み合わせたのは次のうちどれか。

表1

	（ア）	（イ）	（ウ）	（エ）	（オ）
（1）	0	0	0	1	1
（2）	0	1	0	0	0
（3）	1	1	0	1	1
（4）	1	0	1	1	0
（5）	1	0	1	0	1

入力		現状態	次状態
J	K	Q	Q'
0	0	0	0
0	0	1	（ア）
0	1	0	0
0	1	1	（イ）
1	0	0	1
1	0	1	（ウ）
1	1	0	（エ）
1	1	1	（オ）

（ b ）　2個のJK-FFを用いた図2の回路を考える。この回路において，$+5[V]$を"1"，$0[V]$を"0"と考えたとき，クロックパルスCに対する回路の出力Q_1及びQ_2のタイムチャートとして，正しいのは次のうちどれか。

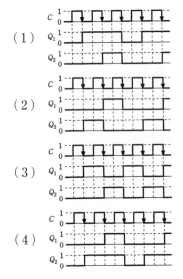

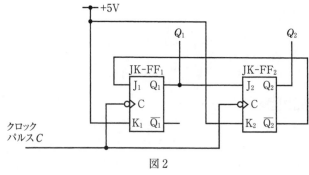

図2

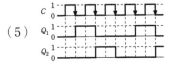

問18 （a）の解答　出題項目＜フリップフロップ＞　答え　（4）

JK-FF の J，K 端子の働きを次の表に示す。

J	K	状態遷移
0	0	現状の出力状態を保持
0	1	Q をリセット（$Q=0$）
1	0	Q をセット（$Q=1$）
1	1	現状の出力を反転

入　　力		現状態	次状態
J	K	Q	Q'
0	0	0	0
0	0	1	1
0	1	0	0
0	1	1	0
1	0	0	1
1	0	1	1
1	1	0	1
1	1	1	0

したがって，〈表1〉は右のとおりになる。

解説

　JK-FF の基本動作から，アは現状保持なので1，イはリセットなので0，ウはセットなので1，エは反転なので1，オは反転なので0，となる。

Point JK 端子の働きを覚えるに尽きる。

問18 （b）の解答　出題項目＜フリップフロップ＞　答え　（5）

　図 18-1 のように，クロックパルス C の立ち下がり時刻を，時間経過に従い t_1 から t_5 とする。

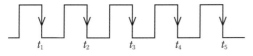

図 18-1　クロックパルス

　図 18-2 ①から⑤は，各クロックパルスの立ち下がり後の端子 J_1，K_1，Q_1，J_2，K_2，Q_2，$\overline{Q_2}$ の真理値の変化を順に図に示したものである。

　図より，Q_1 は t_1 で 0 から 1 になり，t_2 で 1 から 0 になる。t_4 で 0 から 1 になり t_5 で 1 から 0 になる。Q_2 は t_2 で 0 から 1 になり，t_3 で 1 から 0 になる。t_5 で 0 から 1 になる。以上から，Q_1，Q_2 のタイムチャートは選択肢（5）となる。

解説

　二つの FF の J 端子が出力の真理値により変化するので，解答のように各クロックパルスごとの状態変化を図で追うとわかりやすい。

t_1 より前の状態

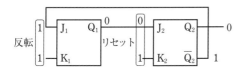

① t_1 後の状態

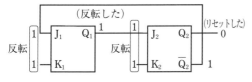

② t_2 後の状態

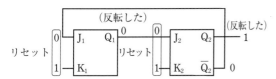

③ t_3 後の状態

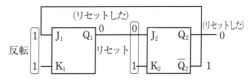

④ t_4 後の状態

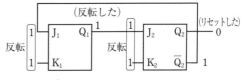

⑤ t_5 後の状態

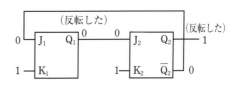

図 18-2　フリップフロップの状態変化

令和4 (2022)　令和3 (2021)　令和2 (2020)　令和元 (2019)　平成30 (2018)　平成29 (2017)　平成28 (2016)　平成27 (2015)　平成26 (2014)　平成25 (2013)　平成24 (2012)　平成23 (2011)　平成22 (2010)　平成21 (2009)　平成20 (2008)

機 械 平成 20 年度（2008 年度）

A 問 題 （配点は 1 問題当たり 5 点）

問 1　出題分野＜直流機＞　難易度 ★★★　重要度 ★★★

　長さ l[m]の導体を磁束密度 B[T]の磁束の方向と直角に置き，速度 v[m/s]で導体及び磁束に直角な方向に移動すると，導体にはフレミングの　(ア)　の法則により，$e =$　(イ)　[V]の誘導起電力が発生する。

　1 極当たりの磁束が Φ[Wb]，磁極数が p，電機子総導体数が Z，巻線の並列回路数が a，電機子の直径が D[m]なる直流機が速度 n[min^{-1}]で回転しているとき，周辺速度は $v = \pi D \dfrac{n}{60}$ [m/s]となり，直流機の正負のブラシ間には　(ウ)　本の導体が　(エ)　に接続されるので，電機子の誘導起電力 E は，$E =$　(オ)　[V]となる。

　上記の記述中の空白箇所(ア)，(イ)，(ウ)，(エ)及び(オ)に当てはまる語句又は式として，正しいものを組み合わせたのは次のうちどれか。

	(ア)	(イ)	(ウ)	(エ)	(オ)
(1)	右 手	Blv	$\dfrac{Z}{a}$	直 列	$\dfrac{pZ}{60a}\Phi n$
(2)	左 手	Blv	Za	直 列	$\dfrac{pZa}{60}\Phi n$
(3)	右 手	$\dfrac{Bv}{l}$	Za	並 列	$\dfrac{pZa}{60}\Phi n$
(4)	右 手	Blv	$\dfrac{a}{Z}$	並 列	$\dfrac{pZ}{60a}\Phi n$
(5)	左 手	$\dfrac{Bv}{l}$	$\dfrac{Z}{a}$	直 列	$\dfrac{Z}{60pa}\Phi n$

問 2　出題分野＜直流機＞　難易度 ★★★　重要度 ★★★

　定格出力 5[kW]，定格電圧 220[V]の直流分巻電動機がある。この電動機を定格電圧で運転したとき，電機子電流が 23.6[A]で定格出力を得た。この電動機をある負荷に対して定格電圧で運転したとき，電機子電流が 20[A]になった。このときの逆起電力(誘導起電力)[V]の値として，最も近いのは次のうちどれか。

　ただし，電機子反作用はなく，ブラシの抵抗は無視できるものとする。

（1）201　　（2）206　　（3）213　　（4）218　　（5）227

問1の解答　　出題項目＜誘導起電力＞

磁界の中を移動する導体に発生する誘導起電力は，フレミングの**右手**の法則に従う。その向きは**図1-1**において，それぞれ直角に立てた右手の親指を速度の向き，人差し指を磁束の向き，中指を誘導起電力の向きとする。

導体の移動方向と磁界の向きが直角であれば，誘導起電力の大きさ e は，$e = Blv$ で表される。

電機子回路は**図1-2**のように表される。図中の電機子総導体数を Z，並列回路数を a とすれば，$\dfrac{Z}{a}$ 本の導体が**直列**（導体数）となる。

直径 $D\,[\mathrm{m}]$，回転速度 $n\,[\mathrm{min^{-1}}]$ で回転する導体は，1回転にその円周 $\pi D\,[\mathrm{m}]$ の距離を移動する。1秒間の回転は $n/60\,[\mathrm{s^{-1}}]$ である。速度 v は1秒間に移動する距離のことなので，

$$v = \pi D \times \frac{n}{60}\,[\mathrm{m/s}]$$

また，磁束密度 B は，1極当たりの磁束を $\varPhi\,[\mathrm{Wb}]$ とすると，

$$B = \frac{p\varPhi}{\pi Dl}\,[\mathrm{T}]$$

電機子誘導起電力 E を計算すると，

$$E = \frac{Z}{a}\cdot Blv = \frac{Z}{a}\cdot\frac{p\varPhi}{\pi Dl}\cdot l\cdot \pi D\cdot\frac{n}{60}$$

$$\therefore\ E = \frac{pZ}{60a}\varPhi n\,[\mathrm{V}] \qquad ①$$

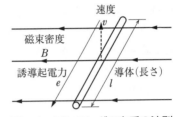

図1-1　フレミングの右手の法則

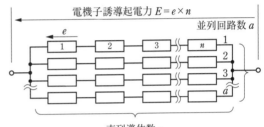

図1-2　電機子誘導起電力

Point 直流機の誘導起電力を表す①式は，覚えておくこと。

問2の解答　　出題項目＜誘導起電力＞

定格出力 $P_\mathrm{n} = 5\,[\mathrm{kW}] = 5\times10^3\,[\mathrm{W}]$，定格電機子電流 $I_\mathrm{an} = 23.6\,[\mathrm{A}]$ における直流分巻電動機の誘導起電力 E_an を表す。

$$P_\mathrm{n} = E_\mathrm{an}I_\mathrm{an}$$

$$E_\mathrm{an} = \frac{P_\mathrm{n}}{I_\mathrm{an}} = \frac{5\times10^3}{23.6} \fallingdotseq 211.864\,[\mathrm{V}]$$

題意および**図2-1**により，E_an を表す。

$$E_\mathrm{an} = V_\mathrm{n} - r_\mathrm{a}I_\mathrm{an} \qquad ①$$

ただし，定格電圧 $V_\mathrm{n} = 220\,[\mathrm{V}]$，電機子抵抗 $r_\mathrm{a}\,[\Omega]$ である。

①式で未知数の r_a を求めると，

$$r_\mathrm{a} = \frac{V_\mathrm{n} - E_\mathrm{an}}{I_\mathrm{an}} = \frac{220 - 211.864}{23.6} \fallingdotseq 0.3447\,[\Omega]$$

次に，同じ V_n を加え，電機子電流が $I_\mathrm{a1} = 20\,[\mathrm{A}]$ となった場合の誘導起電力 E_a1 は，①式から，

$$E_\mathrm{a1} = V_\mathrm{n} - r_\mathrm{a}I_\mathrm{a1} = 220 - 0.3447\times20 \fallingdotseq 213\,[\mathrm{V}]$$

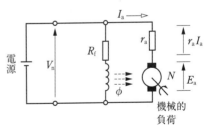

図2-1　直流分巻電動機

Point 回路図から，電源電圧，負荷電流により，誘導起電力を計算する。

問 3　出題分野＜誘導機＞　　難易度 ★★★　重要度 ★★★

　巻線形誘導電動機のトルク–回転速度曲線は，電源電圧及び （ア） が一定のとき，発生するトルクと回転速度との関係を表したものである。

　この曲線は，ある滑りの値でトルクが最大となる特性を示す。このトルクを最大トルク又は （イ） トルクと呼んでいる。この最大トルクは （ウ） 回路の抵抗には無関係である。

　巻線形誘導電動機のトルクは （ウ） 回路の抵抗と滑りの比に関係するので， （ウ） 回路の抵抗が k 倍になると，前と同じトルクが前の滑りの k 倍の点で起こる。このような現象は （エ） と呼ばれ，巻線形誘導電動機の起動トルクの改善及び速度制御に広く用いられている。

　上記の記述中の空白箇所(ア)，(イ)，(ウ)及び(エ)に当てはまる語句として，正しいものを組み合わせたのは次のうちどれか。

	(ア)	(イ)	(ウ)	(エ)
（1）	負　荷	臨　界	二　次	比例推移
（2）	電源周波数	停　動	一　次	二次励磁
（3）	負　荷	臨　界	一　次	比例推移
（4）	電源周波数	臨　界	二　次	二次励磁
（5）	電源周波数	停　動	二　次	比例推移

問 4　出題分野＜同期機＞　　難易度 ★★★　重要度 ★★★

　次の文章は，三相同期発電機の特性曲線に関する記述である。

a.　無負荷飽和曲線は，同期発電機を （ア） で無負荷で運転し，界磁電流を零から徐々に増加させたときの端子電圧と界磁電流との関係を表したものである。端子電圧は，界磁電流が小さい範囲では界磁電流に （イ） するが，界磁電流がさらに増加すると，飽和特性を示す。

b.　短絡曲線は，同期発電機の電機子巻線の三相の出力端子を短絡し，定格速度で運転して，界磁電流を零から徐々に増加させたときの短絡電流と界磁電流との関係を表したものである。この曲線は （ウ） になる。

c.　外部特性曲線は，同期発電機を定格速度で運転し， （エ） を一定に保って， （オ） を一定にして負荷電流を変化させた場合の端子電圧と負荷電流との関係を表したものである。この曲線は （オ） によって形が変わる。

　上記の記述中の空白箇所(ア)，(イ)，(ウ)，(エ)及び(オ)に当てはまる語句として，正しいものを組み合わせたのは次のうちどれか。

	(ア)	(イ)	(ウ)	(エ)	(オ)
（1）	定格速度	ほぼ比例	ほぼ双曲線	界磁電流	残留磁気
（2）	定格電圧	ほぼ比例	ほぼ直線	電機子電流	負荷力率
（3）	定格速度	ほぼ反比例	ほぼ双曲線	電機子電流	残留磁気
（4）	定格速度	ほぼ比例	ほぼ直線	界磁電流	負荷力率
（5）	定格電圧	ほぼ反比例	ほぼ双曲線	界磁電流	残留磁気

問3の解答　出題項目＜出力・トルク＞

巻線形誘導電動機のトルク-回転速度曲線の例を図3-1に示す。この曲線は，電源電圧および**電源周波数**が一定のとき，発生するトルクと回転速度との関係を表したものである。

最大トルクは**停動**トルクとも呼ばれ，このトルクは二次回路の抵抗とは無関係である。

巻線形誘導電動機のトルクは，**二次**回路の抵抗と滑りの比に関係し，この現象を**比例推移**という。

解説

図3-1のトルク-回転速度曲線の左側曲線は，右側曲線の二次抵抗をk倍した場合の曲線である。同じトルク値となる滑りも右側に対してk

倍となる。

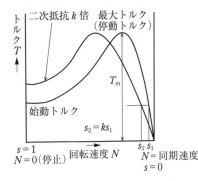

図3-1　トルク-回転速度曲線

問4の解答　出題項目＜無負荷飽和曲線＞

同期発電機の無負荷飽和曲線と短絡特性曲線を図4-1に示す。

a.　無負荷飽和曲線は，同期発電機を**定格速度**で無負荷運転して界磁電流を零から徐々に増加させたときの端子電圧と界磁電流の関係を示す。端子電圧は界磁電流が小さい範囲では界磁電流に**ほぼ比例**する。定格電圧を超えたあたりから界磁電流の増加に対して端子電圧の上昇が小さくなる飽和特性を示す。

b.　短絡曲線は同期発電機の出力端子3相を短絡して定格速度で運転し，界磁電流を零から徐々に増加させたときの短絡電流と界磁電流の関係を示す。この特性は図4-1のとおり**ほぼ直線**である。

c.　**図4-2**に示す外部特性曲線は，同期発電機を定格速度で運転し，**界磁電流**を一定に保ち**負荷力率**一定で負荷電流を変化させたときの端子電圧と負荷電流の関係を示したものである。この曲線は**負荷力率**によって形が変わる。

解説

無負荷飽和特性と短絡特性により発電機の短絡比K_sを計算することができる。図4-1により，K_sは，

$$K_s = \frac{I_{f1}}{I_{f2}} = \frac{I_s}{I_n} \qquad ①$$

外部特性曲線は，端子電圧に対する電機子反作用が負荷力率に対してどのように変わるかを示す。

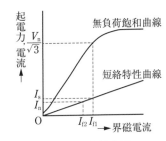

図4-1　特性曲線

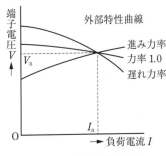

図4-2　外部特性曲線

令和4 (2022)
令和3 (2021)
令和2 (2020)
令和元 (2019)
平成30 (2018)
平成29 (2017)
平成28 (2016)
平成27 (2015)
平成26 (2014)
平成25 (2013)
平成24 (2012)
平成23 (2011)
平成22 (2010)
平成21 (2009)
平成20 (2008)

問 5 　出題分野＜同期機＞

難易度 ★★★　重要度 ★★★

定格容量 3 300[kV·A]，定格電圧 6 600[V]，星形結線の三相同期発電機がある。この発電機の電機子巻線の一相当たりの抵抗は 0.15[Ω]，同期リアクタンスは 12.5[Ω]である。この発電機を負荷力率 100[%]で定格運転したとき，一相当たりの内部誘導起電力[V]の値として，最も近いのは次のうちどれか。

ただし，磁気飽和は無視できるものとする。

（1）　3 050　　　　（2）　4 670　　　　（3）　5 280　　　　（4）　7 460　　　　（5）　9 150

問 6 　出題分野＜機器全般＞

難易度 ★★★　重要度 ★★★

主な電動機として，同期電動機，誘導電動機及び直流電動機がある。堅固で構造も簡単な電動機は（ア）誘導電動機である。この電動機は，最近では，トルク制御と励磁制御を分離して制御可能な（イ）制御によって，直流電動機とそん色ない速度制御が可能になった。

回転速度が広範囲で精密な制御が簡単にできるのは直流電動機である。この電動機は，従来ブラシと（ウ）により回転子に電力を供給していた。最近よく使用されているブラシレス直流電動機（ブラシレス DC モータ）は，回転子に（エ）を組み入れて，効率の向上，保守の簡易化が図られたものである。

また，同期電動機は，供給電源の周波数に同期した速度が要求されるものに使用される。

上記の記述中の空白箇所（ア），（イ），（ウ）及び（エ）に当てはまる語句として，正しいものを組み合わせたのは次のうちどれか。

	（ア）	（イ）	（ウ）	（エ）
（1）	かご形	ベクトル	整流子	永久磁石
（2）	巻線形	スカラ	スリップリング	銅バー
（3）	かご形	スカラ	スリップリング	永久磁石
（4）	かご形	スカラ	整流子	銅バー
（5）	巻線形	ベクトル	整流子	永久磁石

令和 4 (2022)
令和 3 (2021)
令和 2 (2020)
令和 元 (2019)
平成 30 (2018)
平成 29 (2017)
平成 28 (2016)
平成 27 (2015)
平成 26 (2014)
平成 25 (2013)
平成 24 (2012)
平成 23 (2011)
平成 22 (2010)
平成 21 (2009)
平成 20 (2008)

問5の解答　出題項目＜誘導起電力＞　　　答え （3）

三相同期発電機の定格電流 I_n は，題意の定格容量 S_n，定格電圧 V_n より，

$$I_n = \frac{S_n}{\sqrt{3}\,V_n} = \frac{3\,300 \times 10^3}{\sqrt{3} \times 6600}$$

$$= \frac{500}{\sqrt{3}}[\text{A}]$$

となる。

一相当たりの内部誘導起電力 $\dot{E}$ は，端子相電圧 $V_n/\sqrt{3}$ を位相の基準（$\theta=0$）とすると，**図 5-1** により，

$$\dot{E} = \frac{V_n}{\sqrt{3}} + (r + \mathrm{j}x)I_n = \left(\frac{V_n}{\sqrt{3}} + rI_n\right) + \mathrm{j}xI_n[\text{V}]$$

となる。よって，$\dot{E}$ の大きさ E を求めると，

$$E = \sqrt{\left(\frac{V_n}{\sqrt{3}} + rI_n\right)^2 + (xI_n)^2}$$

$$= \sqrt{\left(\frac{6\,600}{\sqrt{3}} + 0.15 \times \frac{500}{\sqrt{3}}\right)^2 + \left(12.5 \times \frac{500}{\sqrt{3}}\right)^2}$$

$$= \frac{1}{\sqrt{3}}\sqrt{6\,675^2 + 6\,250^2}$$

$$= 5\,279.5 ≒ 5\,280[\text{V}]$$

となる。

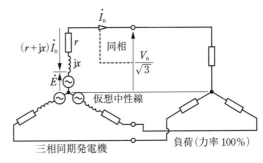

図 5-1　同期発電機等価回路

Point 等価回路より内部誘導起電力を計算する。

問6の解答　出題項目＜直流機と誘導機，特殊モータ＞　　　答え （1）

同期電動機，誘導電動機および直流電動機のなかで，堅固で構造が簡単な電動機は**かご形誘導電動機**である。この電動機はインバータによる**ベクトル制御**によって，直流電動機とそん色ない速度制御が可能となった。

直流電動機は，ブラシと**整流子**により回転子へ電力を供給する必要がある。最近よく使用されているブラシレス直流電動機は，回転子に**永久磁石**を組み入れて効率の向上，保守の簡易化を図っている。

解説

かご形誘導電動機は電動機のうち最も単純かつ堅固な構造である（**図 6-1**）。固定子コイルに三相交流電源を加えると回転磁界が発生し，かご形の回転子が電磁誘導作用により回転する。機械負荷に合わせて自動的に回転子が同期速度より少し遅れる滑りの存在により，一般的な負荷であれば無制御で運転できる。始動トルクも比較的大きく，大容量でなければ始動に特別な工夫を必要としな

い。

直流電動機は，ブラシと整流子が必要である。

スリップリングは，整流子と異なり，整流する必要がない巻線形誘導電動機において外部抵抗への引き出し箇所などへ適用される。

ブラシレス直流電動機は，回転子に永久磁石を用いる。固定子は三相巻線でインバータにより駆動・制御される。

Point 各種電動機の特徴を理解すること。

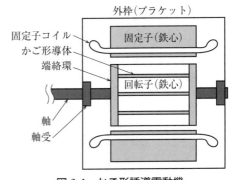

図 6-1　かご形誘導電動機

問7　出題分野＜変圧器＞　　難易度 ★★★　重要度 ★★★

一次巻線抵抗，二次巻線抵抗，漏れリアクタンスや鉄損を無視した磁気飽和のない理想的な単相変圧器を考える。この変圧器の鉄心中の磁束の最大値を Φ_m[Wb]，一次巻線の巻数を N_1，この変圧器に印加される正弦波電圧の　(ア)　を V_1[V]，周波数を f[Hz] とすると，Φ_m は次式から求められる。

$$\Phi_m = \boxed{} \cdot \frac{V_1}{fN_1}\ [\text{Wb}]$$

この磁束により変圧器の二次端子に二次誘導起電力 V_2[V] が生じる。

一次巻線の巻数 N_1，二次巻線の巻数 N_2 がそれぞれ 2 550，85 の場合，この変圧器の一次側に 6 300[V] の電圧を印加すると，二次側に誘起される電圧は　(ウ)　[V] となる。

変圧器二次端子に 7[Ω] の抵抗負荷を接続した場合の一次電流 I_1，二次電流 I_2 は，励磁電流を無視できるものとすると，それぞれ $I_1 = \boxed{(エ)}$[A]，$I_2 = \boxed{(オ)}$[A] である。

上記の記述中の空白箇所 (ア)，(イ)，(ウ)，(エ) 及び (オ) に当てはまる語句又は数値として，正しいものを組み合わせたのは次のうちどれか。

(注) $\dfrac{\sqrt{2}}{2\pi} \fallingdotseq \dfrac{1}{4.44}$，$\dfrac{2\pi}{\sqrt{2}} \fallingdotseq 4.44$，$\dfrac{1}{2\pi} \fallingdotseq 0.159$ として計算する場合が多い。

	(ア)	(イ)	(ウ)	(エ)	(オ)
（1）	実効値	$\dfrac{\sqrt{2}}{2\pi}$	210	30	1.0
（2）	最大値	$\dfrac{2\pi}{\sqrt{2}}$	105	1.0	0.25
（3）	実効値	$\dfrac{\sqrt{2}}{2\pi}$	210	1.0	30
（4）	最大値	$\dfrac{1}{2\pi}$	105	15	30
（5）	実効値	$\dfrac{2\pi}{\sqrt{2}}$	105	1.0	0.25

問8　出題分野＜機器全般＞　　難易度 ★★★　重要度 ★★☆

変圧器の異常を検出し，油入変圧器を保護・監視する装置としては，大別して電気的，機械的及び熱的な 3 種類の継電器（リレー）が使用される。これらは，遮断器の引き外し回路や警報回路と連動される。

電気的保護装置としては，　(ア)　継電器を用いるのが一般的である。この継電器の動作コイルは，変圧器の一次巻線側と二次巻線側に設置されたそれぞれの変流器の二次側　(イ)　で動作するように接続される。

機械的保護装置としては，変圧器内部の油圧変化率，ガス圧変化率，油流変化率で動作する継電器が用いられる。また，変圧器内部の圧力の過大な上昇を緩和するために，　(ウ)　が取り付けられている。

熱的保護・監視装置としては，　(エ)　温度や巻線温度を監視・測定するために，ダイヤル温度計や　(オ)　装置が用いられる。

上記の記述中の空白箇所 (ア)，(イ)，(ウ)，(エ) 及び (オ) に当てはまる語句として，正しいものを組み合わせたのは次のうちどれか。

	(ア)	(イ)	(ウ)	(エ)	(オ)
（1）	過電圧	和電流	放圧装置	油	絶縁監視
（2）	比率差動	差電流	放圧装置	油	巻線温度指示
（3）	過電圧	差電流	コンサベータ	鉄　心	巻線温度指示
（4）	比率差動	和電流	コンサベータ	鉄　心	絶縁監視
（5）	電流平衡	和電流	放圧装置	鉄　心	巻線温度指示

問7の解答　出題項目＜単相変圧器・変圧比＞

単相変圧器の回路図を図7-1に示す。

一次電圧の実効値 V_1 は，題意の (注) の $\dfrac{2\pi}{\sqrt{2}} \fallingdotseq 4.44$ を用いて，

$$V_1 = 4.44 f N_1 \phi_m = \frac{2\pi}{\sqrt{2}} f N_1 \phi_m \qquad ①$$

①式を変形して，

$$\phi_m = \frac{\sqrt{2}}{2\pi} \cdot \frac{V_1}{f N_1}$$

巻数比 $N_1/N_2 = 2\,550/85 = 30$ の変圧器に一次電圧 $V_1 = 6\,300\,[\mathrm{V}]$ を印可した場合，二次電圧 V_2 は，

$$V_2 = V_1 \cdot (1/30) = 6\,300 \times (1/30) = \underline{\mathbf{210}}\,[\mathrm{V}]$$

二次側に抵抗負荷 $7\,\Omega$ を接続した場合，二次電流 I_2 は，

$$I_2 = \frac{V_2}{7} = \frac{210}{7} = \underline{\mathbf{30}}\,[\mathrm{A}]$$

よって，一次電流 I_1 は，

$$I_1 = I_2 \cdot (N_2/N_1) = 30 \times (1/30) = \underline{\mathbf{1}}\,[\mathrm{A}]$$

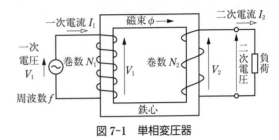

図7-1　単相変圧器

解説

巻数比と一次，二次電圧・電流との関係は，

$$\frac{V_1}{V_2} = \frac{N_1}{N_2} = \frac{I_2}{I_1}$$

Point $V_1 = 4.44 f N_1 \phi_m$ の式を覚えておくこと。

問8の解答　出題項目＜各種電気機器＞

変圧器の電気的保護装置には**比率差動継電器**が用いられる（**図8-1**）。この継電器の動作コイルは，変圧器の一次と二次巻線側の変流器の**差電流**で動作する。

機械的保護装置の一つとして，変圧器の内部故障時の短絡・アーク等により過大な圧力となることを防止するため**放圧装置**が用いられる。

熱的保護・監視装置として，油温度や巻線温度を監視測定するため**巻線温度指示**装置が用いられる。

解説

図8-1で定常時の電流を ─▷ で示す。この場合，一次電流 I_1 と二次電流 I_2 は等しくなり，動作コイルに電流が流れない。故障時の電流を ----▷ で示す。この場合，一次電流 I_{1F} と二次電流 I_{2F} は等しくないため，動作コイルに電流が流れ，故障と判断できる。

図8-2に示す放圧装置は，変圧器本体に設置して圧力が上昇した際，放圧弁を開いて圧力を逃がす仕組みになっている。

Point 変圧器の保護装置を理解すること。

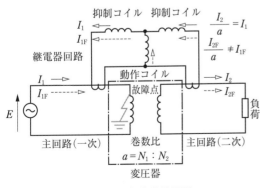

図8-1　比率差動継電器

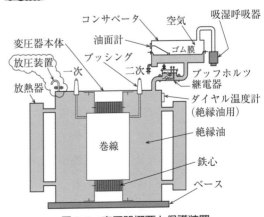

図8-2　変圧器概要と保護装置

問 9　出題分野＜パワーエレクトロニクス＞　難易度 ★★★　重要度 ★★☆

電力用半導体素子(半導体バルブデバイス)である IGBT(絶縁ゲートバイポーラトランジスタ)に関する記述として，正しいのは次のうちどれか。

(1)　ターンオフ時の駆動ゲート電力が GTO に比べて大きい。

(2)　自己消弧能力がない。

(3)　MOS 構造のゲートとバイポーラトランジスタとを組み合わせた構造をしている。

(4)　MOS 形 FET パワートランジスタより高速でスイッチングできる。

(5)　他の大電力用半導体素子に比べて，並列接続して使用することが困難な素子である。

問 10　出題分野＜パワーエレクトロニクス＞　難易度 ★★☆　重要度 ★★☆

交流電動機を駆動するとき，電動機の鉄心の　(ア)　を防ぎトルクを有効に発生させるために，駆動する交流基本波の電圧と周波数の比がほぼ　(イ)　になるようにする方法が一般的に使われている。この方法を実現する整流器とインバータによる回路とその制御の組み合わせの例には，次の二つがある。

一つの方法は，一定電圧の交流電源から直流電圧を得る整流器に　(ウ)　などを使用して，インバータ出力の周波数に対して目標の比となるように直流電圧を可変制御し，この直流電圧を交流に変換するインバータでは出力の周波数の調整を行う方法である。

また，別の方法は，一定電圧の交流電源から整流器を使ってほぼ一定の直流電圧を得て，インバータでは出力パルス波形を制御することによって，出力の電圧と周波数を同時に調整する方法である。

一定の直流電圧から可変の交流電圧を得るインバータの代表的な制御として，　(エ)　制御が知られている。

上記の記述中の空白箇所(ア)，(イ)，(ウ)及び(エ)に当てはまる語句として，正しいものを組み合わせたのは次のうちどれか。

	(ア)	(イ)	(ウ)	(エ)
(1)	磁気飽和	一　定	ダイオード	PWM
(2)	振　動	2　乗	ダイオード	PLL
(3)	磁気飽和	2　乗	サイリスタ	PLL
(4)	振　動	一　定	サイリスタ	PLL
(5)	磁気飽和	一　定	サイリスタ	PWM

令和 **4** (2022)
令和 **3** (2021)
令和 **2** (2020)
令和 **元** (2019)
平成 **30** (2018)
平成 **29** (2017)
平成 **28** (2016)
平成 **27** (2015)
平成 **26** (2014)
平成 **25** (2013)
平成 **24** (2012)
平成 **23** (2011)
平成 **22** (2010)
平成 **21** (2009)
平成 **20** (2008)

問 9 の解答　出題項目＜半導体デバイス＞　　　　答え　(3)

（1）　誤。IGBT は GTO に比べて MOS ゲートで駆動(ON, OFF)できるので駆動電力が小さい。

（2）　誤。IGBT は，自己消弧可能な半導体バルブデバイスである。

（3）　正。IGBT は，MOS 形 FET パワートランジスタ(MOS FET)とバイポーラトランジスタを組み合わせた構造で，スイッチ部を MOS FET が動力部をバイポーラトランジスタが受け持つことで，高速駆動および高電圧・大電流の回路へ使用することができる。

（4）　誤。IGBT のスイッチ部は MOS FET である。そのため，MOS FET より高速でスイッチングできない。

（5）　誤。IGBT は，他の大電力半導体素子と同様に並列接続して使用することが可能である。

解説

トランジスタはバイポーラトランジスタと電界効果トランジスタ(FET)の 2 種類に大別できる。バイポーラトランジスタは，p 形または n 形半導体の多数キャリヤと少数キャリヤを使って電流を流す。FET は多数キャリヤのみを使用する。

バイポーラトランジスタは，電力用半導体素子の中でも高電圧・大電流に適用可能という長所を持っているものの，高速スイッチングができないという欠点がある。一方，FET はバイポーラトランジスタと比較して高速スイッチングができる長所を持つ反面，適用範囲は低電圧・小電流である。

問 10 の解答　出題項目＜インバータ＞　　　　答え　(5)

交流電動機を駆動するとき，電動機の鉄心の**磁気飽和**を防ぐために電源の電圧と周波数の比を**一定**にする制御が一般的に行われている。

インバータから誘導電動機を駆動する場合，ON 制御ができる**サイリスタ**等を使用することで，周波数と電圧の可変制御が可能になる。

インバータでは ON-OFF 時間を調整することで，擬似的な正弦波交流を発生させることができ，これを **PWM** 制御と呼んでいる。

解説

電源電圧により鉄心に磁束を発生させてエネルギーを伝達する電気機器(変圧器および誘導機)の磁束 ϕ は，電源電圧 V に比例し，周波数 f に反比例する。

$$\therefore \phi \propto V/f \qquad ①$$

電気機器の鉄心に磁気飽和が発生すると，性能を発揮できないだけでなく，損失が増大するとともに，ひずみ波の発生により他の機器に障害を与える等の問題となる。そこで，インバータのように電源電圧と周波数が変化する場合，①式の V と f の比を一定に保つことで，磁気飽和を防ぐ。この方法を V/f 一定制御と呼んでいる。

インバータ回路を**図 10-1** に，その PWM 制御の電圧波形を**図 10-2** に示す。

PWM(パルス幅変調)制御は，図 10-2 のように方形波の幅を制御して正弦波に近づけている。

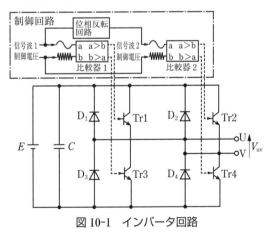

図 10-1　インバータ回路

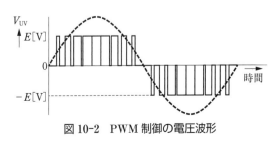

図 10-2　PWM 制御の電圧波形

問 11　出題分野＜機器全般＞　難易度 ★★★　重要度 ★★★

　図に示すように，電動機が減速機と組み合わされて負荷を駆動している。このときの電動機の回転速度 n_{m} が 1 150[min^{-1}]，トルク T_{m} が 100[N·m]であった。減速機の減速比が 8，効率が 0.95 のとき，負荷の回転速度 n_{L}[min^{-1}]，軸トルク T_{L}[N·m]及び軸入力 P_{L}[kW]の値として，最も近いものを組み合わせたのは次のうちどれか。

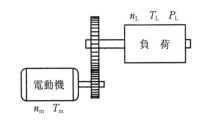

	n_{L}[min^{-1}]	T_{L}[N·m]	P_{L}[kW]
（1）	136.6	11.9	11.4
（2）	143.8	760	11.4
（3）	9 200	760	6 992
（4）	143.8	11.9	11.4
（5）	9 200	11.9	6 992

問 12　出題分野＜電熱＞　難易度 ★★☆　重要度 ★★★

　近年，広く普及してきたヒートポンプは，外部から機械的な仕事 W[J]を与え，　(ア)　熱源より熱量 Q_1[J]を吸収して，　(イ)　部へ熱量 Q_2[J]を放出する機関のことである。この場合（定常状態では），熱量 Q_1[J]と熱量 Q_2[J]の間には　(ウ)　の関係が成り立ち，ヒートポンプの効率 η は，加熱サイクルの場合　(エ)　となり 1 より大きくなる。この効率 η は　(オ)　係数（COP）と呼ばれている。

　上記の記述中の空白箇所（ア），（イ），（ウ），（エ）及び（オ）に当てはまる語句又は式として，正しいものを組み合わせたのは次のうちどれか。

	（ア）	（イ）	（ウ）	（エ）	（オ）
（1）	低　温	高　温	$Q_2 = Q_1 + W$	$\dfrac{Q_2}{W}$	成　績
（2）	高　温	低　温	$Q_2 = Q_1 + W$	$\dfrac{Q_1}{W}$	評　価
（3）	低　温	高　温	$Q_2 = Q_1 + W$	$\dfrac{Q_1}{W}$	成　績
（4）	高　温	低　温	$Q_2 = Q_1 - W$	$\dfrac{Q_2}{W}$	成　績
（5）	低　温	高　温	$Q_2 = Q_1 - W$	$\dfrac{Q_2}{W}$	評　価

問 11 の解答　出題項目＜電動機のトルク＞　答え　（2）

題意から，計算に必要な数値を以下に示す。

電動機の回転速度：$n_m = 1\,150\,[\text{min}^{-1}]$

電動機トルク：$T_m = 100\,[\text{N·m}]$

電動機出力：$P_m\,[\text{kW}]$

減速機の減速比：$8 = \dfrac{n_m}{n_L}$（負荷が遅い）

減速機効率：$\eta = 0.95$

負荷の回転速度：$n_L\,[\text{min}^{-1}]$

負荷の軸トルク：$T_L\,[\text{N·m}]$

軸入力：$P_L\,[\text{kW}]$

n_L は減速比 $= 8$ より，

$$n_L = \frac{n_m}{8} = \frac{1\,150}{8} = 143.75 \fallingdotseq 143.8\,[\text{min}^{-1}]$$

電動機の回転角速度 ω_m は，

$$\omega_m = \frac{2\pi}{60} \cdot n_m = \frac{2\pi}{60} \times 1\,150 \fallingdotseq 120.43\,[\text{rad/s}]$$

ω_m より P_m を計算すると，

$$P_m = \omega_m T_m = 120.43 \times 100 = 12\,043\,[\text{W}]$$
$$= 12.043\,[\text{kW}]$$

P_L および T_L は，P_m と η から，

$$P_L = \eta \cdot P_m\,[\text{kW}] \qquad ①$$
$$\omega_L T_L = \eta \cdot \omega_m T_m\,[\text{kW}]$$
$$T_L = \eta \cdot \frac{\omega_m}{\omega_L} T_m\,[\text{N·m}] \qquad ②$$

角速度は回転速度と比例関係にあるため，

$$8 = \frac{n_m}{n_L} = \frac{\omega_m}{\omega_L} \text{ を②式に代入して，}$$
$$T_L = 0.95 \times 8 \times 100 = 760\,[\text{N·m}]$$

また，①式に数値を代入して，

$$P_L = 0.95 \times 12.043 = 11.44 \fallingdotseq 11.4\,[\text{kW}]$$

Point 減速機による動力の伝達の考え方を理解すること。

問 12 の解答　出題項目＜ヒートポンプ＞　答え　（1）

図 12-1 のように，ヒートポンプは外部から機械的な仕事 $W[\text{J}]$ を与え，**低温**熱源より熱量 Q_1 $[\text{J}]$ を吸収して，**高温**部へ熱量 $Q_2[\text{J}]$ を放出する機関のことである。定常状態では，熱量 $Q_1[\text{J}]$ と熱量 $Q_2[\text{J}]$ の間には $\boldsymbol{Q_2 = Q_1 + W}$ の関係が成り立ち，ヒートポンプの効率は，加熱サイクルの場合機械的な仕事を入力，高温部への排出熱量を出力と見れば，$\dfrac{\boldsymbol{Q_2}}{\boldsymbol{W}} = \dfrac{Q_1 + W}{W} = \dfrac{Q_1}{W} + 1$ となり，1 より大きくなる。この効率は**成績係数**（COP）と呼ばれている。

解説

ヒートポンプは熱ポンプとも呼ばれ，低温熱源から高温熱源へ熱エネルギーをくみ上げる機関である。熱エネルギーは自然界では，高温部の熱源から低温部の熱源へと移動するが，その逆は起こらない。しかし，冷媒の圧縮・膨張の過程で起こる，気体と液体間の状態変化に伴う気化熱の放出・吸収を利用することで，熱エネルギーを低温部から高温部へ運ぶことができる。ヒートポンプでは圧縮機と膨張弁が重要になる。圧縮機は気体冷媒を圧縮して高温高圧状態にすることで，気化熱を放出させ冷媒を液化させる。膨張弁は液体冷媒を膨張減圧させ低温低圧状態にすることで，気化熱を吸収し冷媒を気化させる。このサイクルの中で冷媒の膨張は自然に起こるが，圧縮は外部からの機械的なエネルギーが必要となる。なお，$Q_2 = Q_1 + W$ は，冷媒についてのエネルギー保存則を表している。

低温部熱交換器　　　　　　　高温部熱交換器

図 12-1　ヒートポンプの概略図

令和 4 (2022)
令和 3 (2021)
令和 2 (2020)
令和元 (2019)
平成 30 (2018)
平成 29 (2017)
平成 28 (2016)
平成 27 (2015)
平成 26 (2014)
平成 25 (2013)
平成 24 (2012)
平成 23 (2011)
平成 22 (2010)
平成 21 (2009)
平成 20 (2008)

問13　出題分野＜電気化学＞ 　難易度 ★★☆　重要度 ★★☆

　二次電池は，電気エネルギーを化学エネルギーに変えて電池内に蓄え(充電という)貯蔵した化学エネルギーを必要に応じて電気エネルギーに変えて外部負荷に供給できる(放電という)電池である。この電池は充放電を反復して使用できる。

　二次電池としてよく知られている鉛蓄電池の充電時における正・負両電極の化学反応(酸化・還元反応)に関する記述として，正しいのは次のうちどれか。

　なお，鉛蓄電池の充放電反応全体をまとめた化学反応式は次のとおりである。

　　$2PbSO_4 + 2H_2O \rightleftarrows Pb + PbO_2 + 2H_2SO_4$

（1）　充電時には正極で酸化反応が起き，正極活物質は電子を放出する。

（2）　充電時には負極で還元反応が起き，$PbSO_4$ が生成する。

（3）　充電時には正極で還元反応が起き，正極活物質は電子を受け取る。

（4）　充電時には正極で還元反応が起き，$PbSO_4$ が生成する。

（5）　充電時には負極で酸化反応が起き，負極活物質は電子を受け取る。

問14　出題分野＜情報＞ 　難易度 ★★★　重要度 ★☆☆

　記憶装置には，読み取り専用として作られた ROM[※1] と読み書きができる RAM[※2] がある。

　ROM には，製造過程においてデータを書き込んでしまう 　(ア)　 ROM，電気的にデータの書き込みと消去ができる 　(イ)　 ROM などがある。また，RAM には，電源を切らない限りフリップフロップ回路などでデータを保持する 　(ウ)　 RAM と，データを保持するために一定時間内にデータを再書き込みする必要のある 　(エ)　 RAM がある。

　上記の記述中の空白箇所(ア)，(イ)，(ウ)及び(エ)に当てはまる語句として，正しいものを組み合わせたのは次のうちどれか。

	(ア)	(イ)	(ウ)	(エ)
（1）	マスク	EEP[※3]	ダイナミック	スタティック
（2）	マスク	EEP	スタティック	ダイナミック
（3）	マスク	EP[※4]	ダイナミック	スタティック
（4）	プログラマブル	EP	スタティック	ダイナミック
（5）	プログラマブル	EEP	ダイナミック	スタティック

（注）　※1の「ROM」は，「Read Only Memory」の略，
　　　　※2の「RAM」は，「Random Access Memory」の略，
　　　　※3の「EEP」は，「Electrically Erasable and Programmable」の略及び
　　　　※4の「EP」は，「Erasable Programmable」の略である。

問 13 の解答　出題項目＜二次電池＞

（1）　正。充電時，正極では電子が放出される酸化反応が起きる。

＊充電時の正極の反応

$PbSO_4 + 2H_2O \rightarrow PbO_2 + H_2SO_4 + 2H^+ + 2e^-$
（正極）（電解液）（正極）（電解液）　　（電子）

（2）　誤。充電時，負極では電子を吸収する還元反応が起きる。

＊充電時の負極の反応

$PbSO_4 + 2H^+ + 2e^- \rightarrow Pb + H_2SO_4$
（負極）（電解液）（電子）（負極）（電解液）

この反応により，**負極では Pb が生成**するので誤り。

（3）　誤。充電時には**正極で酸化反応が起き**，**正極活物質は電子を放出**するので誤り。

（4）　誤。充電時には**正極で酸化反応が起き**，PbO_2 が生成するので誤り。

（5）　誤。充電時には負極活物質は電子を受けとるが，**負極では還元反応が起きる**ので誤り。

解説

化学電池は，電極活物質と電解質との化学反応を利用している。1 次電池では，正極は常に還元反応，負極は常に酸化反応しか起こらない。しかし，2 次電池では充電時に電流の流れが反対になるので，正極で酸化反応，負極で還元反応が起こる。

また，鉛蓄電池では充電により電解液が H_2O（水）から H_2SO_4（硫酸）に変化するため，電解液の比重が大きくなる。

補足　鉛蓄電池は他の二次電池と比較して単位容量当たりの価格が安いため，民生用から産業用まで幅広く利用されている。特徴は，放電電流が安定してる，メモリー効果が無いなど利点を有する一方，重量がある，寿命が比較的短い，過放電に弱く性能が回復しない，有害物質を含み環境負荷が大きい，などの欠点もある。

Point 電解液の比重は放電により減少する。

問 14 の解答　出題項目＜コンピュータ・コンピュータ制御＞

ROM には，製造過程においてデータを書き込んでしまう**マスク** ROM，電気的にデータの書き込みと消去ができる **EEP** ROM などがある。また，RAM には，電源を切らない限りフリップフロップ回路などでデータを保持する**スタティック** RAM(SRAM)と，データを保持するために一定時間内にデータの再書き込みをする必要のある**ダイナミック** RAM(DRAM)がある。

解説

問題文の用語・語句に注目する。例えば，（ア）は問題文に「製造過程においてデータを書き込んでしまう」との記述から，プログラマブル(プログラム可能)ではない。（イ）は「電気的に」の記述から，注訳の英語 Electrically（電気的に）を含む EEP であることがわかる。（ウ）の「スタティック」は静的，（エ）の「ダイナミック」は動的という意味から判断できる。

補足　ダイナミック RAM はその構造上，記憶が時間とともに喪失してしまうメモリである。図 14-1 は DRAM 1 ビットについての原理図である。メモリのセル(1 ビットの情報を記憶)は微細なコンデンサであり，そこに電荷が有るか無いかで 1，0 を決める。ところが，電荷は時間とともに徐々に漏れ，1 の判別ができなくなることで情報喪失が起こる。そこで，電荷が無くならないうちに同じ情報を再書き込みして，電荷が存在するセルには電荷を補充することで情報を維持する。この操作をリフレッシュという。

図 14-1　DRAM の構造と記憶

令和 4 (2022)
令和 3 (2021)
令和 2 (2020)
令和 元 (2019)
平成 30 (2018)
平成 29 (2017)
平成 28 (2016)
平成 27 (2015)
平成 26 (2014)
平成 25 (2013)
平成 24 (2012)
平成 23 (2011)
平成 22 (2010)
平成 21 (2009)
平成 20 (2008)

B 問 題	（配点は 1 問題当たり（a）5 点，（b）5 点，計 10 点）

問 15　　出題分野＜誘導機＞　　　　　難易度 ★★★　　重要度 ★★★

定格出力 7.5[kW]，定格電圧 220[V]，定格周波数 60[Hz]，8 極の三相巻線形誘導電動機がある。この電動機を定格電圧，定格周波数の三相電源に接続して定格出力で運転すると，82[N·m]のトルクが発生する。この運転状態のとき，次の（a）及び（b）に答えよ。

（a）　回転速度[min^{-1}]の値として，最も近いのは次のうちどれか。

　　（1）　575　　　（2）　683　　　（3）　724　　　（4）　874　　　（5）　924

（b）　回転子巻線に流れる電流の周波数[Hz]の値として，最も近いのは次のうちどれか。

　　（1）　1.74　　　（2）　4.85　　　（3）　8.25　　　（4）　12.4　　　（5）　15.5

問15（a）の解答   出題項目＜出力・トルク＞   答え（4）

電動機出力を P_0，回転角速度を ω とすると，電動機の発生トルク T は，

$$T = \frac{P_0}{\omega}[\text{N·m}] \qquad ①$$

である。また，ω と回転速度 N の関係は，

$$\omega = \frac{2\pi}{60} \cdot N[\text{rad/s}] \qquad ②$$

と表される。①式に②式を代入すると，

$$T = \frac{P_0}{\frac{2\pi}{60} \cdot N} = \frac{60}{2\pi} \cdot \frac{P_0}{N}[\text{N·m}] \qquad ③$$

③式を変形して N を求める。

$$N = \frac{60}{2\pi} \cdot \frac{P_0}{T}[\text{min}^{-1}] \qquad ④$$

④式に $P_0 = 7\,500[\text{W}]$，$T = 82[\text{N·m}]$ を代入すると，

$$N = \frac{60}{2\pi} \times \frac{7\,500}{82} ≒ 873.41 ≒ 873[\text{min}^{-1}]$$

問15（b）の解答   出題項目＜滑り＞   答え（1）

定格周波数を f，電動機の極数を p とすると，同期速度 N_s は，題意の数値を代入して，

$$N_s = \frac{120f}{p} = \frac{120 \times 60}{8} = 900[\text{min}^{-1}]$$

このときの滑り s は，

$$s = \frac{N_s - N}{N_s} = \frac{900 - 873.41}{900} = 0.0295\,4$$

滑り s で運転中の誘導電動機における二次巻線の周波数 f_2 は，

$$f_2 = sf = 0.02954 \times 60 ≒ 1.77[\text{Hz}]$$

解説 ....

図 15-1 は，誘導電動機の原理を示したものである。木など，鉄でない机の上に非磁性体の銅またはアルミ板を置いて磁石を移動すると，板は磁石の動きに合わせて少し遅れて動く。手で磁石を動かすと板を動かすための力が掛かることを感じることができる。磁石を停止すると板との間に力が働かない。

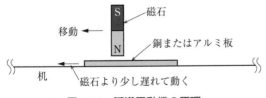

図 15-1　誘導電動機の原理

この現象は，磁石の動きにより磁界が変化して銅またはアルミ板にフレミングの右手に法則による渦電流が流れ，渦電流と磁石の間にフレミング

の左手の法則による電磁力が働いた結果である。

次に，電動機の固定子に同期速度 N_s の回転磁界を発生させたとき，回転子が N の回転速度であった場合を考える（**図 15-2**）。

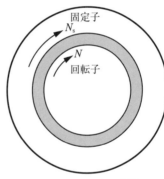

図 15-2　誘導電動機

図 15-1 の磁石を固定子に，銅またはアルミ板を回転子に置き換える。

回転子は同期速度 N_s よりも若干遅れた回転速度 N で回転し，遅れの度合いを滑り s で表す。

固定子に加える電源周波数を f とすると，回転子に誘起される誘導起電力の周波数は sf となる。sf は，速度に換算すると，

$$sN_s = \frac{120sf}{p}[\text{min}^{-1}]$$

と表す。sN_s は，同期速度 N_s と回転子の回転速度 N との回転速度差である。

Point 誘導電動機の回転速度，角速度，トルクおよび出力の関係を理解すること。

令和4(2022)
令和3(2021)
令和2(2020)
令和元(2019)
平成30(2018)
平成29(2017)
平成28(2016)
平成27(2015)
平成26(2014)
平成25(2013)
平成24(2012)
平成23(2011)
平成22(2010)
平成21(2009)
平成20(2008)

問 16 出題分野＜変圧器＞ 難易度 ★★★ 重要度 ★★★

定格容量 50[kV・A]の単相変圧器がある。この変圧器を定格電圧，力率 100[%]，全負荷の $\frac{3}{4}$ の負荷で運転したとき，鉄損と銅損が等しくなり，そのときの効率は 98.2[%]であった。この変圧器について，次の（a）及び（b）に答えよ。

ただし，鉄損と銅損以外の損失は無視できるものとする。

（a） この変圧器の鉄損[W]の値として，最も近いのは次のうちどれか。
（1） 344 　　（2） 382 　　（3） 425 　　（4） 472 　　（5） 536

（b） この変圧器を全負荷，力率 100[%]で運転したときの銅損[W]の値として，最も近いのは次のうちどれか。
（1） 325 　　（2） 453 　　（3） 579 　　（4） 611 　　（5） 712

問 16 （a）の解答　出題項目＜損失・効率＞　　　　答え（1）

単相変圧器の定格容量を S_n，力率を $\cos\theta$，負荷の定格容量に対する比率を α，鉄損を p_i，定格容量（全負荷）時の銅損を p_c とする。このときの効率 η は，

$$\eta=\frac{\alpha S_n\cos\theta}{\alpha S_n\cos\theta+p_i+\alpha^2 p_c}\times100\,[\%] \qquad ①$$

となる。題意から，

$$p_i=\alpha^2 p_c \qquad ②$$

また，$\alpha=\dfrac{3}{4}=0.75$ である。

②式および題意の各数値を代入し，①式を変形

して p_i を求める。

$$\frac{\eta}{100}=\frac{\alpha S_n\cos\theta}{\alpha S_n\cos\theta+2p_i}$$

$$\alpha S_n\cos\theta+2p_i=\frac{100}{\eta}\cdot\alpha S_n\cos\theta$$

$$2p_i=\alpha S_n\cos\theta\cdot\left(\frac{100}{\eta}-1\right)$$

$$p_i=\frac{1}{2}\cdot\alpha S_n\cos\theta\cdot\left(\frac{100}{\eta}-1\right)$$

$$\therefore\;p_i=\frac{1}{2}\times\frac{3}{4}\times50\times10^3\times1\times\left(\frac{100}{98.2}-1\right)$$

$$=343.69\fallingdotseq344\,[\mathrm{W}]$$

問 16 （b）の解答　出題項目＜損失・効率＞　　　　答え（4）

②式を変形して銅損 p_c を表すと，

$$p_c=\frac{p_i}{\alpha^2}$$

上記（a）で求めた p_i および題意の α を代入して p_c を求めると，

$$p_c=\frac{343.69}{0.75^2}\fallingdotseq611.00\fallingdotseq611\,[\mathrm{W}]$$

解説 ……………………………………

変圧器の効率は，鉄損＝銅損の場合に最大となる。最大効率時の銅損および負荷の値を求める問題は，過去に繰返し出題されているため，次の①式を使って証明する。

$$\eta=\frac{\alpha S_n\cos\theta}{\alpha S_n\cos\theta+p_i+\alpha^2 p_c}\times100\,[\%] \qquad ①$$

①式の分母分子を α で割ると，

$$\eta=\frac{S_n\cos\theta}{S_n\cos\theta+\dfrac{p_i}{\alpha}+\alpha p_c}\times100\,[\%] \qquad ①'$$

となる。①′式で効率に対して変化する数（変数）は α のみで他は定数である。ただし，力率は一定とする。

①′式のうち α に関係するのは分母の第 2 項と第 3 項である。η が最大となるには，①′式の分母すなわち③式で示す第 2 項と第 3 項の和が最小

となればよい。

$$\frac{p_i}{\alpha}+\alpha p_c \qquad ③$$

③式の項を掛け算すると，

$$\frac{p_i}{\alpha}\cdot\alpha p_c=p_i\cdot p_c\,(定数)$$

となる。よって最小の定理「掛け算をして定数となる二つの数同士の足し算は二つの数が等しいとき最小となる」を③式に適用できるので，

$$\frac{p_i}{\alpha}=\alpha p_c \qquad\therefore\;p_i=\alpha^2 p_c$$

となり，ある負荷において効率が最大となる条件は（鉄損）＝（銅損）である。

①式により，全負荷（$\alpha=1$），力率 100 % のときの効率 η_n を計算する。S_n は題意から，p_i は（a），p_c は（b）から値を代入して，

$$\eta_n=\frac{50\times10^3\times1}{50\times10^3\times1.0+344+611}\times100$$

$$\fallingdotseq98.126\,[\%]$$

となる。

Point 変圧器の損失および，最大効率となる条件を理解すること。

令和4(2022)
令和3(2021)
令和2(2020)
令和元(2019)
平成30(2018)
平成29(2017)
平成28(2016)
平成27(2015)
平成26(2014)
平成25(2013)
平成24(2012)
平成23(2011)
平成22(2010)
平成21(2009)
平成20(2008)

問 17 及び問 18 は選択問題ですから，このうちから 1 問を選んで解答してください。

（選択問題）

問 17　　出題分野＜自動制御＞　　　　　　　難易度 ★★★　　重要度 ★★★

図 1 は，調節計の演算回路などによく用いられるブロック線図を示す。

次の（a）及び（b）に答えよ。

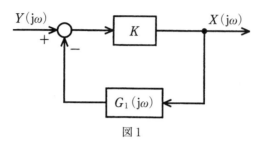

図 1

（a）　図 2 は，図 1 のブロック $G_1(j\omega)$ の詳細を示し，静電容量 $C[\mathrm{F}]$ と抵抗 $R[\Omega]$ からなる回路を示す。この回路の入力量 $V_1(j\omega)$ に対する出力量 $V_2(j\omega)$ の周波数伝達関数 $G_1(j\omega)=\dfrac{V_2(j\omega)}{V_1(j\omega)}$ を表す式として，正しいのは次のうちどれか。

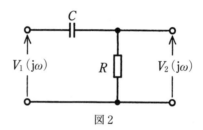

図 2

（1）　$\dfrac{1}{CR+j\omega}$　　　　（2）　$\dfrac{1}{1+j\omega CR}$　　　　（3）　$\dfrac{CR}{CR+j\omega}$

（4）　$\dfrac{CR}{1+j\omega CR}$　　　　（5）　$\dfrac{j\omega CR}{1+j\omega CR}$

（b）　図 1 のブロック線図において，閉ループ周波数伝達関数 $G(j\omega)=\dfrac{X(j\omega)}{Y(j\omega)}$ で，ゲイン K が非常に大きな場合の近似式として，正しいのは次のうちどれか。

　なお，この近似式が成立する場合，この演算回路は比例プラス積分要素と呼ばれる。

（1）　$1+j\omega CR$　　　　（2）　$1+\dfrac{CR}{j\omega}$　　　　（3）　$1+\dfrac{1}{j\omega CR}$

（4）　$\dfrac{1}{1+j\omega CR}$　　　　（5）　$\dfrac{1+CR}{j\omega CR}$

令和
4
(2022)

令和
3
(2021)

令和
2
(2020)

令和
元
(2019)

平成
30
(2018)

平成
29
(2017)

平成
28
(2016)

平成
27
(2015)

平成
26
(2014)

平成
25
(2013)

平成
24
(2012)

平成
23
(2011)

平成
22
(2010)

平成
21
(2009)

平成
20
(2008)

問 17 （a）の解答　出題項目＜ブロック線図，伝達関数＞　答え　（5）

図 **17-1** のように，回路の電流を $\dot{I}$ とすると，

$$\dot{I}=\frac{V_1(\mathrm{j}\omega)}{R+\dfrac{1}{\mathrm{j}\omega C}}=\frac{\mathrm{j}\omega C V_1(\mathrm{j}\omega)}{1+\mathrm{j}\omega CR}$$

$$V_2(\mathrm{j}\omega)=\dot{I}R=\frac{\mathrm{j}\omega CR V_1(\mathrm{j}\omega)}{1+\mathrm{j}\omega CR}$$

$$\frac{V_2(\mathrm{j}\omega)}{V_1(\mathrm{j}\omega)}=\frac{\mathrm{j}\omega CR}{1+\mathrm{j}\omega CR}$$

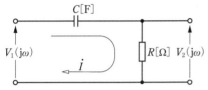

図 17-1　交流回路と周波数伝達関数

解説……………………………………

　図 17-1 の交流回路において，入力に角周波数 $\omega[\mathrm{rad/s}]$ の正弦波交流電圧 $V_1(\mathrm{j}\omega)$ を加えたとき，出力に電圧 $V_2(\mathrm{j}\omega)$ が現れたとすると，この両者の関係は角周波数を ω とする一般の正弦波交流回路同様，ベクトル記号法で計算できる。

補足　周波数伝達関数の変数 $\mathrm{j}\omega$ を s に置き替えたものを単に伝達関数と呼ぶ。図 17-1 の回路において，本来入出力は時間 t の関数であるが，この伝達要素を時間の関数で表現すると微分方程式となるため，一般に動作の解析や安定性の判断が容易ではない。例えば図 17-1 は次式になる。

$$v_1(t)=\frac{q(t)}{C}+R\frac{\mathrm{d}q(t)}{\mathrm{d}t},\ \ q(t)は電荷$$

$$v_2(t)=R\frac{\mathrm{d}q(t)}{\mathrm{d}t}$$

　そこで，時間 t を数学的な手法で s の関数に変換して考察を行う。この t から s への変換をラプラス変換と呼んでいる。この変換の詳細を理解する必要は無いが，この変換により微分要素は s に変換され積分要素は $1/s$ に変換されるので，時間の微分方程式は s の関数に変換され，

$$V_1(s)=\frac{q(s)}{C}+Rsq(s),\ \ V_2(s)=Rsq(s)$$

　これは s についての一次連立方程式なので，容易に伝達関数 $G(s)$ を求めることができる。

$$G(s)=\frac{V_2(s)}{V_1(s)}=\frac{sR}{1/C+sR}=\frac{sCR}{1+sCR}$$

　上式の s を $\mathrm{j}\omega$ に置き換えると，周波数伝達関数と一致する。

問 17 （b）の解答　出題項目＜ブロック線図，伝達関数＞　答え　（3）

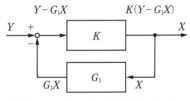

図 17-2　閉ループ周波数伝達の計算

　図 **17-2** の閉ループ周波数伝達関数を求める。

$$X=K(Y-G_1X)$$

X/Y に式変形すると次式を得る。

$$G=\frac{X}{Y}=\frac{K}{1+KG_1} \qquad ①$$

ここで，分母分子を K で割ると，

$$G=\frac{1}{1/K+G_1}$$

　K が非常に大きい場合，$1/K\fallingdotseq0$ になるので，

$$G=\frac{1}{G_1}$$

前問で求めた G_1 を代入すると，

$$G=\frac{1}{G_1}=\frac{1}{\dfrac{\mathrm{j}\omega CR}{1+\mathrm{j}\omega CR}}=\frac{\mathrm{j}\omega CR+1}{\mathrm{j}\omega CR}=1+\frac{1}{\mathrm{j}\omega CR}$$

解説……………………………………

　フィードバック（閉ループ）系の総合の伝達関数の求め方は十分練習しておきたい。

　解答の①式で K を無限大にすると ∞/∞（不定形）になる。これを回避するためには，分母分子を K で割る操作が必要になる。

（選択問題）

問18 出題分野＜情報＞ | 難易度 ★★★ | 重要度 ★☆☆

30件分の使用電力量のデータ処理について，次の（a）及び（b）に答えよ。

（a）　図1は，30件分の使用電力量の中から最大値と30件分の平均値を出力する一つのプログラム
の流れ図を示す。図1中の（ア），（イ），（ウ）及び（エ）に当てはまる処理として，正しいものを組
み合わせたのは次のうちどれか。

	（ア）	（イ）	（ウ）	（エ）
（1）	d(1)→t	0′k′1	d(i)＜s	d(i)→s
（2）	0→t	2′k′1	d(i)＞s	d(i)→s
（3）	d(1)→t	2′k′1	d(i)＜s	s→d(i)
（4）	d(1)→t	2′k′1	d(i)＞s	d(i)→s
（5）	0→t	0′k′1	d(i)＜s	s→d(i)

（b）　図2は，30件の使用電力量を大きい順
（降順）に並べ替える一つのプログラムの流
れ図を示す。図2中の（オ），（カ）及び（キ）
に当てはまる処理として，正しいものを組
み合わせたのは次のうちどれか。

	（オ）	（カ）	（キ）
（1）	d(i)＜d(j)	d(i)→d(j)	w→d(j)
（2）	d(i)＜d(j)	d(j)→d(i)	w→d(j)
（3）	d(i)＜d(j)	d(i)→d(j)	w→d(i)
（4）	d(i)＞d(j)	d(j)→d(i)	w→d(j)
（5）	d(i)＞d(j)	d(i)→d(j)	w→d(i)

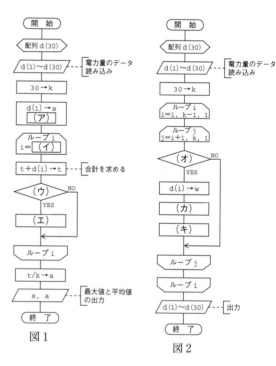

図1

図2

問18（a）の解答 出題項目＜フローチャート＞ 答え （4）

　フローチャートより，k はデータ総数，t は i 番目までのデータの小計，s は i 番目までのデータの最大値，a は全データの平均値を表す。

　ループ i で合計と最大値を求めているので，ループの前段までの処理は最初のデータ d(1) を 1 番目までの最大値 s，小計 t と定める処理をしている。したがって，（ア）は **d(1)→t** となる。

　ループ i において，すべてのデータを検索するため，ループのポインタ i は，2（1 番目のデータはすでに s，t に代入されている）からデータ総数 k（=30）まで 1 ステップずつ増やす必要があるので，（イ）は，**i=2，k，1** となる。

　i 番目までの小計を求める処理（t + d(i)→t）の次の判断は，i-1 番目までの最大値 s と i 番目の

データ d(i) を比較して，d(i)>s の場合は d(i) が最大値なので，新たな最大値 d(i) を s に代入して，i を +1 する。もし，d(i)≦s ならば s が i 番目までのデータの最大値なので s は変更せず，i を +1 する。同様な操作を i=30 まで行う。したがって，（ウ）は **d(i)>s**，（エ）は **d(i)→s** となる。

解説

　最後の二つの処理で，全データの平均値と最大値を出力する。

　配列は，関連する複数のデータを扱う場合によく用いられる。このフローチャートの配列は，変数が一つの 1 次元配列であるが，変数を複数持つ多次元配列もある。

問18（b）の解答 出題項目＜フローチャート＞ 答え （2）

　配列データを降順に並べる処理には，配列データの位置を示すポインタが二つ必要になる。ループ i のポインタを i，ループ j のポインタを j とする。最初は i=1（1 番目のデータ d(1) を指している）である。このとき j は j=i+1 なので，**図18-1** のように j=2 を指している。ここでポインタ i のデータ d(1) とポインタ j のデータ d(j) を比較して，d(1)<d(j) なら d(j) の方が大きいので d(1) と d(j) を入れ替える。この操作を j を +1 しながら最後のデータまで行うと，d(1) には全データの最大値が入ることになる。

図 18-1　i=1における j による並べ替え

　次に，2 番目に大きいデータを見つけるために，**図18-2** のようにポインタ i を +1 して，i=2 とする。するとポインタ j は j=i+1=3 なので，3 番目以降のデータ d(j) とポインタ i のデータ d(2) を比較して，d(2)<d(j) なら d(j) の方が大

きいので d(2) と d(j) を入れ替える。この操作を j を +1 しながら最後のデータまで行うと，d(2) には 2 番目に大きいデータが入ることになる。

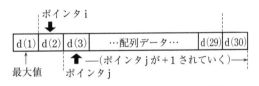

図 18-2　i=2における j による並べ替え

　以下同様に，ポインタ i を +1 しながら最後のデータの一つ手前まで行うと，配列のデータは降順に並ぶ。したがって，（オ）は **d(i)<d(j)** となる。（カ）（キ）は，（オ）のとき d(i) と d(j) を入れ替える操作が入るので，（カ）は **d(j)→d(i)**，（キ）は **w→d(j)** となる。

解説

　降順，昇順の並べ替えのフローチャートは，2 重ループの構造を持つ。二つのポインタの動きを図で追いながら仕組みを理解してほしい。なお，昇順（小さい順）に並べ替える場合は，判断の式の不等号を反転させればよい。

MEMO

執筆者（五十音順）

井手　三男（電験一種）
岡部　浩之（電験一種）
田沼　和夫（電験一種）
深澤　一幸（電験一種）
村山　慎一（電験一種）

協力者（五十音順）

北爪　　清（電験一種）
郷　　冨夫（電験一種）

電験三種　機械の過去問題集

2022 年 12 月 9 日　　第 1 版第 1 刷発行
2024 年 11 月 10 日　　第 1 版第 2 刷発行

編　　者　オーム社
発 行 者　村 上 和 夫
発 行 所　株式会社 オーム社
　　　　　郵便番号　101-8460
　　　　　東京都千代田区神田錦町 3-1
　　　　　電話　03(3233)0641(代表)
　　　　　URL　https://www.ohmsha.co.jp/

© オーム社 2022

印刷・製本　三美印刷
ISBN978-4-274-22978-7　Printed in Japan

本書の感想募集　https://www.ohmsha.co.jp/kansou/
本書をお読みになった感想を上記サイトまでお寄せください．
お寄せいただいた方には，抽選でプレゼントを差し上げます．

完全マスター 電験三種受験テキスト　理論　改訂3版

塩沢　孝則　著　　■A5判・434頁　　■定価（本体2,700円【税別】）

主要目次
Chap 1　電磁理論／ Chap 2　電気回路／ Chap 3　電子回路／ Chap 4　電気・電子計測

完全マスター 電験三種受験テキスト　電力　改訂3版

植地　修也　著　　■A5判・536頁　　■定価（本体2,800円【税別】）

主要目次
Chap 1　水力発電 /Chap 2　火力発電 /Chap 3　原子力発電 /Chap 4　再生可能エネルギー（新エネルギー等）/Chap 5　変電 /Chap 6　架空送電線路と架空配電線路 /Chap 7　架空送電線路における各種障害とその対策 /Chap 8　電気的特性 /Chap 9　短絡地絡故障計算 /Chap 10　地中電線路 /Chap 11　機械的特性 /Chap 12　管理および保護 /Chap 13　電気材料

完全マスター 電験三種受験テキスト　機械　改訂3版

伊佐治圭介　著　　■A5判・496頁　　■定価（本体2,800円【税別】）

主要目次
Chap 1　変圧器／ Chap 2　誘導機／ Chap 3　直流機／ Chap 4　同期機／ Chap 5　パワーエレクトロニクス／ Chap 6　照明／ Chap 7　電気加熱／ Chap 8　電動機応用／ Chap 9　自動制御／ Chap 10　電気化学／ Chap 11　コンピュータとメカトロニクス

完全マスター 電験三種受験テキスト　法規　改訂4版

重藤　貴也・山田　昌平　共著

■A5判・400頁　　■定価（本体2,700円【税別】）

主要目次
Chap 1　電気事業法とその他の法規／ Chap 2　電気設備の技術基準／ Chap 3　電気施設管理

完全マスター 電験三種受験テキスト　電気数学　改訂2版

大谷　嘉能・幅　敏明　共著
■A5判・256頁　　■定価（本体2,400円【税別】）

主要目次
Chap 1　数学の基礎事項／ Chap 2　式の計算／ Chap 3　方程式とその解き方／ Chap 4　関数とグラフ／ Chap 5　三角関数／ Chap 6　ベクトルと複素数／ Chap 7　伝達関数と周波数応答／ Chap 8　2進法と論理式

もっと詳しい情報をお届けできます.
◎書店に商品がない場合または直接ご注文の場合も右記宛にご連絡ください.

ホームページ　https://www.ohmsha.co.jp/
TEL／FAX　TEL.03-3233-0643 FAX.03-3233-3440